电气工程师
自学速成 应用篇

李 楠 段荣霞◎编著

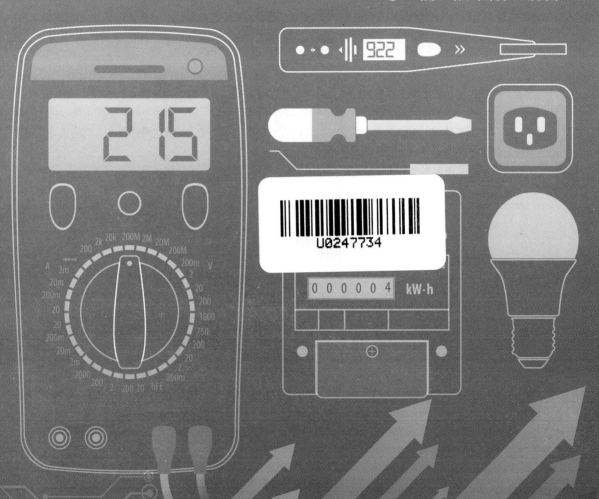

人民邮电出版社
北京

图书在版编目（CIP）数据

电气工程师自学速成. 应用篇 / 李楠，段荣霞编著
. -- 北京：人民邮电出版社，2021.3
ISBN 978-7-115-55280-8

Ⅰ. ①电… Ⅱ. ①李… ②段… Ⅲ. ①电气工程－资
格考试－自学参考资料 Ⅳ. ①TM

中国版本图书馆CIP数据核字(2020)第223880号

内 容 提 要

本书深入浅出地介绍了电气工程师应该掌握的一些应用知识。书中内容包括电工电路识图基础、电工测量电路的识读、照明与动力配电线路的识读、供配电系统电气线路的识读、电子电路的识读、电力电子电路的识读、PLC 的基本结构与工作原理、编程与仿真、基本逻辑指令及使用、步进顺控指令、功能指令、可编程逻辑控制器用于模拟量控制、编程规则和实例等。

本书内容丰富，讲解通俗易懂，适合作为广大电气工程师及爱好电工技能的读者学习和参考用书。

◆ 编　著　李　楠　段荣霞
责任编辑　黄汉兵
责任印制　陈　犇

◆ 人民邮电出版社出版发行　　北京市丰台区成寿寺路 11 号
邮编　100164　　电子邮件　315@ptpress.com.cn
网址　https://www.ptpress.com.cn
三河市祥达印刷包装有限公司印刷

◆ 开本：787×1092　1/16
印张：20.5　　　　　　　　2021 年 3 月第 1 版
字数：532 千字　　　　　　2021 年 3 月河北第 1 次印刷

定价：79.00 元

读者服务热线：(010)81055493　印装质量热线：(010)81055316
反盗版热线：(010)81055315
广告经营许可证：京东市监广登字 20170147 号

前言

Foreword

随着社会的不断进步与发展，电气工程师在越来越多的领域发挥着其重要作用。从生活用电到工业用电，从电工基本操作到电气规划设计，电气工程师正在逐渐成为社会发展必不可缺的关键人才。为更好地培养出更多优秀的电气工程师，本书从入门知识点开始讲解，并逐步深化内容的专业性，除注重电气工程师传统的基本技术能力训练外，还突出新技术的学习和训练，力求实现理论与现代先进技术相结合，与时俱进，不断适应和满足现代社会对电气工程师的需求。

电气工程是电气工程高新技术领域中的关键学科，从事电气工程专业的人员不仅需要具备丰富的理论知识，还要有较强的动手能力，才能在出现问题的时候快速、安全地解决问题，并将损失降到最低。为此，本书不仅对理论知识进行了系统的讲解，并将技能培养与操作要点以图文并茂的形式展现在读者面前，将知识性、实践性系统地结合，对电气工程师及从事相关技术工作的读者具有良好的指导作用。

图书市场上的电工类书籍浩如烟海，读者要挑选一本自己中意的书反而很困难，真是"乱花渐欲迷人眼"。那么，本书为什么能够在读者"众里寻他千百度"之际，让读者在"灯火阑珊"处"蓦然回首"呢，那是因为本书有以下四大特色。

作者专业

本书作者是高校任教的一线教师，她们总结多年的设计经验以及教学实践中的心得体会，历时多年、精心编著了本书，力求全面细致地展现出电工应用领域的各种重要知识和操作技能。

提升技能

本书从全面提升电气工程师实践操作能力的角度出发，结合大量的图例讲解电气工程师领域的一些实践性很强的应用操作，真正让读者懂得电气工程师应该具备哪些深层次的能力。

内容全面

本书内容丰富，讲解通俗易懂，适合作为广大电气工程师及爱好电工技能的读者学习和参考用书。书中包括电工电路识图基础、电工测量电路的识读、照明与动力配电线路的识读、供配电系统电气线路的识读、电子电路的识读、电力电子电路的识读、PLC的基本结构与工作原理、编程与仿真、基本逻辑指令及使用、步进顺控指令、功能指令、可编程逻辑控制器用于模拟量控制、编程规则和实例等内容。

知行合一

本书结合大量的图例详细讲解了电工知识的基本要点，让读者在学习的过程中潜移默化地掌握电气基本理论和电工操作应用技巧，提升工程应用实践能力。

本书由陆军工程大学石家庄校区的李楠老师与段荣霞老师负责编著，其中：第1章到第8章由李楠负责编写；第9章到第13章由段荣霞负责编写。在此对所有参编人员表示衷心的感谢。

由于编者能力有限，本书在编写过程中难免会有些许不足，还请各位读者联系 714491436@qq.com 批评指正，提出宝贵的意见，以便于我们今后修改提高。

编者

2020 年 9 月

第1章
电工电路识图基础

电工电路包含电力的传输电路、变换电路和分配电路，以及电气设备的供电电路和控制电路。它将线路的连接分配及电路器件的连接和控制关系用文字符号、图形符号、电路标记等表示出来。线路图及电路图是电气系统中的各种电气设备、装置及元器件的名称、关系和状态的工程语言，它是描述一个电气功能和基本构成的技术文件，是指导各种电工电路的安装、调试、维修必不可少的技术资料。学习电工电路识图是电工应掌握的一项基本技能。本章首先介绍电工电路的识图方法和步骤，然后以典型电路为例，分别介绍高压、低压供配电电路，照明控制电路及电动机控制电路的识图分析过程。

1.1　电气图的分类

在电气工程领域，电气图一般可分为系统图、电路图、接线类图（表）、位置类图、项目表、说明文件等几类。项目表和说明文件实际是电气图的附加说明文件。

1.1.1　系统图

系统图又称概略图或框图，是用符号和带注释的框来概略表示系统或分系统的基本组成、相互关系及其主要特征的一种简图。图 1-1 所示为某变电所的供电系统图，该图表示变电所用变压器将 10kV 电压变换成 380V 的电压，再分成三条供电支路，图 1-1（a）为用图形符号表示的系统图，图 1-1（b）为用文字框表示的系统图。

1.1.2　电路图

用图形符号按工作顺序自上到下、从左往右排列，详细表示电路、设备或成套装置的全部基本组成和连接关系，而不考虑其实际安装位置的一种简图，称为电路图。电路图能清楚地表明电路的功能，对分析电气系统的工作原理十分方便，因此又称为电气原理图。电路图应包含表示电路元件或功能元件的图形符号、元件或功能件之间的连接线、项目代号和端子代号、信号代号、位置标记以及补充信息等。

在电路设计、电路分析及故障检查中，常常需要用到电路图。电路图的主要作用如下。

① 电路图详细表示电路、设备或成套装置及其组成部分的工作原理，为测试和寻找故障提供信息。

② 电路图是编制接线图的依据。所以图纸上的图形符号要遵照国家标准绘制。

图 1-2 所示为三相异步电动机的点动控制电路，该电路由主电路和控制电路两部分构成，其中主电路由电源开关 QS、熔断器 FU_1 和交流接触器 KM 的 3 个主触点和电动机组成；控制电路由熔断器 FU_2、按钮开关 SB 和接触器 KM 线圈组成。

当合上电源开关 QS 时，由于接触器 KM 的 3 个主触点处于断开状态，电源无法给电动机供电，电动机不工作。若按下按钮开关 SB，L₁、L₂ 两相电压加到接触器 KM 线圈两端，有电流流过 KM 线圈，线圈产生磁场吸合 3 个 KM 主触点，使 3 个主触点闭合，三相交流电源 L₁、L₂、L₃ 通过 QS、FU₁ 和接触器 KM 的 3 个主触点给电动机供电，电动机运转。此时，若松开按钮开关 SB，无电流通过接触器线圈，线圈无法吸合主触点，3 个主触点断开，电动机停止运转。

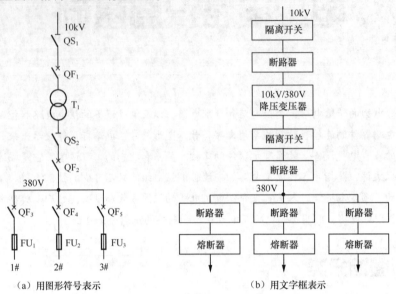

（a）用图形符号表示　　　　　　　（b）用文字框表示

图 1-1　某变电所的供电系统图

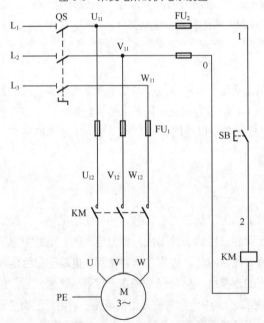

图 1-2　三相异步电动机的点动控制电路

1.1.3　接线图

以图样形式表示成套装置或设备不同单元之间连接关系的略图，称为接线图。接线图的主要用途是提供各个项目之间的连接信息，作为设备装配、安装和维修的指导和依据。

在接线图中，可以提供的信息主要有以下八个方面。

① 识别每一连接的连接点以及所用导线或电缆的信息。

② 导线和电缆的种类信息，如型号、牌号、材料、结构、规格、绝缘颜色、电压额定值、导线板及其他技术数据。

③ 导线号、电缆号或项目代号。

④ 连接点的标记或表示方法，如项目代号、端子代号、图形表示法、远端标记。

⑤ 铺设、走向、端头处理、捆扎、绞合、屏蔽等说明或方法。

⑥ 导线或电缆长度。

⑦ 信号代号和（或）信号的技术数据。

⑧ 需补充说明的其他信息。

当然，并不要求每张具体的接线图都一定要提供这些信息。

接线图提供的信息以表示清楚为原则，为了清楚地表示项目之间的连接关系，要求采用位置布局法绘制接线图。接线图的元件应采用简单的轮廓（如正方形、矩形或圆形）或用其他简化图形表示，也可采用 GB/T 4728 中规定的简图符号，以确保图面的清晰和突出所表示的内容。接线图的端子可以不采用端子的图形符号，但应表示清楚。

图 1-3 所示是三相异步电动机点动控制电路（见图 1-2）的接线图，从图中可以看出，接线图中的各元件连接关系除了要与电路图一致外，还要考虑实际的元件。例如：KM 接触器由线圈和触点组成，在画电路图时，接触器的线圈和触点可以画在不同位置，而在画接线图时，则要考虑到接触器是一个元件，其线圈和触点是在一起的。

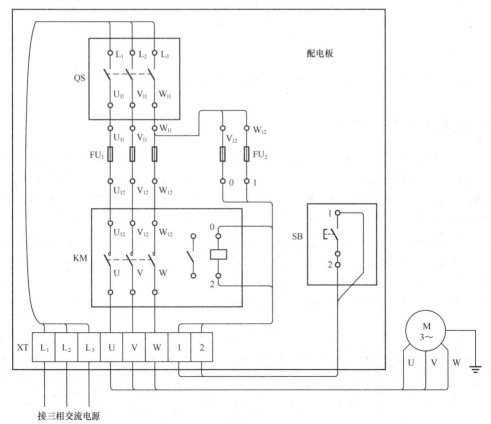

图 1-3　三相异步电动机点动控制电路的接线图

1.1.4 电气平面图

电气平面图是用来表示电气工程项目的电气设备、装置和线路的平面布置图，它一般是在建筑平面图的基础上制作出来的。常见的电气平面图有电力平面图、变配电所平面图、供电线路平面图、照明平面图、弱电系统平面图、防雷和接地平面图等。

图 1-4 所示是某工厂车间的动力电气平面图。图中的 BLV-500（3×35-1×16）SC40-FC 表示外部接到配电箱的主电源线规格及布线方式，型号内容的含义为：BLV——布线用的塑料铝导线；500——导线绝缘耐压为 500V；3×35-1×16——3 根截面面积为 35mm^2 和 1 根截面面积为 16mm^2 的导线；SC40——穿直径为 40mm 的钢管；FC——沿地暗敷（导线穿入电线管后埋入地面）。

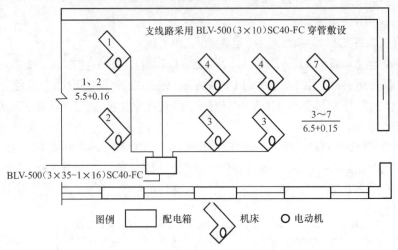

图 1-4　某工厂车间的动力电气平面图

图中的 $\dfrac{1、2}{5.5+0.16}$ 意为 1、2 号机床的电动机功率均为 5.5kW，机床安装离地 16cm。

1.1.5 设备元件和材料表

设备元件和材料表将设备、装置、成套装置的组成元件和材料列出，并注明各元件和材料的名称、型号、规格和数量等，便于设备的安装、维护和维修，也能让读图者更好地了解各元器件和材料在装置中的作用和功能。设备元件和材料表是电气图的重要组成部分，可将它放置在图中的某一位置，如果数量较多也可单独放置在一页。

电气图种类很多，前面介绍了一些常见的电气图，对于一台电气设备，不同的人接触到的电气图可能不同。一般来说，生产厂家具有较齐全的设备电气图（如系统图、电路图、印制电路板图、设备元件和材料列表等），表 1-1 为三相异步电动机点动控制电路的设备元件和材料表。为了技术保密或其他一些原因，厂家提供给用户的往往只有设备的系统图、接线图等形式的电气图。

表 1-1　三相异步电动机点动控制电路的设备元件和材料

符号	名称	型号	规格	数量
M	三相笼型异步电动机	Y112M-4	4kW、380V、△接法、8.8A、1440r/min	1
QS	断路器	DZ5-20/330	三极复式脱扣器、380V、20A	1
FU$_1$	螺旋式熔断器	RL1-60/25	500V、60A、配熔体额定电流25A	3

续表

符号	名称	型号	规格	数量
FU$_2$	螺旋式熔断器	RL1-15/2	500V、15A、配熔体额定电流2A	2
KM	交流接触器	CJT1-20	20A、线圈电压380V	1
SB	按钮	LA4-3H	保护式、按钮数3（代用）	1
XT	端子板	TD-1515	15A、15 节、660V	1
	配电板		500mm×400mm×20mm	1
	主电路导线		BV 1.5mm^2 和 BVR1.5mm^2（黑色）	若干
	控制电路导线		BV1mm^2（红色）	若干
	按钮导线		BVR0.75mm^2（红色）	若干
	按钮导线		BVR 1.5mm^2（黄绿双色）	若干
	紧固体和编码套管			若干

1.2 电气图的制图与识图规则

本章的主要学习目标是电气识图，若不了解各种电气工程图的绘制方法和有关规则就不能真正读懂电气图。也就是说，电气工程图的画法与识读有着密切的关系。因此，在识读具体的工程图之前，先从最基本的角度介绍各种电气工程图的基本画法，力求满足识读的原则。至于对各种电气工程图完整绘制规则有兴趣的读者，可自行参考相关国家标准的规定或其他相关书籍的说明。

1.2.1 图纸格式、图幅尺寸和图纸分区

1. 图纸格式

电气图图纸的格式与建筑图纸、机械图纸的格式基本相同，一般由边界线、图框线、标题栏、会签栏组成。电气图图纸的格式如图 1-5 所示。

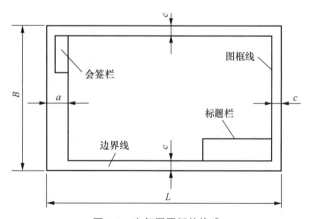

图 1-5　电气图图纸的格式

电气图应绘制在图框线内，图框线与图纸边界之间要有一定的留空。标题栏相当于图纸的铭牌，用来记录图样的名称、图号、张次、更改和有关人员签署等内容的栏目，位于图纸的下方或右下方。目前我国尚未规定统一的标题栏格式，图 1-6 所示是一种较典型的标题栏格式。会签栏通常用于水、暖、建筑和工艺等相关专业设计人员会审图纸时签名，如无必要，也可取消会签栏。

设计单位名称		工程名称	设计号	页张次
总工程师	主要设计人	项目名称		
设计总工程师	技核			
专业工程师	制图			
组长	描图	图号		
日期	比例			

图 1-6　典型的标题栏格式

2. 图幅尺寸

电气图图纸的图幅一般分为 5 种：0 号图纸（A0）、1 号图纸（A1）、2 号图纸（A2）、3 号图纸（A3）和 4 号图纸（A4）。电气图图纸的图幅尺寸规格见表 1-2，从表中可以看出，如果图纸需要装订，其装订侧边宽（a）留空要大一些。

表 1-2　电气图图纸的图幅尺寸规格（单位：mm）

图幅代号	A0	A1	A2	A3	A4
宽×长（$B×L$）	841×1189	594×841	420×594	297×420	210×297
边宽（C）	10			5	
装订侧边宽（a）	25				

表 1-2 中，B 表示短边的尺寸，L 表示长边的尺寸。从表中所示的图幅尺寸来看，A4 图幅最小，A0 图幅最大。A4 图幅的短边为 210mm，长边是短边的 $\sqrt{2}$ 倍，为 $210×\sqrt{2}≈297$mm；A3 图幅的短边等于 A4 图幅的长边为 297mm，A3 图幅的长边是短边的 $\sqrt{2}$ 倍，为 $297×\sqrt{2}=210×2=420$mm；同理，A0 图幅的短边等于 A1 图幅的长边 841mm，A0 图幅的长边是短边的 $\sqrt{2}$ 倍，为 $841×\sqrt{2}≈1189$mm。

表中，C 和 a 都是图框线与边框线之间的距离。a 为需要装订时，装订边的图框线与装订边的边框线之间的距离；C 为需要装订时，其他非装订边的图框线与对应的边框线之间的距离。电气图既可采用横排也可采用竖排的图幅，但无论横排或竖排，装订边通常设在左边。

3. 图纸分区

为便于读者读图和检索，各种图幅的图样都可以分区。分区的方法是将图纸按长、宽方向各加以等分，分区数为偶数，每一分区的长度为 25~75mm，每个分区内竖边方向用大写字母编号，横边方向用阿拉伯数字编号，编号顺序从图纸左上角（标题栏在右下角）开始。图纸分区示例如图 1-7 所示。

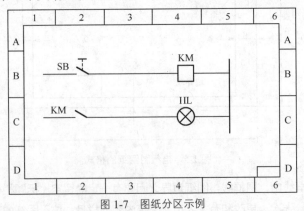

图 1-7　图纸分区示例

图幅（见图 1-7）分区以后，相当于在图纸上建立了一个坐标系统。电气图上项目和连接线的位置可由该"坐标"进行唯一的确定。利用这个"坐标",就可以进行位置标记。若某个项目在某张图的某个小区中,只要给出该项目的位置标记,就可以很方便地找到电气图中的具体项目。位置标记的具体格式可以根据相同图号图纸为单张或多张的不同,有两种不同的格式。对于单张图纸,位置标记格式为:"图号/图区名";对于多张图纸,位置标记格式为:"图号/张次/图区名"。例如,图号为 1234 的图纸,有 8 张,在第 6 张图 C3 区的项目,位置标记可以写成:"图 1234/6/C3"。如果图号为 1234 的图纸,只有 1 张图纸,则该图纸 C3 区项目的位置标记可以写成:"图 1234/C3"。

1.2.2 图线和字体等规定

1. 图线

图线是指图中用到的各种线条。国家标准规定了 8 种基本图线,分别是粗实线、细实线、中实线、双折线、虚线、粗点画线、细点画线和双点画线。8 种基本图线的形式及应用见表 1-3。图线的宽度一般为 0.25mm、0.35mm、0.5mm、0.7mm、1.0mm 和 1.4mm 六种。它们的公比是 $\sqrt{2}$。一张电气图中通常只选用两种宽度的图线。粗线的宽度为细线的 2 倍。当需要用两种以上宽度的图线时,线宽应以 2 的倍数依次递增。此外,为了确保图样缩微复制时的清晰度,平行图线的间距不应小于粗线宽度的 2 倍,同时不小于 0.7mm。

表 1-3 8 种基本图线的形式及应用

序号	名称	形 式	宽度	应用举例
1	粗实线	———————	b	可见过渡线、可见轮廓线、电气图中简图主要内容用线、图框线、可见导线
2	中实线	———————	约 $b/2$	土建图上门、窗等的外轮廓线
3	细实线	———————	约 $b/3$	尺寸线、尺寸界线、引出线、剖面线、分界线、范围线、指导线、辅助线
4	虚线	- - - - - - -	约 $b/3$	不可见轮廓线、不可见过渡线、不可见导线、计划扩展内容用线、地下管道、屏蔽线
5	双折线	——/\/———	约 $b/3$	被断开部分的边界线
6	双点画线	—— ·· —— ·· ——	约 $b/3$	运动零件在极限或中间位置时的轮廓线、辅助用零件的轮廓线及其剖面线、剖视图中被剖去的前面部分的假想投影廓线
7	粗点画线	—— · —— · ——	b	有特殊要求的线或表面的表示线、平面图中大型构件的轴线位置线
8	细点画线	—— · —— · ——	约 $b/3$	物体或建筑物的中心线、对称线、分界线、结构围框线、功能围框线

2. 字体

电气图中的文字、字母和数字是电气图的重要组成部分,主要包括汉字、拉丁字母及数字。对字体的要求是易于辨认,便于书写,适当注意美观。书写时应做到字体端正,笔画清楚、排列整齐、间隔均匀。国家标准规定,除责任者本人的签字外,图样中的所有汉字都应写成长仿宋体,并应采用国家正式公布推行的简化字。字体的大小用号数表示,字号就是字的高度,单位为 mm,按公比 $\sqrt{2}$ 共分 7 种字号:20,14,10,7,5,3.5,2.5。字宽约等于字高的 2/3。字母和数字分直体、斜体两种,同一张图内应只用其中的一种。斜体字的字头向右倾斜，与水平线约成 75°。它们与汉字采用相同的字号，但字的宽度根据实际情况确定，要求匀称。

实际图面上字体的大小，一般依图幅而定，字体高度是构成字母的图线宽度的 10 倍以上的图线宽度。为了适应电气图缩微的要求，国家标准推荐的电气图中字体的最小高度：A0 号为 5mm，A1 号为 3.5mm，A2 号、A3 号和 A4 号为 2.5mm。电气图中或文件上的字体，边框内图示的实际设备的标记或标识除外，一般采用从文件底部（正常阅读方向）和从右面（顺时针转 90°的方向）两个方向来读。

3. 箭头

电气图上所采用的箭头有四种：空心箭头、实心箭头、开口箭头和普通箭头。空心和实心箭头用于说明非电过程中材料或介质的流向，如：空心箭头可表示气流，实心箭头可表示液流。开口箭头用于信号线、信息线、连接线，主要表示信号、信息、能量的传输方向。普通箭头用于说明可变性、可调节性、运动或力的方向，也是指引线和尺寸线的一种末端表示形式。开口箭头和实心箭头如图 1-8 所示。

（a）开口箭头　　　　　　　　　　（b）实心箭头

图 1-8　两种常用箭头

4. 指引线

指引线用于将文字或符号引注至被注释的部位，使用细的实线画。必要时可以弯折一次。指引线的末端有三种标记形式，应该根据被注释对象在图中的不同表示方法选定，如图 1-9 所示。当指引线末端须伸入被注释对象的轮廓线内时，指引线的末端应画一个小的黑圆点，如图 1-9（a）所示；当指引线末端恰好指在被注释对象的轮廓线上时，指引线末端应画成普通箭头，指向轮廓线，如图 1-9（b）所示；当指引线末端指在不用轮廓图形表示的对象上时，例如导线、各种连接线、线组等，指引线末端应该用一短斜线示出，如图 1-9（c）所示。

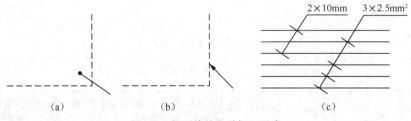

$2×10mm$　　　$3×2.5mm^2$

（a）　　　　　　　　（b）　　　　　　　　（c）

图 1-9　指引线的三种标记形式

5. 围框

如果电气图中有一部分是功能单元、结构单元或项目组（如电器组、接触器装置），可用围框（点画线）将这一部分围起来，围框的形状可以是不规则的。在电气图中采用围框时，围框线不应与元件符号相交（插头、插座和端子符号除外）。

图 1-10（a）的细点画线围框中为两个接触器，每个接触器都有三个触点和一个线圈，用一个围框可以使两个接触器的作用关系看起来更加清楚。如果电气图很复杂，一页图纸无法放置时，可用围框来表示电气图中的某个单元，该单元的详图可画在其他页图纸上，并在图框内进行说明，如图 1-10（b）所示，表示该含义的围框应用双点画线。

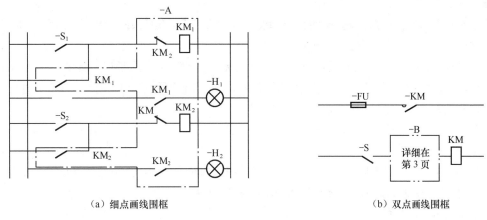

（a）细点画线围框   （b）双点画线围框

图 1-10 围框使用举例

6. 比例

图面上图形尺寸与实物尺寸的比值称为图的比例。绝大多数电气图都是示意性的简图，所以不涉及电气设备与元器件的尺寸，也就不存在按比例绘图的问题。某些接线图（如单元接线图）为清楚地表示各端子的连接情况，需要画出元器件的简单外形。在这种情况下，所画外形也只起示意作用，相当于一个图形符号，因此也不必按实际尺寸及比例画出。在电气图的分类中，通常需要标注尺寸的只有两种：一种是位置图，另一种是印制板零件图与装配图。通常都按缩小的比例来绘制，可选的比例主要有：1:10，1:20，1:50，1:100，1:200 和 1:500。标题栏内应将绘图时采用的比例填写在规定的位置。

7. 尺寸

尺寸是制造、施工、加工和装配的主要依据。尺寸由尺寸线、尺寸界线、尺寸起止点（实心箭头和45°斜短画线）和尺寸数字四个要素组成。尺寸标注的两种方式如图 1-11 所示。

电气图纸上的尺寸通常以 mm（毫米）为单位，除特殊情况外，图纸上一般不标注单位。

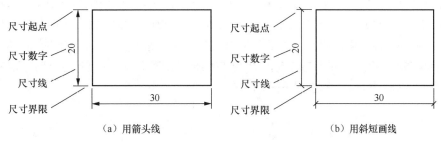

（a）用箭头线   （b）用斜短画线

图 1-11 尺寸标注的两种方式

8. 注释

注释的作用是对图纸上的对象进行说明。注释可采用两种方式：

① 将注释内容直接放在所要说明的对象附近，如有必要，可使用指引线。

② 为注释对象和内容添加相同标记，再将注释内容放在图纸的别处或其他图纸上。

若图中有多个注释，应将这些注释进行编号，并按顺序放在图纸边框附近。如果是多张图，一般性注释通常放在第一张图上，其他注释则放在与其内容相关的图上。注释时，可采用文字、图形、表格等形式，以便更好地将对象表达清楚。

1.2.3 电气图的布局

为了清楚地表明电气系统或设备各组成部分间、各电气元件间的连接关系，以便于使用者了解其原理、功能和动作顺序，电气图的布局应符合一定的要求。

电气图布局的原则是便于绘制、易于识读、突出重点、均匀对称、间隔适当及清晰美观；布局的要点是从总体到局部、从主电路图（主接线图或一次接线图）到二次电路图（副电路图或二次接线图）、从主要到次要、从左到右、从上到下、从图形到文字。

在电气图布局时，可按以下步骤进行。

（1）明确电气图的绘制内容

在电气图布局时，要明确整个图纸的绘制内容（如需绘制的图形、图形的位置、图形之间的关系、图形的文字符号、图形的标注内容、设备元件明细表和技术说明等）。

（2）确定电气图布局方向

电气图布局方向包括水平布局和垂直布局，如图 1-12 所示。在水平布局时，将元件和设备在水平方向布置；在垂直布局时，将元件和设备在垂直方向布置。

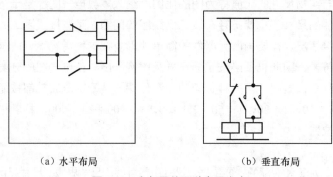

（a）水平布局　　　　　　　　　　（b）垂直布局

图 1-12　电气图的两种布局方向

（3）确定各对象在图纸上的位置

确定各对象在图纸上的位置时，需要了解各对象形状大小，以安排合理的空间范围，一般按因果关系和动作顺序从左到右、从上到下布置。如图 1-13（a）所示，当 SB1 闭合时，时间继电器 KT 线圈得电，一段时间后，KT 得电延时闭合触点闭合，接触器 KM 线圈得电，KM 常开自锁触点闭合，锁定 KM 线圈得电，同时 KM 常闭联锁触点断开，KT 线圈失电，KT 触点断开。如果采用图 1-13（b）所示的元件布局，虽然电气原理与图 1-13（a）相同，但识图时不符合习惯。

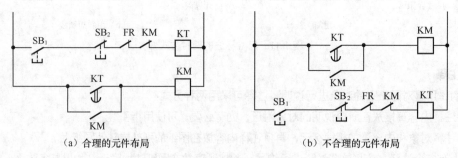

（a）合理的元件布局　　　　　　　　　　（b）不合理的元件布局

图 1-13　元件的布局示例

1.3 电气图的表示方法

1.3.1 电气连接线的表示方法

电气图上各种图形符号之间的相互连线，统称为电气连接线，简称导线。电气连接线可能是传输能量流、信息流的导线，也可能是表示逻辑流、功能流的某种特定的图线。

1. 导线的一般表示方法

（1）导线的符号

导线的一般表示符号如图 1-14 所示，可用于表示单根导线、导线组、母线、总线等，并根据情况通过图线粗细加图形符号及文字、数字来区分各种不同的导线。

一般符号　　　　　母线　　　　　电缆

图 1-14　导线的符号

（2）多根导线的表示

在表示多根导线时，可用多根单导线符号组合在一起表示，也可用单线来表示多根导线，如图 1-15 所示。根数较少时，用斜线（45°）数量代表线根数；根数较多时，用一根小短斜线旁加注数字 n 表示，图中 n 为正整数。

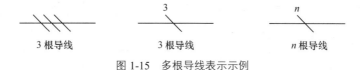

3 根导线　　　　　3 根导线　　　　　n 根导线

图 1-15　多根导线表示示例

（3）导线特征的表示

导线的特征主要有导线材料、截面面积、电压、频率等，一般直接标注在导线旁边，也可在导线上画 45°短画线来标注该导线特征，如图 1-16 所示。在图 1-16（a）中，3N50Hz380V 表示有 3 根相线、1 根中性线，导线电源频率和电压分别为 50Hz 和 380V；3×10+1×4 表示 3 根相线的截面面积为 10mm^2，1 根中性线的截面面积为 4mm^2。在图 1-16（b）中，BLV-3×6-PC25-FC 表示有 3 根铝芯塑料绝缘导线，导线的截面面积为 6mm^2，用管径为 25mm 的塑料电线管（PC）埋地暗敷（FC）。

（4）导线换位的表示

在某些情况下需要导线相序变换、极性反向和交换导线，可采用图 1-17 所示的方法来表示，图中表示 L_1 和 L_3 相线互换。

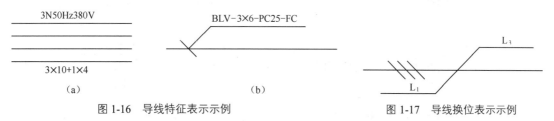

3N50Hz380V

3×10+1×4

（a）

BLV-3×6-PC25-FC

（b）

L_3

L_1

图 1-16　导线特征表示示例　　　　　图 1-17　导线换位表示示例

2. 导线连接点的表示方法

导线连接点有T字形和十字形,对于T字形连接点,可加黑圆点,也可不加,如图 1-18(a)所示;对于十字形连接点,如果交叉导线电气上不连接,交叉处不加黑圆点,如图 1-18(b)所示,如果交叉导线电气上有连接关系,交叉处应加黑圆点,如图 1-18(c)所示;导线应避免在交叉点改变方向,应跨过交叉点再改变方向,如图 1-18(d)所示。

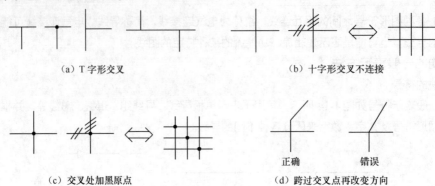

（a）T 字形交叉　　　　　　　　　　　　　　（b）十字形交叉不连接

（c）交叉处加黑原点　　　　　　　　　　　（d）跨过交叉点再改变方向

图 1-18　导线连接点表示示例

3. 导线连接关系表示

导线的连接关系有连续表示法和中断表示法。

（1）导线连接的连续表示

导线连接的连续表示是指将导线的连接线用同一图线首尾连接的方法。连接线既可用多线也可用单线形式。当图线太多时,为使图面清晰,易画易读,对于多条去向相同的连接线常用单线形式。在图 1-19 所示的示例中,采用单线形式表示导线连接可使电气图看起来简单清晰。导线连接的多线与单线形式如图 1-20 所示。

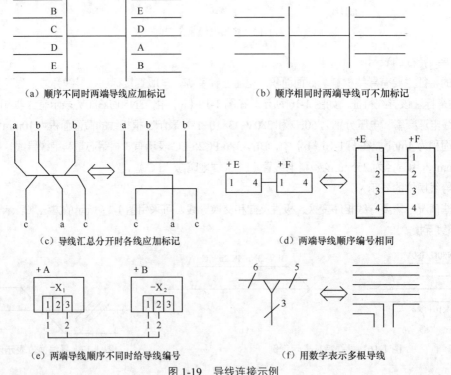

（a）顺序不同时两端导线应加标记　　　　　　　（b）顺序相同时两端导线可不加标记

（c）导线汇总分开时各线应加标记　　　　　　　（d）两端导线顺序编号相同

（e）两端导线顺序不同时给导线编号　　　　　　（f）用数字表示多根导线

图 1-19　导线连接示例

（2）导线连接的中断表示

导线连接的中断表示是将去向相同的连接线或导线组在中间中断，在中断处的两端标记相应的文字符号或数字编号。导线连接的中断表示如图1-21所示，图1-21（a）采用在导线中断处加相同的标记来表示导线的连接关系，图1-21（b）采用在导线中断处加连接目标的标记来表示导线的连接关系。

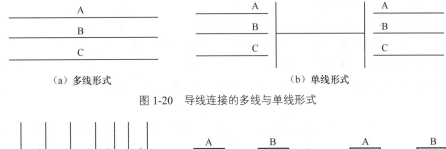

（a）多线形式　　　　　　　　　　　（b）单线形式

图1-20　导线连接的多线与单线形式

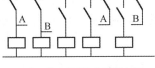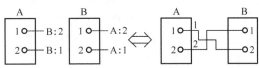

（a）在导线中断处加相同的标记　　　　　　（b）在导线中断处加连接目标的标记

图1-21　导线连接的中断表示示例

1.3.2　电气元件的表示方法

1. 复合型电气元件的表示方法

有些电气元件只有一个完整的图形符号（如电阻器），有些电气元件由多个部件组成（如接触器由线圈和触点组成），这类电气元件称为复合型电气元件，其不同部件使用不同图形符号表示。对于复合型电气元件，在电气图中可采用集中方式表示、半集中方式表示或分开方式表示。

（1）电气元件的集中方式表示

把电气设备或成套装置中一个项目各组成部件的图形符号在简图上绘制在一起的方法，称为集中方式表示。如图1-22（a）所示，简单电路图中的电气元件采用集中方式表示。

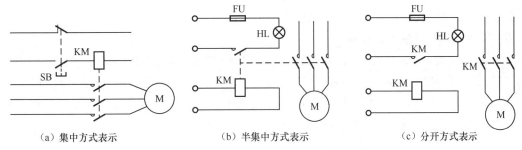

（a）集中方式表示　　　　　（b）半集中方式表示　　　　　（c）分开方式表示

图1-22　复合型电气元件的表示方法

（2）电气元件的半集中方式表示

为了使设备或装置的布局清晰，易于识别，把同一项目中某些部件的图形符号在简图上集中表示，另一部分分开布置，并用机械连接符号（虚线）表示它们之间关系的方法，称为半集中方式表示。其中，机械连接线可以弯折、分支或交叉。电气元件的半集中方式表示如图1-22（b）所示。

（3）电气元件的分开方式表示

把同一项目中的不同部件的图形符号在简图上按不同功能和不同回路分开表示的方法，称为分开方式表示。不同部件的图形符号用相同项目代号表示，如图 1-22（c）所示，分开方式表示可以避免或减少图线交叉，因此图面清晰，而且也便于分析回路功能及标注回路标号。

由于采用分开方式表示的电气图省去了项目各组成部件的机械连接线，查找某个元件的相关部件比较困难，所以为了识别元件各组成部件或寻找其在图中的位置，除重复标注项目代号外，还采用引入插图或表格等方法表示电气元件各部件的位置。

2. 电气元件状态的表示

电气元件工作状态均按自然状态或自然位置表示。所谓"自然状态"或"自然位置"即电气元件和设备的可动部分表示为未得电、未受外力或不工作的状态或位置。

电气控制电路中的所有电气元件不画实际的外形图，而采用国家标准中统一规定的图形符号和文字符号。

各个电气元件在电气控制电路中的位置，应根据便于阅读的原则安排。当同一电气元件的不同部件（如接触器、继电器的线圈、触点）分散在不同位置时，为了表示是同一电气元件，要在电气元件的不同部件处标注同一文字符号。对于同类的多个电气元件，要在文字符号后面加数字编号来区别，如两个接触器，可用文字符号 KM_1、KM_2 区别。

电气图中电气元件、器件和设备的可动部分，都按照没有得电和没有外力作用时的开闭状态画出。

① 中间继电器、时间继电器、接触器和电磁铁的线圈处在未得电时的状态，即动铁芯没有被吸合时的位置，因而其触点处于还未动作的位置。

② 断路器、负荷开关和隔离开关在断开位置。

③ 零位操作的手动控制开关在零位状态或位置，不带零位的手动控制开关在图中规定的位置。

④ 机械操作开关、按钮和行程开关在非工作状态或不受力状态时的位置。

⑤ 保护用电器处在设备正常工作状态时的位置。热继电器处在双金属片未受热而未脱扣时的位置；速度继电器处在主轴转速为零时的位置。

⑥ 标有断开（OFF）位置的多个稳定位置的手动控制开关在断开（OFF）位置，未标有断开（OFF）位置的控制开关在图中规定的位置。

⑦ 对于有两个或多个稳定位置或状态的其他开关装置，可表示在其中的任何一个位置或状态，必要时在图中说明。

⑧ 事故、备用、报警等开关在设备、电路正常使用或正常工作位置。

3. 电气元件触点的绘制规律

对于继电器、接触器、开关、按钮等项目的触点，其触点符号通常规定为"左开右闭、下开上闭"，即当触点符号垂直布置时，动触点在静触点的左侧为动合（常开）触点，而在静触点的右侧为动断（常闭）触点，如图 1-23（a）所示。当触点符号水平布置时，动触点在静触点的下方为动合（常开）触点，在静触点的上方为动断（常闭）触点，如图 1-23（b）所示。

常开触点	常闭触点	常开触点	常闭触点
（a）垂直布置（左开右闭）		（b）水平布置（下开上闭）	

图 1-23　一般电气元件触点的绘制规律

4. 电气元件标注的表示

电气元件的标注包括项目代号、技术数据和注释说明等。

（1）项目代号的表示

项目代号是区分不同项目的标记，如电阻项目代号用 R 表示，多个不同电阻分别用 R_1、R_2……R_n 表示。项目代号的一般表示规律如下。

➤ 项目代号的标注位置尽量靠近图形符号。

➤ 当元件水平布局时，项目代号一般应标在元件图形符号的上方，如图 1-24（a）中的 VD、R；当元件垂直布局时，项目代号一般标在元件图形符号的左方，如图 1-24（a）中的 C_1、C_2。

围框的项目代号应标注在其上方或右方，如图 1-24（b）中的 U_1。

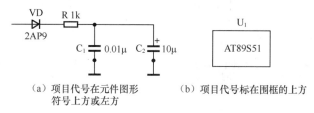

（a）项目代号在元件图形
符号上方或左方

（b）项目代号标在围框的上方

图 1-24 电气元件的项目代号和技术数据表示示例

（2）技术数据的表示

元件的技术数据主要包括元件型号、规格、工作条件、额定值等。技术数据的一般表示规律如下。

① 技术数据的标注位置尽量靠近图形符号。

② 当元件水平布局时，技术数据一般应标在元件图形符号的下方，如图 1-24（a）中的 2AP9、1k；当元件垂直布局时，技术数据一般标在项目代号的下方或右方，如图 1-24（a）中的 0.01μ、10μ。

③ 对于像集成电路、仪表等方框符号或简化外形符号，技术数据可标在符号内，如图 1-24（b）中的 AT89S51。

（3）注释说明的表示

元件的注释说明采用的方式、注意事项与 1.2.2 小节中注释讲解一样，元件注释说明示例如图 1-25 所示。

5. 电气元件接线端子的表示

元件的接线端子有固定端子和可拆卸端子，端子的图形符号如图 1-26 所示。

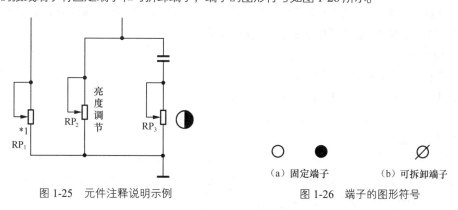

图 1-25 元件注释说明示例

（a）固定端子　　（b）可拆卸端子

图 1-26 端子的图形符号

为了区分不同的接线端子，需要对端子进行编号。接线端子编号的一般表示规律如下。

单个元件的两个端子用连续数字表示，若有中间端子，则用逐增数字表示，如图1-27（a）所示。

对于由多个相同元件组成的元件组，其端子编号通过在数字前加字母来区分组内不同元件，如图1-27（b）所示。

对于多个同类元件组，其端子编号通过在字母前加数字来区分组内不同的元件组，如图1-27（c）所示。

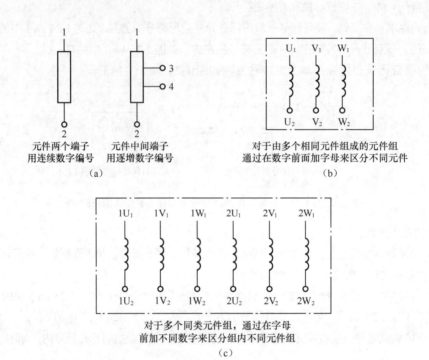

图1-27 电气元件接线端子的表示示例

1.3.3 电气线路的表示方法

电气线路的表示通常有多线表示法、单线表示法和混合表示法。

1. 多线表示法

每根连接线或导线各用一条图线表示的方法，称为多线表示法。图1-28所示是用多线表示法表示电动机正、反转控制的主电路，是电气原理图最常采用的表示法。

2. 单线表示法

两根或两根以上的连接线或导线只用一条线表示的方法，称为单线表示法。图1-29所示是用单线方法表示的电动机正、反转控制的主电路。单线表示法适用于三相电路和多线基本对称电路，不对称部分应在图中说明，如图1-29中在KM_2接触器触点前加了L_1、L_3导线互换标记。

3. 混合表示法

一个图中，一部分采用单线表示法，一部分采用多线表示法，称为混合表示法。在使用混合表示法时，三相和基本对称的电路部分可采用单线表示，非对称和要求精确描述的电路应采用多线表示法。图1-30所示是用混合表示法绘制的电动机星形—三角形切换主电路。

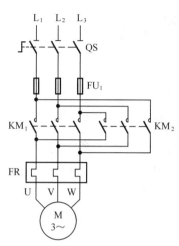

图 1-28　多线表示法示例

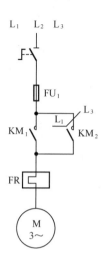

图 1-29　单线表示法示例

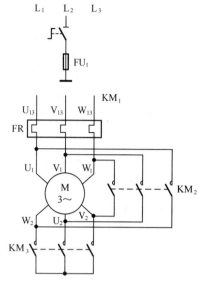

图 1-30　混合表示法示例

1.4 电气符号

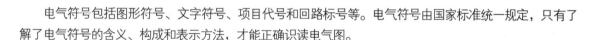

电气符号包括图形符号、文字符号、项目代号和回路标号等。电气符号由国家标准统一规定，只有了解了电气符号的含义、构成和表示方法，才能正确识读电气图。

1.4.1 图形符号

在电气工程图样和技术文件中，图形符号就是一种图形、记号或符号，既可以用来代表电气工程中的实物，也可以用来表示电气工程中与实物对应的概念。文字符号是表示电气设备、装置、电器元件的名称、状态和特征的字符代码，可以作为图形符号的补充说明或标记。只有正确、熟练地掌握、理解各种电气图形符号和文字符号所表示的意义才能正确、全面、快速地阅读电气图。

1. 图形符号的组成

图形符号通常由基本符号、一般符号、符号要素和限定符号四部分组成。

基本符号。基本符号用来说明电路的某些特征，不表示单独的元件或设备。例如，"N"代表中性线，"+""−"分别代表正、负极。

① 符号要素。符号要素是具有确定含义的简单图形，它必须和其他图形符号组合在一起才能构成完整的符号。例如，电子管类元件有管壳、阳极、阴极和栅极四个符号要素，如图 1-31（a）所示，这四个要素可以组合成电子管类的二极管、三极管和四极管等，如图 1-31（b）所示。

② 一般符号。一般符号用来表示一类产品或此类产品特征，其图形往往比较简单。图 1-32 所示为一些常见的一般符号。

③ 限定符号。限定符号是一种附加在其他图形符号上的符号，用来表示附加信息（如可变性、方向等）。限定符号一般不能单独使用，使用限定符号使得图形符号可表示更多种类的产品。一些限定符号的应用示例如图 1-33 所示。

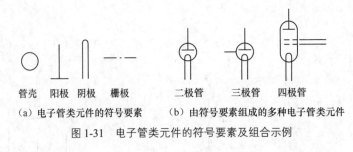

(a) 电子管类元件的符号要素　　(b) 由符号要素组成的多种电子管类元件

图 1-31　电子管类元件的符号要素及组合示例

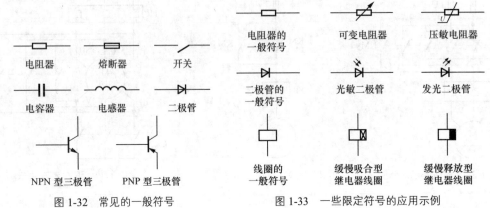

图 1-32　常见的一般符号　　　　　图 1-33　一些限定符号的应用示例

2. 图形符号的分类

根据表示的对象和用途不同，图形符号可分为两类：电气图用图形符号和电气设备用图形符号。电气图用图形符号是指用在电气图纸上的符号，而电气设备用图形符号是指在实际电气设备或电气部件上使用的符号。

（1）电气图用图形符号

电气图用图形符号是指用在电气图纸上的符号。电气图形符号种类很多，国家标准 GB/T 4728.2—2018 将电气简图用图形符号分为 11 类：①导体和连接件；②基本无源元件；③半导体管和电子管；④电能的发生和转换；⑤开关、控制和保护器件；⑥测量仪表、灯和信号器件；⑦电信：交换类和外围设备；⑧电信：传输；⑨建筑安装平面布置图；⑩二进制逻辑元件；⑪模拟元件。

（2）电气设备用图形符号

电气设备用图形符号主要标注在实际电气设备或电气部件上，用于识别、限定、说明、命令、警告和指示等。国家标准 GB/T 5465.2—2008 将电气设备用图形符号分为 6 部分：①通用符号；②广播电视及音响设备符号；③通信、测量、定位符号；④医用设备符号；⑤电化教育符号；⑥家用电器及其他符号。

1.4.2　文字符号

文字符号用于表示元件、装置和电气设备的类别名称、功能、状态及特征，一般标在元件、装置和电气设备符号之上或附近。电气系统中的文字符号分为基本文字符号和辅助文字符号。

1. 基本文字符号

基本文字符号主要表示电气设备、装置和电器元件的种类名称，分为单字母符号和双字母符号。

（1）单字母符号

单字母符号用拉丁字母将各种电器设备、装置、电器元件划分为 23 大类（其中"I""O"容易阿拉伯数字"1""0"混淆，不允许使用。字母"J"也未采用）。每大类用一个大写字母表示。对标准中未列入大类分类的各种电器元件、设备，则可用字母"E"来表示。

（2）双字母符号

双字母符号由一个表示大类的单字母符号与另一个字母组成，组合形式以单字母符号在前，另一字母（通常选用该类设备、装置和元器件的英文名称的首字母，或常用缩略语及约定俗成的习惯字母）在后的次序标出。例如"G"表示电源类，"GB"表示蓄电池，"B"为蓄电池的英文名称"Battery"的首字母。

2. 辅助文字符号

电气设备、装置和电器元件的种类名称用基本文字符号表示，而辅助文字符号是用以表示电气设备、装置和元器件已经显露的功能、状态和特征，通常也是由英文单词的前 1、2 位字母构成，也可采用缩略语和约定俗成的习惯用法构成，一般不超过 3 位字母。例如，表示"启动"采用"START"的前两位字母"ST"作为辅助文字符号；而表示停止"STOP"的辅助文字符号必须再加一个字母"P"为"STP"。

辅助文字符号也可以放在种类的单字母符号后面组成双字母符号，此时，辅助文字符号一般采用表示功能、状态和特征的英文单词的第一个字母，如"GS"表示同步发电机，"YB"表示制动电磁铁。

某些辅助文字符号本身具有独立、确切的意义，也可单独使用，如"N"表示交流电源中性线，"DC"表示直流电，"AC"表示交流电，"AUT"为自动，"ON"为开启，"OFF"为断开等。

3. 文字符号的使用注意事项

一般情况下，应优先选用基本文字符号、辅助文字符号以及它们的组合。而在基本文字符号中，应优先选取单字母符号。只有在单字母符号不能满足要求时，才选用双字母符号。基本文字符号不能超过两位字母，辅助文字符号不能超过 3 位字母。

辅助文字符号可单独使用，也可将首位字母放在项目种类的单字母符号后面组成双字母符号。

当基本文字符号和辅助文字符号不够用时，可按有关电气名词术语国家标准或专业标准规定的英文术语缩写补充。

文字符号不适用于电器产品型号编制与命名。

文字符号一般标注在电器设备、装置和电器元件的图形符号上或者近旁。

1.4.3 项目代号

在电气系统中，项目是可以用一个完整的图形符号表示的、可单独完成某种功能的、构成系统的组成成分。它包括子系统、功能单元、组件、部件和基本元件等。如电阻器、连接片、集成电路、端子板、继电器、发电机、放大器、电源装置、开关设备等都可称为项目。但不可分离的附件、不能单独完成某种功能的部件等不能作为项目。

一个电气系统从设计、制造、供货、安装到运行，需要各种各样的图纸和电气文件。在各种图纸和文件中需要对系统所包含的各个项目进行标示，就必须给各个项目进行编号，项目的编号称为项目的代号。

在系统中，每个项目的代号必须是唯一的，从而不会造成混乱或混淆。为了保证项目代号的唯一性，项目代号必须按照一定的规划进行划分或分配。项目代号的划分一般是将系统分成多个层次，并按照层次进行划分的。

项目代号是用以识别图、图表、表格中和设备上的项目种类，并提供项目的层次关系、种类、实际位置等信息的一种特定的代码，是电气技术领域中极为重要的代号。由于项目代号是以一个系统、成套装置或设备的依次分解为基础来编定的，建立了图形符号与实物间的一一对应关系，因此可以用来识别、查找各种图形符号所表示的电器元件、装置、设备以及它们的隶属关系、安装位置。

此外，一个系统虽然是电气系统，但却不可避免地要与其他类型的系统发生关系。例如，一个电气系统可包含机械结构，这些机械结构也是项目，在图纸和文件中也需要通过代号进行表示。因此，项目代号是一个结构复杂的代码系统。

项目代号由拉丁字母、阿拉伯数字和特定的前缀符号按一定规则组合而成。例如，某照明灯的项目代号为"=S3+301–E3：2"，表示 3 号车间变电所 301 室 3 号照明灯的第 2 个端子。

一个完整的项目代号包括 4 个代号段，分别是：①高层代号（第 1 段，前缀为"="）；②位置代号（第 2 段，前缀为"+"）；③种类代号（第 3 段，前缀为–）；④端子代号（第 4 段，前缀为：）。图 1-34 所示为某 10kV 线路过流保护项目的项目代号结构、前缀符号及其分解图。

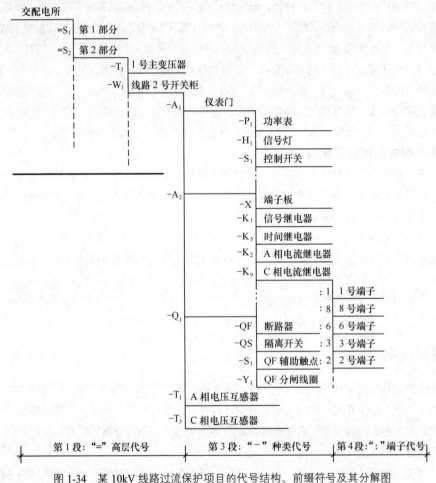

图 1-34　某 10kV 线路过流保护项目的代号结构、前缀符号及其分解图

1. 高层代号

高层代号是指系统或项目中任何较高层次的代号。对代号所定义的项目来说，高层代号用于表示该给定代号项目的隶属关系。比如说，将我家书房的电脑桌作为一个项目，电脑桌的项目代号中的"高层代号"就是"书房"。

高层代号的前缀符号"="为一个等号，其后面的字符代码由字母和数字组合而成。高层代号的字母代码可以按习惯自行确定。但设计人员应在电气图的施工图设计阶段，将自行确定的字母代码列表加以说明，作为设计说明中的一个内容提供给施工单位和建设单位，以利读图。高层代号可以由两组或多组代码复合而成，复合时要将较高层次的高层代号写在前。例如，"我家"用 W_1 代码表示，"书房"用 S_2 代码表示，则"我家书房的电脑桌"的高层代号可表示为："=W_1=S_2"，说明这台电脑桌是"=W_1=S_2"的一个项目，或是"我家书房的"一个项目。"=W_1=S_2"表示的意思就是"我家书房的"意思。由于我家的层次比书房的层次高,所以我家的代码 W_1 在书房代码 S_2 的前面。在多层次的项目中,高层代号的前缀符号可以合并,只在前面使用一个前缀符号即可。如上面的"=W_1=S_2",可以简化为"=W_1S_2"。

2. 位置代号

位置代号是用于说明某个项目在组件、设备、系统或者建筑物中实际位置的一种代号。这种代号不提供项目的功能关系。位置代号的前缀符号是一个加号"+",其后面的字符代码可以是字母或数字,或者是字母与数字的组合。位置代号的字母代码也可自行确定。

图 1-35 所示为某企业中央变电所 203 室的中央控制室,内部有控制屏、操作电源屏和继电保护屏共 3 列,各列用拉丁字母表示,每列的各屏用数字表示,位置代号由字母和数字组合而成。例如,B 列 6 号屏的位置代号"+B+6",全称表示为"+203+B+6",可简单表示为"+203B6"。

3. 种类代号

种类代号是用来识别项目种类的代号。在项目分类时,将各种电气元件、器件、设备、装置等根据其结构和在电路中的作用进行分类,相近的应归为同类。种类代号是整个项目代号的核心部分。

种类代号的前缀及其后面的代码有下面几种表示方式。

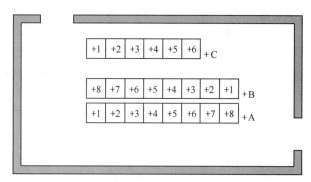

图 1-35 位置代号说明示例

① 字母+数字表示。这是最常用、最容易理解的一种表示方法,如-A_1、-B_3、-R_1 等,代码中的字母应为规定的单字母、双字母或辅助字母符号,通常采用单字母表示。如"-K3",其中"-"为种类代号前缀,"K"表示继电器,"3"表示第 3 个。

② 用顺序数字(1、2、3……)表示。在图中规定每个项目为一个统一的数字序号,同时将这些顺序数字和它所表示的项目列表于图中或其他说明中,如-1、-2、-3 等,在图或其他说明中必须说明-1、-2、-3 等代表的种类。

③ 按不同类分组编号表示。将不同类的项目分组编号,并将编号所代表的项目列表于图中或其他说明中,如电阻器用-11、-12、-13……表示,继电器用-21、-22、-23……表示,信号灯用-31、-32、-33……表示,编号中第 1 个数字 1、2、3 分别表示电阻器类、继电器类和指示灯类,后一个数字表示序号。

④ 对于由若干项目组成的复合项目,其种类代号可采用字母代号与数字表示。例如,某高压开关柜 A_3 第 1 个继电器可表示为"-A_3-K_1",简化表示为"-A_3K_1"。

4. 端子代号

端子代号是指项目上用作同外电路进行电气连接的电器导电端子的代号。端子代号的前缀是一个冒号":",冒号后面一般为用数字表示的端子序号,也可为一个字母与数字的组合。

端子代号的前缀为":",其后面的代码可以是数字,如":1"":2"等,也可以是大写字母,如":A"":B"等,还可以是数字与大写字母的组合,如":$2W_1$"":$2W_2$"等。例如,QF_1 断路器上的 3 号端子可以表示为"-QF_1:3"。

电气接线端子与特定导线(包括绝缘导线)连接时,规定有专门的标记方法。例如,三相交流电器的接线端子若与相位有关,字母代码必须是 U、V、W,并且应与交流电源的三相导线 L_1、L_2、L_3 ——对应。

5. 项目代号的使用

项目代号层次多,排列长,在电气图上标注时没有必要将每个项目的完整代号四段全部标注出来。一一般情况下，项目代号的标注原则是"针对项目，分层说明，适当组合，符合规范，就近注写，有利读图"。"针对项目，分层说明"是针对具体的项目，将属于同一层次项目的高层代号统一进行标注（如在标题栏的上方或技术要求栏内说明）。"适当组合"主要是对位置代号而言，而位置代号主要用在接线图中，可以在需要的时候将位置代号段与高层代号段组合。"就近标注"在表示围框的单元旁或标题栏的上方标注。也就是说，一般项目的代号都不需要位置代号段，层次相同的高层代号段则统一标注。只要标注符合规范，有利于读图就可以了。

在大部分电路图中，通过上述的组合，通常只剩下种类代号段作为项目代号。一般都在项目的图形符号或图框边就近标注，但接线图中要注意尽量避免标注在有端子的连接线或引线的一边，以避免读图时误将种类代号与端子代号组合。如果没有端子的连接线或引线的限制，则项目代号通常标注在所表示的项目的上方或左边。在一些高层次的电气图中，种类代号可与高层代号组合，标注在项目的图形符号或单元的图框近旁。

对于接线图来说，通过上述的组合，项目的代号通常就只剩下端子代号段了。端子代号可以标注在端子符号的近旁；没有专门画出端子符号的，则标注位置应靠近端子所属项目的图形符号旁边。在接线图中，还可将端子代号和种类代号组合，用来表示连接线的本端（在本图中画出的端）或远端（不在本图中而在其他图中画出的端）。标注的方法是将组合后的代号标在连接线的上方，或者在连接线的中断处。

项目代号采用单一代号段标注时，端子代号的前缀"："规定不标出来。其他代号段单独作为项目代号标注时，其前缀既可标出，也可省略不标。但若是采用两个或以上代号段作为项目代号时，一般各代号段的前缀都应该标出来，不能省略。只有这样，才能避免误读。

对于比较简单的电路图，若只需表示电路的工作原理，而不强调电路各组成部分之间的层次关系，则可以在图上各项目附近只标注由种类代号构成的项目代号，如图1-36所示。

图1-37（a）中的开关端子11、12，标注方向以看图方向为准；在有围框的功能单元或结构单元中，端子代号必须标注在围框内，如图1-37（a）围框内的1、2、3等端子；端子板的各端子代号以数字为序直接标注在各小矩形框内，如图1-37（b）中的X_1端子板。

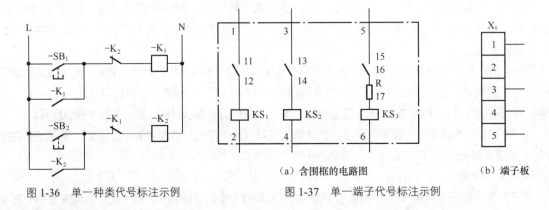

图1-36　单一种类代号标注示例　　　图1-37　单一端子代号标注示例

（a）含围框的电路图　　　　（b）端子板

1.4.4　回路标号

电气图比较大时，一般不能采用一张图纸的版面完全表示。因此，实际电气图纸通常将一个系统分成若干个部分，采用多张图纸分别表示，也就是将一个电气系统分成多个回路，分别在不同图纸上进行绘制。此外，有时考虑到电气图纸版面的要求，也经常将一个电气系统分解成多个回路，并分开绘制在同一张图纸的不同地方。为了便于安装接线和维护检修时读图，需要对每个回路及其元件间的连接线进行标号，以表示各个回路之间的连接关系。电路图中用来标记各种回路的种类和特征的文字或数字标号称为回路标号。回路标号也属于标记的一种，其主要遵循以下原则：

① 回路标号一般是按功能分组，并分配每组一定范围的数字，然后对其进行标号。标号数字一般由三位或三位以下的数字组成，当需要标明回路的相别和其他特征时，可在数字前增注必要的文字符号。

② 回路标号按等电位原则进行，即在电气回路中连于一点的所有导线，不论其根数多少均标注同一个数字；当回路经过开关或继电器触点时，虽然在接通时为等电位，但断开时，开关或触点两侧的电位不等，所以应给予不同的标号。

③ 直流一次回路（即主电路）标号一般可采用三位数字：个位数表示极性，1 为正极，2 为负极。用十位数的顺序区分不同的线段。如电源正极的回路用 1、11、21、31、……顺序标注；电源负极的回路用 2、12、22、32、……顺序标注。百位数（只有采用不同电源供电时才有）用来区分不同供电电源回路。例如：第一个电源的正极回路，按顺序标号为 101、111、121、……；电源负极的回路，按顺序标号为 102、112、122、……。第二个电源的正极回路，按顺序标号为：201、211、221、……；电源负极的回路，按顺序标号为：202、212、222、……。

④ 交流一次回路的标号一般也可采用三位数字：个位数表示相别，A 相为 1，B 相为 2，C 相为 3。用十位数的顺序区分不同的线段。如 A 相回路用 1、11、21、31、……顺序标注；B 相回路用 2、12、22、32、……顺序标注；C 回路用 3、13、23、33、……顺序标注。对于不同电源供电的回路，也可用百位数字的顺序进行区分。

⑤ 直流二次回路（即控制电路或辅助电路）标号从电源正极开始，以奇数顺序 1、3、5、……直至最后一个主要电压降元件（即承受回路电压的主要元件）；然后再从电源负极开始，以偶数 2、4、6、……直到与奇数号相遇。交流二次回路标号从电源的一侧开始，以奇数顺序标到最后一个主要电压降元件；然后再从电源的另一侧开始，以偶数顺序标到与奇数号相遇。

图 1-38 所示是一个电动机控制线路标号示例。三相电源端用 L_1、L_2、L_3 表示，1、2、3 分表示三相电源的相别，由于 QS_1 开关两端属于不同的线段，因此加一个十位数 "1"，这样经电源开关后的标号为 L_{11}、L_{12}、L_{13}。电动机一次回路的标号应从电动机绕组开始，自下而上标号，以电动机 M_1 的回路为例，电动机定子绕组的标号为 U_1、V_1、W_1，在热继电器 FR_1 发热元件另一组线段标号为 U_{11}、V_{11}、W_{11}，再经接触器 KM 触点，标号变为 U_{21}、V_{21}、W_{21}，经过熔断器 FU_1 与三相电源相连，并分别与 L_{11}、L_{12}、L_{13} 同电位，因此不再标号，也可将 L_{11}、L_{12}、L_{13} 改成标号 U_{31}、V_{31}、W_{31}。

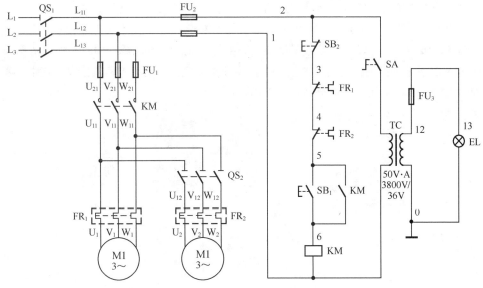

图 1-38　电动机控制线路标号示例

第2章

电工测量电路的识读

电工测量是根据电磁现象的基本规律，用电工仪表对各种电磁量进行测量。电工测量的对象主要是指电流、电压、电功率、电能、相位、频率、功率因数、电阻等。通过对电路各种电参数的测量，可以了解电路的工作情况，便于对电气设备、运行线路进行管理、维护及诊断。测量时，根据需要测量的参数选用合适的电工仪表，并将仪表正确接入电路中测量电路的各种电参数。

2.1 电流和电压测量电路的识读

2.1.1 电流测量电路

电流表是根据通电导体在磁场中受磁场力的作用而制成的，由于磁场力的大小随电流增大而增大，所以就可以通过指针的偏转程度来观察电流的大小。

1. 直流电流表

（1）指针式直流电流表

指针式直流电流表多为磁电式仪表，磁电式表头直接串入电路，因动圈导线很细，负载电流通过游丝，所以表头只允许通过小电流，一般为几十微安到几十毫安。测量较大电流时，须将测量机构并联分流器来扩大电流表量程，分流器是用来扩大电流量程用的定值低电阻，通常和电流表或者检流计的动圈并联，当直流电流流过分流器，分流器两端产生毫伏级直流电压信号，使并联接在该分流器两端的计量表指针摆动，该读数就是该电路中的电流值。分流器有内附和外附两种形式。测量电流在50A以下采用内附分流器，大于50A采用外附分流器。电流表串联接在电路中，要注意直流电流表的极性。直流电流的测量电路如图2-1所示。

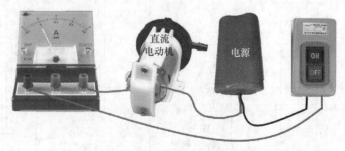

图 2-1　直流电流的测量电路

（2）数字式直流电流表

数字式直流电流表如图 2-2 所示。数字式直流电流表是一种利用模数转换原理测量电流电压值，并以数字形式显示测量结果的数字式仪表，具有变送、LED 显示和数字接口等功能。它主要对电气线路中的直流电流进行实时测量、显示和监控，具有测量精度高、稳定性好、读数直观、抗干扰能力强等特点；主要应用于电力控制系统、能源管理系统、变电站自动化、配电自动化、小区电力监控、电气开关柜、配电室及工业自动化等领域；被广泛应用于太阳能光伏、蓄电池、直流屏、电镀、通信电源、电动汽车充电桩、直流电动工具等工业应用场合。

数字式直流电流表测量时主要根据将被测电流分流的原理来测量，10A 以下的电流多采用内附分流器，测量更大的电流值，一般采用专用分流器。数字式直流电流表是把电子技术、计算技术、自动化技术的成果与精密电测量技术密切结合在一起，成为仪器、仪表领域中独立而完整的一个分支。数字式直流电流表是建立在数字电压表的基础上，让电压表与电阻串联，其显示的是电流，数字电压表是把连续的模拟量（直流输入电压）转换成不连续、离散的数字形式，并加以显示的仪表。

图 2-2　数字式直流电流表

2. 交流电流表

交流电流表主要采用电磁系电流表、电动系电流表和整流式电流表的测量机构，外形如图 2-3 所示。

图 2-3　交流电流表

电磁系电流表测量机构的最低量程为几十毫安，为提高量程，要按比例减少线圈匝数，并加粗导线。用电动系测量机构构成电流表时，动圈与静圈并联，其最低量程为几十毫安，为提高量程，要减少静圈匝数，并加粗导线，或将两个静圈由串联改为并联，则电流表的量程将增大一倍。用整流式电流表测交流电流时，仅当交流为正弦波形时，电流表读数才正确。图 2-4（a）所示为直流电流的测量接线图，而交流电流的测量接线如图 2-4（b）和图 2-4（c）所示。

在电力系统中使用的大量程交流电流多是 5A 或 1A 的电磁系电流表，并配以适当电流变比的电流互感器。例如：设备为一台 30kW 的电动机，额定电流为 60A 左右，此时要选择 75/5A 电流互感器，则电流表的量程为 0 ～ 75A，75/5A 的电流表。利用电流互感器间接测量一相交流电流的电路如图 2-5 所示，利用电流互感器间接测量三相交流电流的电路如图 2-6 所示。

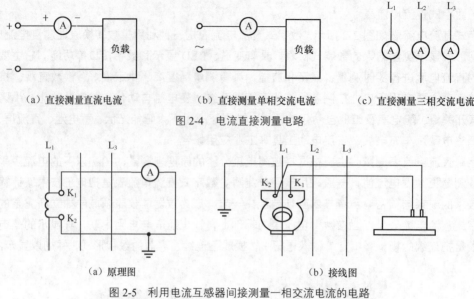

（a）直接测量直流电流　　　　（b）直接测量单相交流电流　　　　（c）直接测量三相交流电流

图 2-4　电流直接测量电路

（a）原理图　　　　　　　　　　　（b）接线图

图 2-5　利用电流互感器间接测量一相交流电流的电路

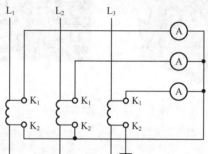

图 2-6　利用电流互感器间接测量三相交流电流的电路

3. 交流电流表的选择和使用注意事项

（1）类型的选择。当被测量是直流时，应选直流表，即磁电系测量机构的仪表。当被测量是交流时，应注意其波形与频率。若为正弦波，只需测出有效值即可换算为其他值（如最大值、平均值等），采用任意一种交流表即可；若为非正弦波，则应区分需测量的是什么值，有效值可选用磁系或铁磁电动系测量机构的仪表，平均值则选用整流系测量机构的仪表。电动系测量机构的仪表常用于交流电流和电压的精密测量。

（2）准确度的选择。因仪表的准确度越高，价格越贵，维修也较困难；若其他条件不匹配，高准确度等级的仪表不一定能得到准确的测量结果。因此，在选用准确度较低的仪表可满足测量要求的情况下，就不要选用高准确度的仪表。通常 0.1 级和 0.2 级仪表作为标准表选用；0.5 级和 1.0 级仪表作为实验室测量使用；1.5 级以下的仪表一般作为工程测量选用。

（3）量程的选择。要充分发挥仪表准确度的作用，还必须根据被测量电流的大小，合理选用仪表量限，如选择不当，其测量误差会很大。一般使仪表对被测量的指示大于仪表最大量程的 1/2~2/3，而不能超过其最大量程。

（4）内阻的选择。选择仪表时，还应根据被测阻抗的大小来选择仪表的内阻，否则会带来较大的测量误差。因内阻的大小反映仪表本身功率的消耗，所以，测量电流时，应选用内阻尽可能小的电流表。

（5）正确接线。测量电流时，电流表应与被测电路串联。测量直流电流和电压时，必须注意仪表的极性，应使仪表的极性与被测量对象的极性一致。

（6）大电流的测量。测量大电流时，必须采用电流互感器。量程应与互感器二次的额定值相符，一般电流为5A。

（7）量程的扩大。当电路中的被测量电流超过仪表的量程时，可采用外附分流器或分压器，但应注意其准确度等级应与仪表的准确度等级相符。

（8）仪表的使用环境要符合要求，远离外磁场。

（9）注意极性：测量直流电流时，要注意正、负极性的接法。直流表的接线柱旁标有"+""−"符号，电流从"+"流进，表针正向偏转。反之，表针反向偏转，不能读数，且易损坏指针。

4. 钳形电流表

（1）钳形电流表的工作原理

用普通电流表测量电流时，通常需要将电路切断停机后才能将电流表接入电路进行测量，这是很麻烦的，有时正常运行的电动机不允许这样做。使用钳形电流表可以在不切断电路的情况下测量电流，如图 2-7 所示。其工作原理如下。

穿过铁芯的被测电路导线就成为电流互感器的一次线圈，其中通过的电流便在二次线圈中感应出电流。从而使与二次线圈相连接的电流表有指示，测出被测电路的电流。钳形表可以通过转换开关的拨挡，更换不同的量程。但拨挡时不允许带电进行操作。钳形表的准确度一般不高，通常为 2.5~5 级。为了使用方便，表内还有不同量程的转换开关可供测量不同等级电流以及电压。

（2）钳形表选型及注意事项

① 正确选择表的量程。测量前先估量被测电流的大小，将转换开关拨到正确的量程，或由大量程到小量程试测，直到转换开关拨到适当位置为止。在更换量程时，应在不带电情况下进行，以免损坏仪表。

图 2-7　钳形电流表

② 测量时，应使被测导线放在钳口的中央，以免发生误差。钳口两个面应接合良好，如有杂声，可将钳口重新开合一次，钳口有污垢，可用汽油擦净。

③ 每次测量后，要把调节电流量程的转换开关拨至最高挡位，防止下次使用时，因未选择量程就进行测量而损坏仪表。

④ 测量 5A 以下电流时，为了测量的准确性，在条件允许的情况下，可将被测量导线多绕几匝放进钳口进行测量，将读取的电流值除以匝数，即得实际电流。

⑤ 不得测量无绝缘的导线。

⑥ 测量中，操作人员应注意与带电部位的安全距离，以防触电或发生短路。高压设备不能直接使用钳形表，必须使用相应绝缘等级的绝缘杆辅助，才能进行测量。

⑦ 钳形表的钳口必须保持清洁、干燥。

2.1.2　电压测量电路

在电子测量领域中，电压是基本参数之一。许多电参数，如增益、频率特性、电流、功率调幅度等都可视为电压的派生量。各种电路工作状态，如饱和、截止等，通常都以电压的形式反映出来。

很多测量仪器都用电压来表示。因此，电压的测量是许多电参数测量的基础。电压测量有两种方法：直接测量法和间接测量法。低电压适合用直接测量法测量，高电压适合用间接测量法测量。

1. 电压表工作原理

电压表和电流表都是根据一个原理——电流的磁效应制作的，电流越大，所产生的磁力越大，电压表和电流表上的指针的摆幅越大。电压表内有一个磁铁和一个导线线圈，通过电流后，会使线圈产生磁场，这样线圈通电后在磁铁的作用下旋转，这就是电压表的表头部分。这个表头所能通过的电流很小，两端所能承受的电压也很小（远小于 1V），为了能测量实际电路中的电压，需要给这个电压表串联一个比较大的电阻，做成电压表。这样，即使两端加上比较大的电压，表头上的电压也会很小了，因为大部分电压都作用在串联的大电阻上了。因此，电压表是一种内部电阻很大的仪器，一般应该大于几千欧，这样改造后，当电压表再并联到电路中时，由于电阻的作用，加在电压表两端的电压绝大部分被这个串联的电阻分担了，所以通过电压表的电流实际上很小，所以就可以正常使用了。

2. 电压直接测量电路

在直接测量电压时，需要将电压表直接并联接在电路中，测量直流电压要选择直流电压表，测量交流电压则要选择交流电压表。直流电压表和交流电压表如图 2-8 所示，直流电压和交流电压直接测量电路如图 2-9 所示，电压表要并联接在电路中。利用交流电压表测量三相交流电的线电压和相电压的电路如图 2-10（a）和图 2-10（b）所示。

（a）直流电压表

（b）交流电压表

图 2-8　电压表

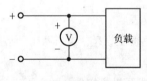
（a）直流电压的直接测量

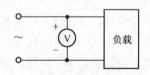
（b）交流电压的直接测量

图 2-9　电压直接测量电路

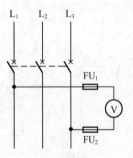
（a）测线电压

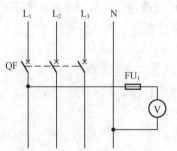
（b）测相电压

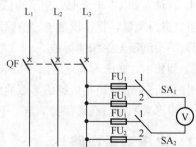
（c）利用一台交流电压表测量三相电压

图 2-10　利用交流电压表测量交流电压的电路

如果不需要长时间随时监视电路的电压大小，也可以使用万用表的电压挡来直接测量电路中的电压值。

3. 电压间接测量电路

间接测量电压法适合测量高电压交流电路中的电压，在间接测量电压时，要用到电压互感器。

（1）电压互感器

电压互感器是一种能将交流电压升高或降低的器件，如图 2-11 所示。

电压互感器由两组线圈绕在铁芯上构成，一组线圈（称作一次绕组，其匝数为 U_1）并联接在电源线上，另一组线圈（称作二次绕组，其匝数为 N_2）接有一个电压表。当电源电压加到一次绕组时，该绕组产生磁场，磁场通过铁芯穿过二次绕组，二次

图 2-11　电压互感器

绕组两端即产生电压。电压互感器的一次绕组电压 U_1 与二次绕组电压 U_2 有下面的关系：

$$\frac{U_1}{U_2} = \frac{N_1}{N_2}$$

从上面的式子可以看出，电压互感器绕组两端的电压与匝数成正比，即匝数多的绕组两端的电压高，匝数少的绕组两端电压低，N_1/N_2 称为变压比。

（2）电压间接测量电路实例

电压互感器与电压表配合可以间接测量交流电压的大小；由于电压互感器无法对直流进行变压，故不能用电压互感器来间接测量直流电压。使用电压互感器后，被测高压的实际值=电压表的指示值×电压互感器的变压比。

利用电压互感器间接测量三相交流电线电压的电路如图 2-12 所示，如果电压互感器的变压比 $N_1/N_2=100$，电压表测得的电压值 U_2 为 100V，那么线路的实际电压值 $U_1=U_2$（N_1/N_2）=10000V。

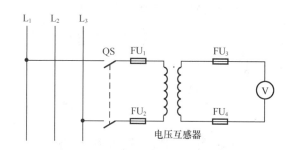

图 2-12　利用电压互感器间接测量三相交流电线电压的电路

2.2 功率和功率因数测量电路的识读

2.2.1 功率的类型与基本测量方法

1. 功率表的类型

功率表是用来测量电功率的电工仪表。功率表可分为单相功率表和三相功率表，大多采用电动式测量机构。

电动式功率表与电动式电流表、电压表的不同之处在于：固定线圈和可动线圈不是串联起来构成一条支路，而是分别将固定线圈与负载串联，将可动线圈与附加电阻串联后再并联接至负载。由于仪表指针的偏转角度与负载电流和电压的乘积成正比，故可测量负载的功率。

2. 有功功率、无功功率和功率因数

功率分为有功功率和无功功率。在直流电路中，直流电源提供的功率全部为有功功率。在交流电路中，若用电设备为纯电阻性的负载（如白炽灯、电热丝），则交流电源提供给它的全部为有功功率 P，可用 $P=UI$ 计算；若用电设备为感性类负载，如电动机，则交流电源除了提供有功功率使之运转外，还会为它提供无功功率，无功功率是不做功的，被浪费掉。交流电源为感性类（或容性类）负载提供的总功率称为视在功率 S，可用 $S=UI$ 计算，视在功率 S 由有功功率 P 和无功功率 Q 组成，其中有功功率做功，无功功率不做功。

有功功率与视在功率的比值称为功率因数，用 $\cos\phi$ 表示，$\cos\phi=P/S$。三相交流异步电动机在额定负载时的功率因数一般为 $0.7\sim0.9$，在轻载时其功率因数就更低了。设备的功率因数越低，就意味着设备对电能的实际利用率越低。为了减少电动机浪费的无功功率，应选用合适容量的电动机，避免用"大牛拉小车"或让电动机空载运行。另外，在设备两端并联电容可以减少感性类设备浪费的无功功率，提高设备的功率因数。

3. 功率的伏安测量法

功率等于电压和电流的乘积，要测量功率就必须测量电压值和电流值。用电压表和电流表测量功率的两种测量电路如图 2-11 所示，若负载电阻 R_L 远小于电压表内阻 R_V，则电压表的分流可忽略不计，即大功率负载（R_L 阻值小）采用图 2-13（a）所示的测量电路测得的功率更准确；若负载电阻 R_L 远大于电流表内阻 R_A，则电流表的压降可忽略不计，即小功率负载（R_L 阻值大）应采用图 2-13（b）所示的测量电路，测得电压值 U 和电流值 I 后，再计算 $U\times I$ 即得功率值。

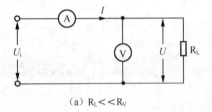 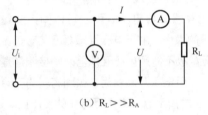

（a）$R_L\!<\!<\!R_V$　　　　　　　　　　　　　　（b）$R_L\!>\!>\!R_A$

图 2-13　用电压表和电流表测量功率的两种测量电路

2.2.2　单相和三相功率测量电路

功率分为有功功率和无功功率。测量有功功率使用有功功率表，如图 2-14 所示，有功功率的单位为 W、kW、MW；测量无功功率使用无功功率表，如图 2-15 所示，无功功率的单位为 var（乏）、kvar、Mvar。有功功率和无功功率的测量电路基本相同，区别在于所用仪表不同。下面以有功功率测量电路为例来介绍功率的测量。

图 2-14　有功功率表　　　　　　　　　图 2-15　无功功率表

1. 单相功率测量电路

（1）功率直接测量电路

单相功率的直接测量电路如图 2-16 所示。在功率表的电流线圈的一端和电压线圈的一端标有"*"

标记。接线时必须将标有"*"号的电流端钮接至电源的一端，而另一个电流端钮接至负载端，这时电流线圈是串联接在电路中；标有"*"号的电压端钮可以接至电流端钮的任一端，而另一个电压端钮则应该接至负载的另一端，功率表的电压线圈是并联接在电路中的。大功率负载（R_L 阻值小）适合用图 2-16（a）所示的测量电路来测量功率，小功率负载（R_L 阻值大）适合采用图 2-16（b）所示的测量电路来测量功率。

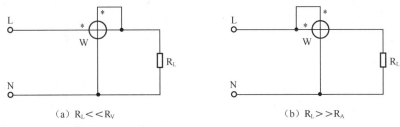

（a）$R_L \ll R_V$ （b）$R_L \gg R_A$

图 2-16　用功率表直接测量功率的两种测量电路

（2）功率间接测量电路

单相功率的间接测量电路如图 2-17 所示，图 2-17（a）使用了电压互感器，其实际功率值为功率表指示值与电压互感器变压比的乘积；图 2-17（b）使用了电流互感器，其实际功率值为功率表指示值与电流互感器变流比的乘积。

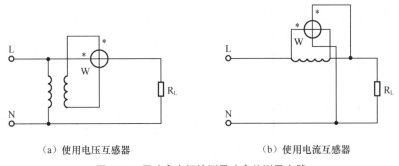

（a）使用电压互感器   （b）使用电流互感器

图 2-17　用功率表间接测量功率的测量电路

2. 三相功率测量电路

三相功率测量电路有三种类型：一表法、两表法和三表法。

（1）一表法功率测量电路

一表法功率测量电路如图 2-18 所示，当三相负载对称时，各相负载所消耗的功率相同，可用一只单相功率表测量三相有功功率，三相交流电功率为功率表指示值的 3 倍。

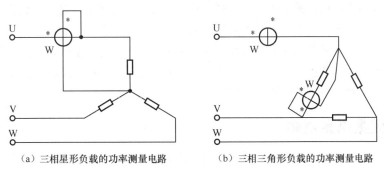

（a）三相星形负载的功率测量电路   （b）三相三角形负载的功率测量电路

图 2-18　一表法功率测量电路

（2）两表法功率测量电路

两表法功率测量电路如图2-19所示，在三相三线制交流电路中，不论负载是否对称，都可以用两只单相功率表测量有功功率，三相有功功率为两只单相功率表指示值之和。

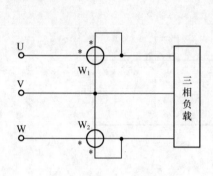

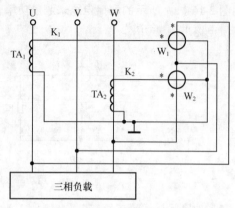

（a）两表直接测量三相功率的电路　　　　（b）两表配合电流互感器测量三相功率的电路

图2-19　两表法功率测量电路

（3）三表法功率测量电路

三表法功率测量电路如图2-20所示。三相四线制交流电路中负载不对称时，可采用三只单相功率表，分别测量各相的有功功率，测得的各相功率之和就是三相交流电路实际的有功功率。

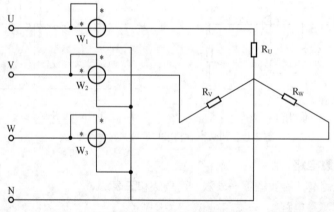

图2-20　三表法功率测量电路

3. 功率表的使用注意事项

（1）正确选择电流、电压的量限：选择时，除了要注意测量功率的量限，也要注意电流、电压量限的选择。要保证电压、电流量限都能承受负载电压、电流。

（2）正确接线：根据要测电路接线制及负载电阻大小，正确选择接线方法。

（3）在交流电路中，测量高电压、大电流时，应配用电压、电流互感器，实际功率应用功率表的读数乘以电流互感器和电压互感器的变比值。

2.2.3　功率因数测量电路

功率因数（Power Factor）是衡量电气设备效率高低的一个系数。它的大小与电路的负荷性质有关，如白炽灯泡、电阻炉等电阻负荷的功率因数为1，一般具有电感性负载的电路功率因数都小于1。

功率因数低，说明无功功率大，从而降低了设备的利用率，增加了线路供电损失。在电路中安装无功补偿设备（如并联电容器）可以提高功率因数，从而减少无功功率。利用功率因数表能测出电路的功率因数大小，然后以此值作为选择合适无功补偿设备的依据。

功率因数表如图 2-21 所示。功率因数测量电路如图 2-22 所示，功率因数表有三个电压接线端和两个电流接线端，标*号的电压和电流接线端都应接同一相电源，并且标*号的电流接线端应接电流进线。功率因数既然表示了总功率中有功功率所占的比例，显然在任何情况下功率因数都不可能大于 1。$\cos \phi = 1$ 时，即交流电路中电压与电流同相位时，有功功率等于视在功率，负载为纯阻性。$\cos \phi < 1$ 时，功率因数表指针若往逆时针方向偏转（超前），负载为容性；功率因数表指针若往顺时针方向偏转（滞后），负载为感性。电网中引起功率因数 $\cos \phi < 1$ 的绝大多数是感性类负载（如电动机），为了提高功率因数，可在电路中并联补偿电容，如图 2-22（b）所示。

图 2-21 功率因数表

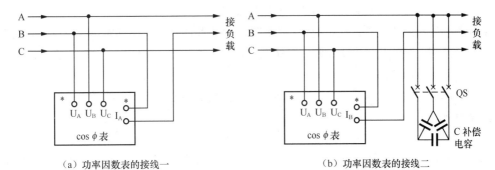

（a）功率因数表的接线一　　　　　　　　（b）功率因数表的接线二

图 2-22 功率因数测量电路

2.3 电能测量电路的识读

电能测量使用电能表，电能表又称电度表，它是测量在某一段时间内，负载消耗电能的量。它可分为单相和三相及有功、无功电表，其接入方式有直接和经互感器接入式两种。

2.3.1 电能表的结构与原理

根据工作方式不同，电能表可分为机械式（又称感应式）和电子式两种。电子式电能表是利用电子电路驱动计数机构来对电能进行计数的，而机械式电能表是利用电磁感应产生力矩来驱动计数机构对电能进行计数的。机械式电能表由于成本低、结构简单而被广泛应用。

单相电能表（机械式）的外形如图 2-23 所示。它的主要组成部分如下。

（a）外形

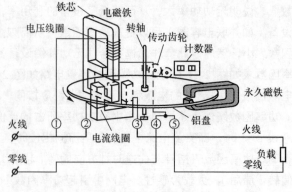

（b）内部结构

图 2-23　单相电能表（机械式）

（1）驱动元件：指产生电磁转动力矩的元件，由铁芯、电压线圈、电流线圈等组成。铁芯由硅钢片叠成；电压线圈由匝数很多而截面较小的细绝缘导线绕成的，它与负载并联；电流线圈由匝数较少而截面较大的绝缘粗导线绕成的，它与负载串联。电压线圈和电流线圈产生 3 个交变磁通，都穿过铝盘，故称"三通式"仪表。3 个磁通在铝盘内感应产生各自的涡流，并与磁通作用产生转动力矩，驱动铝盘转动。

（2）转动元件：由铝盘和转轴组成。在转轴上装有传递转速的蜗杆，铝盘在转动力矩的作用下连续转动，并通过蜗杆将铝盘转数传递给计数器记录。

（3）制动元件：为使得铝盘在不同转动力矩下产生不同的转速，必须对铝盘有一个与速度成一定比例的制动力矩。制动元件由磁铁和铝盘组成，铝盘在永久磁铁磁场中转动，产生阻尼力矩，铝盘转动越快，阻尼力矩越大。

（4）积算机构：用于积算铝盘的转数，达到指示负载消耗电能量的目的。由转轴上的蜗杆、蜗轮及计数器组成。

另外，电度表还有校正装置、接线端子、轴承、支架等。

三相电度表有两元件和三元件两种形式。两元件三相电度表由两只单相电度表组成，铝盘有两个或一个两种形式，只有一个积算机构读出三相总电能，适用于三相三线制电能的测量。三元件三相电度表由三只单相电度表组成，铝盘有三个或一个两种形式，也只有一个积算机构，适用于三相四线制电能的测量。

2.3.2　单相有功电能表的测量电路

将单相有功电能表连接在单相 220V 交流电路中，对单相负载消耗的电能进行测量，这种接线方式称为直入式连线方式。单相有功电能表的直入式连接方式一般分为跳入式接线和顺入式接线两种。图 2-24 所示为单相有功电能表跳入式接线。

跳入式接线方式的特点是电能表的 1、4 号端子与电源连接，3、5 号端子与负载连接。顺入式接线

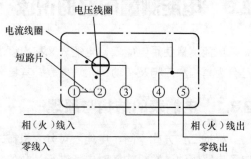

图 2-24　单相有功电能表跳入式接线

方式的特点是，按电能表端子号依次顺序连接，即 1、3 号端子与电源连接，4、5 号端子与负载连接。

当被测电路中的电流很大，而电能表的额定电流不能满足要求时，可以采用配电流互感器的方法进行测量。单相有功电能表带电流互感器的接线如图 2-25（a）所示。这时电能表的电流线圈不再串联在负载回路中，而是与电流互感器的二次绕组连接，电流互感器的一次绕组就是被测量的负载线（电源线）。要特别注意的是，电流互感器的两绕组的同名端和电能表两个线圈的同名端的接法不能搞错，否则可能使电能表反转。

当测量高压线路的电能时，不仅电能表的电流线圈需通过电流互感器连接，而且电压线圈也需通过电压互感器连接，如图 2-25（b）所示。

单相有功电能表测量接线的要求如下。

（1）接线前，检查电能表的型号、规格是否与负载相适应。电能表的额定电压应不低于电源电压，额定电流应不小于负载电流。配电流互感器时，应不小于互感器一次负载电流。

（2）电能表的连接导线必须使用单股绝缘铜线，电流回路导线的截面面积不小于 $2.5mm^2$，电压回路导线的截面面积不小于 $1.5mm^2$。

（3）连接电能表与其他导线中间不允许有接头。

（4）零线要从电能表的一个端子接入，再从另一个端子接出。

（5）开关、熔断器应接在电能表的负载端。

（6）接线时，要注意电能表的极性，即标有"*"的电压线圈和电流线圈必须接到电源的相线上。

（7）配电流互感器的接线，要将电流互感器的 K_2 端与地连接。

（8）电能表所有接线端子与导线连接的压接螺钉要拧紧，导线端头要有清楚明显的编号。

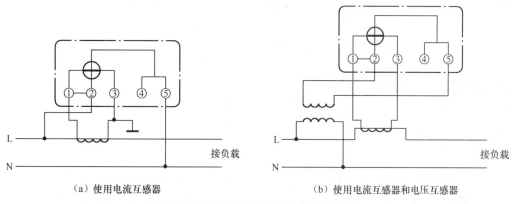

（a）使用电流互感器 （b）使用电流互感器和电压互感器

图 2-25　单相有功电能表的间接测量电路

2.3.3　三相有功电能的测量电路

三相有功电能表可分为三相两元件有功电能表和三相三元件有功电能表，两元件有功电能表内部有两个测量元件，适合测量三相三线制电路的有功电能，常称为三相三线制有功电能表；三元件有功电能表内部有三个测量元件，适合测量三相四线制电路的有功电能，常称为三相四线制有功电能表。

三相三线制有功电能表的外形如图 2-26 所示，图 2-26（a）为电子式三相三线制有功电能表，其内部采用电子电路来测量电能，不需要铝盘；图 2-26（b）为机械式三相四线制有功电能表，其面板有铝盘窗口。

（a）电子式三相三线制有功电能表　　　（b）机械式三相四线制有功电能表

图 2-26　三相有功电能表的外形

1. 三相两元件有功电能测量电路

三相两元件有功电能测量电路如图 2-27 所示，图 2-27（a）所示为直接测量电路，图 2-27（b）所示为间接测量电路，其实际电能值为电能表的指示值与两个电流互感器变流比的积。

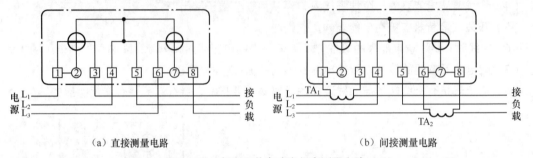

（a）直接测量电路　　　　　　　　　　　　（b）间接测量电路

图 2-27　三相两元件有功电能表测量电路

2. 三相三元件有功电能测量电路

三相三元件有功电能测量电路如图 2-28 所示，图 2-28（a）所示为直接测量电路，图 2-28（b）所示为间接测量电路，其实际电能值为电能表的指示值与三个电流互感器变流比的积。

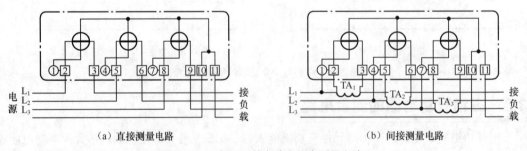

（a）直接测量电路　　　　　　　　　　　　（b）间接测量电路

图 2-28　三相三元件有功电能表测量电路

2.3.4　三相无功电能的测量电路

无功电能表用于测量电路的无功电能，其测量原理较有功电能表略复杂一些。目前使用的无功电能表主要有移相 60° 型无功电能表和附加电流线圈型无功电能表。

1. 移相 60° 型无功电能表的测量电路

移相 60° 型无功电能表的测量电路如图 2-29 所示，它采用在电压线圈上串联接电阻 R 使电压线圈的电压与流过其中的电流成 60° 相位差，从而构成移相 60° 型无功电能表。图 2-29（a）所示为移相 60° 型两元件无功电能表的测量电路，它适合测量三相三线制对称（电压、电流均对称）或简单不对称（电压对称、电流不对称）电路的无功功率；图 2-29（b）所示为移相 60° 型三元件无功电能表的测量电路，它适合测量三相电压对称的三相四线制电路的无功功率。

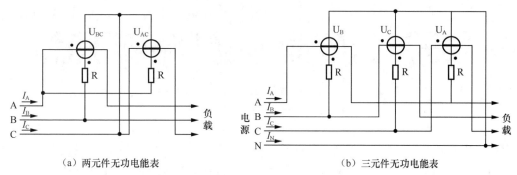

（a）两元件无功电能表　　　　　　　　　（b）三元件无功电能表

图 2-29　移相 60° 型无功电能表的测量电路

2. 附加电流线圈型无功电能表的测量电路

附加电流线圈型无功电能表的测量电路如图 2-30 所示，它适合测量三相三线制对称或不对称电路的无功功率。

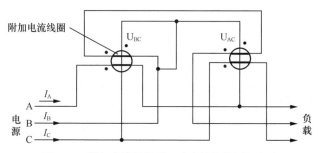

图 2-30　附加电流线圈型无功电能表的测量电路

第3章

照明与动力配电线路的识读

照明与动力工程主要是指建筑内各种照明、动力及其控制装置，以及配电线路和插座等安装工程。照明与动力施工图是电气电工施工安装依据的技术图样，是建筑电气最基本的内容，包括照明与动力供电系统图、照明与动力平面布置图、非标准件安装制作大样图及有关施工说明等。因此，必须熟练掌握照明与动力工程各种图纸的识读知识。本章对照明与动力配电线路的识读进行了详细的介绍，首先介绍了照明与动力配电线路的基础知识，然后以典型电路为例，分析了系统图、平面图的识读和分析过程。

3.1 基础知识

3.1.1 照明灯具的标注

在电气图中，按照国家标准《建筑电气制图标准》GB/T 50786—2012 规定，照明灯具的一般标注格式为：

$$a - b\frac{c \times d \times L}{e}f$$

其中，a 为同类灯具的数量；b 为灯具的具体型号，如表 3-1 所示；c 为每盏灯具的光源数量；d 为光源安装容量；L 为灯具光源类型代号，如表 3-2 所示；e 为灯具的安装高度（灯具底部至地面高度，单位：m）；f 为灯具的安装方式代号，如表 3-3 所示。

表 3-1　灯具的类型代号

灯具名称	符号	灯具名称	符号
普通吊灯	P	工厂一般灯具	G
壁灯	B	荧光灯	Y
花灯	H	隔爆灯	G
吸顶灯	D	水晶灯	J
柱灯	Z	防水防尘灯	F
卤钨探照灯	L	搪瓷灯	S
投光灯	T	万能型灯	W

表 3-2　灯具光源类型代号

电光源类型	符号	电光源类型	符号
钠灯	Na	白炽灯	IN
汞灯	Hg	氖灯	Ne
氙灯	Xe	碘钨灯	I
紫外线灯	UV	发光二极管	LED
荧光灯	FL	弧光灯	ARC

表 3-3　灯具的安装方式代号

序号	名称	符号	英文名称
1	线吊式	SW	Wire suspension type
2	链吊式	CS	Catenary suspension type
3	管吊式	DS	Conduit suspension type
4	壁装式	W	Wall mounted type
5	吸顶式	C	Ceiling mounted type
6	嵌入式	R	Flush type
7	吊顶内安装	CR	Recessed in ceiling
8	墙壁内安装	WR	Recessed in wall
9	支架上安装	S	Mounted on support
10	柱上安装	CL	Mounted on column
11	座装	HM	Holder mounting

例如：

$$10 - F\frac{1 \times 50 \times \text{Na}}{3.5}\text{CS}$$

表示该场所安装 10 盏同类型的灯具（10），灯具具体型号为防水防尘灯（F），每盏灯具中安装一个光源（1），每个光源功率为 50W（50），灯具光源种类为钠灯（Na），灯具安装高度为 3.5m（3.5），采用链吊式安装（CS）。

3.1.2　配电线路的标注

在电气图中，按照国家标准 GB/T50786—2012 规定，配电线路的一般标注格式为

$$a - b - c \times d - e - f$$

其中，a 为线路在系统中的编号（如支路号）；b 为导线型号，如表 3-4 所示；c 为导线的根数；d 为导线的截面面积（单位为 mm^2）；e 为导线的敷设方式和穿管直径（单位为 mm），导线敷设方式如表 3-5 所示；f 为导线的敷设位置，如表 3-6 所示。

表 3-4　导线型号

名称	型号	名称	型号
铜芯橡胶绝缘线	BX	铜芯塑料绝缘线	BV
铜母线	TMY	硬铜线	TJ

名称	型号	名称	型号
裸铝绞线	LJ	铝芯塑料绝缘护套线	BLVV
铜芯塑料绞型软线	RVS	铝芯橡胶绝缘线	BLX
铝芯绝缘线	BLV	铜芯塑料护套线	BVV

表 3-5　导线敷设方式

序号	名称	符号	英文名称
1	电缆托盘敷设	CT	Installed in cable tray
2	电缆梯架敷设	CL	Installed in cable ladder
3	金属槽盒敷设	MR	Installed in metallic trunking
4	塑料槽盒敷设	PR	Installed in PVC trunking
5	钢索敷设	M	Supported by messenger wire
6	直埋敷设	DB	Direct burying
7	电缆沟敷设	TC	Installed in cable trough
8	电缆排管敷设	CE	Installed in concrete encasement

表 3-6　导线敷设位置

序号	敷设方式	新代号	旧代号
1	穿水煤气管敷设	RC	--
2	穿焊接钢管敷设	SC	G
3	穿电线管敷设	TC	DG
4	电缆桥架敷设	CT	--
5	暗敷在地面内	FC	DA
6	穿金属软管敷设	CP	SPG
7	用瓷夹敷设	PL	CJ
8	用塑料线槽敷设	PR	XC
9	暗敷在屋面内或顶板内	CC	PC
10	暗敷在墙内	WC	QA
11	沿墙敷设	WE	QM

例如：

表示第一条照明支路（WL2），导线为铜芯塑料绝缘导线（BV），共有 3 根截面面积均为 2.5mm² 的导线（3×2.5），敷设方式为用塑料槽盒敷设（PR），敷设位置为暗敷在屋面内或顶板内（CC），如图 3-1 所示。

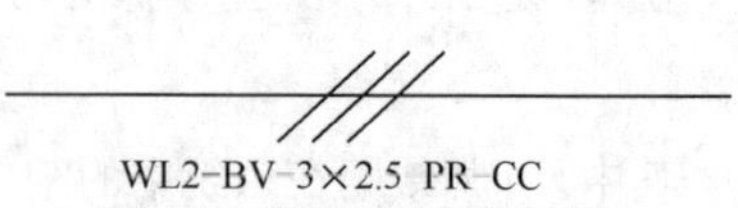

WL2-BV-3×2.5 PR-CC
图 3-1　照明灯具标注示例 1

再如：

表示第一条动力支路（WP21），导线为交联聚乙烯绝缘聚氯乙烯护套电力电缆（YJV），额定电压为 1kV，电缆有 5 根芯线，它们的截面面积均为 10mm²，敷设方式为穿直径为 40mm 的焊接钢管敷设（SC40），敷设位置为暗敷在墙内（WC），如图 3-2 所示。

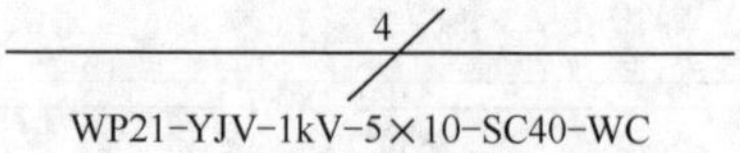

WP21-YJV-1kV-5×10-SC40-WC
图 3-2　照明灯具标注示例 2

3.1.3 用电设备的标注

按照国家标准 GB/T 50786—2012 规定，用电设备的标注格式一般为：

$$\frac{a}{b}$$

其中，a 表示设备的编号；b 表示设备的额定容量（单位为 kW 或 kV·A）。

例如，$\frac{0101M1}{15kW}$ 表示该电动机在系统中的编号为 0101M1，其额定功率为 15kW。

3.1.4 电力和照明设备的标注

按照国家标准 GB/T 50786—2012 规定，电力和照明设备的标注格式一般为：

$$a\frac{b}{c}\text{或}a-b-c$$

其中，a 表示设备的编号；b 表示设备的型号，c 表示设备的额定容量（单位为 kW）。

例如，$0101M1\frac{YX3\,180L-4}{22}$ 或 010M1–（YX3 180L–4）表示该电动机编号为 010M1，为 YX3 系列笼型异步电动机，机座中心高度为 180mm，机座为长机型（L），磁极为 4 极，额定功率为 22kW。

3.1.5 开关与熔断器的标注

（1）按照国家标准 GB/T 50786—2012 规定，开关与熔断器的标注格式一般为：

$$a\frac{b}{c/i}\text{或}a-b-c/i$$

其中，a 表示设备的编号；b 表示设备的型号；c 表示额定电流（单位为 A）；i 表示整定电流（单位为 A）。

例如，$5\frac{CM3-100M/3300}{100/80}$ 或 5–（CM3–100M/3300）100/80 表示断路器编号为 5，型号为 CM3-100/3300，其额定电流为 100A，整定电流为 80A。

（2）按照国家标准 GB/T 50786—2012 规定，开关与熔断器含引入线的标注格式为：

$$a\frac{b-c/i}{d(e\times f)-g}$$

其中，a 表示设备的编号；b 表示设备的型号；c 表示额定电流（单位为 A）；i 表示整定电流（单位为 A）；d 表示导线型号；e 表示导线的根数；f 表示导线的截面面积（单位为 mm^2）；g 表示导线敷设方式与位置。

例如，$5\frac{CM3-100M/3300-100/80}{BV-(3\times50)SC-WE}$ 表示设备编号为 5，型号为 CM3-100M/3300，其额定电流为 100A，整定电流为 80A，3 根 50mm^2 的塑料绝缘铜芯导线穿焊接钢管敷设沿墙明敷。

3.1.6 电缆的标注

按照国家标准 GB/T 50786—2012 规定，电缆的标注格式一般为：

$$ab - c(d \times e + f \times g)i - jh$$

其中，a 表示参照代号；b 表示电缆型号；c 表示电缆根数；d 表示相导体根数；e 表示相导体截面面积（单位为 mm^2）；f 表示 N、PE 导体根数；g 表示 N、PE 导体截面面积（单位为 mm^2）；i 表示敷设方式和管径（单位为 mm）；j 表示敷设部位；h 表示安装高度（单位为 m）。

例如，WD01YJV-0.6/1kV-2（3×50+2×25）SC50-WE3.5 表示电缆的编号为 WD01，电缆型号为 YJV-0.6/1kV 型，电缆根数为 2 根，相导体为 3 根，相导体截面面积为 50mm^2，N、PE 导体根数为 2，N、PE 导体截面面积为 25mm^2，敷设方式和管径为穿 50mm 焊接钢管，敷设部位为沿墙敷设，安装高度为 3.5m。

3.1.7 照明与动力配电电气图常用电气设备符号

照明与动力配电电气图常用电气符号如表 3-7 所示。

表 3-7　照明与动力配电电气图常用电气符号

名称	图形符号	名称	图形符号
灯	⊗	吸顶灯	◖
投光灯	⊗	壁灯	◖
荧光灯	⊢──┤	花灯	⊗
应急灯	▣	弯灯	─○
球形灯	●	隔爆灯	○
开关	⊸	电能表	▭
单级开关	⊸	配电箱	▭
双级开关	⊸	应急配电箱	⊠
双控开关	⊸	照明配电箱	▬
延时开关	⊸t	断路器	⤬
隔离开关	─╱─	单相三孔插座	⏛
漏电保护开关	─╱─	单相五孔插座	⏛⏛
电铃	⌓	电阻加热器	▭
风机	▣	电热水器	▭

3.2 住宅照明配电电气图的识读

住宅电气图主要包括电气系统图和电气平面图。电气系统图用于表示整个工程或工程某一项目的供电方式和电能配送关系。电气平面图是用来表示电气工程项目的电气设备、装置和线路的平面布置图，它一般是在建筑平面图的基础上制作出来的。

3.2.1 整幢楼总电气系统图的识读

图 3-3 所示是一幢楼的总电气系统图。

1. 总配电箱电源的引入

变电所或小区配电房的 380V 三相电源通过电缆接到整幢楼的总配电箱，电缆标注是 YJV-1kV-4×70+1×35-SC70-FC，其含义为：交联聚乙烯绝缘聚氯乙烯护套电力电缆（YJV），额定电压为 1kV，电缆有 5 根芯线，4 根截面面积均为 70mm²，1 根截面面积为 35mm²，电缆穿直径为 70mm 的焊接钢管（SC70），埋入地面暗敷（FC）。总配电箱 AL4 的规格为 800mm（长）×700mm（宽）×200mm（高）。

2. 总配电箱的电源分配

三相电源通过 5 芯电缆（L_1、L_2、L_3、N、PE）进入总配电箱，接到总断路器（型号为 TSM21-160W/30-125A），经总断路器后，三相电源进行分配，L_1 相电源接到一、二层配电箱，L_2 相电源接到三、四层配电箱，L_3 相电源接到五、六层配电箱，每相电源分配使用 3 根导线（L、N、PE）。导线标注是 BV-2×50+1×25-SC50-FC/WC，其含义为：铜芯塑料绝缘导线（BV），两根截面面积均为 50mm² 的导线（2×50），1 根截面面积为 25mm² 的导线（1×25），导线穿直径为 50mm 的焊接钢管（SC50），埋入地面和墙内暗敷（FC/WC）。

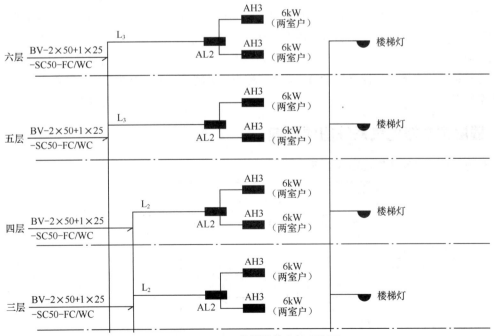

图 3-3　一幢楼的总电气系统图

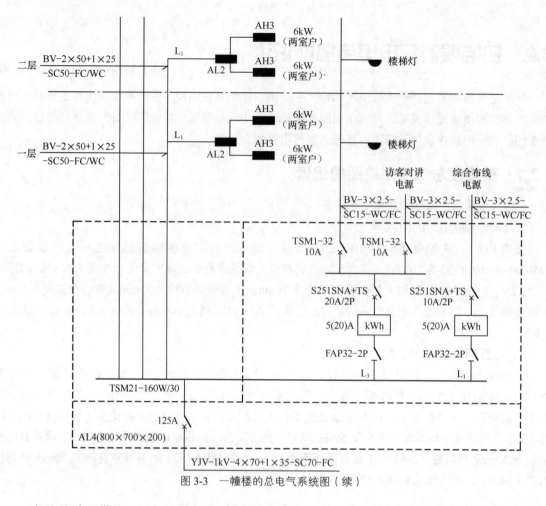

图 3-3　一幢楼的总电气系统图（续）

　　L_3 相电源除了供给五、六层外，还通过断路器、电能表分成两路。一路经隔离开关后接到各楼层的楼梯灯，另一路经断路器接到访客对讲系统作为电源。L_1 相电源除了供给一、二层外，还通过隔离开关、电能表和断路器接到综合布线设备作为电源。电能表用于对本路用电量进行计量。

　　总配电箱将单相电源接到楼层配电箱后，楼层配电箱又将该电源一分为二（一层两户），接到每户的室内配电箱。

3.2.2　楼层配电箱电气系统图的识读

　　楼层配电箱的电气系统图如图 3-4 所示。

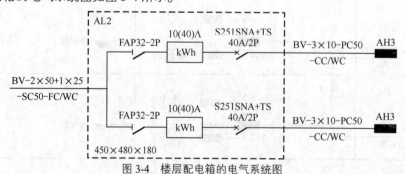

图 3-4　楼层配电箱的电气系统图

AL2 为楼层配电箱，由总配电箱送来的单相电源（L、N、PE）进入 AL2，分作两路，每路都先经过隔离开关后接到电能表，电能表之后再通过一个断路器接到户内配电箱 AH3。电能表用于对户内用电量进行计量，将电能表安排在楼层配电箱而不是户内配电箱，可方便相关人员查看用电量而不用进入室内，也可减少窃电情况的发生。

3.2.3 户内配电箱电气系统图的识读

户内配电箱的电气系统图如图 3-5 所示。

AH3 为户内配电箱，由楼层配电箱送来的单相电源（L、N、PE）进入 AH3，接到 63A 隔离开关（型号为 TSM2-100/2P-63A）经隔离开关后分作 8 条支路，照明支路用 10A 断路器（型号为 TSM1-32-10A）控制本线路的通断，浴霸支路用 16A 断路器（型号为 TSM1-32-16A）控制本线路的通断，其他 6 条支路均采用额定电流为 20A、漏电保护电流为 30mA 的漏电保护器（型号为 TSM1-32-20A-30mA）控制本线路的通断。

户内配电箱的进线采用 BV-3×50-PC50-CC/WC，其含义是：铜芯塑料绝缘导线（BV），3 根截面面积均为 $50mm^2$ 的导线（3×50），导线穿直径为 50mm 的 PVC 管（PC50），埋入顶棚和墙内暗敷（CC/WC）支路线有两种规格，功率小的照明支路使用 3 根截面面积均为 $2.5mm^2$ 的铜芯塑料绝缘导线，并且穿直径为 15mm 的 PVC 管暗敷；其他 7 条支路均使用 3 根截面面积均为 $4mm^2$ 的铜芯塑料绝缘导线，都穿直径为 20mm 的 PVC 管暗敷。

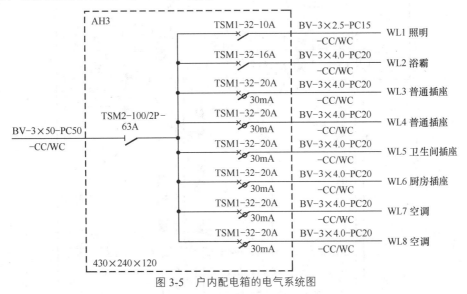

图 3-5　户内配电箱的电气系统图

3.2.4 住宅照明与插座电气平面图的识读

图 3-6 所示是一套两室两厅住宅的照明与插座电气平面图。

楼层配电箱 AL2 的电源线（L、N、PE）接到户内配电箱 AH3，在 AH3 内将电源分成 WL1 ～ WL8 共 8 条支路。

（1）WL1 支路

WL1 支路为照明线路，其导线标注为 BV-3×2.5-PC15-CC/WC（见图 3-5），其含义是：铜芯塑料绝缘导线（BV），3 根截面面积均为 $2.5mm^2$ 的导线（3×2.5），导线穿直径为 15mmPVC 管（PC15），暗敷在墙内、屋面内或顶板内（CC/WC）。

从户内配电箱 AH3 引出的 WL1 支路接到门厅灯（13 表示 13W，S 表示吸顶安装），在门厅灯处分作三路，一路去客厅灯，在客厅灯处又分作两路，一路去大阳台灯，另一路去大卧室灯；门厅灯分出的一路去过道灯→小卧室灯门厅灯分出的另一路去厨房灯（符号为防潮灯）→小阳台灯。

照明支路中门厅灯、客厅灯、大阳台灯、大卧室灯、过道灯和小卧室灯分别由一个单联跷板开关控制，厨房灯和小阳台灯由一个双联跷板开关控制。

（2）WL2 支路

WL2 支路为浴霸支路，其导线标注为 BV-3×4.0-PC20-CC/WC（见图 3-5），其含义是：铜芯塑料绝缘导线（BV），3 根截面面积均为 4mm^2 的导线（3×4），导线穿直径为 20mm 的 PVC 管（PC20），暗敷在墙内、屋面内或顶板内（CC/WC）。

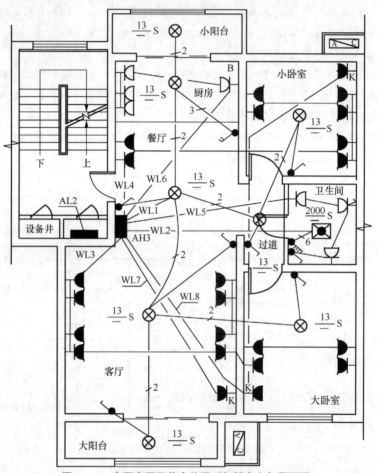

图 3-6 一套两室两厅住宅的照明与插座电气平面图

从户内配电箱 AH3 引出的 WL2 支路直接接到卫生间的浴霸，浴霸功率为 2000W，采用吸顶安装。从浴霸引出 6 根线接到 1 个五联单控开关，分别控制浴霸上的 4 个取暖灯和 1 个照明灯。

（3）WL3 支路

WL3 支路为普通插座支路，其导线标注为 BV-3×4.0-PC20-CC/WC，与浴霸支路相同。

WL3 支路的走向是：户内配电箱 AH3→客厅左上角插座→客厅左下角插座→客厅右下角插座，分作两路，一路接客厅右上角插座；另一路接大卧室左下角插座→大卧室左上角插座→大卧室右上角插座。

（4）WL4 支路

WL4 支路也为普通插座支路，其导线标注为 BV-3×4.0-PC20-CC/WC。

WL4 支路的走向是：户内配电箱 AH3→餐厅插座→小卧室右下角插座→小卧室右上角插座→小卧室左上角插座。

（5）WL5 支路

WL5 支路为卫生间插座支路，其导线标注为 BV-3×4.0-PC20-CC/WC。

WL5 支路的走向是：户内配电箱 AH3→卫生间左方防水插座→卫生间右方防水插座（该插座带有一个单极开关）→卫生间下方防水插座，该插座受一个开关控制。

（6）WL6 支路

WL6 支路为厨房插座支路，其导线标注为 BV-3×4.0-PC20-CC/WC。

WL6 支路的走向是：户内配电箱 AH3→厨房右方防水插座→厨房左方防水插座。

（7）WL7 支路

WL7 支路为客厅空调插座支路，其导线标注为 BV-3×4.0-PC20-CC/WC。

WL7 支路的走向是：户内配电箱 AH3→客厅右下角空调插座。

（8）WL8 支路

WL8 支路为卧室空调插座支路，其导线标注为 BV-3×4.0-PC20-CC/WC。

WL8 支路的走向是：户内配电箱 AH3→大卧室左下角空调插座→小卧室右上角空调插座。

3.3 动力配电电气图的识读

住宅配电对象主要是照明灯具和插座，动力配电对象主要是电动机，故动力配电主要用于工厂企业。

3.3.1 动力配电系统的三种接线方式

根据接线方式的不同，动力配电系统可分为三种：放射式动力配电系统、树干式动力配电系统和链式动力配电系统。

1. 放射式动力配电系统

放射式动力配电系统如图 3-7 所示。配电线故障互不影响，供电可靠性较高，配电设备集中，检修比较方便，但系统灵活性较差，有色金属消耗较多。放射式动力配电系统一般应用于下列情况。

（1）容量大、负荷集中或重要的用电设备。

（2）需要集中连锁启动、停车的设备。

（3）有腐蚀性介质或爆炸危险等环境，不宜将用电及保护启动设备放在现场的。

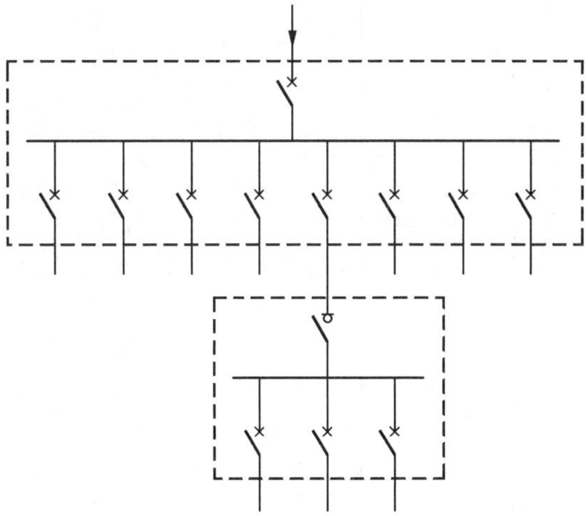

2. 树干式动力配电系统

树干式动力配电系统如图 3-8 所示。配电设备及有色金属消耗较少，系统灵活性好，但干线出

图 3-7　放射式动力配电系统

现故障时影响范围大，适用于动力设备分布均匀、设备容量差距不大且安装距离较近的场合。

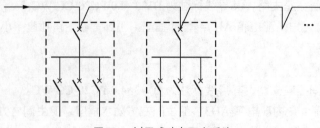

图 3-8　树干式动力配电系统

3. 链式动力配电系统

链式动力配电系统如图 3-9 所示。该配电方式适用于距配电屏较远而彼此相距又较近的不重要的小容量用电设备。

链接的设备一般不超过 5 台，总容量不超过 10kW。

供电给容量较小的用电设备的插座，采用链式动力配电系统时，每一条环链回路的数量可适当增加。

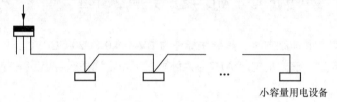

图 3-9　链式动力配电系统

3.3.2　动力配电系统图的识图实例

图 3-10 所示是某输送泵房动力配电系统图，下面以此为例来介绍动力配电系统图的识读。

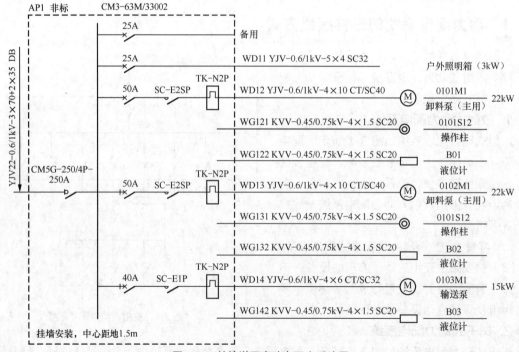

图 3-10　某输送泵房动力配电系统图

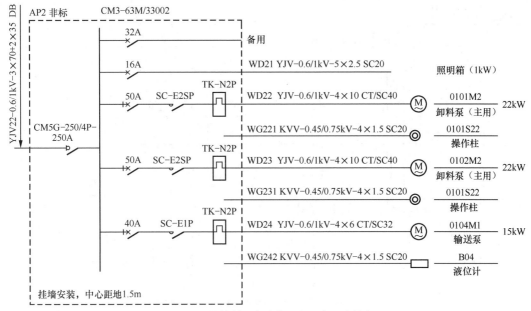

图 3-10　某输送泵房动力配电系统图（续）

图中有 2 个配电箱，AP1 ~ AP2 配电箱进线设有 CM5G 型负荷开关，其内安装有 CM3 型断路器、SC 型接触器和 TK 型热继电器。

电源分别通过配线进入 AP1、AP2 配电箱，配线标注为 YJV22–0.6/1kV–3×70+2×35 DB，其含义为：YJV22 表示交联聚乙烯绝缘聚氯乙烯护套铜芯电力电缆；3×70+2×35 表示 3 根截面面积均为 70mm² 和 2 根截面面积均为 35mm² 的电缆；DB 表示直接埋设。电源配线进入 AP1 配电箱后，接型号为 CM5G-250/4P-250A 的负荷开关，250A 表示额定电流为 250A，4P 表示断路器为 4 极。

在 AP1 配电箱中，电源分成 6 条支路，其中 4 条支路为电机配电回路，都均安装 1 个型号为 CM3-63M/33002 断路器（额定电流详见图 3-10）、1 个 SC 型交流接触器和 1 个用作电动机过载保护的 TK 型热继电器；还有两路为配电回路，均安装 1 个型号为 CM3-63M/33002 断路器（额定电流详见图 3-10）。AP1 配电箱通过 WD11~WD14 共 4 路配线分别连接电动机、照明箱，配线标注为 YJV-0.6/1kV–4×10 CT/SC40，其含义为：YJV 表示交联聚乙烯绝缘聚氯乙烯护套铜芯电力电缆；4×10 表示 4 根截面面积为 10mm² 的导线；SC40 表示穿直径 40mm 的焊接钢管；CT 表示沿电缆桥架敷设。

0101S12 操作柱用于控制 AP1 配电箱内的接触器通断，其内部安装有两个型号为 LA10-2K 的双联按钮（启动/停止控制），通过配线接到 AP1 配电箱，一个双联按钮控制一个配电箱所有接触器的通断，配线标注为 KVV-0.45/0.75kV-4×1.5 SC20，其含义为：KVV 表示铜芯聚乙烯绝缘聚氯乙烯护套控制电缆，0.45/0.75kV 表示工频额定电压，4×1.5 表示 4 根截面面积均为 1.5mm² 的导线；SC20 表示穿直径 20mm 的焊接钢管。

液位计 B01、B03 用于控制 AP1 配电箱内的接触器通断，其内部根据液位的高低输出相应无源干点，通过配线接到 AP1 配电箱，来控制相应电动机回路接触器的通断，配线标注为 KVV–0.45/0.75kV–4×1.5 SC20，其含义为：KVV 表示铜芯聚氯乙烯绝缘聚氯乙烯护套控制电缆，0.45/0.75kV 表示工频额定电压，4×1.5 表示 4 根截面面积均为 1.5mm² 的导线；SC20 表示穿直径 20mm 的焊接钢管。

AP2 与 AP1 同理。

3.3.3　动力配电平面图的识图实例

图 3-11 所示是某输送泵房动力配电平面图，表 3-8 所示为该输送泵房的主要设备表。

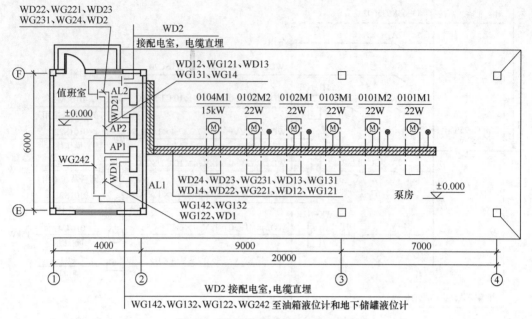

图 3-11　某输送泵房动力配电平面图

表 3-8　某输送泵房的主要设备

设备位号	名称	容量/kW	设备位号	名称	容量/kW
0101M1	卸料泵（主用）	22	0101M2	卸料泵（备用）	22
0102M1	卸料泵（主用）	22	0102M2	卸料泵（备用）	22
0103M1	输送泵	15	0104M1	输送泵	15

　　室外电源线从上、下两端分别进入值班室的 AP1、AP2 配电箱，在 AP1 配电箱中分成 WD11 ～ WD14 共 4 条支路，WD11 接户外照明箱 AL1，WD12、WD13 支路分别接到两台卸料泵，WD14 支路接到输送泵。0101S12 操作柱安装在卸料泵旁边，通过配线接到 AP1 配电箱。锅炉房燃油地下储罐液位计 B01 通过燃油的高低来控制卸料泵 0101M1 的开停，如果液位计 B01 在高液位则不允许开卸料泵 0101M1；同理柴油发电机燃油地下储罐液位计 B02。二次油箱液位计 B03 通过燃油的高低来控制输送泵 0103M1 的开停，如果燃油低于液位计 B03 设定的低液位，则输送泵 0103M1 启动，燃油高于液位计 B03 设定的高液位，则输送泵 0103M1 停止。

3.3.4　控制原理图和电缆图的识图实例

　　输送泵房的电动机控制原理图如图 3-12 所示，主要区分以下几点。

　　（1）控制原理图主要分为主电路和控制电路两部分。电动机的通路为主电路，接触器吸引线圈的通路为控制电路。此外还有信号电路、照明电路等。

　　（2）原理图中，各电气元件不画实际的外形图，而采用国家规定的统一标准，文字符号也要符合国家规定。

　　（3）在电气原理图中，同一电器的不同部件常常不画在一起，而是画在电路的不同地方，同一电器的不同部件都用相同的文字符号标明，例如接触器的主触头通常画在主电路中，而吸引线圈和辅助触头则画在控制电路中，但它们都用 KM 表示。

　　（4）同一种电器一般用相同的字母表示，但在字母的后边加上数字或其他字母下标以示区别，例如两个接触器分别用 KM_1、KM_2 表示。

（5）全部触头都按常态给出。对接触器和各种继电器，常态是指未通电时的状态；对按钮、行程开关等，则是指未受外力作用时的状态。

（6）原理图中，无论是主电路还是辅助电路，各电气元件一般按动作顺序从上到下，从左到右依次排列，可水平布置或者垂直布置。

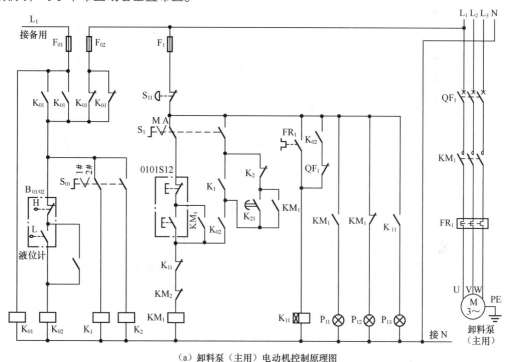

（a）卸料泵（主用）电动机控制原理图

（b）卸料泵（备用）电动机控制原理图

图 3-12　输送泵房电动机控制原理图

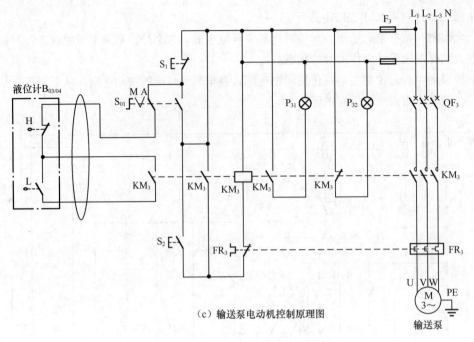

（c）输送泵电动机控制原理图

图 3-12 输送泵房电机控制原理图（续）

电缆图如图 3-13 所示，它表示了用电设备位置、参考代号，电缆敷设路由及相互关系。

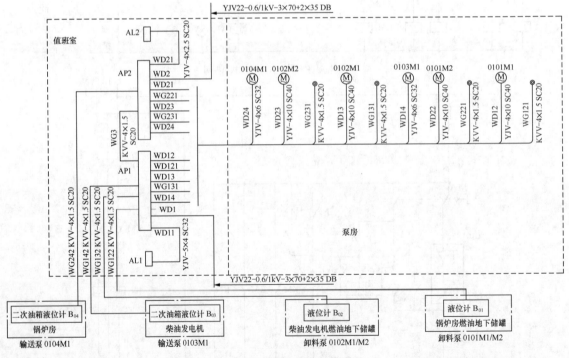

图 3-13 输送泵房的电缆图

第4章

供配电系统电气线路的识读

供配电线路作为一种传输、分配电能的线路，它与一般的电工线路有所区别。通常情况下，供配电线路的连接关系比较简单，线路中电压或电流传输的方向也比较单一，基本上都是按照顺序关系从上到下或从左到右进行传输，且其大部分组成元器件只是简单地实现接通与断开两种状态，没有复杂的变换、控制和信号处理线路。本章主要介绍变配电所主电路的接线形式、发电厂及工厂供配电系统常用电气一、二次接线图的要求，熟悉相应的图形符号及电气接线图的识读方法。

4.1 供配电系统简介

4.1.1 供配电系统的组成

图 4-1 所示为一个从发电厂到用户的送电过程示意图。发电机从发电厂发出 3.15~20kV 的电压，要满足全部用户的需要必须经升压变压器把 3.15~20kV 升高为 35~500kV 的高压，经高压输电线路，输送到区域变电所，经降压变压器降为 6~10kV，此电压作为某地区的供电电压，再经高压配电线路的输送，作为用户的进线电压。用户变电所把 6~10kV 的电压降为220/380V 低压配电电压。

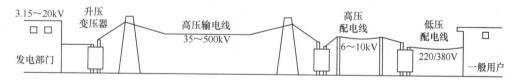

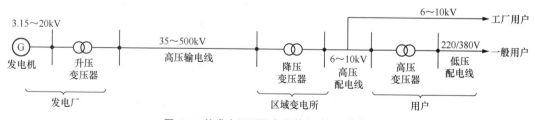

图 4-1　从发电厂到用户的送电过程示意图

为了充分利用动力资源，减少燃料运输，降低发电成本，有必要在有水利资源的地方建造水电厂，而在有燃料资源的地方建造火电厂。但这些有动力资源的地方，往往离用电中心较远，所以必须用高压输电线路进行远距离输电。由各种电压的电力线路将一些发电厂、变电所和电力用户联系起来形成一个发电、输电、变电、配电和用电的整体，称为电力系统。电力系统中各级电压的电力线路及其联系的变电所，称为电力网或电网。习惯上，电网或系统往往以电压等级来区分，如说电网或 10kV 系统。这里所指的电网或系统，实际上是与某一电压相互联系的整个电力线路。

电网可按电压的高低和供电范围大小分为区域电网和地方电网。区域电网的范围大，电压一般在 20kV 及以上。地方电网的范围小，最高电压一般不超过 110kV，工厂供电系统就属于地方电网。

4.1.2 变电所与配电所

电能由发电部门传输到用户的过程中，需要对电压进行变换，还要将电压分配给不同的地区和用户。变电所或变电站的任务是将送来的电能进行电压变换并对电能进行分配。配电所或配电站的任务是将送来的电能进行分配。

变电所与配电所的区别主要在于：变电所由于需要变换电压，因此必须要有电力变压器；而配电所不需要电压变换，故除了可能有自用变压器外，配电所是没有其他电力变压器的。

变电所和配电所的相同之处在于：两者都担负着接收电能和分配电能的任务；两者都具有电能引入线（架空线或电缆线）、各种开关电器（如隔离开关、刀开关、高低压断路器）、母线、电压/电流互感器、避雷器和电能引出线等。

变电所可分为升压变电所和降压变电所，升压变电所一般设在发电部门，将电压升高后进行远距离传输；降压变电所一般设在用电区域，它根据需要将高压适当降低到相应等级的电压后，供给本区域的电能用户。降压变电所又可分为区域降压变电所、终端降压变电所、工厂降压变电所和车间降压变电所等。

4.1.3 电力系统的电压规定

1. 电压等级划分

电力系统的电压可分为输电电压和配电电压，输电电压的电压范围在 220kV 或 220kV 以上，用于电能远距离传输；配电电压的电压范围在 110kV 或 110kV 以下，用于电能分配，它又可分为高（35～110kV）、中（6～35kV）、低（1kV 以下）三个等级，分别用在高压配电网、中压配电网和低压配电网。

2. 电网和电力设备额定电压的规定

为了规范电能的传送和电力设备的设计制造，我国对三相交流电网和电力设备的额定电压做了规定，电网电压和电力设备的工作电压必须符合该规定。表 4-1 列出了我国三相交流电网和电力设备的额定电压标准。

表 4-1　我国三相交流电网和电力设备的额定电压

网络额定电压/kV	发电机额定电压/kV	变压器额定电压/kV	
		一次绕组	二次绕组
3	3.15	3 及 3.15	3 及 3.3
6	6.3	6 及 6.3	6.3 及 6.6
10	10.5	10 及 10.5	10.5 及 11

续表

网络额定电压/kV	发电机额定电压/kV	变压器额定电压/kV	
		一次绕组	二次绕组
-	13.8	13.8	-
-	15.75	15.75	-
-	18	18	-
-	20	20	-
35	-	35	38.5
110	-	110	121
220	-	220	242
330	-	330	363
500	-	500	550

从表 4-1 中可以看出：

（1）网络额定电压和用电设备的额定电压规定相同。表中未规定 5kV 额定电压，故电网中不允许以 5kV 电压来传输电能，生产厂家也不会设计制造 5kV 额定电压的用电设备。

（2）发电机通常运行在比网络额定电压高 5%的状态下，所以发电机的额定电压规定比网络额定电压高 5%。

（3）根据功率的流向，规定接受功率的一侧为一次绕组，输出功率的一侧为二次绕组。对于双绕组升压变压器，低压绕组为一次绕组，高压绕组为二次绕组；对于双绕组降压变压器，高压绕组为一次绕组，低压绕组为二次绕组。

变压器一次绕组相当于用电设备，故其额定电压等于网络的额定电压，但当直接与发电机连接时，就等于发电机的额定电压。

变压器二次绕组相当于供电设备，再考虑到变压器内部的电压损耗，故当变压器的短路电压小于 7%或直接与用户连接时，二次绕组额定电压比网络的高 5%；当变压器的短路电压大于等于 7%时，二次绕组额定电压比网络的高 10%。

下面以图 4-2 为例说明电力变压器一、二次绕组额定电压的确定。如果发电机的额定电压是 0.4kV（较相同等级的电网电压 0.38kV 高 5%），发电机产生的 0.4kV 电压经线路送到升压变压器 T_1 的一次绕组，由于线路的压降损耗，送到 T_1 的一次绕组电压为 0.38kV，T_1 将该电压升高到 242kV（较相同等级的电网电压 220kV 高 10%），242kV 电压经远距离线路传输，线路压降损耗为 10%，送到降压变压器 T_2 的一次绕组的电压为 220kV，T_2 将 220kV 降低到 0.4kV（较相同等级的电网电压 0.38kV 高 5%），经线路压降损耗 5%后得到 0.38kV 供给电动机。

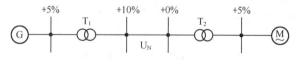

图 4-2　电力变压器一、二次绕组额定电压

4.2　变配电所主电路的接线形式

变配电所的电气接线应根据负荷容量大小、负荷性质、电源条件、变压器容量及台数、设备特点以及进出线回路数等综合分析来确定。主接线应力求简单、运行灵活、供电可靠，操作检修方便、节约投资和便于扩建等。在满足供电要求和可靠性的条件下，宜减少电压等级和简化接线。变配电所的任务是汇集电能和分配电能，变电所还需要对电能电压进行变换。

4.2.1 无母线主接线

无母线主接线可分为线路-变压器组接线、桥形接线和多角形接线。

1. 线路-变压器组接线

当只有一路电源和一台变压器时，主电路可采用线路-变压器组接线方式，根据变压器高压侧采用的开关器件不同，该方式又有四种具体形式，如图4-3所示。

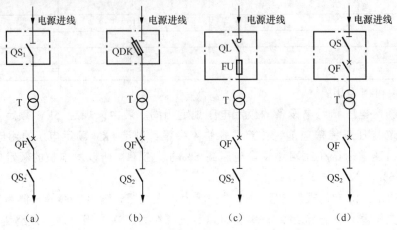

图4-3 线路-变压器组接线的四种形式

若电源侧继电保护装置能保护变压器且灵敏度满足要求，则变压器高压侧可使用隔离开关，如图4-3（a）所示；若变压器高压侧短路容量不超过高压熔断器断流容量，而又允许采用高压熔断器保护变压器，则变压器高压侧可使用跌落式熔断器或负荷开关-熔断器，如图4-3（b）和图4-3（c）所示；一般情况下，可在变压器高压侧使用隔离开关和断路器，如图4-3（d）所示。如果在高压侧使用负荷开关，变压器容量不能大于 1250kV·A；如果在高压侧使用隔离开关或跌落式熔断器，变压器容量一般不能大于 630kV·A。

线路-变压器接线方式的优点是接线简单、设备最少，不需要高压配电装置。其缺点是线路故障或检修时，变压器停运；变压器故障或检修时，线路停运。

2. 桥形接线

两回线路-变压器单元接线相连，构成桥形接线。如果断路器跨接在进线断路器的内侧（靠近变压器），则称为内桥形接线，如图4-4（a）所示；如果断路器跨接在进线断路器的外侧（靠近电源进线侧），则称为外桥形接线，如图4-4（b）所示。

（1）内桥形接线

内桥形接线如图4-4（a）所示，跨接断路器接在进线断路器的内侧（靠近变压器）。WL1、WL2 线路来自两个独立的电源，WL1 线路经隔离开关 QS_1、断路器 QF_1、隔离开关 QS_2、隔离开关 QS_3 接到变压器 T_1 的高压侧；WL2 线路经隔离开关 QS_4、断路器 QF_2、隔离开关 QS_5、隔离开关 QS_6 接到变压器 T_2 的高压侧；WL1、WL2 线路之间通过隔离开关 QS_7、断路器 QF_3、隔离开关 QS_8 跨接起来。WL1 线路的电能可以通过跨接电路供给变压器 T_2，同样，WL2 线路的电能也可以通过跨接电路供给变压器 T_1。

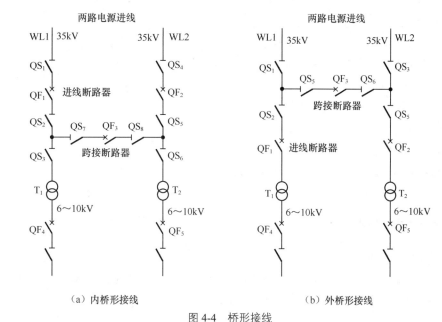

（a）内桥形接线　　　　　　　　（b）外桥形接线

图 4-4　桥形接线

WL1、WL2 线路可以并行运行（跨接的 QS_7、QF_3、QS_8 均要闭合），也可以单独运行（跨接的断路器 QF_3 需断开）。如果 WL1 线路出现故障或需要检修，可以先断开断路器 QF_1，再断开隔离开关 QS_1、QS_2，将 WL1 线路隔离开来。为了保证 WL1 线路断开后变压器 T_1 仍有供电，应将跨接电路的隔离开关 QS_7、QS_8 闭合，再闭合断路器 QF_3，将 WL2 线路电源引到变压器 T_1 高压侧。如果需要切断供电对变压器 T_1 进行检修或操作，不能直接断开隔离开关 QS_3，而应先断开断路器 QF_1 和 QF_3，再断开 QS_3，然后闭合断路器 QF_1 和 QF_3，让 WL1 线路也为变压器 T_2 供电。为了断开一个隔离开关 QS_3，需要对断路器 QF_1 和 QF_3 进行反复操作。

内桥形接线的优点是高压断路器数量少，4 回路只需要 3 台断路器。其缺点是变压器的切除和投入较复杂，需动作两台断路器，并影响一个回路的暂时运行；桥断路器检修时，两个回路需解列运行；出线断路器检修时，线路需要较长时间停运。

（2）外桥形接线

外桥形接线如图 4-4（b）所示，跨接断路器接在进线断路器的外侧（靠近电源进线侧）。如果需要切断供电对变压器 T_1 进行检修或操作，只要先断开断路器 QF_1，再断开隔离开关 QS_2 即可。如果 WL1 线路出现故障或需要检修，应先断开断路器 QF_1、QF_3，切断隔离开关 QS_1 的负荷，再断开 QS_1 来切断 WL1 线路，然后又接通 QF_1、QF_3，让 WL2 线路通过跨接电路为变压器 T_1 供电，显然操作比较烦琐。

外桥形接线的优点同内桥形接线。其缺点是线路的切除和投入较复杂，需动作两台断路器，并有一台变压器暂时运行；桥断路器检修时，两个回路需解列运行；变压器侧断路器检修时，变压器需要在此期间停运。

3. 3~5 角形接线

多角形接线的各断路器互相连接而成闭合的环形，是单环接线。

为减少因断路器检修而开环运行时间，保证多角形接线运行可靠性，以 3~5 角形为宜，并且变压器与出线回路宜对角对称布置。图 4-5 所示是四角形接线，两路电源分别接到四角形的两个对角上，而两台变压器则接到另外两个对角，四边形每边都接有断路器和隔离开关。该接线方式将每路电源分成两路，每台变压器都采用两路供电。

多角形接线的优点是投资省,平均每一回路上只装设一台断路器;没有汇流母线,在接线的任一段发生故障,只需要切除这一段与其相连接的元件,对系统影响较小;接线形成闭合环形,在闭环运行时,可靠性和灵活性较高;占地面积小。其缺点是任一台断路器检修,都成开环运行,从而降低了接线的可靠性;每个进出线回路都连接着两台断路器,每台断路器又都连接着两个回路,从而使继电保护和控制回路接线复杂。

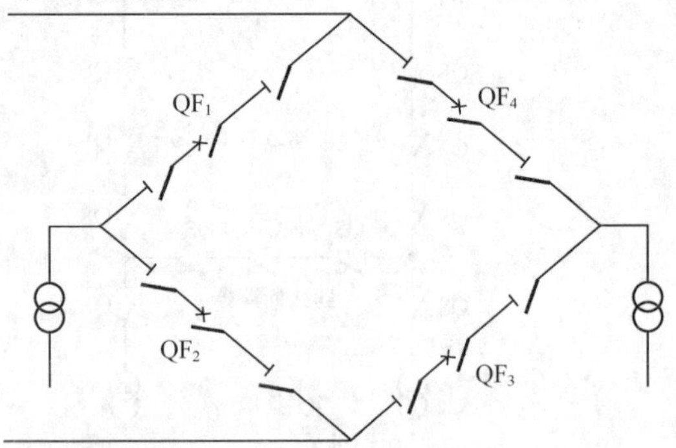

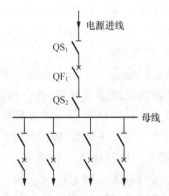

图 4-5　四角形接线

4.2.2　单母线主接线

所谓母线是指从变电所的变压器或配电所的电源进线到各条馈出线之间的电气主干线。它是汇集和分配电能的金属导体,又称为汇流排,如图 4-6 所示。根据使用的材料不同,母线分为硬铜母线、硬铝母线、铝合金母线等;根据截面形状不同,母线可分为矩形截面母线、圆形截面母线、槽形截面母线、管形截面母线等。对于容量不大的工厂变电所,多采用矩形截面的母线。在母线表面涂漆有利于散热和防腐,电力系统一般规定交流母线 A、B、C 三相用黄、绿、红色标示,接地的中性线用紫色标示,不接地的中性线用蓝色标示。

母线的连接方式又称为母线制。单母线主接线可分为单母线无分段接线、单母线分段接线和单母线分段带旁路母线接线。

1. 单母线无分段接线

单母线无分段接线如图 4-7 所示,电源进线通过隔离开关和断路器接到母线,再从母线分出多条线路,将电源提供给多个用户。

图 4-6　母线

图 4-7　单母线无分段接线

单母线无分段接线是一种最简单的接线方式,所有电源及出线均接在同一母线上。其优点是接线简单清晰、设备少,操作方便,便于扩建和采用成套配电装置;其缺点是不够灵活可靠,母线或隔离开关故障或检修,均需使整个配电装置停电。

2. 单母线分段接线

在两回电源进线的情况下,一般采用单母线分段接线,母线分段开关可采用隔离开关或断路器,当分段开关需要带负荷操作或有继电保护及自动装置有要求时,应采用断路器,如图 4-8 所示。

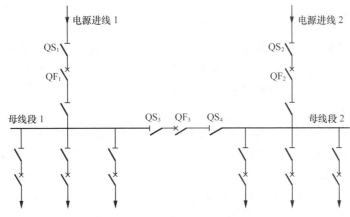

图 4-8 单母线分段接线

单母线分段接线的优点是用断路器把母线分段后，对重要用户可从不同母线段引出两个回路，有两个电源供电；当一段母线发生故障时，分段断路器能自动切除故障，保证正常母线不间断供电和不致使重要用户停电。其缺点是当一段母线或母线隔离开关故障时或检修时，该段母线的回路都要在检修期内停电；当出线为双回路时，常使架空线路出线交叉跨越；扩建时需要向两个方向均衡扩建。

3. 单母线分段带旁路母线接线

单母线分段带旁路母线接线如图 4-9 所示，它是在单母线分段接线的基础上增加了一条旁路母线，母线段 1、母线 2 分别通过断路器 QF_{13}、QF_{23} 和隔离开关与旁路母线连接，各旁路断路器的两侧装有隔离开关 QS_{15}、QS_{16}、QS_{25} 和 QS_{26}，供旁路断路器检修时使用。每一条出线回路分别通过旁路隔离开关 QS_{17}、QS_{18}、QS_{27} 和 QS_{28} 等与旁路母线相连。在正常工作时，旁路断路器 QF_{13} 和 QF_{23} 及其两侧的隔离开关，以及各出线回路上的隔离开关都是断开的。当出线 WL1 的断路器 QF_{11} 要检修时，首先合上旁路断路器 QF_{13} 两侧的隔离开关，再合上旁路断路器 QF_{13}，检查旁路母线是否完好。若旁路母线正常，合上出线 WL1 的旁路隔离开关 QS_{17}，然后断开出线 WL1 的断路器 QF_{11}，再断开断路器 QF_{11} 两侧的隔离开关 QS_{11} 和 QS_{12}。这样，就由旁路断路器 QF_{13} 代替 QF_{11} 工作，QF_{11} 便可以检修，而出线 WL1 的供电不致中断。

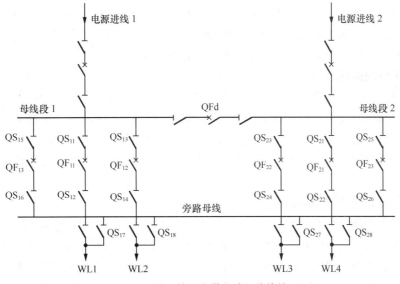

图 4-9 单母线分段带旁路母线接线

4.2.3　双母线主接线

单母线和单母线带分段接线的主要缺点是当母线出现故障或检修时需要对用户停电，而双母线接线可以有效地克服该缺点。双母线主接线可分为双母线无分段接线、双母线分段接线、三分之二断路器双母线接线和双母线分段带旁路母线接线。

1. 双母线无分段接线

单母线分段的可靠性和灵活性比单母线有所提高，但当需要对分段母线中某一段母线进行检修时，该母线段所带的重要用户将失去备用。为了在回路断路器检修时不致使该回路的供电中断，可以采用双母线无分段接线，如图 4-10 所示，两路中的每路电源进线都分作两路，各通过两个隔离开关接到两路母线，母线之间通过断路器 QF_3 联络实现并行运行。当任何一路母线出现故障或检修时，另一路母线都可以为所有用户继续供电。

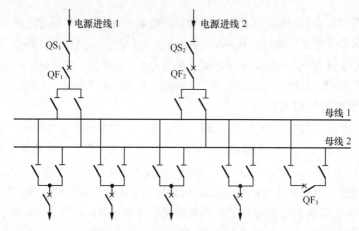

图 4-10　双母线无分段接线

双母线无分段接线优点是供电可靠，通过两组母线隔离开关的倒换操作，可以轮流检修一组母线而不致使供电中断，一组故障后，能迅速恢复供电，检修任一回路的母线隔离开关，可只停该回路；调度灵活，各个电源和各回路负荷可以任意分配到某一组母线上，能灵活地适应系统中各种运行方式和潮流变化的需要；扩建方便，向双母线的左右任何一个方向扩建，均不影响两组母线的电源和负荷的均匀分配。其缺点每一回路都要增加一组母线隔离开关，故该接线使用隔离开关多；当母线故障或检修时，隔离开关作为倒换操作电器，容易误操作。

2. 双母线分段接线

双母线分段（三分段）接线如图 4-11 所示，它用断路器 QF_3 将其中一路母线分成母线 1A、母线 1B 两段，母线 1A 与母线 2 用断路器 QF_4 连接，母线 1B 与母线 2 用断路器 QF_5 连接。

双母线分段接线具有单母线分段接线和双母线无分段接线的特点，当任何一路母线（或母线段）出现故障或检修时，对所有用户均不间断供电，可靠性很高，广泛用在 6～10kV 的供配电系统中。

3. 三分之二断路器双母线接线

三分之二断路器双母线接线如图 4-12 所示，它在两路母线之间装设 3 个断路器，并从中接出两个回路。在正常运行时，所有断路器和隔离开关均闭合，双母线同时工作，当任一母线出现故障或检修时，都不会造成某一回路用户停电；另外，在检修任一断路器时，也不会使某一回路停电。例如，QF_3 断路器损坏时，可断开 QF_3 两侧的隔离开关，对 QF_3 进行更换或维修，在此期间，用户 A

通过断路器 QF_4 从母线 2 获得供电。

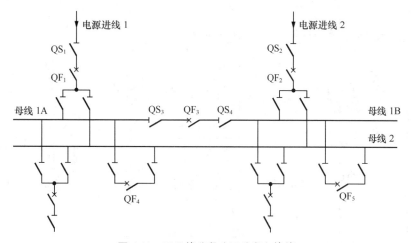

图 4-11　双母线分段（三分段）接线

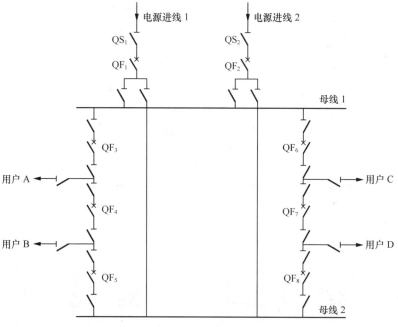

图 4-12　三分之二断路器双母线接线

4.3　供配电系统主接线图的识读

4.3.1　发电厂电气主接线图的识读

发电厂的功能是发电和变电，除了将大部分电能电压提升后传送给输电线路外，还会有一部分电能供发电厂自用。图 4-13 所示是一个小型发电厂的电气主接线图。

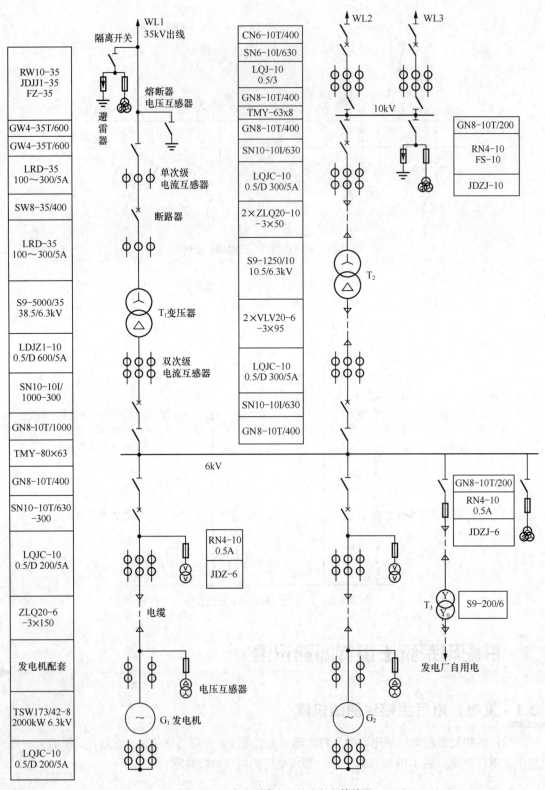

图 4-13 一个小型发电厂的电气主接线图

1. 主接线图的识读

该发电厂是一个小型的水力发电厂，水力发电机 G_1、G_2 的容量均为 2000kW。两台发电机工作时产生 6kV 的电压，通过电缆、断路器和隔离开关送到单母线（无分段），6kV 电压在单母线上分成三路：第一路经隔离开关、断路器送到升压变压器 T_1（容量为 5000kV·A），T_1 将 6kV 电压升高至 35kV，该电压经断路器、隔离开关和 WL1 线路送往电网；第二路经隔离开关、熔断器和电缆送到降压变压器 T_3（容量为 200kV·A），将电压降低后作为发电厂自用电源；第三路经隔离开关、断路器送到升压变压器 T_2（容量为 1250kV·A），T_2 将 6kV 电压升高至 10kV，该电压经电缆、断路器、隔离开关送到另一单母线（不分段），在该母线将电源分成 WL2、WL3 两路，供给距离发电厂不远的地区。

在电气图的电气设备符号旁边（水平方向），标有该设备的型号和有关参数，通过查看这些标注可以更深入地理解电气图。

2. 电力变压器的接线

变压器的功能是升高或降低交流电压，故电力变压器可分为升压变压器和降压变压器。图 4-13 中的 T_1、T_2 均为升压变压器，T_3 为降压变压器。

（1）外形与结构

电力变压器是一种三相交流变压器，其外形与结构如图 4-14 所示，它主要由三对绕组组成，每对绕组可以升高或降低一相交流电压。升压变压器的一次绕组匝数较二次绕组匝数少，而降压变压器的一次绕组匝数较二次绕组匝数多。

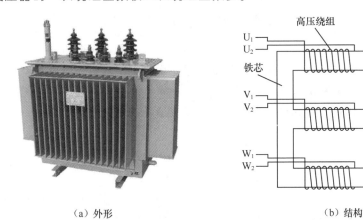

（a）外形　　　　　　　　　　　　　（b）结构

图 4-14　电力变压器的外形与结构

（2）接线方式

在使用电力变压器时，其高压侧绕组要与高压电网连接，低压侧绕组则与低压电网连接，这样才能将高压降低成低压供给用户。电力变压器与电网的接线方式有多种，图 4-15 所示是较常见的接线方式，图中电力变压器的高压绕组首端和末端分别用 U_1、V_1、W_1 和 U_2、V_2、W_2 表示，低压绕组的首端和末端分别用 u_1、v_1、w_1 和 u_2、v_2、w_2 表示。

图 4-15（a）中的变压器采用了 Y/Y0 接法，即高压绕组采用中性点不接地的星形接法（Y），低压绕组采用中性点接地的星形接法（Y0），这种接法又称为 Yyn0 接法。图 4-15（b）中的变压器采用了 △/Y0 接法，即高压绕组采用三角形接法，低压绕组采用中性点接地的星形接法，这种接法又称为 Dyn11 接法。在远距离传送电能时，为了降低线路成本，电网通常只用三根导线来传输三相电能，该情况下若变压器绕组以星形方式接线，其中性点不会引出中性线，如

图 4-15（c）所示。

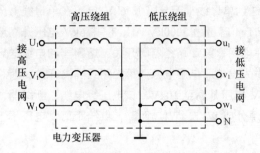

（a）Y/Y₀ 接线方式（Yyn₀ 接法）

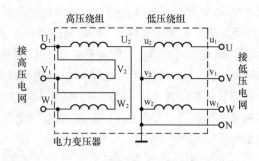

（b）△/Y₀ 接线（Dyn₁₁ 接法）

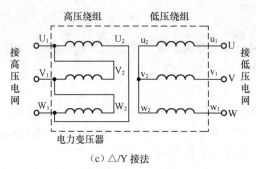

（c）△/Y 接法

图 4-15　电力变压器与电网的接线方式

3. 电流互感器的接线

变配电所主线路的电流非常大，直接测量和取样很不方便，使用电流互感器可以将大电流变换成小电流，提供给二次电路测量或控制用。

电流互感器有单次级和双次级之分，其图形符号如图 4-16 所示。

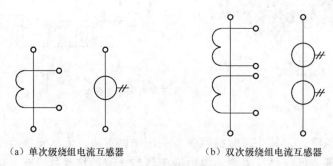

（a）单次级绕组电流互感器　　　　（b）双次级绕组电流互感器

图 4-16　电流互感器的图形符号

变配电所一般使用穿心式电流互感器，穿心而过的主线路导线为一次绕组，二次绕组接电流继电器或测量仪表。电流互感器在三相电路中有四种常见的接线方式。

（1）一相式接线

一相式接线如图 4-17 所示，它以二次侧电流线圈中通过的电流来反映一次电路对应相的电流。该接线一般用于负荷平衡的三相电路，用于测量电流和过负荷保护装置。

（2）两相 V 形接线（两相电流和接线）

两相 V 形接线如图 4-18 所示，它又称为两相不完全星形接线，电流互感器一般接在 A、C 相，流过二次侧电流线圈的电流反映一次电路对应相的电流，而流过公共电流线圈的电流反映一次电路 B 相的电流。这种接线广泛应用于 6～10kV 高压线路中，用于测量三相电能电流和过负荷保护。

（3）两相交叉接线（两相电流差接线）

两相交叉接线如图 4-19 所示，它又称两相一继电器接法，电流互感器一般接在 A、C 相，在三相对称短路时流过二次侧电流线圈的电流 $I = I_a - I_c$，其值为相电流的 3 倍，这种接法在不同的短路故障时反映到二次侧电流线圈的电流会有所不同，该接线主要用于 6～10kV 高压电路中的过电流保护。

（4）三相星形接线

三相星形接线如图 4-20 所示，该接线流过二次侧各电流线圈的电流分别反映一次电路对应相的电流。它广泛用于负荷不平衡的三相四线制系统和三相三线制系统中，用于电能、电流的测量及过电流保护。

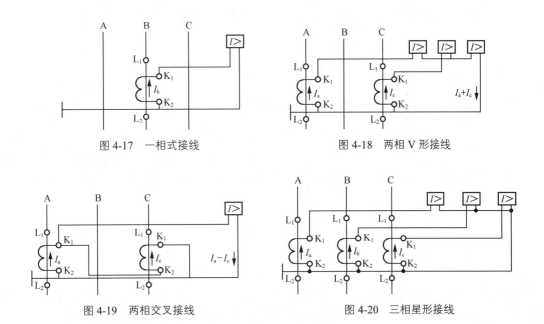

图 4-17　一相式接线　　　　　　　　图 4-18　两相 V 形接线

图 4-19　两相交叉接线　　　　　　　图 4-20　三相星形接线

电流互感器在使用时要注意：①在工作时二次侧不得开路；②二次侧必须接地；③在接线时，其端子的极性必须正确。

4. 电压互感器的接线

电压互感器可以将高电压变换成低电压，提供给二次电路测量或控制用。电压互感器在三相电路中有四种常见的接线方式。

（1）一个单相电压互感器的接线

图 4-21 所示是一个单相电压互感器的接线，可将三相电路的一个线电压提供给仪表和继电器。

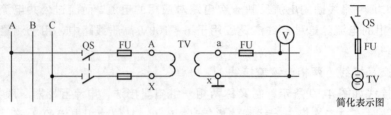

图 4-21　一个单相电压互感器的接线

（2）两个单相电压互感器的接线（V/V 接线）

图 4-22 所示为两个单相电压互感器的接线（V/V 接线），可将三相三线制电路的各个线电压提供给仪表和继电器，该接法广泛用于工厂变配电所 6 ~ 10kV 高压装置中。

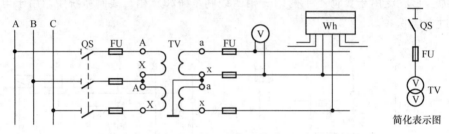

图 4-22　两个单相电压互感器的接线（V/V 接线）

（3）三个单相电压互感器的接线（Y0/Y0 接线）

图 4-23 所示为三个单相电压互感器的接线（Y0/Y0 接线），可将线电压提供给仪表、继电器，还能将相电压提供给绝缘监视用电压表。为了保证安全，绝缘监视用电压表应按线电压选择。

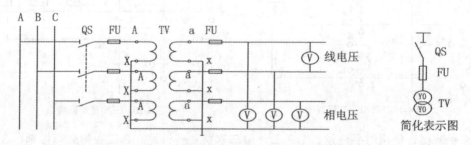

图 4-23　三个单相电压互感器的接线（Y0/Y0 接线）

（4）三个单相三绕组电压互感器或一个三相五芯柱三绕组电压互感器的接线（Y0/Y0/△接线）

图 4-24 所示为三个单相三绕组电压互感器或一个三相五芯柱三绕组电压互感器的接线（Y0/Y0/△接线），其接成 Y0 的二次绕组将线电压提供给仪表、继电器或绝缘监视用电压表，Y0 接线与图 4-23 相同，辅助二次绕组接成开口三角形并与电压继电器连接。当一次侧电压正常时，由于三个相电压对称，因此开口三角形绕组两端的电压接近于零；当某一相接地时，开口三角形绕组两端将出现近 100V 的零序电压，使电压继电器动作，发出单相接地信号。

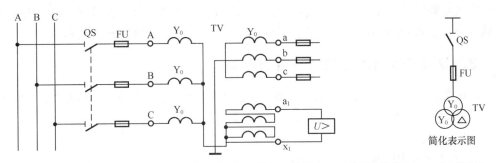

图 4-24　三个单相三绕组电压互感器或一个三相五芯柱三绕组电压互感器的接线（Y0/Y0/△接线）

电压互感器在使用时要注意：

① 在工作时二次侧不得短路；

② 二次侧必须接地；

③ 在接线时，其端子的极性必须正确。

4.3.2　35kV/6kV 大型工厂降压变电所电气主接线图的识读

降压变电所的功能是将远距离传输过来的高压电能进行变换，降低到合适的电压分配给需要的用户。图 4-25 所示是一家水泥厂降压变电所的电气主接线图。

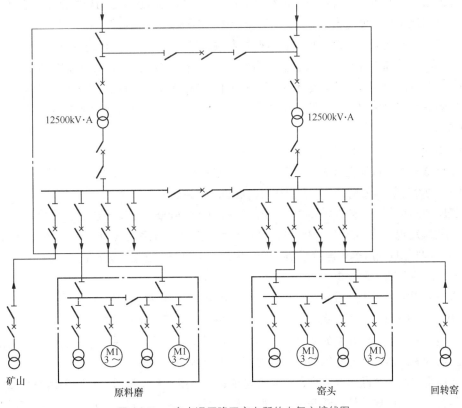

图 4-25　一家水泥厂降压变电所的电气主接线图

供电部门将两路 35kV 电压送到降压变电所，由主变压器将 35kV 电压变换成 10kV 电压，再供给一些车间的高压电动机和各车间的降压变压器。两台主变压器的容量均为 12500kV·A。

由于变电所的主变压器需要经常切换，为了方便切换主变压器，两台主变压器输入侧采用外桥形主接线；为了提高 10kV 供电的可靠性，在主变压器输出侧采用单母线分段接线。

4.3.3 35kV 变电所电气主接线图的识读

读变电所主接线图时，首先从电源进线或从变压器开始阅读，然后按照电能流动的方向逐一进行识读。具体读图步骤如下：

① 看电源进线；

② 看主变压器技术数据；

③ 看各个等级主接线方式；

④ 开关设备配置情况；

⑤ 看有无自备发电设备或 UPS；

⑥ 看避雷等保护装置情况。

看电源进线应该注意，进线回路个数及其编号、电压等级、进线方式（架空线、电缆及其规格型号）、计量方式、电流互感器、电压互感器及仪表规格型号数量。

看主变压器技术数据，应了解主变压器的额定容量、额定电压、额定电流、额定频率、短路阻抗（或阻抗压降）、连接方式、连接组别等。

看各个等级主接线方式，主要应明确一次侧和二次主侧接线的基本连接形式，了解母线的规格。看开关设备配置情况时应该了解：电源进线开关的规格及数量，进线柜的规格型号及台数，高低压侧联络开关规格及型号，低压出线开关（柜）的规格型号及台数，回路个数、用途及编号、计量方式及仪表，有无直控电动机或设备及其规格型号台数、启动方法、导线电缆规格型号。

看有无自备发电设备或 UPS，应该注意其规格型号、容量，与系统连接方式及切换方式，切换开关及线路的规格型号、计量方式及仪表。电容补偿装置的规格型号及容量、切换方式及切换装置的规格型号。

看避雷等保护装置情况，则主要知道防雷方式、避雷器规格型号数量以及各种保护装置的用途、数量和规格等。

图 4-26 所示是某厂用 35kV 变电所的电气主接线图。

首先看电源进线，该变电所的电源有两路，一路来自"文 I 回-218#杆"，另外一路来自"华 II 回-658#杆"。两路电源都为交流 35kV，50Hz，也都采用架空引入。

两台变压器的型号为"SL7-4000/35"，SL7 为系列号，4000 表示变压器的容量为 4000kV·A，35 表示其输入侧额定电压为 35kV。"35/10.5kV"是其输入/输出的额定电压，输入侧 35kV，输出侧 10.5kV。"Y，d11"是变压器的连接组别，输入侧为 Y（星形）连接，输出侧为 △（三角形）连接。输出侧线电压滞后于输入侧线电压 30°。

该变电所的主接线属于外桥接线与母线分段制配合。但外桥接线的桥臂仅由一台隔离开关组成，型号为"GW5-35G/1250"，两台变压器正常运行时桥臂隔离开关处于分断状态。这种结构的主要不足之处是，线路发生故障时需要先断开变压器的断路器、进线隔离开关，然后合上桥臂隔离开关后再合上变压器的断路器，因此不能保证故障时实现无中断切换。

母线分段也仅由一个断路器实现，这主要考虑该变电所正常运行时，实际采用两段母线单独供电。一旦某台变压器需要检修，断开该变压器的出线断路器，该段母线上的重要负荷可以通过母线分段断路器的连接由另一段母线实现供电。这种设置虽然较为经济，但可靠性相对较低，通常适用于要求相对较低的工厂配电。

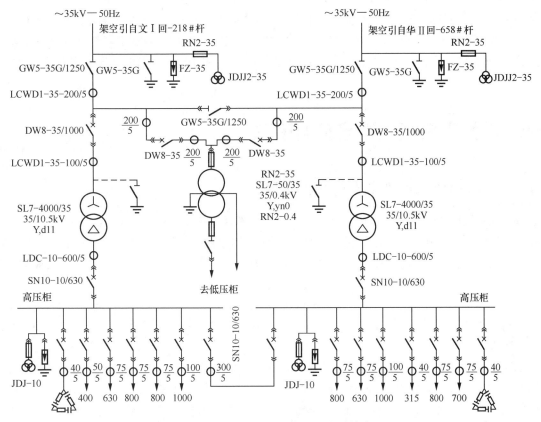

图 4-26 某厂用 35kV 变电所的电气主接线图

该主接线开关设备的配备，主要是断路器和隔离开关。两路电源回路引入后，分别经过户外高压隔离开关（GW5-35G/1250）和户外高压多油断路器（DW8-35/ 1000），再分别接两台主变压器。每台主变压器的输出侧连接到高压配电柜，分别通过一台少油断路器（SN10-10/630）与各自的母线段连接。高压配电柜两段母线之间，也通过一台少油断路器（SN10-10/630）进行连接。与每段母线连接的断路器都有九台（图中未给出型号），其中一路作为补偿电容器用，每段母线还有 8 回出线，右侧母线有一回作为备用，其他 15 回分别到车间变电所。

从该高压配电主接线图上，未能看出是否备有 UPS 电源或自备发电设备，可进一步查看低压配电系统的主接线并确认。实际在低压配电系统的主接线图中，可以找到该系统配备 4 台 UPS 柜，供停电时动力和照明用，以备检修时有足够的电力。

读主接线图的最后一步是看避雷等保护装置情况，该主接线图中显示，两路 35kV 供电线在进户处设置接地隔离开关、避雷器、电压互感器（JDJJ2-35）。其中，隔离开关设置的目的是线路停电时，该接地隔离开关闭合接地，站内可进行检修，省去挂接临时接地线的工作。此外，变压器输出侧引入高压室内的 GFC 型开关计量总柜，柜内设置电流互感器(LDC-10-600/5)、电压互感器(JDJ-10)供测量保护用，同时设置避雷器保护 10kV 母线过电压。

读图 4-26 还必须注意：所有的断路器、桥臂上的隔离开关、高压柜内的避雷器和电压互感器等都采用高压插头和插座进行连接。这样的连接通常称为采用插接头连接，用于插接头连接的元器件，一般要求将这些元器件安装在手车柜或固定柜上，这样可以省略隔离开关（即在检修时不用考虑采用隔离开关进行电气隔离）。

除此之外，由图 4-26 还可知道，35kV 的两段母线，分别经两台 DW8-35 断路器，引至一台变电所用变压器 SL7-50/35/0.4kV，专供站内用电，并经电线引至低压中心变电室的站用柜（PGL）内。这是一台直接将 35kV 变为 400V 的变压器，与主变的电压等级相同。其额定容量为 50kV·A，额定电压为 35/0.4kV，连接组别为 Y，yn0（即输入/输出侧都为星形连接，且输出侧为带中性线的星形连接）。

4.4 供配电系统二次电路的识读

4.4.1 二次电路与一次电路的关系说明

供配电系统中用来控制、指示、监测和保护一次电路及其中设备运行的电路，称为"二次电路"，通称"二次回路"。相应地，供配电系统中的电气设备也分为两大类：一次电路中的所有电气设备，称为"一次设备"；二次回路中的所有电气设备，称为"二次设备"。图 4-27 所示是一次电路与二次电路的关系图。

图 4-27 中虚线左边为一次电路。输入电源送到母线 WB 后，分作三路：一路接到所用变压器（变配电所自用的变压器），一路通过熔断器接电压互感器 TV，还有一路经隔离开关 QS、断路器 QF 送往下一级电路。

图 4-27 中虚线右边为二次电路。一次电路母线上的电压经所用变压器降压后，提供给直流操作电源电路，该电路的功能是将交流电压转换成直流电压并送到±直流母线，提供给断路器控制电路、信号电路、保护电路。电压互感器和电流互感器将一次电压和电流转换成较小的二次电压和电流送给电测量电路和保护电路，电测量电路通过测量二次电压和电流而间接获得一次电路的各项电参数（电压、电流、有功功率、无功功率、有功电能、无功电能等）；保护电路根据二次电压和电流来判断一次电路的工作情况。比如，一次电路出现短路，一次电流和二次电流均较正常值大，保护电路会将有关信号发送给信号电路，令其指示一次电路短路。另外，保护电路还会发出跳闸信号去断路器控制电路，让它控制一次电路中的断路器 QF 跳闸来切断供电，在断路器跳闸后，断路器控制电路会发信号到信号电路，令其指示断路器跳闸。

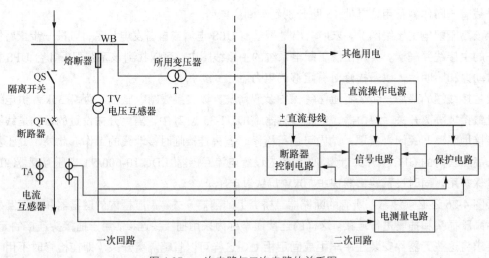

图 4-27　一次电路与二次电路的关系图

4.4.2 二次电路的原理图、展开图和安装接线图

二次电路主要有原理图、展开图和安装接线图三种表现形式。

1. 二次电路的原理图

二次电路的原理图通常将二次接线和一次接线中的有关部分画在一起，所有的仪表、继电器和其他电气元件都以整体形式的图形符号表示，不画出内部的接线，而只画出接点的连接，并按它们之间的相互关系，把二次部分的电流回路、电压回路、直流回路和一次接线绘制在一起。其特点是能对整个装置的构成有一个整体的概念，并可清楚地了解二次回路各元件间的电气联系和动作原理。

二次电路的原理图以整体的形式画出二次电路各设备及它们的连接关系，二次电路的交流回路、直流回路和一次电路有关部分都画在一起。

图 4-28 所示为 6~10kV 线路过电流保护二次电路原理图。整套过电流保护装置由 4 只继电器组成。其中 KA_1、KA_2 为电流继电器，其线圈分别接于 L_1、L_2 相电流互感器 TA_1、TA_2 的二次侧。当电流超过动作值时，其动合触头 KA_1（1-2）、KA_2（1-2）闭合，启动时间继电器 KT，经一定延时后，KT 的动合触头 KT（1-2）闭合，电流经直流操作电源正端经 KT 的动合触头 KT（1-2）→信号继电器 KS 线圈→断路器的辅助动合触头 QF（1-2）→断路器跳闸线圈 YR→操作电源的负端。当跳闸线圈 YR 和信号继电器 KS 的线圈中有电流流过时，两者同时动作，一方面断路器 QF 跳闸，另一方面信号继电器 KS 的动合触头 KS（1-2）发出信号。断路器跳闸后，辅助触头 QF（1-2）切断跳闸线圈 YR 中的电流。

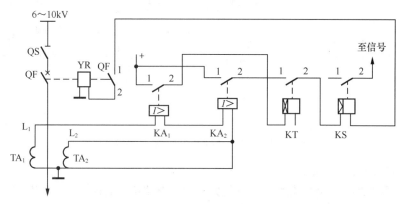

图 4-28　6~10kV 线路过电流保护二次电路原理图

2. 二次电路的展开图

二次电路展开图的基本出发点是按回路展开，如交流电流回路、交流电压回路和直流回路等。同时，为避免回路的混淆，属于同一线圈作用的触头或同一电气元件的端子，需标注相同的文字符号。此外，回路的排列按动作次序由左到右、由上到下逐行有序地排列。这种分开式回路次序非常清晰明显，因此现场使用极为普遍。

展开图的绘制一般是将电路分成几部分，如交流电流回路、交流电压回路、直流操作回路和信号回路等，每一部分又分为很多行。交流回路按 L_1、L_2、L_3 的相序，直流回路按继电器的动作顺序自上至下排列。同一回路内的线圈和触头，按电流通过的路径自左向右排列。在每一行中，各元件的线圈和触头是按照实际连接顺序排列的。在每一个回路的右侧配有文字说明。

图 4-29 所示是与图 4-28 所示 6~10kV 线路的过电流保护二次电路原理图对应的展开图。图中左侧为示意图，表示主接线及保护装置所连接的电流互感器在一次系统中的位置；右侧为保护回路的展开图，由交流回路、直流操作回路、信号回路 3 部分组成。交流回路由电流互感器的二次绕组供电。电流互感器只装在 L_1、L_2 两相上，每相分别接入一只电流继电器线圈，然后用一根公共线引回，构成不完全的星形接线。直流操作回路两侧的竖线表示正、负电源，上面两行为时间继电器的启动回路，第三行为跳闸回路。其动作过程为：当被保护的线路发生过电流时，电流继电器 KA_1 或 KA_2 动作，其动合触头 KA_1（1-2）、KA_2（1-2）闭合，接通时间继电器 KT 的线圈回路。时间继电器 KT 动作后，经过整定时限后，延时闭合的动合触头 KT（1-2）闭合，接通跳闸回路。断路器在合闸状态时与主轴联动的常开辅助触头 QF（1-2）是处于闭合位置的。因此，在跳闸线圈 YR 中有电流流过时，断路器跳闸。同时，串联于跳闸回路中的信号继电器 KS 动作并掉牌，其在信号回路中的动合触头 KS（1-2）闭合，接通信号小母线 WS 和 WSA。WS 接信号正电源，而 WSA 经过光字牌的信号灯接负电源，光字牌点亮，给出正面标有"掉牌复归"的灯光信号。

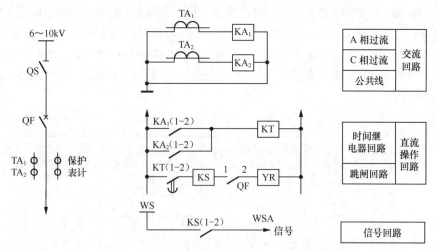

图 4-29 6~10kV 线路过电流保护二次电路展开图

3. 二次电路的安装接线图

二次电路安装接线图是依据电路的展开图并按实际电路接线而绘制的，是安装、试验、维护和检修的主要参考图。二次电路的安装接线图包括屏面布置图、端子排图和屏后接线图。

（1）屏面布置图

屏面布置图用来表示设备和器具在屏上的安装位置，屏、设备和器具的尺寸、相互间的距离等均是按一定比例绘制的。

图 4-30 所示是某一主变压器控制屏的屏面布置图，图中画出了测量仪表、光字牌、信号灯和控制开关等设备在屏上的位置，这些设备在屏面图中都用代号表示，图中标注尺寸单位为 mm（毫米）。为了方便识图时了解各个设备，在屏面图旁边会附有设备表，见表 4-2。在识读屏面布置图时要配合查看设备表，通过查看设备表可知，布置图中的 I-1 ~ I-3 均为电流表，I-9 ~ I-32 为显示电路各种信息的光字牌，II-2、II-3 分别为红、绿指示灯。

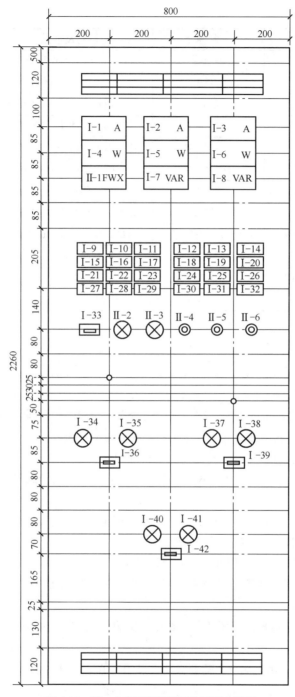

图 4-30　某一主变压器控制屏的屏面布置图

表 4-2　设备表

编号	符号	名称	型号及规范	单位	数量
安装单位 I 主变压器					
1	1A	电流表	16L1-A100（200）/5A	只	1
2	2A	电流表	16L1-A200（400、600）/5A	只	1

续表

编号	符号	名称	型号及规范	单位	数量
3	3A	电流表	16L1-A 1500/5A	只	1
4	4T	温度表	XCT-102 0~100℃	只	1
5	2W	有功功率表	16L1-W200（400、600）/5A 100V	只	1
6	3W	有功功率表	16L1-W 1500/5A 100V	只	1
7	2VAR	有功功率表	16L1-W200（400、600）/5A 100V	只	1
8	3VAR	有功功率表	16L1-W 1500/5A 100V	只	1
9~32	H1~H24	光字牌	XD10 200V	只	24
33	CK	转换开关	LW2-1a、2、2、2、2/F4-8X	只	1
36、39、42	1SA~3SA	控制开关	LW2-1a、4、6a、40、2/F8	只	3
34、37、40	1GN~3GN	绿灯	XD5 220V	只	3
35、38、41	1RD~3RD	红灯	XD5 220V	只	3
安装单位Ⅱ 有载调压装置					
1	FWX	分接位置指示器		只	1
2、3	RD、GN	红、绿灯	XD5 220V	只	2
4~6	SA、JA、TA	按钮	LA19-11	只	3

（2）端子排图

端子排用来连接屏内与屏外设备，很多端子组合在一起称为端子排。用来表示端子排各端子与屏内、屏外设备连接关系的图称为端子排接线图，简称端子排图。

端子排图如图 4-31 所示，在端子排图最上方标注安装项目名称与编号，安装项目编号一般用罗马数字Ⅰ、Ⅱ、Ⅲ表示；端子排下方则按顺序排列各种端子，在每个端子左方标示该端子左方连接的设备编号，在右方标示端子右方连接的设备编号。

在端子排上可以安装各类端子，端子类型主要有普通端子、连接型端子、试验端子、连接型试验端子、特殊端子和终端端子。各类端子说明如下。

① 普通端子：用来连接屏内和屏外设备的导线。

② 连接型端子：端子间相互连通的端子，可实现一根导线接到一个端子，从其他端子分成多路接出。

③ 试验端子：用于连接电流互感器二次绕组与负载，可以在系统不断电时通过这种端子对屏上仪表和继电器进行测试。

④ 连接型试验端子：用在端子上需要彼此连接的电流试验电路中。

⑤ 特殊端子：可以通过操作端子上的绝缘手柄来接通或切断该端子左、右侧导线的连接。

⑥ 终端端子：安装在端子排的首、中、末端，用于固定端子排或分隔不同的安装项目。

（3）屏后接线图

屏面布置图用来表明各设备在屏上的安装位置。屏后接线图是用来表示屏内各设备接线的电气图，包括设备之间的接线和设备与端子排之间的接线。

① 屏后接线图的设备表示方法。在屏后接线图中，二次设备的表示方法如图 4-32 所示，设备编号、设备顺序号和文字符号等应与展开图和屏面布置图一致。

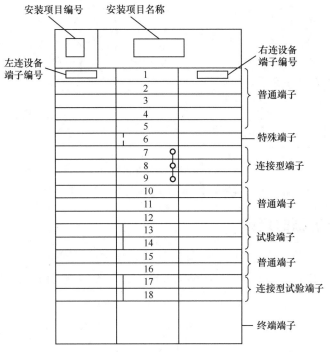

图 4-31 端子排图

② 屏后接线图的设备连接表示方法。在屏后接线图中，二次设备连接的表示方法主要有连续表示法和相对编号表示法，相对编号表示法使用更广泛。连续表示法是在设备间画连续的连接线表示连接，相对编号表示法不用在设备之间画连接线，只要在设备端子旁标注其他要连接的设备端子编号即可。屏后接线图的设备连接表示法如图 4-33 所示，图 4-33（a）采用连续表示法，图 4-33（b）采用相对编号表示法，两者表示的连接关系是一样的。

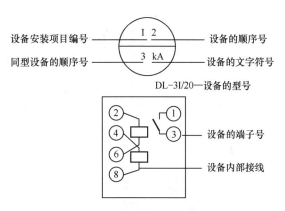

图 4-32 屏后接线图的二次设备表示方法

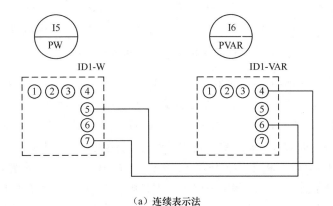

（a）连续表示法

图 4-33 屏后接线图的二次设备连接表示法

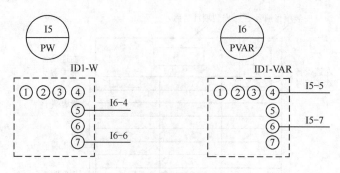

（b）相对编号表示法

图 4-33　屏后接线图的二次设备连接表示法（续）

4.4.3　直流操作电源的识读

二次电路主要包括断路器控制电路、信号电路、保护电路和测量电路等，直流操作电源的任务就是为这些电路提供工作电源。硅整流电容储能式操作电源是一种应用广泛的直流操作电路，其电路结构如图 4-34 所示。

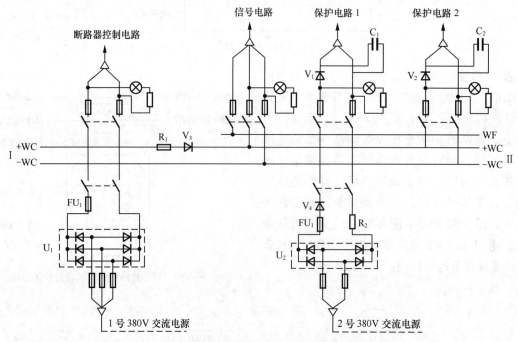

图 4-34　硅整流电容储能式操作电源的电路结构

一次电路的交流高压经所用变压器降压得到 380V 的三相交流电压，它经三相桥式硅整流桥堆 U_1 整流后得到直流电压，送到 I 段+WC、-WC 直流小母线；另一路两相 380V 交流电源经桥式硅整流桥堆 U_2 整流后得到直流电压，送到 II 段+WC、-WC 直流小母线。在 I、II 段母线之间有一个二极管 V_3，起止逆阀作用，即防止 II 段母线上的电流通过 V_3 逆流到 I 段母线，而 I 段母线上的电流可以通过 V_3 流到 II 段母线，电阻 R_1 起限流作用。I 段母线上的直流电源送给断路器控制电路，II 段母线上的直流电源分别送到信号电路、保护电路 1 和保护电路 2。C_1、C_2 为储能电容，在正常工作时 C_1、C_2 两端充有一定电压，当直流母线电压降低时，C_1、C_2 会放电为保护电路供电，这样可为保护电路提供较稳定的直流电源；V_1、V_2 为防逆流二极管，可防止 C_1、C_2 放电电流流向直流母线。在直流母线为各次电路供电的+、−电源线之间，都接有一个指示灯和电阻，指示灯用于指示该路电源的有无，电阻起限流作用，降低流过指示灯的电流。

4.4.4 断路器控制和信号电路的识读

一次电路中的断路器可采用手动方式直接合闸和跳闸，也可采用合闸和跳闸控制电路来控制断路器合闸和跳闸，采用电路控制可以在远距离操作，操作人员不用进入高压区域。在操作断路器时，一般会采用信号电路指示断路器的状态。

1. 断路器控制电路

断路器控制电路最基本的跳、合闸回路如图 4-35 所示。断路器操作之前先通过选择开关 SFA_1 选择就地或远方操作。选择就地操作时，SFA_1 的 1-2 触点闭合，3-4 触点断开；选择远方操作时，SFA_1 的 3-4 触点闭合，1-2 触点断开。

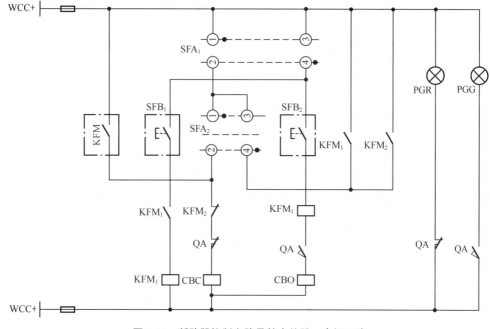

图 4-35　断路器控制电路最基本的跳、合闸回路

断路器的就地手动合闸回路为控制开关 SFA_2 的 1-2 触点闭合，经过防跳继电器 KFM_1 的动断触点、断路器的动断触点 QA 接通合闸线圈 CBC；就地手动跳闸回路为控制开关 SFA_2 的 3-4 触点闭合，经过断路器的动合触点 QA 接通跳闸线圈 CBO。在跳、合闸回路中，断路器辅助触点 QA 是保证跳、合闸脉冲为短时脉冲的。合闸操作前，QA 动断触点是闭合的，当控制开关 SFA_2 手柄转至"合闸"位置时，1-2 触点接通，合闸线圈 CBC 通电，断路器随即合闸，合闸过程一完成，与断路器传动轴一起联动的动断辅助触点 QA 即断开，自动切断合闸线圈中的电流，保证合闸线圈的短脉冲。跳闸过程亦如此，跳闸操作之前，断路器为合闸状态，QA 动合触点闭合，当控制开关 SFA_2 手柄转至"跳闸"位置时，3-4 触点接通，跳闸线圈 CBO 通电，使断路器跳闸。跳闸过程一完成，断路器动合辅助触点 QA 即断开，保证跳闸线圈的短脉冲。此外，可由串接在跳、合闸线圈回路中的断路器辅助触点 QA 切断跳、合闸线圈回路的电弧电流，以避免烧坏控制开关或跳、合闸回路中串接的继电器触点。因此，QA 触点必须有足够的切断容量，并要比控制开关或跳、合闸回路串接的继电器触点先断开。

操作断路器合、跳闸回路的控制开关应选用自动复位型开关，也可选用自动复位型按钮。

断路器的自动合闸只需将自动装置的动作触点与手动合闸回路的触点并联即可实现。同样，断路器的自动跳闸是将继电保护的出口继电器触点与手动跳闸回路的触点并联来完成的。

2. 断路器灯光监视信号回路

位置指示灯回路。断路器的正常位置由信号灯来指示，如图 4-35 所示，在双灯制接线中，红灯 PGR 表示断路器处于正常合闸状态，它是由断路器的动合辅助触点接通而点燃的。绿灯 PGG 表示断路器的跳闸状态，它是由断路器的动断辅助触点接通而点燃的。

断路器由继电保护动作而跳闸时，要求发出事故跳闸音响信号。保护动作继电器向中央信号电路发出动作信号。

4.4.5 中央信号电路的识读

变电站在控制室或值班室内一般设中央信号装置，中央信号装置由事故信号电路和预告信号电路组成。

1. 事故信号电路

事故信号电路的作用是在断路器出现事故跳闸时产生声光信号告知值班人员。事故信号电路应保证在任何断路器事故跳闸时，能瞬时发出音响信号，在控制室屏上或配电装置上还应有表示该回路事故跳闸的灯光或其他指示信号。

事故信号电路在发出音响信号后，应能手动或自动复归音响，而灯光或指示信号仍应保持，直至事故处理后故障消除时为止。

中央信号电路接线应简单、可靠，对其电源熔断器是否熔断应有监视。

图 4-36 所示是一种采用 ZC-23 型冲击继电器的中央复归式事故音响信号电路。冲击继电器是一种由电容、二极管、中间继电器和干簧继电器等组成的继电器，虚线框内为其电路结构。

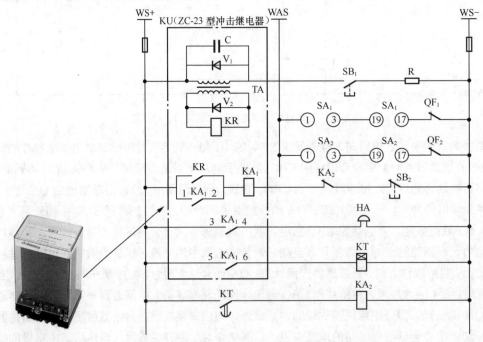

图 4-36 一种采用 ZC-23 型冲击继电器的中央复归式事故音响信号电路

当一次电路的某断路器发生事故跳闸（如发生 QF_1 断路器过流跳闸）时，其辅助常闭触点闭合。由于是断路器事故跳闸，不是人为控制跳闸，故控制开关 SA_1 仍处于"合闸后"位置，开关的①、③触点和⑲、⑰触点都是接通的。SA_1、SA_2 采用 LW2-Z 型万能转换开关，其触点在各挡位的通断情况如图 4-36 所示。WAS 小母线与 WS-小母线通过 SA_1 和 QF_1 辅助常闭触点接通，马上有电流流过冲击继电器内部的脉冲变流器 TA 的一个绕组（电流途径是：WS+→TA 绕组→WAS 小母线→SA_1 的①、③触点和⑲、⑰触点→QF_1 辅助常闭触点→WS-），绕组马上产生左正右负的电动势。电动势再感应到二次绕组，为干簧继电器 KR 线圈供电，KR 触点马上闭合，中间继电器 KA_1 线圈得电，KA_1 的 1、2 触点闭合，自锁 KA_1 线圈供电，KA_1 的 3、4 触点闭合，蜂鸣器 HA 获得电压，发出事故音响信号。KA_1 的 5、6 触点闭合，时间继电器 KT 线圈得电，经设定时间后，KT 延时闭合触点闭合，中间继电器 KA_2 线圈得电，KA_2 常闭触点断开，KA_1 线圈失电，KA_1 的 3、4 触点断开，切断蜂鸣器 HA 的供电，音响信号停止。

任何线圈只有在流过的电流发生变化时才会产生电动势，故 QF_1 辅助常闭触点闭合后，待流过 TA 一次绕组电流大小稳定不变时，该绕组上的电动势消失，二次绕组上的感应电动势也会消失。也就是说，TA 绕组产生的电动势是短暂的，干簧继电器 KR 线圈失电，KR 常开触点断开，KA_1 线圈依靠 KA_1 的 1、2 自锁触点供电。TA 一次绕组两端并联的 C、V_1 起抗干扰作用，如果一次绕组产生的左正右负电动势过高，该电动势会对 C 充电而有所降低。如果 WAS、WS-小母线之间突然断开，TA 一次绕组会产生左负右正的电动势。如果该电动势感应到二次绕组，会使干簧继电器线圈得电而动作。V_1 的存在可使 TA 一次绕组左负右正的电动势瞬间降到 1V 以下，二极管 V_2 的作用与 V_1 相同，这样可确保在 WAS、WS-小母线之间突然断开（如 SA_1 的 1、3 触点断开）时干簧继电器不会动作，电路不会发生音响信号。SB_1 为试验按钮，当按下 SB_1 时，WAS、WS-小母线之间人为接通，用于测试断路器跳闸后音响电路是否正常。SB_2 为手动复归按钮，按下 SB2 可使 KA_1 线圈失电，最终切断蜂鸣器的供电。

2. 预告信号电路

预告信号装置是当设备发生故障或某些不正常运行情况时能自动发出音响和光字牌灯光信号的装置。它可帮助运行人员及时发现故障及隐患，以便采取适当措施加以处理，防止事故扩大。变电所常见的预告信号有：变压器轻瓦斯动作、变压器过负荷、变压器油温过高、电压互感器二次回路断线、直流回路绝缘能力降低、控制回路断线、事故音响信号回路熔断器熔断、直流电压过高或过低等。

预告信号一般发自各种监测运行参数的单独继电器，例如过负荷信号由过负荷保护继电器发出。

预告信号分瞬时预告信号和延时信号两种，对某些当电力系统中发生短路故障时可能伴随发出的预告信号，例如过负荷、电压互感器二次回路断线等，都应延时发出，其延时应大于外部短路的最大切除时限。这样，在外部短路切除后，这些由系统短路所引起的异常就会自动消失，而不让它发出警报信号，以免分散运行人员的注意力。

目前，广泛采用中央复归带重复动作的预告信号装置，其动作原理与事故音响信号装置相同，所不同的是用光字牌灯泡代替了事故音响信号装置不对应启动回路中的电阻 R，并用警铃代替了蜂鸣器。这里介绍一种不可重复动作的中央预告音响信号电路，如图 4-37 所示。

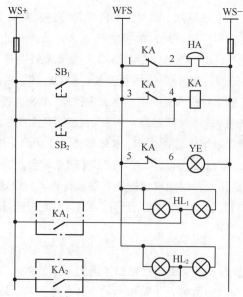

图 4-37　一种不可重复动作的中央预告音响信号电路

当供配电系统出现某个不正常情况时，如一次电路的电流过大，引起继电器保护电路的 KA_1 常开触点闭合，光字牌指示灯 HL_1 和预告电铃 HA 同时有电流流过（电流途径是：WS+→KA_1→HL_1→KA 触点→HA→WS-），电铃 HA 发声提醒值班人员注意，光字牌指示灯 HL_1 发光指示具体不正常情况。值班人员按下 SB_2 按钮，中间继电器 KA 线圈得电，KA 的 1、2 常闭触点断开指示灯，切断电铃的电源使铃声停止，KA 的 3、4 常开触点闭合，让 KA 线圈在 SB_2 断开后继续得电，KA 的 5、6 常开触点闭合，黄色信号灯 YE 发光，指示系统出现了不正常情况且未消除。当出现另一种不正常情况使继电器保护电路的 KA_2 触点闭合时，光字牌指示灯 HL_2 发光，但因 KA 的 1、2 常闭触点已断开，故电铃不会再发声。当所有不正常情况消除后，所有继电器保护电路的常开触点（图中为 KA_1、KA_2）均断开，黄色指示灯和所有 HL 光字牌指示灯都会熄灭；如果仅消除了某个不正常情况（还有其他不正常情况未消除，只有消除了不正常情况的光字牌指示灯会熄灭），黄色信号灯仍会亮。

4.4.6　继电器保护电路的识读

继电器保护电路的任务是在一次电路出现非正常情况或故障时，能迅速切断线路或故障元件，同时通过信号电路发出报警信号。继电器保护电路的种类很多，常见的有过电流保护、变压器保护等。过电流保护在前面已经介绍过，下面介绍变压器的继电器保护电路。变压器故障分为内部故障和外部故障。变压器内部故障主要有相间绕组短路、绕组匝间短路、单相接地短路等，发生内部故障时，短路电流产生的热量会破坏绕组的绝缘层，绝缘层和变压器油受热会产生大量气体，可能会使变压器发生爆炸。变压器外部故障主要有引出线绝缘套管损坏，导致引出线相间短路和引出线与变压器外壳短路（对地短路）。

1. 变压器瓦斯保护电路

瓦斯继电器又称气体继电器。瓦斯继电器安装在变压器油箱与油枕之间的连接管道中，油箱内的气体通过瓦斯继电器流向油枕。

以往使用的浮筒式瓦斯继电器，由于浮筒的密封性不良而经常漏油，抗震性能差，常常造成瓦斯继电器误动作。目前，国内采用的瓦斯继电器有浮筒挡板式和开口杯挡板式两种，均有两对触点引出，可以并联使用。

瓦斯保护装置接线由信号回路和跳闸回路组成。变压器内部发生轻微故障时，继电器触点闭合，发出瞬时"轻瓦斯动作"信号。

变压器内部发生严重故障时，油箱内产生大量气体，强烈的油流冲击挡板，继电器触点闭合，发出重瓦斯跳闸脉冲，跳开变压器各侧断路器。因重瓦斯继电器触点有可能瞬时接通，故跳闸回路中一般要加自保持回路。

变压器严重漏油使油面降低时，继电器动作，同样发出"轻瓦斯动作"信号。

图 4-38 所示是变压器瓦斯保护原理接线图。

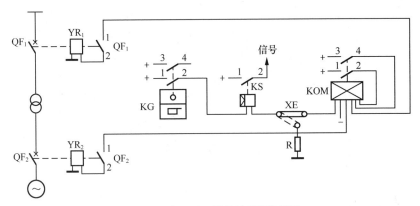

图 4-38　变压器瓦斯保护原理接线图

当变压器出现绕组匝间短路（轻微故障）时，由于短路电流不大，油箱内会产生少量的气体，随着气体逐渐增加，瓦斯继电器 KG 上触点闭合，电源经该触点提供给预告信号电路，使之发出轻气体报警信号。当变压器出现绕组相间短路（严重故障）时，由于短路电流很大，油箱内会产生大量的气体，大量油气冲击瓦斯继电器 KG，KG 下触点闭合，有电流流过信号继电器 KS 线圈、连接片 XE、中间继电器 KOM 线圈，KS 线圈得电，KS 常开触点闭合，电源经该触点提供给事故信号电路，使之发出重气体报警信号。KOM 线圈得电使 KOM 的两对触点闭合，分别使断路器 QF$_1$、QF$_2$ 跳闸，切断变压器两侧断路器。

XE 为试验切换片，如果在对瓦斯继电器试验时希望断路器不跳闸，可将 XE 与电阻 R 接通，KG 的下触点闭合时，KS 触点闭合使信号电路发出重气体报警信号，由于 KOM 继电器线圈不会得电，故断路器不会跳闸。

变压器瓦斯保护电路的优点主要是电路简单、动作迅速、灵敏度高，能保护变压器油箱内各种短路故障，对绕组的匝间短路反应最灵敏。这种保护电路主要用作变压器内部故障保护，不适合用作变压器外部故障保护，常用于保护容量在 800kV·A 及以上（车间变压器容量在 400kV·A 及以上）的油浸式变压器。

2. 变压器差动保护电路

变压器差动保护电路在正常运行和有外部故障时，理想情况下，流入差动继电器的电流等于零。但实际上由于变压器的励磁电流、接线方式和电流互感器误差等因素的影响，继电器中有不平衡电流流过。由于这些特殊因素的影响，变压器差动保护电路的不平衡电流远比发电机差动保护大。因此，变压器差动保护需要解决的主要问题之一是采取各种措施避越不平衡电流的影响。在满足选择性的条件下，还要保证在内部故障时有足够的灵敏系数和速动性。

按照避越励磁涌流方法的不同，变压器差动继电器可按不同的工作原理来实现。目前，国内广泛应用有以下几种类型继电器构成差动保护：

① 带短路线匝的 BCH-2 型差动继电器；
② 带磁制动特性的 BCH-1 型差动继电器；
③ 多侧磁制动特性的 BCH-4 型差动继电器；
④ 鉴别涌流间断角的差动继电器；
⑤ 二次谐波制动的差动继电器。

此外，有些单位还研制了高次谐波制动的差动继电器。

图 4-39 所示是一种常见的变压器差动保护电路。

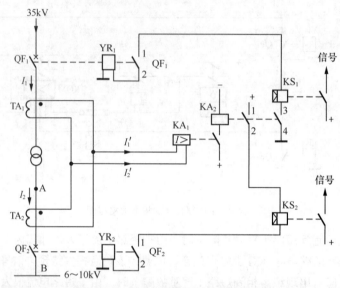

图 4-39　一种常见的变压器差动保护电路

　　在变压器输入侧和输出侧各装设一个电流互感器，虽然输入侧线路电流 I_1 与输出侧线路电流 I_2 不同，但适当选用不同变流比的电流互感器，可使输入侧的电流互感器输出电流 I'_1 与输出侧电流互感器输出电流 I'_2 接近相等。这两个电流从不同端流入电流继电器 KA_1 线圈，两者相互抵消，KA_1 线圈流入的电流 I（$I = I'_1 - I'_2$）近似为 0，KA_1 继电器不动作。

　　当两个电流互感器之间的电路出现短路时，如 A 点出现相间短路，A 点所在相线上的电流会直接流到另一根相线，电流互感器 TA_2 一次绕组（穿孔导线）电流 I_2 为 0，TA_2 的二次绕组输出电流 I'_2 也为 0，这时流过电流继电器 KA_1 线圈的电流为 $I = I'_1$，KA_1 线圈得电使 KA_1 常开触点闭合，中间继电器 KA_2 线圈得电，KA_2 的 1、2 触点和 3、4 触点均闭合。KA_2 的 1、2 触点闭合使信号继电器 KS_2 线圈和输出侧断路器跳闸线圈 YR_2 均得电，YR_2 线圈得电使输出侧断路器 QF_2 跳闸；KS_2 得电使 KS_2 触点闭合，让信号电路报输出侧断路器跳闸事故信号。KA_2 的 3、4 触点闭合使信号继电器 KS_1 线圈和输入侧断路器跳闸线圈 YR_1 均得电，YR_1 线圈得电使输入侧断路器 QF_1 跳闸；KS_1 线圈得电使 KS_1 触点闭合，让信号电路报输入侧断路器跳闸事故信号。

　　如果在两个电流互感器之外发生了短路，如 B 点处出现相间短路，变压器输出侧电流 I_2 和输入侧电流均会增大，两个电流互感器输出电流 I'_1、I'_2 会同时增大，流入电流继电器 KA_1 线圈的电流仍近似为 0，电流继电器不会动作，变压器输入侧和输出侧的断路器不会跳闸。

　　变压器差动保护电路具有保护范围大（两个电流互感器之间的电路）、灵敏度高、动作迅速等特点，特别适合容量大的变压器（单独运行的容量在 10000kV·A 及以上的变压器；并联运行时容量在 6300kV·A 及以上的变压器；容量在 2000kV·A 以上装设电流保护灵敏度不合格的变压器）。

4.4.7　电测量仪表电路的识读

电测量电路的功能是测量一次电路的有关电参数（电流、有功电能和无功电能等），由于一次电路的电压高、电流大，故二次电路的电测量电路需要配接电压互感器和电流互感器。

图 4-40 所示是 6～10kV 线路的电测量仪表电路。该电路使用了电流表 PA、三相有功电能表 PJ$_1$和三相无功电能表 PJ$_2$，这些仪表通过配接电流互感器 TA$_1$、TA$_2$ 和电压互感器 TV 对一次电路的电流、有功电能和无功电能进行测量。三个仪表的电流线圈串联在一起并且接在电流互感器二次绕组两端，以 A 相为例，测量电路电流途径为：TA$_1$ 二次绕组上端→有功电能表 PJ$_1$①脚入→电流线圈→PJ$_1$③脚出→无功电能表 PJ$_2$①脚入→电流线圈→PJ$_2$③脚出→电流表 PA②脚入→电流线圈→PA①脚出→TA$_1$二次绕组下端；有功电能表和无功电能表的电压线圈均并联接在电压小母线上，在电压小母线上有电压互感器的二次绕组提供的电压。从图 4-40（a）所示的电路原理图可清晰看出一次电路、互感器和各仪表的实际连接关系，而图 4-40（b）所示的展开图则将仪表的电流回路和电压回路分开绘制，能直观说明仪表的电流线圈与电流互感器的连接关系及仪表的电压线圈与电压小母线的连接关系。

4.4.8　自动装置电路的识读

1. 自动重合闸装置

电力系统（特别是架空线路）的短路故障大多数是暂时性的，例如，因雷击闪电、鸟兽跨接导线、大风引起偶尔碰线等引起的短路，在雷电过后、鸟兽烧死、大风过后线路大多数能恢复正常。如果在供配电系统采用自动重合闸装置，能使断路器跳闸后自动重新合闸，可迅速恢复供电，提高供电的可靠性。

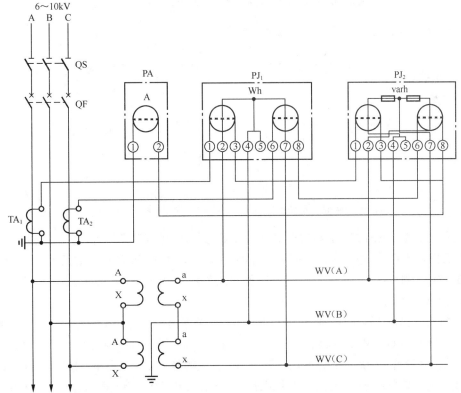

（a）电路原理图

图 4-40　6～10kV 线路的电测量仪表电路

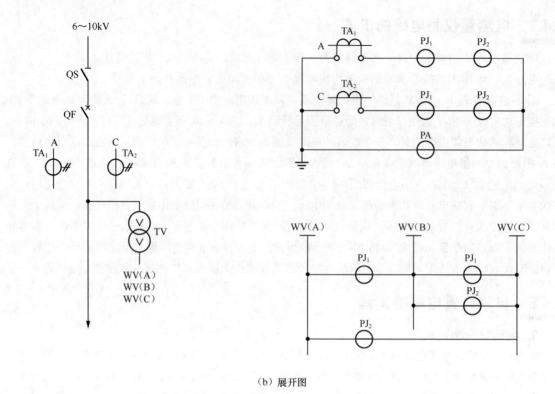

（b）展开图

图 4-40　6～10kV 线路的电测量仪表电路（续）

图 4-41 所示是自动重合闸装置的基本电路原理图。

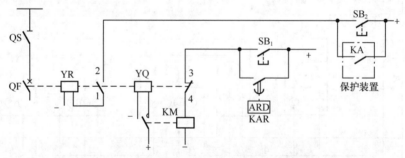

图 4-41　自动重合闸装置的基本电路原理图

　　在手动合闸时，按下 SB₁ 按钮，接触器 KM 线圈得电，KM 常开触点闭合，合闸线圈 YQ 得电，将断路器 QF 合闸。合闸后，QF 的 1、2 辅助常开触点闭合，3、4 辅助常闭触点断开。 在手动跳闸时，按下 SB₂ 按钮，跳闸线圈 YR 得电，将断路器 QF 跳闸。跳闸后，QF 的 1、2 辅助常开触点断开，3、4 辅助常闭触点闭合。

　　在合闸运行时，如果线路出现短路过流，继电器过流保护装置中的 KA 常开触点闭合，跳闸线圈 YR 得电，使断路器 QF 跳闸。跳闸后，QF 的 3、4 辅助常闭触点处于闭合状态，同时重合闸继电器 KAR 启动，经设定时间后，其延时闭合触点闭合，接触器 KM 线圈得电，KM 常开触点闭合，合闸线圈 YQ 得电，使断路器 QF 合闸。如果线路的短路故障未消除，继电器过流保护装置中的 KA 常开触点又闭合，跳闸线圈 YR 再次得电使断路器 QF 跳闸。由于电路采取了防止二次合闸措施，重合闸继电器 KAR 不会使其延时闭合触点再次闭合，断路器也就不会再次合闸。

2. 备用电源自动投入装置

在对供电可靠性要求较高的变配电所，通常采用两路电源进线，在正常时仅使用其中一路供电，当该路供电出现中断时，备用电源自动装置可自动将另一路电源切换为供电电源。

备用电源自动投入装置电路如图 4-42 所示。

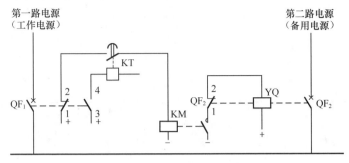

图 4-42　备用电源自动投入装置电路

WL1 为工作电源进线，WL2 为备用电源进线，在正常时，断路器 QF_1 闭合，QF_2 断开。如果 WL1 线路的电源突然中断，失压保护电路（图中未画出）使断路器 QF_1 跳闸，切断 WL1 线路与母线的连接，同时 QF_1 的 1、2 辅助常闭触点闭合，3、4 辅助常开触点断开。QF_1 的 3、4 触点断开使时间继电器 KT 线圈失电，KT 延时断开触点不会马上断开，接触器 KM 线圈得电，KM 常开触点闭合，合闸线圈 YQ 得电，将断路器 QF_2 合闸，第二路备用电源经 WL2 线路送到母线。QF_2 合闸成功后，其 1、2 辅助常闭触点断开，切断 YQ 线圈的电源，可防止 YQ 线圈长时间通电而损坏，经设定时间后 KT 延时断开触点断开，切断接触器 KM 线圈的电源，KM 常开触点断开。

4.4.9　发电厂与变配电所电路的数字标号与符号标注规定

在发电厂和变配电所的电路展开图中，为了表明回路的性质和用途，通常都会对回路进行标号。表 4-3 所示为发电厂和变配电所电路的直流回路数字标号序列，表 4-4 所示为发电厂和变配电所电路的交流回路数字标号序列，表 4-5 所示为发电厂和变配电所电路的控制电缆标号系列，表 4-6 所示为发电厂和变配电所电路的小母线文字符号。

表 4-3　发电厂和变配电所电路的直流回路数字标号序列

回路名称	标号序列			
	I	II	III	IV
+电源回路	1	101	201	301
−电源回路	2	102	202	302
合闸回路	3~31	103~131	203~231	303~331
绿灯或合闸回路监视继电器的回路	5	105	205	305
跳闸回路	33~49	133~149	233~249	333~349
红灯或跳闸回路监视继电器的回路	35	135	235	335
备用电源自动合闸回路	50~69	150~169	250~269	350~369
开关器具的信号回路	70~89	170~189	270~289	370~389
事故跳闸音响信号回路	90~99	190~199	290~299	390~399
保护及自动重合闸回路	01~099（或 J1~J99，K1~K99）			

回路名称	标号序列			
	I	II	III	IV
机组自动控制回路	401~599			
励磁控制回路	601~649			
发电机励磁回路	651~699			
信号及其他回路	701~999			

表 4-4 发电厂和变配电所电路的交流回路数字标号序列

回路名称	标号序列			
	L1 相	L2 相	L3 相	中性线 N
电流回路	U401~U409 U401~U409 ⋮ U491~U499 U501~U509 ⋮ U591~U599	V401~V409 V411~V419 ⋮ V491~V499 V501~V509 ⋮ V591~V599	W401~W409 W411~W419 ⋮ W491~W499 W501~W509 ⋮ W591~W599	N401~N409 N411~N419 ⋮ N491~N499 N501~N509 ⋮ N591~N599
电压回路	U601~U609 ⋮ U791~U799	V601~V609 ⋮ V791~V799	W601~W609 ⋮ W791~W799	N601~N609 ⋮ N791~N799
控制、保护信号回路	U1~U399	V1~V399	W1~W399	N1~N399

表 4-5 发电厂和变配电所电路的控制电缆标号系列

电缆起始点	电缆点
中央控制室到主机室	100~110
中央控制室到 6~10kV 配电装置	111~115
中央控制室到 33kV 配电装置	116~120
中央控制室到变压器	126~129
中央控制室屏间联系电缆	130~149
35kV 配电装置内联系电缆	160~169
其他配电装置内联系电缆	170~179
变压器处联系电缆	190~199
主机室机组联系电缆	200~249
坝区及启闭机联系电缆	250~269

注：数字 1~99 一般表示动力电缆。

表 4-6 发电厂和变配电所电路的小母线文字符号

小母线名称	小母线标号	
	新	旧
直流控制和信号的电源及辅助小母线		
控制回路电源小母线	+WC、–WC	+KM、–KM
信号回路电源小母线	+WS、–WS	+XM、–XM

续表

小母线名称		小母线标号	
		新	旧
事故音响信号小母线	用于配电装置内	WAS	SYM
	用于不发遥远信号	1WAS	1SYM
	用于发遥远信号	2WAS	2SYM
	用于直流屏	3WAS	3SYM
预报信号小母线	瞬时动作的信号	1WFS	1YBM
		2WFS	2YBM
	延时动作的信号	3WFS	3YBM
		4WFS	4YBM
直流屏上的预报信号小母线（延时动作的信号）		5WFS	5YBM
		6WFS	6YBM
发光信号小母线		WL	−DM
闪光信号小母线		WF	（+）SM
合闸小母线		WO	+HM、−HM
"掉牌未复归"光字牌小母线		WSR	PM
交流电压、同期和电源小母线			
同期小母线	待并系统	WOSU	TQMa
		WOSW	TQMc
	运行系统	WOS'U	TQM'a
		WOS'W	TQM'c
电压小母线		WV	YM

第5章

电子电路的识读

电子电路一般是指由电压较低的直流电源（DC 36V 以下）供电，通过电路中的电子元件（例如电阻、电容、电感等）、电子器件（例如二极管、晶体管、集成电路等）的工作，实现一定功能的电路。电子电路在各种电气设备和家用电器中得到广泛应用。本章将对电子电路图的特点、识读方法等结合具体电路进行分析和讲解。

5.1 放大电路的识读

放大电路除应用在无线电领域外，还广泛用于非电量测量、自动控制和自动检测系统中。其作用就是把微弱的电信号（电压或电流）放大后使其带动负载工作，如测量仪表指示、扬声器发声报警、荧光屏显示、继电器接通或断开、电动机启动或停车、电磁阀动作等。被放大的这些微弱信号通常都是非电量（如温度、压力、流量、转速、声音等）经过传感器变换得到的。它们不能直接用来带动测量机构或执行机构指示或动作，都必须先经过放大电路放大才能带动负载工作。

基本放大电路是利用放大器件工作在放大区时所具有的电流（或电压）控制特性，可以实现放大作用，因此，放大器件是放大电路中必不可少的器件；为了保证器件工作在放大区，必须通过直流电源给器件提供适当的偏置电压或电流，这就需要有提供偏置的电路和电源；为了确保信号能有效地输入和输出，还必须设置合理的输入电路和输出电路。可见，基本放大电路应由放大器件、直流电源、偏置电路、输入电路和输出电路几部分组成。常见的基本放大电路有固定偏置放大电路、电压负反馈放大电路和分压式电流负反馈放大电路。

5.1.1 固定偏置放大电路

固定偏置放大电路是一种最简单的放大电路，如图 5-1 所示，其中，图 5-1（a）为由 NPN 型三极管构成的固定偏置放大电路，图 5-1（b）为由 PNP 型三极管构成的固定偏置放大电路。三极管 VT 是整个电路的核心，它担负着放大的任务；基极电阻 R_B 接在三极管基极和电源正极之间，使三极管发射结正向偏置，并为晶体管提供一个合适的基极电流 I_B。R_B 一般为几十千欧到几百千欧。集电极负载电阻 R_C 接在三极管集电极和电源正极之间。它有两个作用，第一个作用是和 R_B 阻值配合，保证三极管集电结反向偏置，即保证 $U_{CE}>U_{BE}$，这样三极管的发射结正向偏置、集电结反向偏置，三极管才处在放大状态。下面以图 5-1（a）为例来分析固定偏置放大电路。

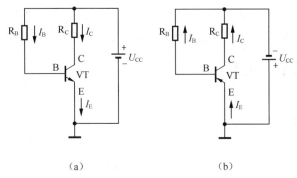

（a）　　　　　　　　　　　（b）

图 5-1　固定偏置放大电路

1. 电流关系

接通电源后，电流从电源 U_{CC} 正极流出，分作两路：一路电流经电阻 R_B 流入三极管 VT 基极，再通过 VT 内部的发射结从发射极流出；另一路电流经电阻 R_C 流入 VT 的集电极，再通过 VT 内部从发射极流出。两路电流从 VT 的发射极流出后汇合成一路电流，再流到电源的负极。

三极管三个极分别有电流流过，其中流经基极的电流称为 I_B 电流，流经集电极的电流称为 I_C 电流，流经发射极的电流称为 I_E 电流。这些电流的关系有

$$I_B+I_C=I_E$$
$$I_C \approx \beta I_B（\beta 为三极管 VT 的放大倍数）$$

2. 电压关系

接通电源后，电源为三极管各个极提供电压，电源正极电压经 R_C 降压后为 VT 提供集电极电压 U_C，电源经 R_B 降压后为 VT 提供基极电压 U_B，电源负极电压直接加到 VT 的发射极，发射极电压为 U_E。电路中 R_B 阻值较 R_C 的阻值大很多，所以三极管 VT 三个极的电压关系为

$$U_C > U_B > U_E$$

在放大电路中，三极管的 I_B（基极电流）、I_C（集电极电流）和 U_{CE}（集射极之间的电压，$U_{CE}=U_C-U_E$）称为静态工作点。

3. 三极管内部两个 PN 结的状态

图 5-1（a）中的三极管 VT 为 NPN 型三极管，它内部有两个 PN 结，集电极和基极之间有一个 PN 结，称为集电结；发射极和基极之间有一个 PN 结，称为发射结。因为 VT 三个极的电压关系是 $U_C > U_B > U_E$，所以 VT 内部两个 PN 结的状态是：发射结正偏（PN 结可相当于一个二极管，P 极电压高于 N 极电压时称为 PN 结电压正偏），集电结反偏。

综上所述，三极管处于放大状态时具有以下特点：

① $I_B+I_C=I_E$，$I_C \approx \beta I_B$；

② $U_C > U_B > U_E$（NPN 型三极管）；

③ 发射结正偏，集电结反偏。

以上分析的是 NPN 型三极管固定偏置放大电路。

PNP 型三极管固定偏置电路的特点如下：

① $I_B+I_C=I_E$，$I_C \approx \beta I_B$；

② $U_C < U_B < U_E$（PNP 型三极管）；

③ 发射结正偏，集电结反偏。

固定偏置放大电路结构简单，但当三极管温度上升引起静态工作点发生变化时（如环境温度上

升，三极管内半导体导电能力增强，会使 I_B 和 I_C 电流增大），电路无法使静态工作点恢复正常，从而会导致三极管工作不稳定，所以固定偏置放大电路一般用在要求不高的电子设备中。

5.1.2　电压负反馈放大电路

1. 反馈

凡是将电子电路（或某个系统）输出端的信号（电压或电流）的一部分或全部通过反馈电路引回到放大电路的输入端，并参与输入信号的控制作用，这个过程就称为反馈。图 5-2 所示是带有反馈的电子电路的方框图，它含有两个部分：一个是基本放大电路 A，它可以是单级或多级的；另一个是反馈电路 F，它是联系放大电路的输出电路和输入电路的环节，大多由电阻元件组成。图中，用 X 表示信号，它既可表示电压也可表示电流。信号的传递方向如图中箭头所示，X_I、X_O 和 X_F 分为输入、输出和反馈信号。X_I 和 X_F 在输入端比较（"⊗"是比较环节的符号），得出净输入 X_D。它们可以是直流量，也可以是正弦量，后者可以用相量或正弦量（同相或反相）表示。

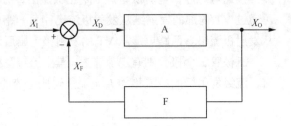

若反馈回去的信号和输入信号叠加后削弱了输入信号的作用，使得净输入减小，从而使得增益降低的反馈称为负反馈；反之，反馈回去的信号加强了输入信号的作用，使得净输入增加，从而使得增益提高的反馈称为正反馈。

图 5-2　带有反馈的电子电路的方框图

尽管负反馈使放大电路的放大倍数减小，但负反馈可以改善放大电路的性能，因此，在各种放大电路中广泛使用负反馈。电路中引入正反馈容易引起电路自激和振荡，使电路性能不稳定，故在放大电路中应用较少。然而，利用正反馈可以组成各种类型的振荡电路，比如正弦波振荡电路、非正弦波振荡电路等。

2. 电压负反馈放大电路

电压负反馈放大电路如图 5-3 所示。

电压负反馈放大电路的电阻 R_1 除了可以为三极管 VT 提供基极电流 I_B 外，还能将输出信号的一部分反馈到 VT 的基极（即输入端），由于基极与集电极是反相关系，故反馈为负反馈。

负反馈电路的一个非常重要的特点就是可以稳定放大电路的静态工作点，下面分析图 5-3 所示电压负反馈放人电路静态工作点的稳定过程。

由于三极管是半导体元件，它具有热敏性，当环境温度上升时，它的导电性增强，I_B、I_C 电流会增大，从而导致三极管工作不稳定，整个放大电路的工作也不稳定，而负反馈电阻 R_1 可以稳定 I_B、I_C 电流。R_1 稳定电路工作点过程如下：

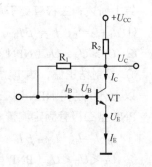

当环境温度上升时，三极管 VT 的 I_B、I_C 电流增大→流过 R_2 的电流 I 增大（$I=I_B+I_C$，I_B、I_C 电流增大，I 就增大）→R_2 两端的电压 U_{R2} 增大（$U_{R2}=IR_2$，I 增大，R_2 不变，U_{R2} 增大）→VT 的集电极电压 U_C 下降（$U_C=U_{CC}-U_{R2}$，U_{R2} 增大，U_{CC} 不变，U_C 减小）→VT 的基极电压 U_B 下降（U_B 由 U_C 经 R_1 降压获得，U_C 下降，U_B 也会跟着下降）→I_B 减小（U_B 下降，VT 发射结两端的电压 U_{BE} 减小，流过的 I_B 电流就减小）→I_C 也减小（$I_C=\beta I_B$，I_B 减小，β 不变，故

图 5-3　电压负反馈放大电路图

I_C 减小）→ I_B、I_C 减小恢复到正常值。

由此可见，电压负反馈放大电路由于 R_1 的负反馈作用，使放大电路的静态工作点得到稳定。

5.1.3　分压式电流负反馈放大电路

分压式偏置放大电路是一种应用最为广泛的放大电路，这主要是因为它能有效地克服固定偏置放大电路无法稳定静态工作点的缺点。分压式偏置放大电路如图 5-4 所示，其中 R_{B1} 和 R_{B2} 为偏置电阻，R_C 为负载电阻，R_E 为发射极电阻。

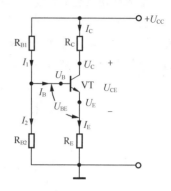

图 5-4　分压式偏置放大电路

由图 5-4 所示的分压式偏置放大电路可列出

$$I_1=I_2+I_B$$

若使

$$I_2>>I_B \tag{5-1}$$

则

$$I_1 \approx I_2 \approx \frac{U_{CC}}{R_{B1}+R_{B2}}$$

基极电位

$$U_B = R_{B2}I_2 \approx \frac{R_{B2}}{R_{B1}+R_{B2}}U_{CC} \tag{5-2}$$

可认为 U_B 与晶体管的参数无关，不受温度影响，而仅为 R_{B1} 和 R_{B2} 的分压电路所固定。引入发射极电阻 R_E 后，由图 5-4 可列出

$$U_{BE}=U_B-U_E=U_B-R_E I_E \tag{5-3}$$

若使

$$U_B>> U_{BE} \tag{5-4}$$

则

$$I_C \approx I_E = \frac{U_B - U_{BE}}{R_E} \approx \frac{U_B}{R_E} \tag{5-5}$$

也可认为 I_C 不受温度影响。

因此，只要满足式 5-1 和式 5-4 两个条件，U_B 和 I_E 或 I_C 就与晶体管的参数几乎无关，不受温度变化的影响，从而静态工作点能得以基本稳定。

根据上述两个条件，似乎 I_2 和 U_B 越大越好。其实不然，还要考虑到其他因素的影响。I_2 不能太大，否则 R_{B1} 和 R_{B2} 就要取值较小，这不但要增加功率损耗，而且从信号源取用较大的电流，使信号源的内阻电压降增加，加在放大电路输入端的电压减小。R_{B1} 和 R_{B2} 一般为几十千欧。基极电位 U_B 也不能太高，否则，由于发射极电位 U_E（$\approx U_B$）增高而使 U_{CE} 相对减小（U_{CC} 一定），因而减小了放大电路输出电压的变化范围。因此，对硅管而言，在估算时一般可选取 I_2=（5~10）I_B 和 U_B=（5~10）U_{BE}。

这种电路能稳定工作点的实质是：由式 5-3 可知，因温度增高而引起 I_C 增大时，发射极电阻 R_E 上的电压降就会使 U_{BE} 减小，从而使 I_B 自动减小以限制 I_C 的增大，工作点得以稳定。R_E 越大，稳定性能越好。但不能太大，否则将使发射极电位 U_E 增高，因而减小输出电压的幅值。R_E 在小电流情况下为几百欧到几千欧，在大电流情况下为几欧到几十欧。

5.1.4 交流放大电路

放大电路具有放大能力，若给放大电路输入交流信号，它就可以对交流信号进行放大，然后输出幅度大的交流信号。为了使放大电路能以良好的效果放大交流信号，并能与其他电路很好地连接，通常要给放大电路增加一些耦合、隔离和旁路元件，这样的电路常称为交流放大电路。图 5-5 所示是固定偏置电路的交流放大电路。

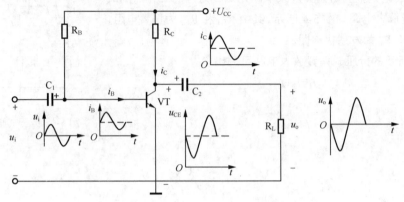

图 5-5　固定偏置电路的交流放大电路

其中，电容 C_1 和 C_2 分别称为输入电容和输出电容，也称耦合电容。输入电容 C_1 的作用是隔断基极和信号源之间的直流通路，但又为信号源的交变信号提供通路，使交变的信号能加到三极管的发射结上。输出电容 C_2 的作用是隔断集电极和负载电阻 R_L 之间的直流通路，即直流电压不能加到负载电阻 R_L 上，同时把集电极和发射极之间的交变信号通过 C_2 传递给负载 R_L。电容 C_1 和 C_2 为电解电容，容量比较大，一般为几十微法至上百微法。

1. 直流工作条件

因为三极管只有在满足了直流工作条件后才具有放大能力，所以分析一个放大电路时先分析它能否为三极管提供直流工作条件。

三极管要工作在放大状态，需满足的直流工作条件主要有：

① 有完整的 I_B、I_C、I_E 电流途径；

② 能提供 U_C、U_B、U_E 电压；

③ 发射结正偏导通，集电结反偏。

2. 交流信号处理过程

满足了直流工作条件后，三极管具有了放大能力，就可以放大交流信号。为了说明信号的放大过程，在图 5-5 中标出了放大信号的波形图。

设待放大的输入信号 u_i 为正弦波，它经过输入电容 C_1 加到三极管的发射结两端，发射结电压 u_{BE} 将跟随 u_i 的变化而变化，由此引起基极电流 i_B 的变化，i_B 的变化又引起集电极电流 i_C 的变化。若 $R_L = \infty$，则 i_C 的变化量在集电极电阻 R_C 上产生变化了的电压降，则

$$u_{CE} = U_{CC} - i_C R_C \qquad (5-6)$$

由式 5-6 可知，当 i_C 增加时 u_{CE} 减小，i_C 减小时 u_{CE} 反而增加。由图 5-4 可知，u_{CE} 的变化与 i_C 的变化相反，即 u_{CE} 与 i_C 相位相反。u_{CE} 的变化量经输出电容 C_2 传输到输出端而成为输出信号 u_o，即输入信号 u_i 经过电路被放大了，但是相位相差为 180°。

从信号放大过程可以看出 u_i 是小信号，它控制 U_{BE} 变化，引起 i_B 变化，i_B 变化再控制 i_C 的变化，而 i_C 的变化引起 u_{CE} 的变化，这就是三极管的电流放大作用。由式 5-6 可知，u_{CE} 的变化是电源 U_{CC} 经过 i_C 的控制而转换来的。也就是说，u_{CE} 或输出电压 u_o 是由电源 U_{CC} 提供的，u_{CE} 或 u_o 只是跟随 u_i 反相变化而已。因此实现了以弱制强，即以小的能量控制大的能量的作用。可见放大电路是能量控制电路。

应特别指出，电路的放大作用是对变化量而言的。假如 u_i 不变化，则 u_{BE}、i_B、u_{CE} 及 i_C 均无变化，输出电压 u_o 为零，即没有变化的输出电压。

5.2 谐振电路

谐振电路是一种由电感和电容构成的电路，故又称为 LC 谐振电路。谐振电路在工作时会表现出一些特殊的性质，这使它得到了广泛应用。谐振电路分为串联谐振电路和并联谐振电路。

5.2.1 串联谐振电路

1. 电路分析

电容和电感头尾相连，并与交流信号连接在一起就构成了串联谐振电路。串联谐振电路如图 5-6 所示，其中，U 为交流信号，C 为电容，L 为电感，R 为电感 L 的直流等效电阻。

为了分析串联谐振电路的性质，将一个电压不变、频率可调的交流信号电压 U 加到串联谐振电路两端，再在电路中串联一个交流电流表，如图 5-7（a）所示。

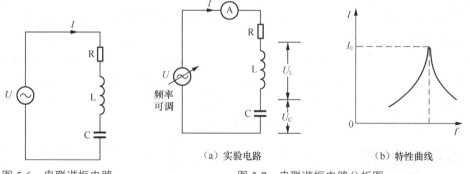

图 5-6 串联谐振电路

（a）实验电路　　　（b）特性曲线

图 5-7 串联谐振电路分析图

让交流信号电压 U 始终保持不变，而将交流信号频率由 0 慢慢调高，在调节交流信号频率的同时观察电流表，结果发现电流表指示电流先慢慢增大，当增大到某一值再将交流信号频率继续调高时，会发现电流又逐渐下降，这个过程可用图 5-7 所示的特性曲线表示。

在串联谐振电路中，当交流信号频率为某一频率值（f_0）时，电路出现最大电流的现象称作"串联谐振现象"，简称"串联谐振"，这个频率称为谐振频率，用 f_0 表示，谐振频率 f_0 的大小可用下面公式来计算：

$$f_0 = \frac{1}{2\pi\sqrt{LC}}$$

2. 电路特点

串联谐振电路在谐振时的特点如下。

① 谐振时，电路中的电流最大，此时 LC 元件串联在一起就像一只阻值很小的电阻，即串联谐振电路谐振时总阻抗最小（电阻、容抗和感抗统称为阻抗，用 Z 表示，阻抗单位为欧姆）。

② 谐振时，电路中电感上的电压 U_L 和电容上的电压 U_C 都很高，往往比交流信号电压 U 大很多倍（$U_L=U_C=QU$，Q 为品质因数，$Q=\dfrac{2\pi f L}{R}$），因此串联谐振电路又称"电压谐振"，在谐振时，U_L 与 U_C 在数值上相等，但两电压的极性相反，故两电压之和（U_L+U_C）近似为零。

3. 应用举例

串联谐振电路的应用如图 5-8 所示。

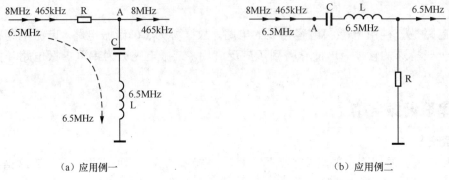

（a）应用例一　　　　　　　　　　　　　　（b）应用例二

图 5-8　串联谐振电路的应用

在图 5-8（a）中，L、C 元件构成串联谐振电路，其谐振频率为 6.5MHz。当 8MHz、6.5MHz 和 465kHz 三个频率信号到达 A 点时，LC 串联谐振电路对 6.5MHz 信号产生谐振，对该信号阻抗很小，6.5MHz 信号经 LC 串联谐振电路旁路到地；而串联谐振电路对 8MHz 和 465kHz 的信号不会产生谐振，它对这两个频率信号的阻抗很大，无法旁路，所以电路输出 8MHz 和 465kHz 信号。

在图 5-8（b）中，LC 串联谐振电路的谐振频率为 6.5MHz。当 8MHz、6.5MHz 和 465kHz 三个频率信号到达 A 点时，LC 串联谐振电路对 6.5MHz 信号产生谐振，对该信号的阻抗很小，6.5MHz 信号经 LC 串联谐振电路送往输出端；而串联谐振电路对 8MHz 和 465kHz 的信号不会产生谐振，它对这两个频率信号的阻抗很大，这两个信号无法通过 LC 电路。

5.2.2　并联谐振电路

1. 电路分析

电容和电感头头相连、尾尾相接与交流信号连接起来就构成了并联谐振电路。并联谐振电路如图 5-9 所示，其中，U 为交流信号，C 为电容，L 为电感，R 为电感 L 的直流等效电阻。

为了分析并联谐振电路的性质，将一个电压不变、频率可调的交流信号电压加到并联谐振电路两端，再在电路中串接一个交流电流表，如图 5-10（a）所示。

让交流信号电压 U 始终保持不变，将交流信号频率从 0 开始慢慢调高，在调节交流信号频率的同时观察电流表，结果发现电流表指示电流开始很大，随着交流信号的频率逐渐调高电流慢慢减小，当电流减小到某一值再将交流信号频率继续调高时，发现电流又逐渐上升，该过程可用图 5-10（b）所示的特性曲线表示。

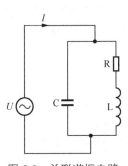

图 5-9　并联谐振电路

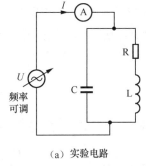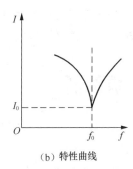

（a）实验电路　　　　（b）特性曲线

图 5-10　并联谐振电路分析图

在并联谐振电路中，当交流信号频率为某一频率值（f_0）时，电路出现最小电流的现象称作"并联谐振现象"，简称"并联谐振"，这个频率称为谐振频率，用 f_0 表示，谐振频率 f_0 的大小可用下面公式来计算：

$$f_0 = \frac{1}{2\pi\sqrt{LC}}$$

2. 电路特点

并联谐振电路谐振时的特点如下。

① 谐振时，电路中的总电流 I 最小，此时 LC 元件并联在一起就相当于一个阻值很大的电阻，即并联谐振电路谐振时总阻抗最大。

② 谐振时，流过电容支路的电流 I_C 和流过电感支路的电流 I_L 比总电流 I 大很多倍，故并联谐振又称为"电流谐振"。其中 I_C 与 I_L 数值相等，I_C 与 I_L 在 LC 支路构成回路，不会流过主干路。

3. 应用举例

并联谐振电路的应用如图 5-11 所示。

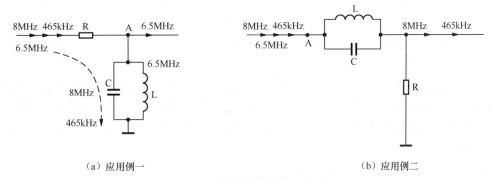

（a）应用例一　　　　　　　　　　（b）应用例二

图 5-11　并联谐振电路的应用

在图 5-11（a）中，L、C 元件构成并联谐振电路，其谐振频率为 6.5MHz。当 8MHz、6.5MHz 和 465kHz 三个频率信号到达 A 点时，LC 并联谐振电路对 6.5MHz 信号产生谐振，对该信号的阻抗很大，6.5MHz 信号不会被 LC 电路旁路到地；而并联谐振电路对 8MHz 和 465kHz 的信号不会产生谐振，它对这两个频率信号的阻抗很小，这两个信号经 LC 电路旁路到地，所以电路输出 6.5MHz 信号。

在图 5-11（b）中，LC 并联谐振电路的谐振频率为 6.5MHz。当 8MHz、6.5MHz 和 465kHz 三个频率信号到达 A 点时，LC 并联谐振电路对 6.5MHz 信号产生谐振，对该信号的阻抗很大，

6.5MHz 信号无法通过 LC 并联谐振电路；而并联谐振电路对 8MHz 和 465kHz 信号不会产生谐振，它对这两个频率信号的阻抗很小，这两个信号很容易通过 LC 电路去输出端。

5.3　振荡器

在放大电路中，输入端接有信号源后，输出端才有信号输出。但在振荡电路中，它的输入端不外接信号，而输出端仍有一定频率和幅值的信号输出，这种现象就是电子电路的自激振荡。因此，只要提供直流电源，振荡器就可以产生各种频率的信号，因此振荡器是一种直流-交流转换电路。

5.3.1　振荡器的组成与原理

基本的振荡器由放大电路、选频电路、正反馈电路和稳幅电路四部分组成，如图 5-12 所示。其中，A 是基本放大电路，F 是反馈电路。不管是振荡电路还是放大电路，它们的输出信号总是由输入信号引起的。那么，振荡器既然不外接信号源，它的输出信号从何而来？下面就来讨论振荡器工作原理。

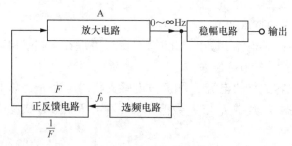

图 5-12　振荡器的组成

振荡器接通电源后，放大电路获得供电开始导通，导通时电流有一个从无到有的变化过程，该变化的电流中包含有微弱的 $0\sim\infty$ Hz 各种频率的信号。这些信号输出并送到选频电路，选频电路从中选出频率为 f_0 的信号，f_0 信号经正反馈电路反馈到放大电路的输入端，放大后输出幅度较大的 f_0 信号；f_0 信号又经选频电路选出，再通过正反馈电路反馈到放大电路输入端进行放大，然后输出幅度更大的 f_0 信号；接着又选频、反馈和放大，如此反复，放大电路输出的 f_0 信号越来越大。随着 f_0 信号不断增大，由于三极管非线性原因（即三极管输入信号达到一定幅度时，放大能力会下降，幅度越大，放大能力下降越多），放大电路的放大倍数 A 自动不断减小。

因为放大电路输出的 f_0 信号不会全部都反馈到放大电路的输入端，而是经反馈电路衰减了再送到放大电路输入端，设反馈电路反馈衰减倍数为 $1/F$。在振荡器工作后，放大电路的放大倍数 A 不断减小，当放大电路的放大倍数 A 与反馈电路的衰减倍数 $1/F$ 相等时，输出的 f_0 信号幅度不会再增大。例如，f_0 信号被反馈电路衰减为 10 倍，再反馈到放大电路放大 10 倍，输出的 f_0 信号不会变化，电路输出幅度稳定的 f_0 信号。

从上述分析不难看出，一个振荡电路由放大电路、选频电路和正反馈电路组成。放大电路的功能是对微弱的信号进行反复放大；选频电路的功能是选取某一频率信号；正反馈电路的功能是不断将放大电路输出的某频率信号反送到放大电路输入端，使放大电路输出的信号不断增大。

5.3.2 变压器反馈式振荡器

振荡电路的种类很多，下面介绍一种典型的振荡器——变压器反馈式振荡器。

变压器反馈式振荡器采用变压器构成反馈和选频电路，其电路结构如图 5-13 所示，它由放大电路、LC 选频网络和变压器反馈电路三部分组成。线圈 L_1 与电容 C_1 组成的并联谐振回路作为晶体管的集电极负载，起选频作用，由变压器副边绕组来实现反馈，输出的正弦波通过 L_1 耦合给负载，C_2 为基极耦合电容。

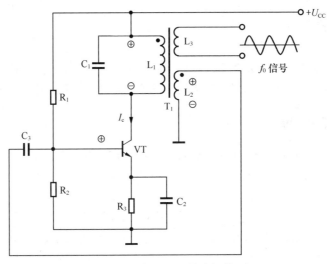

图 5-13 变压器反馈式振荡器

（1）反馈类型的判别

假设三极管 VT 基极电压上升（图中用 "+" 表示），集电极电压会下降（图中用 "−" 表示），变压器 T_1 的线圈 L_1 下端电压下降，L_1 的上端电压上升（电感两端电压极性相反），由于同名端的缘故，线圈 L_2 的上端电压上升，L_2 上端上升的电压经 C_3 反馈到 VT 的基极，反馈电压与假设的输入电压变化相同，故该反馈为正反馈。

（2）电路振荡过程

接通电源后，三极管 VT 导通，有 I_c 电流经线圈 L_1 流过 VT，I_c 是一个变化的电流（由小到大），它包含着微弱的 0~∞Hz 各种频率的信号。因为 L_1、C_1 构成的选频电路频率为 f_0，它从 0~∞Hz 这些信号中选出 f_0 信号，选出后在 L_1 上有 f_0 信号电压（其他频率信号在 L_1 上没有电压或电压很低），L_1 上的 f_0 信号感应到 L_2 上，L_2 上的 f_0 信号再通过电容 C_3 耦合到三极管 VT 的基极，放大后从集电极输出。选频电路将选出放大的信号，在 L_1 上有更高的 f_0 信号电压，该信号又感应到 L_2 上再反馈到 VT 的基极，如此反复进行，VT 输出的 f_0 信号幅度越来越大，反馈到 VT 基极的 f_0 信号也越来越大。随着反馈信号逐渐增大，三极管 VT 的放大倍数 A 不断减小，当放大电路的放大倍数 A 与反馈电路的衰减倍数 $1/F$（主要由 L_1 与 L_2 的匝数比决定）相等时，三极管 VT 输出送到 L_1 上的 f_0 信号电压不能再增大，L_1 上稳定的 f_0 信号电压感应到线圈 L_3 上，送给需要 f_0 信号的电路。

振荡频率：

$$f_0 = \frac{1}{2\pi\sqrt{LC}}$$

（3）电路的优缺点

变压器反馈式振荡电路通过互感实现耦合和反馈，很容易实现阻抗匹配和达到起振要求，所以效率较高，应用很普遍。可以在 LC 回路中装置可变电容器来调节振荡频率，调频范围较宽，一般在几千赫兹到几万赫兹，为了进一步提高振荡频率，选频放大器可改为共基极接法。该电路在安装中要注意的问题是反馈线圈的极性不能接反，否则就变成负反馈而不能起振，若反馈线圈的连接正确仍不能起振，可增加反馈线圈的匝数。

5.4 电源电路

在科研和生产中，经常需要稳定的直流电源，由于电网电压提供的是交流电，因此需将交流电转换为直流电。为了得到直流电，除了用直流发电机外，目前广泛采用各种半导体直流电源。

5.4.1 电源电路的组成

图 5-14 是电源电路组成的原理方框图，它表示把交流电转换为直流电的过程。从图中可以看出，电源电路通常是由变压器电路、整流电路、滤波电路和稳压电路组成的。

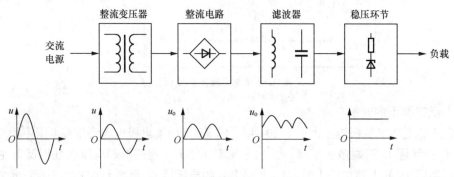

图 5-14 电源电路组成的原理方框图

交流电压先经变压器降压，得到较低的交流电压，交流低压再由整流电路转换成脉动直流电压，该脉冲直流电压的波动很大（即电压时大时小，变化幅度很大），它经滤波电路平滑后波动变小，然后经稳压电路进一步稳压，得到稳定的直流电压，供给其他电路作为直流电源。

5.4.2 整流电路

整流电路的功能是将交流电转换成直流电。整流电路主要有半波整流电路、全波整流电路和桥式整流电路等。

1. 半波整流电路

图 5-15（a）表示一个最简单的单相半波整流电路。图中，T_1 为电源变压器，VD 为整流二极管，R_L 代表需要用直流电源的负载。

在变压器副边电压 U_2 为正的半个周期内，二极管 VD 导通，电流经过二极管 VD 流向负载 R_L，在负载 R_L 上得到一个极性为上正下负的电压 U_L；而在变压器副边电压 U_2 为负的半个周期内，二极管 VD 反向偏置，电流基本上为零。所以，在负载电阻 R_L 两端得到的电压的极性是单方向的，如图 5-15（b）所示。

由图可见，由于二极管的单向导电作用，使变压器副边的交流电压转换成负载两端的单向脉动电压，达到了整流的目的。因为这种电路只在交流电压的半个周期内才有电流流过负载，所以称为单相半波整流电路。

单相半波整流电路的优点是结构简单，使用的元件少。但是也有明显的缺点：输出波形脉动大；直流成分比较低；变压器有半个周期不导电，利用率低；变压器电流含有直流成分，容易饱和。所以单相半波整流电路只能用在输出电流较小，要求不高的场合。

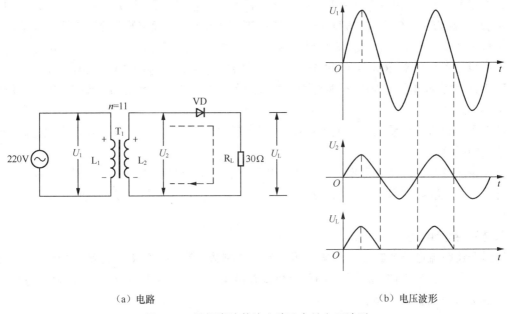

（a）电路　　　　　　（b）电压波形

图 5-15　单相半波整流电路及有关电压波形

2. 全波整流电路

全波整流电路采用两个二极管将交流电转换成直流电，由于它可以利用交流电的正、负半周，所以称为全波整流。全波整流电路及有关电压波形如图 5-16 所示。

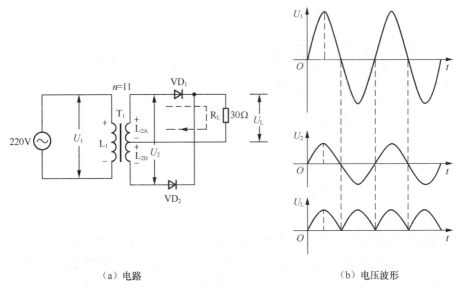

（a）电路　　　　　　（b）电压波形

图 5-16　全波整流电路和有关电压波形

全波整流电路如图 5-16（a）所示，电路中信号的电压波形如图 5-16（b）所示。这种整流电路采用两只整流二极管，使用的变压器次级线圈 L_2 被对称分为 L_{2A} 和 L_{2B} 两部分。全波整流电路的工作原理说明如下：

220V 交流电压 U_1 送到变压器 T_1 的初级线圈 L_1 两端，U_1 电压波形见图 5-16（b）。当交流电压 U_1 正半周送到 L_1 时，L_1 上的交流电压 U_1 极性为上正下负，该电压感应到 L_{2A}、L_{2B} 上，L_{2A}、L_{2B} 上的电压极性也是上正下负。L_{2A} 的上正下负电压使 VD_1 导通，有电流流过负载 R_L，其途径是：L_{2A} 上正→VD_1→R_L→L_{2A} 下负，此时 L_{2B} 的上正下负电压对 VD_2 为反向电压（L_{2B} 下负对应 VD_2 正极），故 VD_2 不能导通；当交流电压 U_1 负半周送到 L_1 时，L_1 上的交流电压极性为上负下正，L_{2A}、L_{2B} 感应到的电压极性也为上负下正，L_{2B} 的上负下正电压使 VD_2 导通，有电流流过负载 R_L，其途径是：L_{2B} 下正→VD_2→R_L→L_{2B} 上负，此时 L_{2A} 的上负下正电压对 VD_1 为反向电压，VD_1 不能导通。如此反复工作，在 R_L 上会得到图 5-16（b）所示的脉动直流电压 U_L。

从上面的分析可以看出，全波整流能利用到交流电压的正、负半周，效率大大提高，达到半波整流的两倍。

全波整流电路的输出直流电压脉动小，整流二极管通过的电流小，但由于两个整流二极管轮流导通，变压器始终只有半个次级线圈工作，使变压器利用率低，从而使输出电压低、输出电流小。

3. 桥式整流电路

针对全波整流电路的缺点，希望仍用只有一个副边线圈的变压器，而能达到全波整流的目的。为此提出了如图 5-17（a）所示的单相桥式整流电路。电路中采用了四个二极管，接成电桥形式，故称为桥式整流电路。

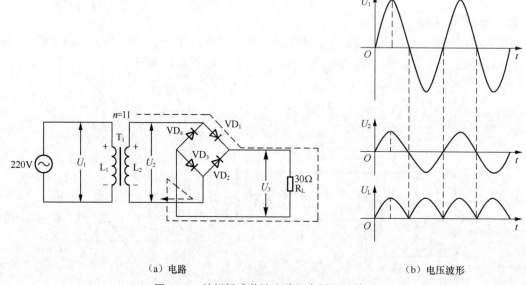

（a）电路　　　　　　　　　　　　　（b）电压波形

图 5-17　单相桥式整流电路及有关电压波形

在变压器副边电压 U_2 为正的半个周期内，二极管 VD_1、VD_3 导通，电流经过二极管 VD_1、VD_3 流向负载 R_L，电流途径是：L_2 上正→VD_1→R_L→VD_3→L_2 下负，在负载 R_L 上得到一个极性为上正下负的电压 U_L；而在变压器副边电压 U_2 为负的半个周期内，二极管 VD_2、VD_4 导通，

电流经过二极管 VD_2、VD_4 流向负载 R_L，电流途径是：L_2 下正→VD_2→R_L→VD_4→L_2 上负，在负载 R_L 上得到一个极性为上正下负的电压 U_L。所以，如此反复工作，在 R_L 上得到图 5-17（b）所示的脉动直流电压 U_L 及波形。

从上面的分析可以看出，单相桥式整流电路在交流电压整个周期内都能导通，即单相桥式整流电路能利用整个周期的交流电压。

单相桥式整流电路输出的直流电压脉动小，由于能利用到交流电压正、负半周，故整流效率高，正因为有这些优点，故大量电子设备的电源电路采用单相桥式整流电路。

5.4.3 滤波电路

整流后的单向脉动直流电压除了含有直流分量，还含有纹波即交流分量。因此通常都要采取一定的措施，尽量降低输出电压的交流成分，同时尽量保留其直流成分，得到比较平稳的直流电压波形，即滤波。

滤波电路通常采用的滤波元件有电容和电感。由于电容和电感对不同频率正弦信号的阻抗不同，因此可以把电容与负载并联、电感与负载串联构成不同形式的滤波电路。从另一个角度看，电容和电感是储能元件，它们在二极管导通时储存一部分能量，然后再逐渐释放出来，从而得到比较平滑的输出波形。

常见的滤波电路有电容滤波电路、电感滤波电路和复合滤波电路等。

1. 电容滤波电路

电容滤波是利用电容充、放电原理工作的。电容滤波电路及有关电压波形如图 5-18 所示。

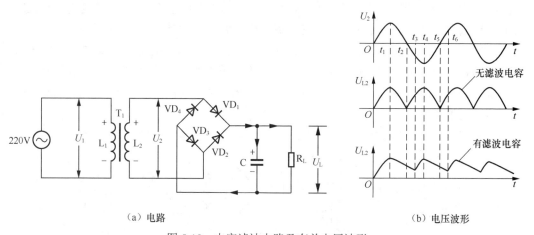

（a）电路　　　　　　　　　　　（b）电压波形

图 5-18　电容滤波电路及有关电压波形

电容滤波电路如图 5-18（a）所示，电容 C 为滤波电容。220V 交流电压经变压器 T_1 降压后，在 L_2 上得到图 5-18（b）所示的 U_2 电压，在没有滤波电容 C 时，负载 R_L 得到的电压为 U_{L1}，U_{L1} 电压随 U_2 电压的波动而波动，波动变化很大，如 t_1 时刻 U_{L1} 电压最大，t_2 时刻 U_{L1} 电压变为 0，这样时大时小、时有时无的电压使负载无法正常工作，在整流电路之后增加滤波电容可以解决这个问题。

电容滤波原理说明如下。

在 $0 \sim t_1$ 期间，U_2 电压极性为上正下负且逐渐上升，U_2 波形如图 5-18（b）所示，VD_1、VD_3 导通，U_2 电压通过 VD_1、VD_3 整流输出的电流一方面流过负载 R_L，另一方面对电容 C 充电，在电容 C 上充得上正下负的电压，t_1 时刻充得的电压最高。

在 $t_1 \sim t_2$ 期间，U_2 电压极性为上正下负但逐渐下降，电容 C 上的电压高于 U_2 电压，VD_1、VD_3 截止，电容 C 开始对 R_L 放电，使整流二极管截止时 R_L 仍有电流流过。

在 $t_2 \sim t_3$ 期间，U_2 电压极性变为上负下正且逐渐增大，但电容 C 上的电压仍高于 U_2 电压，VD_1、VD_3 截止，电容 C 继续对 R_L 放电。

在 $t_3 \sim t_4$ 期间，U_2 电压极性为上负下正且继续增大，U_2 电压开始大于电容 C 上的电压，VD_2、VD_4 导通，U_2 电压通过 VD_2、VD_4 整流输出的电流又流过负载 R_L，并对电容 C 充电，在电容 C 上充得上正下负的电压。

在 $t_4 \sim t_5$ 期间，U_2 电压极性仍为上负下正但逐渐减小，电容 C 上的电压高于 U_2 电压，VD_2、VD_4 截止，电容 C 又对 R_L 放电，使 R_L 仍有电流流过。

在 $t_5 \sim t_6$ 期间，U_2 电压极性变为上正下负且逐渐增大，但电容 C 上的电压仍高于 U_2 电压，VD_2、VD_4 截止，电容 C 继续对 R_L 放电。

t_6 时刻以后，电路会重复 $0 \sim t_6$ 过程，从而在负载 R_L 两端（也是电容 C 两端）得到图 5-18（b）所示的 U_{L2} 电压。比较 U_{L1} 和 U_{L2} 电压波形不难发现，增加了滤波电容后在负载上得到的电压大小波动较无滤波电容时要小得多。

电容使整流电路输出电压波动变小的功能称为滤波。电容滤波的实质是在输入电压高时通过充电将电能存储起来，而在输入电压较低时通过放电将电能释放出来，从而保证负载得到波动较小的电压。电容滤波与水缸蓄水相似，如果自来水供应紧张，白天不供水或供水量很少而晚上供水量很多时，为了保证一整天能正常用水，可以在晚上供水量多时一边用水一边用水缸蓄水（相当于给电容充电），而在白天供水量少或不供水时水缸可以供水（相当于电容放电）。这里的水缸就相当于电容，只不过水缸储存水，而电容储存电能。

电容能使整流输出电压波动变小，电容的容量越大，其两端的电压波动越小，即电容容量越大，滤波效果越好。容量大和容量小的电容可相当于大水缸和小茶杯，大水缸蓄水多，在停水时可以供很长时间的用水；而小茶杯蓄水少，停水时供水时间短，还会造成用水时有时无。

2. 电感滤波电路

电感滤波是利用电感储能和放能原理工作的。电感滤波电路如图 5-19 所示。

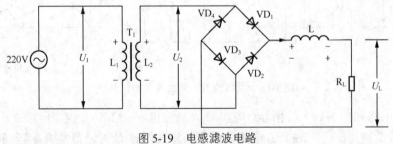

图 5-19　电感滤波电路

在图 5-19 所示电路中，电感 L 为滤波电感。220V 交流电压经变压器 T_1 降压后，在 L_2 上得到 U_2 电压。电感滤波原理说明如下。

当 U_2 电压极性为上正下负且逐渐上升时，VD_1、VD_3 导通，有电流流过电感 L 和负载 R_L，电流途径是：L_2 上正 $\rightarrow VD_1 \rightarrow$ 电感 L $\rightarrow$ 负载 $R_L \rightarrow VD_3 \rightarrow L_2$ 下负。电流在流过电感 L 时，电感会产生左正右负的自感电动势阻碍电流，同时电感存储能量，由于电感自感电动势的阻碍，流过负载的电流缓慢增大。

当 U_2 电压极性为上正下负且逐渐下降时，经整流二极管 VD$_1$、VD$_3$ 流过电感 L 和负载 R$_L$ 的电流变小，电感 L 马上产生左负右正的自感电动势开始释放能量，电感 L 的左负右正电动势产生电流，电流的途径是：L 右正→R$_L$→VD$_3$→L$_2$→VD$_1$→L 左负，该电流与 U_2 电压产生的电流一起流过负载 R$_L$，使流过 R$_L$ 的电流不会因 U 的下降而变小。

当 U_2 电压极性为上负下正时，VD$_2$、VD$_4$ 导通，电路工作原理与 U 电压极性为上正下负时基本相同，这里不再赘述。

从上面的分析可知，当输入电压高使输入电流大时，电感产生电动势对电流进行阻碍，避免流过负载的电流过大；而当输入电压低使输入电流小时，电感又产生反电动势，反电动势产生的电流与变小的整流电流一起流过负载，避免流过负载的电流减小，这样就使得流过负载的电流大小波动较小。

电感滤波的效果与电感的电感量有关，电感量越大，流过负载的电流波动越小，滤波效果越好。

3. 复合滤波电路

单独的电容滤波或电感滤波效果往往不理想，因此可将电容、电感和电阻组合起来构成复合滤波电路，复合滤波电路的滤波效果比较好。

（1）LC 滤波电路

LC 滤波电路由电感和电容构成，其电路结构如图 5-20 虚线框内部分所示。

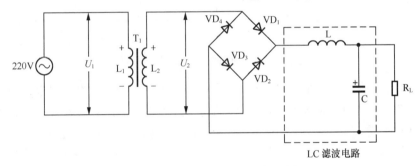

图 5-20　LC 滤波电路结构（虚线框内部分）

整流电路输出的脉动直流电压先由电感 L 滤除大部分波动成分，少量的波动成分再由电容 C 进一步滤掉，供给负载的电压波动就很小。

LC 滤波电路带负载能力很强，即使负载发生变化，输出电压也比较稳定。另外，由于电容接在电感之后，在刚接通电源时，电感会对突然流过的浪涌电流产生阻碍，从而减小浪涌电流对整流二极管的冲击。

（2）LC-π 型滤波电路

LC-π 型滤波电路由一个电感和两个电容接成 π 型电路构成，其电路结构如图 5-21 虚线框内部分所示。

整流电路输出的脉动直流电压依次经电容 C$_1$、电感 L 和电容 C$_2$ 滤波后，波动成分基本被滤掉，供给负载的电压波动很小。

LC-π 型滤波电路的滤波效果要好于 LC 滤波电路，但它带负载能力较差。由于电容 C$_1$ 接在电感之前，在刚接通电源时，变压器次级线圈通过整流二极管对 C$_1$ 充电的浪涌电流很大，为了缩短浪涌电流的持续时间，一般要求 C$_1$ 的容量小于 C$_2$ 的容量。

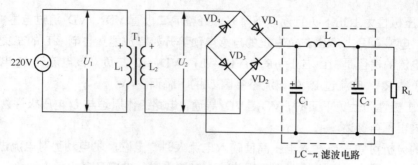

图 5-21　LC-π 型滤波电路结构（虚线框内部分）

（3）RC-π 型滤波电路

RC-π 型滤波电路中用电阻替代电感，并与电容接成 π 型电路构成。RC-π 型滤波电路如图 5-22 虚线框内部分所示。

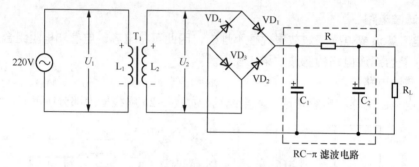

图 5-22　RC-π 型滤波电路（虚线框内部分）

整流电路输出的脉动直流电压经电容 C_1 滤除部分波动成分后，在通过电阻 R 时，波动电压在 R 上会产生一定压降，从而使 C_2 上的波动电压大大减小。R 阻值越大，滤波效果越好。

RC-π 型滤波电路成本低、体积小，但电流在经过电阻时有电压降和损耗，会导致输出电压下降，所以这种滤波电路主要用在负载电流不大的电路中。另外，要求 R 的阻值不能太大，一般为几十至几百欧姆，且满足 $R \ll R_L$。

5.4.4　稳压电路

滤波电路可以将整流输出波动大的脉动直流电压平滑成波动小的直流电压，但当因供电原因引起 220V 电压大小变化时（如 220V 上升至 240V），则经整流得到的脉动直流电压平均值会随之变化（升高），滤波供给负载的直流电压也会变化（升高）。为了保证在市电电压大小发生变化时提供给负载的直流电压始终保持稳定，还需要在整流滤波电路之后增加稳压电路。

1. 简单的稳压电路

简单的稳压管稳压电路如图 5-23 所示，由限流电阻 R 和稳压二极管 VD 组成。U_i 是输入电压，U_o 是输出电压，即稳压管两端的电压，此电路既可以作为基准电压源，也可以单独作为输出电压固定在负载电流比较小的稳压电路中使用，实用性较强。

其稳压原理如下：

当负载电阻不变，输入电压 U_i 增大（或者输入电压不变，负载电阻增加）时，输出电压 U_o 将上升，使稳压管 VD 的反向电压

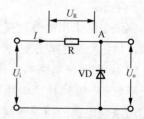

图 5-23　简单的稳压管稳压电路

会略有增加，随之流过稳压管 VD 的电流增加，于是流过限流电阻 R 的电流将增加，限流电阻 R 上的压降将变大，使得 U_i 增量的大部分压降在限流电阻 R 上被消耗，从而使输出电压 U_o 基本维持不变。

反之，当负载电阻不变，输入电压 U_i 下降（或者输入电压不变，负载电阻减小）时，输出电压 U_o 将下降，使稳压管 VD 的反向电压也随之下降，流过稳压管 VD 的反向电流也略微下降，于是，流过限流电阻 R 的电流将减少，限流电阻 R 上的压降将变小，输出电压 U_o 的电压会上升，这样稳定后，输出电压 U_o 还是基本维持不变。

不管是变化量增加还是减少，都会造成限流电阻 R 压降的变化，从而维持输出的稳定。

要让稳压二极管在电路中能够稳压，须满足：

① 稳压二极管在电路中需要反接（即正极接低电位，负极接高电位）；

② 加到稳压二极管两端的电压不能小于它的击穿电压（也即稳压值）。

例如，图 5-23 电路中的稳压二极管 VD 的稳压值为 12V，当输入电压 U_i=15V 时，VD 处于击穿状态，U_o=12V，U_R=3V；若 U_i 由 15V 上升到 18V，U_o 仍为 12V，而 U_R 则由 3V 升高到 6V（因输入电压升高使流过 R 的电流增大而导致 U_R 升高）；若 U_i 由 15V 下降到 9V，稳压二极管无法击穿，限流电阻 R 无电流通过，U_R=0，U_o=9V，此时稳压二极管无稳压功能。

2. 串联型稳压电路

串联型稳压电路由三极管和稳压二极管等元件组成，由于电路中的三极管与负载是串联关系，所以称为串联型稳压电路。

（1）简单的串联型稳压电路

图 5-24 所示是一种简单的串联型稳压电路。三极管 VT 为电压调整管，其作用是抑制输出电压的变化；VD_5 为稳压二极管，给电路提供一个稳定的基准电压；R_1 为稳压二极管 VD_5 的限流电阻；C_1、C_2 分别为输入滤波电容和输出滤波电容；R_L 为负载。

220V 交流电压经变压器 T_1 降压后得到电压 U_2，电压 U_2 经整流电路对电容 C_1 进行充电，在电容 C_1 上得到上正下负的电压 U_3，该电压经限流电阻 R_1 加到稳压二极管 VD_5 两端。由于 VD_5 的稳压作用，在 VD_5 的负极，也即 B 点得到一个与 VD_5 稳压值相同的电压 U_B，电压 U_B 送到三极管 VT 的基极，VT 产生 I_b 电流，VT 导通，有 I_c 电流从 VT 的 c 极流入、e 极流出，它对滤波电容 C_2 进行充电，在 C_2 上得到上正下负的 U_4 电压供给负载 R_L。

稳压过程：假设 220V 交流电压上升增大，导致变压器 T_1 次级线圈 L_2 上的电压 U_2 也增大，这时稳压二极管 VD_5 两端的电压是固定不变的，故 B 点电压 U_B 也保持不变，VT 基极电压不变，VT 发射结之间的电压 U_{be} 减小，使三极管 c-e 两极之间的电压增大，从而使输出电压 U_4 减小。假设负载电流增大导致输出电压 U_4 降低，由于稳压二极管 VD_5 两端电压固定不变，使 VT 发射结的电压 U_{be} 增大，三极管 c-e 两极之间的电压减小，从而使输出电压 U_4 增大，这样便达到了稳定输出电压的目的。

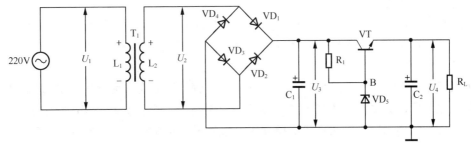

图 5-24　一种简单的串联型稳压电路

（2）常用的串联型稳压电路

图 5-25 所示是一种常用的串联型稳压电路，其中 R_3、R_4、R_P 组成的分压器是取样电路；从输出端取出部分电压 U_{b2} 加至三极管 VT_2 的基级；稳压二极管 VD_5 以其稳定电压作为基准电压 U_Z，加在三极管 VT_2 的发射极上；R_1 为二极管稳压 VD_5 的限流电阻；三极管 VT_2 组成比较放大电路，它将取样电压 U_{b2} 与基准电压 U_Z 加以比较和放大，再去控制三极管 VT_1 的基极电位。

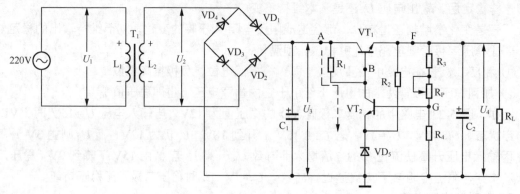

图 5-25　一种常用的串联型稳压电路

220V 交流电压经变压器 T_1 降压后得到 U_2 电压，U_2 电压经整流电路对 C_1 进行充电，在 C_1 上得到上正下负的电压 U_3。这里的 C_1 相当于一个电源（类似充电电池），其负极接地，正极电压送到 A 点，A 点电压 U_A 与 U_3 相等。U_A 电压经 R_1 送到 B 点，即调整管 VT_1 的基极，有 I_{b1} 电流由 VT_1 的基极流向发射极，VT_1 导通，有 I_{c1} 电流由 VT_1 的集电极流向发射极，该 I_{c1} 电流对 C_2 进行充电，在 C_2 上充得上正下负的电压，该电压供给负载 R_L。

U_4 电压在供给负载的同时，还经 R_3、R_P、R_4 分压为三极管 VT_2 提供基极电压，VT_2 有 I_{b2} 电流从基极流向发射极，VT_2 导通，I_{c2} 电流流过 VT_2，I_{c2} 电流途径是：A 点→R_1→VT_2 的 c、e 极→VD_5→地。

稳压过程：当 220V 交流电压降低或负载电阻 R_L 减小而使输出端电压 U_4 有所下降时，其取样电压 U_{b2} 相应减小，三极管 VT_2 基极电位下降。但因三极管 VT_2 发射极电位即稳压管的稳定 U_Z 保持不变，所以发射极电压减小，导致三极管 VT_2 集电极电流减小而集电极电位升高。由于放大管 VT_2 的集电极与调整管 VT_1 的基极接在一起，故调整管 VT_1 基极电位升高，导致调整管 VT_1 集电极电流增大而管压降减小。因为调整管 VT_1 与负载 R_L 串联，所以，输出电压 U_4 基本不变。

同理，当 220V 交流电压增加或负载电阻 R_L 增加而使输出端电压 U_4 有所增加时，通过取样、比较放大、调整等过程，将使调整管 VT_1 的管压降增加，结果抑制了输出端电压 U_4 的增大，输出电压仍基本保持不变。

在 220V 交流电压不变的情况下，若要提高输出电压 U_4，可调节调压电位器 R_P。

从上述分析可见，调整管 VT_1 与负载电阻 R_L 组成的是发射极输出电路，所以具有稳定输出电压的特点。

在串联型稳压电源电路的工作过程中，要求调整管始终处在放大状况。通过调整管的电流等于负载电流，因此必须选用适当的大功率管作为调整管，并按规定安装散热装置。为了防止短路或长期过载烧坏调整管，在直流稳压器中一般还设有短路保护和过载保护等电路。

5.4.5　开关电源的特点与工作原理

1. 特点

开关电源是一种应用很广泛的电源，常用在彩色电视机、变频器、计算机和复印机等功率较大的电子设备中。与线性稳压电源相比，开关电源主要有以下特点。

① 体积小，重量轻。由于开关电源没有采用工频变压器，从而省略了散热器，使开关电源体积和重量都大大减少。

② 功耗小、效率高。开关电源的电路中，其导通和截止转换速度很快，晶体管的功耗很小，电源效率大大提高，可以达到原功耗的 80%。

③ 稳压范围宽。开关电源的稳压范围不仅宽，而且稳压效果也很好，稳压的方法很多，可以根据实际情况进行选择。开关电源虽然有很多优点，但电路复杂、维修难度大，另外干扰性较强。

2. 基本工作原理

开关电源电路较复杂，但其基本工作原理却不难理解。

图 5-26（a）是开关电源的最简单工作原理图，E 是开关电源的工作电压，即直流输入电压；S 是控制开关，C 是储能滤波电容，它的作用是在控制开关 S 接通期间把电流转换成电荷进行储能，获得上正下负的电压，然后在控制开关 S 关断期间把电荷转换成电流继续往后级电路（未画出）提供能量输出。当控制开关 S 按一定的频率开关时，导通时间越长，输出电压越高；导通时间越短，输出电压越低。

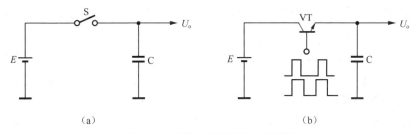

（a）　　　　　　　　　　　　（b）

图 5-26　开关电源的基本工作原理

通常，开关电源在开关频率一定的情况下，通过调整开关时间的长短来控制输出电压的高低。

如图 5-26（b）所示，控制开关 S 常用三极管来代替 VT 来代替。该三极管 VT 称为开关管，在开关管的基极加一个一定频率的控制信号（激励脉冲）来控制开关管的导通和截止。如果开关管基极的控制信号高电平持续时间长，低电平持续时间短，电源 E 对 C 充电时间长，C 放电时间短，C 两端电压会上升。如果某些原因使输入电源 E 下降，为了保证输出电压不变，可以让送到 VT 基极的脉冲更宽（即脉冲的高电平时间更长），VT 导通时间长，E 经 VT 对 C 充电时间长，即使电源 E 下降，但由于 E 对 C 的充电时间延长，仍可让 C 两端电压不会因 E 下降而下降。

由此可见，控制开关管导通、截止时间长短就能改变输出电压或稳定输出电压，开关电源就是利用这个原理来工作的。送到开关管基极的脉冲宽度可变化的信号称为 PWM 脉冲，PWM 意为脉冲宽度调制。

3. 三种类型的开关电源工作原理分析

开关电源的种类很多，根据控制脉冲的产生方式不同，可分为自激式开关电源和他激式开关电源；根据开关器件在电路中的连接方式不同，可分为串联型开关电源、并联型开关电源和变压器耦合型开关电源三种。

（1）串联型开关电源

串联型开关电源如图 5-27 所示。

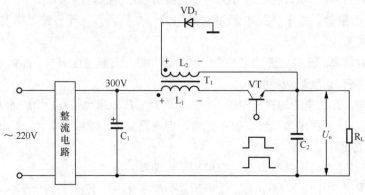

图 5-27　串联型开关电源

状态一：220V 交流市电经整流和电容 C_1 滤波后，在 C_1 上得到 300V 的直流电压（市电电压为 220V，该值是指有效值，其最大值可达到 $220\sqrt{2}$ V=311V，故 220V 市电直接整流后可得到 300V 左右的直流电压），该电压经线圈 L_1 送到开关管 VT 的集电极。开关管 VT 的基极加有脉冲信号，当脉冲信号高电平送到 VT 的基极时，VT 开始导通，并在正反馈电路的作用下，开关管进入饱和状态，二极管 VD_1 反偏截止，与此同时，电流在经过电感 L_1 时，电感 L_1 会产生左正右负的电动势阻碍电流，同时电感 L_1 中储存了能量。L_1 上的电动势感应到次级线圈 L_2 上，由于同名端的原因，L_2 上感应的电动势极性为左正右负，二极管 VD_1 反偏截止。

状态二：当脉冲信号低电平送到 VT 的基极时，VT 截止，无电流流过线圈 L_1，L_1 马上产生相反的电动势，其极性是左负右正，该电动势感应到次级线圈 L_2 上，L_2 上得到左负右正的电动势，此电动势通过续流二极管 VD_1 向电容 C_2 充电，在电容 C_2 上充得上正下负的电压 U_o，同时向负载 R_L 供电。

若市电电压上升，电容 C_1 上储存的能量也就越多，向次级线圈释放的能量也就越多，输出电压 U_o 就越高。反之市电电压下降，电容 C_1 上储存的能量也就越少，向次级线圈释放的能量也就越少，输出电压 U_o 就越低。因此，通过调整 VT 基极的脉冲信号来控制开关管的饱和时间，便可稳定输出电压。

（2）并联型开关电源

并联型开关电源如图 5-28 所示，它是采用电感 L_1、电容 C_2、负载 R_L 并联的工作方式。

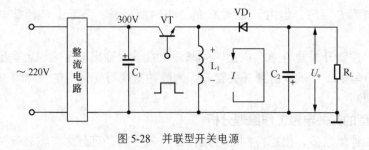

图 5-28　并联型开关电源

其工作原理如下：

状态一：220V 交流电经整流和电容 C_1 滤波后，在电容 C_1 上得到 300V 的直流电压，该电压送到开关管 VT 的集电极。开关管 VT 的基极加有脉冲信号，当脉冲信号高电平送到 VT 的基极时，VT 开始导通，并在正反馈电路的作用下，开关管进入饱和状态，二极管 VD_1 反偏截止，与此同时，电流在经过电感 L_1 时，电感 L_1 会产生上正下负的电动势阻碍电流，同时电感 L_1 中储存了能量。这时负载上的电流是由前几个周期已充了电的电容 C_2 放电供给，电流方向如图中实线。

状态二：当脉冲信号低电平送到 VT 的基极时，VT 截止，电感 L_1 把存储的磁能释放出来，通过续流二极管 VD_1 向电容 C_2 充电，在电容 C_2 上充得上负下正的电压 U_o，同时向负载 R_L 供电。

若市电电压上升，电容 C_1 上储存的能量也就越多，向次级线圈释放的能量也就越多，输出电压 U_o 就越高。反之市电电压下降，电容 C_1 上储存的能量也就越少，向次级线圈释放的能量也就越少，输出电压 U_o 就降低。因此，通过调整 VT 基极的脉冲信号来控制开关管的饱和时间，便可稳定输出电压。

（3）变压器耦合型开关电源

变压器耦合型开关电源如图 5-29 所示，VT 为开关调整管；T_1 是脉冲变压器（又称储能变压器），由于工作频率较高，故采用铁氧体材料的铁芯，同名端如图中所标；VD_1 为脉冲整流二极管；C_2 是滤波电容器，也有储能作用；R_L 为电源的负载。

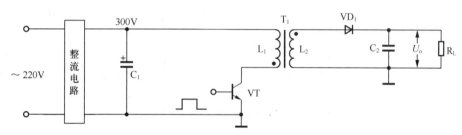

图 5-29　变压器耦合型开关电源

其工作原理如下。

状态一：220V 交流电经整流和电容 C_1 滤波后，在电容 C_1 上得到 300V 的直流电压，该电压经开关变压器 T_1 的初级线圈 L_1 送到开关管 VT 的集电极。开关管 VT 的基极加有脉冲信号，当脉冲信号高电平送到 VT 的基极时，VT 开始导通，并在正反馈电路的作用下，开关管进入饱和状态，电流在经过电感 L_1 时，电感 L_1 会产生上正下负的电动势阻碍电流，同时电感 L_1 中储存了能量。L_1 上的电动势感应到次级线圈 L_2 上，由于同名端的原因，L_2 上感应的电动势极性为上负下正，二极管 VD_1 反偏截止。

状态二：当脉冲信号低电平送到 VT 的基极时，VT 截止，无电流流过线圈 L_1，L_1 马上产生相反的电动势，其极性是上负下正，该电动势感应到次级线圈 L_2 上，L_2 上得到上正下负的电动势，此电动势通过续流二极管 VD_1 向电容 C_2 充电，在电容 C_2 上充得上负下正的电压 U_o，同时向负载 R_L 供电。

若市电电压上升，经电路整流滤波后在电容 C_1 上储存的能量也就越多，向次级线圈释放的能量也就越多，输出电压 U_o 就越高。反之市电电压下降，电容 C_1 上储存的能量也就越少，向次级线圈释放的能量也就越少，输出电压 U_o 就降低。因此，通过调整 VT 基极的脉冲信号来控制开关管的饱和时间，便可稳定输出电压。

5.4.6　自激式开关电源的电路分析

开关电源的基本工作原理比较简单，但实际电路较复杂且种类多，下面以图 5-30 所示的一种典型的自激式开关电源（彩色电视机采用）电路为例来介绍开关电源的检修。

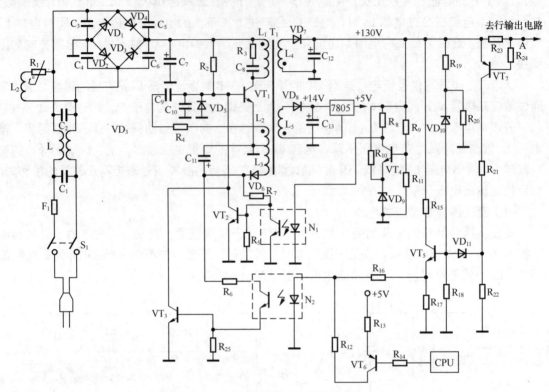

图 5-30　一种典型的自激式开关电源电路

1. 电路分析

（1）输入电路

输入电路由抗干扰、消磁、整流滤波电路组成，各种类型开关电源的输入电路都是由这些电路组成。S_1 为电源开关；F_1 为耐冲击熔丝，又称延时熔丝，其特点是短时间内流过大电流不会熔断；C_1、L_1、C_2 构成抗干扰电路，既可以防止电网中的高频干扰信号窜入电源电路，也能防止电源电路产生的高频干扰信号窜入电网，干扰与电网连接的其他用电器；R_1、L_2 构成消磁电路，R_1 为消磁电阻，它实际是一个正温度系数的热敏电阻（温度高时阻值大），L_2 为消磁线圈，它绕在显像管上；$VD_1 \sim VD_4$ 构成桥式整流电路；$C_3 \sim C_6$ 为保护电容，用来保护整流二极管在开机时不被大电流烧坏，因为它们在充电时分流一部分电流；C_7 为大滤波电容，整流后在 C_7 上会得到+300V 左右的直流电压。

（2）自激振荡电路

T_1 为开关变压器，VT_1 为开关管，R_2 为启动电阻，L_2、C_9、R_4 构成正反馈电路。VT_1、T_1、R_2、L_2、C_9、R_4、VD_5 一起组成自激振荡电路，振荡的结果是开关管 VT_1 工作在开关状态（饱和与截止状态）。L_1 上有很高的电动势产生，它感应到 L_4 和 L_5 上，经整流滤波后得到+130V 和+14V 电压。R_3、C_8 为阻尼吸收回路，用于吸收开关管 VT_1 截止时 L_1 产生的很高的上负下正尖峰电压（尖峰电压会对 C_8、R_3 充电而降低），防止过高的尖峰电压击穿开关管。

自激振荡电路工作过程：

1）启动过程。大滤波电容 C_7 上的+300V 电压一路经开关变压器 T_1 的 L_1 线圈加到开关管 VT_1

的集电极，另一路经启动电阻 R_2 加到 VT_1 的基极，VT_1 马上导通，启动过程完成。

2）振荡过程。VT_1 导通后，有电流流经 L_1 线圈，L_1 马上产生上正下负的电动势 e_1，该电动势感应到 L_2 上，L_2 上电动势 e_2 极性是上正下负。L_2 的上正电压经 R_4、C_9 反馈到 VT_1 的基极，使 VT_1 的 U_b 电压上升，I_{b1} 电流增大，I_{c1} 电流增大，L_1 产生的电动势 e_1 增大，L_2 上感应的电动势 e_2 也增大，L_{02} 上正电压更高，它又反馈到 VT_1 的基极，使 VT_1 基极电压又上升，从而形成强烈正反馈。

正反馈过程如下：

① 正反馈使 VT_1 迅速进入饱和状态。

VT_1 饱和后，L_2 的上正下负电动势 e_1 开始对电容 C_9 充电，途径是：L_2 上正→R_4→C_9→ VT_1 be 结→地→L_2 下负，在 C_9 上充得左正右负的电压，C_9 右负电压加到 VT_1 的基极，VT_1 的 U_{b1} 电压下降，VT_1 慢慢由饱和退出进入放大状态。

VT_1 进入放大状态后，流过 L_1 的电流减小，L_1 马上产生上负下正的电动势 e_1'，L_2 上感应出上负下正的电动势 e_2'，L_2 的上负电压经 R_4、C_9 反馈到 VT_1 的基极，VT_1 的 U_{b1} 电压下降，I_{b1} 减小，I_{c1} 减小，L_1 电动势 e_1' 增大（L_1 上负电压更低，下正电压更高，电动势值增大），L_{02} 的感应电动势 e_2' 增大，L_2 上的负电压更低，它经 R_4、C_9 反馈到 VT_1 的基极，又形成强烈的正反馈。

正反馈过程如下：

② 正反馈使 VT_1 迅速进入截止状态。

VT_1 进入截止状态后，C_9 开始放电，放电途径是：C_9 左正→R_4→L_2→地→VD_5→C_9 右负。放电使 C_9 右负电压慢慢被抵消，VT_1 基极电压逐渐回升，当升到一定值时，VT_1 导通，又有电流流过 L_1，L_1 又产生上正下负电动势，它又感应到 L_2 上，从而开始下一次相同的振荡。当 VT_1 工作在开关状态时，L_1 上有电动势产生，它感应到 L_4、L_5 上，再经整流滤波会得到+130V 和+14V 的电压。

（3）稳压电路

VT_4、VD_9、R_9、N_1、VT_2 等元件构成稳压电路。电网电压上升或负载减轻（如光栅亮度调暗）均会引起+130V 电压上升，上升的电压加到 VT_4 的基极，VT_4 导通程度深，其集电极电压 U_{c4} 下降，流过光电耦合器 N_1 中发光二极管的电流小，发出光线弱，N_1 内部的光敏管导通浅，VT_2 的基极电压上升（在开关电源工作时，L_3 上感应的电动势经 VD_6 对 C_{11} 充电，在 C_{11} 上充得上负下正的电压，C_{11} 下正电压经 R_7 加到 VT_2 的基极，N_1 内的光敏管导通浅，相当于 VT_2 基极与地之间的电阻变大，故 VT_2 基极电压上升），VT_2 导通程度深，开关管 VT_1 基极电压下降，饱和导通时间缩短，L_1 流过电流时间短，储能少，产生电动势低，最后会使输出电压下降，仍回到+130V。

（4）保护电路

该电源电路中既有过压保护电路，又有过流保护电路。

① 过压保护电路。VD_{10}、R_{19}、VT_5、N_2、VT_3 构成过压保护电路。若+130V 电压上升过高（如+130V 负载有开路或稳压电路出现故障），该电压经 R_{19} 将稳压二极管 VD_{10} 击穿，电压加到 VT_5 的基极，VT_5 导通，有电流流过光电耦合器 N_2 中的发光二极管，发光二极管发出光线，N_2 内部的光敏管导通，C_{11} 下正电压经 R_6、光敏管加到 VT_3 的基极，VT_3 饱和导通，将开关管 VT_1 基极电压旁路到地，VT_1 截止，开关电源输出的+130V 电压为 0，保护了开关电源和负载电路。

② 过流保护电路。R_{23}、VT_7、VD_{11}、VT_5、N_2、VT_3 构成过流保护电路，它与过压保护电路共

用了一部分电路。若输出电路存在短路故障，流过 R_{23} 的电流很大，R_{23} 两端电压增大，一旦超过 0.2V，VT_7 马上导通，VT_7 发射极电压经 VT_7、R_{21} 将稳压二极管 VD_{11} 击穿，电压加到 VT_5 的基极，VT_5 导通，通过光电耦合器 N_2 和 VT_3 等电路使开关管 VT_1 进入截止状态，开关电源无电压输出，从而避免行输出电路的过流损坏更多的电路。

（5）遥控关机电路

R_{14}、VT_6、R_{12}、R_{13} 构成遥控关机电路。在电视机正常工作时，CPU 关机控制脚输出高电平，VT_6 处于截止状态，遥控关机电路不工作。在遥控关机时，CPU 关机控制脚输出低电平，VT_6 导通，+5V 电压经 R_{13}、VT_6、R_{12} 加到发光二极管，有电流流过它而发光，光敏管导通，VT_3 也饱和导通，将开关管 VT_1 基极电压旁路而使 VT_1 截止，开关电源不工作。

5.4.7 他激式开关电源的电路分析

他激式开关电源与自激式开关电源的区别在于：他激式开关电源有单独的振荡器，自激式开关电源则没有独立的振荡器，开关管是振荡器的一部分。他激式开关电源中独立的振荡器产生控制脉冲信号，去控制开关管工作在开关状态，电路中无正反馈线圈构成的正反馈电路。他激式开关电源组成示意图如图 5-31 所示。

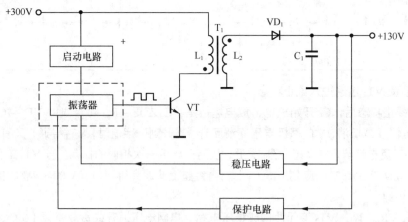

图 5-31　他激式开关电源组成示意图

+300V 电压经启动电路为振荡器（振荡器设计在集成电路中）提供电源，振荡器开始工作，产生脉冲信号送到开关管的基极，当脉冲信号高电平到来时，开关管 VT 饱和导通；当脉冲信号低电平到来时，VT 截止，VT 工作在开关状态，线圈 L_1 上有电动势产生，它感应到 L_2 上，L_2 的感应电动势经 VD_1 对 C_1 充电，在 C_1 上得到+130V 的电压。

稳压过程：若负载很重（负载阻值变小），+130V 电压会下降，该下降的电压送到稳压电路，稳压电路检测出输出电压下降后，会输出一个控制信号送到振荡器，让振荡器产生的脉冲信号宽度变宽（高电平持续时间长），开关管 VT 的导通时间变长，L_1 储能多，VT 截止时，L_1 产生的电动势升高，L_2 感应出的电动势升高，该电动势对 C_1 充电，使 C_1 两端的电压上升，仍回到+130V。

保护过程：若某些原因使输出电压+130V 上升过高（如负载电路存在开路），该过高的电压送到保护电路，保护电路工作，它输出一个控制电压到振荡器，让振荡器停止工作，振荡器不能产生脉冲信号，无脉冲信号送到开关管 VT 的基极，VT 处于截止状态，无电流流过 L_1，L_1 无能量储存而无法产生电动势，L_2 上也无感应电动势，无法对 C_1 充电，C_1 两端电压变为 0V，这样可以避免过高的输出电压击穿负载电路中的元件，保护了负载电路。

第6章

电力电子电路的识读

电力电子电路是指利用电力电子器件对工业电能进行变换和控制的大功率电子电路。由于电力电子电路主要用来处理高电压大电流的电能，为了减少电路对电能的损耗，电力电子器件工作在开关状态，因此电力电子电路实质上是一种大功率开关电路。

电力电子电路可分为整流电路（将交流转换成直流，又称 AC-DC 变换电路），斩波电路（将一种直流转换成另一种直流，又称 DC-DC 变换电路），逆变电路（将直流转换成交流，又称 DC-AC 变换电路）和变-交变频电路（将一种频率的交流转换成另一种频率的交流，又称 AC-AC 变换电路）。本章重点讲解了这几种电路的构成、工作原理以及相应的计算，便于电力电子电路的识读。

6.1 整流电路（AC-DC 变换电路）

整流就是把交流电转换成直流电的变流过程。如果采用大功率二极管作为整流元件，则获得大小固定的直流电压，这种变流方式称为不可控整流。如果采用晶闸管作为整流元件，则可以通过控制门极触发脉冲施加的时刻来控制输出整流电压的大小，这种变流称为可控整流。根据交流电源相数，整流可分为单相整流和多相整流，其中多相整流又以三相整流为主导。可控整流电路的工作原理、特性、电压电流波形以及电量间的数量关系与整流电路所带负载的性质密切相关，必须根据负载性质的不同分别进行讨论。然而实际负载的情况是复杂的，属于单一性质负载的情况很少，往往是几种性质负载的综合。

6.1.1 不可控整流电路

不可控整流电路采用二极管作为整流元件。不可控整流电路种类很多，下面主要介绍一些典型的不可控整流电路。

1. 单相半波整流电路

图 6-1（a）表示一个最简单的单相半波整流电路。图中 T_1 为电源变压器，VD 为整流二极管，R_L 代表需要用直流电源的负载。

（1）工作原理

工作原理的详解参见本教材 5.4.2，在变压器副边电压 U_2 为正的半个周期内，二极管 VD 导通，电流经过二极管 VD 流向负载 R_L，在负载 R_L 上得到一个极性为上正下负的电压 U_L；而在变压器副边电压 U_2 为负的半个周期内，二极管 VD 反向偏置，电流基本上为零。所以，在负载电阻 R_L 两端得到的电压的极性是单方向的，如图 6-1（b）所示。

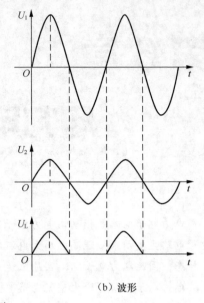

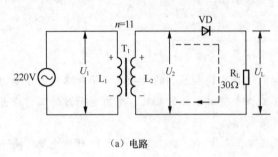

（a）电路　　　　　　　　　　　　　　（b）波形

图 6-1　单相半波整流电路

由图可知，二极管的单向导电作用，使变压器副边的交流电压变换成为负载两端的单向脉动电压，达到了整流的目的。因为这种电路只在交流电压的半个周期内才有电流流过负载，所以称为单相半波整流电路。

单相半波整流电路的优点是结构简单，使用的元件少。但是也有明显的缺点：输出波形脉动大；直流成分比较低；变压器有半个周期不导电，利用率低；变压器电流含有直流成分，容易饱和。所以只能用在输出电流较小，要求不高的场合。

（2）电路计算

由于交流电压时刻在发生变化，所以整流后输出的直流电压 U_L 也会变化（电压时高时低），这种大小变化的直流电压称为脉动直流电压。根据理论和实验都可得出，单相半波整流电路负载 R_L 两端的平均电压值为

$$U_L = 0.45 U_2$$

负载 R_L 流过的电流平均值为

$$I_L = \frac{U_L}{R_L} = 0.45 \frac{U_2}{R_L}$$

例如，在图 6-1（a）所示电路中，$U_1 = 220V$，变压器 T_1 的匝数比 $n = 11$，负载 $R_L = 30\Omega$，则电压 $U_2 = 220/11 = 20V$，负载 R_L 两端的电压 $U_L = 0.45 \times 20 = 9V$，$R_L$ 流过的平均电流 $I_L = 0.45 \times 20/30 = 0.3A$。

在单相半波整流电路中，整流二极管两端承受的最高反向电压为 U_2 的峰值，即

$$U = \sqrt{2} U_2$$

整流二极管流过的平均电流与负载电流相同，即

$$I = 0.45 \frac{U_2}{R_L}$$

例如，图 6-1（a）所示单相半波整流电路中的 $U_2 = 20V$，$R_L = 30\Omega$，则整流二极管两端承受的最高反向电压 $U = \sqrt{2} U_2 = 1.41 \times 20 = 28.2V$，流过二极管的平均电流 $I = 0.45 \frac{U_2}{R_L} = 0.45 \times 20/30 = 0.3A$。

在选择整流二极管时,所选择二极管的最高反向电压 U_{RM} 应大于在电路中承受的最高反向电压,最大整流电流 I_{RM} 应大于流过二极管的平均电流。因此,要让图 6-1(a)中的二极管长时间正常工作,应选用 $U_{RM} > 28.2V$ 和 $I_{RM} > 0.3A$ 的整流二极管;若选用的整流二极管参数小于该值,则容易反向击穿或烧坏。

2. 单相桥式整流电路

针对单相半波整流电路的缺点,希望仍用只有一个副边线圈的变压器,达到全波整流的目的。为此提出了如图 6-2(a)所示的单相桥式整流电路。电路中采用了四个二极管,接成电桥形式,故称为桥式整流电路。

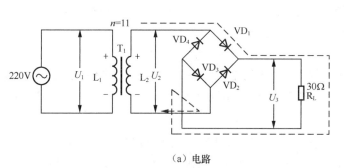

（a）电路　　　　　　　　　　　（b）波形

图 6-2　单相桥式整流电路

（1）工作原理

工作原理的详解参见本教材 5.4.2,在变压器副边电压 U_2 为正的半个周期内,二极管 VD_1、VD_3 导通,电流经过二极管 VD_1、VD_3 流向负载 R_L,电流途径是:L_2 上正→VD_1→R_L→VD_3→L_2 下负,在负载 R_L 上得到一个极性为上正下负的电压 U_L;而在变压器副边电压 U_2 为负的半个周期内,二极管 VD_2、VD_4 导通,电流经过二极管 VD_2、VD_4 流向负载 R_L,电流途径是:L_2 下正→VD_2→R_L→VD_4→L_2 上负,在负载 R_L 上得到一个极性为上正下负的电压 U_L。所以,如此反复工作,在 R_L 上得到图 6-2(b)所示的脉动直流电压 U_L。

从上面的分析可以看出,单相桥式整流电路在交流电压整个周期内都能导通,即单相桥式整流电路能利用整个周期的交流电压。

单相桥式整流电路输出的直流电压脉动小,由于能利用到交流电压的正、负半周,故整流效率高,正因为有这些优点,大量电子设备的电源电路采用单相桥式整流电路。

（2）电路计算

由于单相桥式整流电路能利用到交流电压的正、负半周,故负载 R_L 两端的平均电压值是单相半波整流的两倍,即

$$U_L = 0.9U_2$$

负载 R_L 流过的电流平均值为

$$I_{\mathrm{L}} = \frac{U_{\mathrm{L}}}{R_{\mathrm{L}}} = 0.9 \frac{U_2}{R_{\mathrm{L}}}$$

例如，图 6-2（a）中的 $U_1 = 220\mathrm{V}$，变压器 T_1 的匝数比 $n = 11$，$R_{\mathrm{L}} = 30\Omega$，则电压 $U_2 = 220/11 = 20\mathrm{V}$，负载 R_{L} 两端的电压 $U_{\mathrm{L}} = 0.9 \times 20 = 18\mathrm{V}$，$R_{\mathrm{L}}$ 流过的平均电流 $I_{\mathrm{L}} = 0.9 \times 20/30 = 0.6\mathrm{A}$。

在单相桥式整流电路中，每个整流二极管都有半个周期处于截止，在截止时，整流二极管两端承受的最高反向电压为

$$U = \sqrt{2}U_2$$

由于整流二极管只有半个周期导通，故流过的平均电流为负载电流的一半，即

$$I = 0.45 \frac{U_2}{R_{\mathrm{L}}}$$

图 6-2（a）所示单相桥式整流电路中的 $U_2 = 20\mathrm{V}$，$R_{\mathrm{L}} = 30\Omega$，则整流二极管两端承受的最高反向电压 $U = \sqrt{2}U_2 = 1.41 \times 20 = 28.2\mathrm{V}$，流过二极管的平均电流 $I = 0.45 \frac{U_2}{R_{\mathrm{L}}} = 0.45 \times 20/30 = 0.3\mathrm{A}$。

因此，要让图 6-2（a）中的二极管正常工作，应选用 $U_{\mathrm{RM}} > 28.2\mathrm{V}$、$I_{\mathrm{RM}} > 0.3\mathrm{A}$ 的整流二极管；若选用的整流二极管参数小于该值，则容易反向击穿或烧坏。

3. 三相桥式整流电路

很多电力电子设备采用三相交流电源供电，三相整流电路可以将三相交流电转换成直流电压。三相桥式整流电路是一种应用很广泛的三相整流电路，如图 6-3 所示。

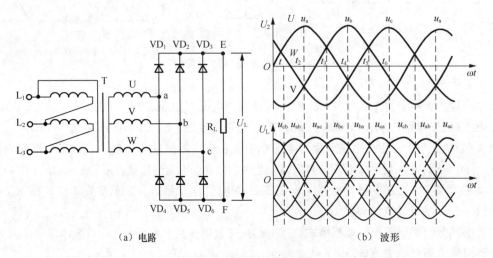

（a）电路　　　　　　　　　　　　　　（b）波形

图 6-3　三相桥式整流电路

（1）工作原理

在图 6-3（a）中，L_1、L_2、L_3 三相交流电压经三相变压器 T 的一次侧绕组降压感应到二次侧绕组 U、V、W 上。6 个二极管 $VD_1 \sim VD_6$ 构成三相桥式整流电路，$VD_1 \sim VD_3$ 的 3 个阴极连接在一起，称为共阴极组二极管；$VD_4 \sim VD_6$ 的 3 个阳极连接在一起，称为共阳极组二极管。

电路工作过程说明如下：

① 在 $t_1 \sim t_2$ 期间，U 相始终为正电压（左负右正）且 a 点正电压最高；V 相始终为负电压（左正右负）且 b 点负电压最低；W 相在前半段为正电压，后半段变为负电压。a 点正电压使 VD_1 导通，

E 点电压与 a 点电压相等（忽略二极管导通压降），VD_2、VD_3 正极电压均低于 E 点电压，故都无法导通；b 点负压使 VD_5 导通，F 点电压与 b 点电压相等，VD_4、VD_6 负极电压均高于 F 点电压，故都无法导通。在 $t_1 \sim t_2$ 期间，只有 VD_1、VD_5 导通，有电流流过负载 R_L，电流的途径是：U 相线圈右端（电压极性为正）→a 点→VD_1→R_L→VD_5→b 点→V 相线圈右端（电压极性为负），因 VD_1、VD_5 导通，a、b 两点电压分别加到 R_L 两端，R_L 上电压 U_L 的大小为 U_{ab}（$U_{ab}=U_a-U_b$）。

② 在 $t_2 \sim t_3$ 期间，U 相始终为正电压（左负右正）且 a 点电压最高；W 相始终为负电压（左正右负）且 c 点电压最低；V 相在前半段为负电压，后半段变为正电压。a 点正电压使 VD_1 导通，E 点电压与 a 点电压相等，VD_2、VD_3 正极电压均低于 E 点电压，故都无法导通；c 点负电压使 VD_6 导通，F 点电压与 c 点电压相等，VD_4、VD_5 负极电压均高于 F 点电压，都无法导通。在 $t_2 \sim t_3$ 期间，VD_1、VD_6 导通，有电流流过负载 R_L，电流的途径是：U 相线圈右端（电压极性为正）→a 点→VD_1→R_L→VD_6→c 点→W 相线圈右端（电压极性为负），因 VD_1、VD_6 导通，a、c 两点电压分别加到 R_L 两端，R_L 上电压 U_L 的大小为 U_{ac}（$U_{ac}=U_a-U_c$）。

③ 在 $t_3 \sim t_4$ 期间，V 相始终为正电压（左负右正）且 b 点正电压最高；W 相始终为负电压（左正右负）且 c 点负电压最低；U 相在前半段为正电压，后半段变为负电压。b 点正电压使 VD_2 导通，E 点电压与 b 点电压相等，VD_1、VD_3 正极电压均低于 E 点电压，都无法导通；c 点负电压使 VD_6 导通，F 点电压与 c 点电压相等，VD_4、VD_5 负极电压均高于 F 点电压，都无法导通。在 $t_3 \sim t_4$ 期间，VD_2、VD_6 导通，有电流流过负载 R_L，电流的途径是：V 相线圈右端（电压极性为正）→b 点→VD_2→R_L→VD_6→c 点→W 相线圈右端（电压极性为负），因 VD_2、VD_6 导通，b、c 两点电压分别加到 R_L 两端，R_L 上电压 U_L 的大小为 U_{bc}（U_b-U_c）。

电路后面的工作与上述过程基本相同，在 $t_1 \sim t_7$ 期间，负载 R_L 上可以得到图 6-3（b）所示的脉动直流电压 U_L（实线波形表示）。

由上面分析得知：该电路每时每刻都是两个二极管串接导通，其电流与负载电流相同，但负载的电流是连续的，而二极管是分 3 组循环导通，故二极管的电流（平均电流）应为负载电流的 1/3，如整流二极管电流为 100A，该电路最大输出容许电流为 300A。

（2）电路计算

① 负载 R_L 的电压与电流计算。用 U_2 表示变压器二次侧相电压的有效值，则星形联结的变压器二次侧电压有效值为 $\sqrt{3}U_2$，相位超前相电压 30°。数学证明，输出电压的平均值为：

$$U_L = 2.34U_2$$

负载 R_L 电流的平均值为：

$$I_L = \frac{U_L}{R_L} = 2.34\frac{U_2}{R_L}$$

② 整流二极管承受反向最高电压。每个二极管所承受的最高反向电压为变压器二次侧线电压的幅值，即：

$$U_{RM} = \sqrt{2} \times \sqrt{3} \approx 2.45U_2$$

③ 二极管平均电流。在一个周期内，由于每个二极管只有 1/3 时间导通，因此流过每个二极管的平均电流为：

$$I_F = \frac{1}{3}I_L \approx 0.78\frac{U_2}{R_L}$$

6.1.2　可控整流电路

可控整流电路是一种整流过程可以控制的电路。可控整流电路通常采用晶闸管作为整流元件，所有整流元件均为晶闸管的整流电路称为全控整流电路，由晶闸管与二极管混合构成的整流电路称为半控整流电路。

1. 单相半波可控整流电路

单相半波可控整流电路及有关信号波形如图 6-4 所示。图中 T 为整流变压器，用来变换电压。引入整流变压器后将使整流电路的输入、输出电压获得合理的匹配，以提高整流电路的力能指标，特别是整流电路的功率因数。

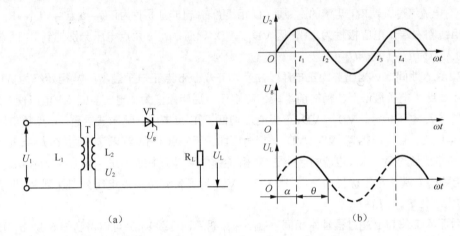

图 6-4　单相半波可控整流电路及有关信号波形

变压器副边电压 U_1 为工频正弦电压，其有效值为 U_2，交变角频率为 ω，通过负载电阻 R_L 加到晶闸管 VT 的阳极与阴极之间。在 $\omega t = 0 \sim \pi$ 的正半周内，晶闸管阳极电压为正、阴极电压为负，元件承受正向阳极电压，具备导通的必要条件。假设门极到 ωt_1 时刻才有正向触发脉冲电压 U_g，则在 $\omega t = 0 \sim \alpha$ 范围内，晶闸管由于无门极触发电压而不导通，处于正向阻断状态。如果忽略漏电流，则负载上无电流流过，负载电压 $U_L = 0$，晶闸管承受全部电源电压。在 ωt_1 时刻门极加上正向触发脉冲电压，满足晶闸管导通的充分条件，元件立即导通，负载上流过电流，如果忽略晶闸管的正向管压降，则 $U_L = U_2$。在以后的 $\omega t = \alpha \sim \pi$ 范围内，即使门极触发电压消失，晶闸管继续导通，电路维持 $U_L = U_2$ 的状态。当 $\omega t = \pi$ 时，电源电压 U_2 过零，负载电流亦即晶闸管的阳极电流将小于元件的维持电流，晶闸管关断，负载上电压、电流都将消失。在 $\omega t = \pi \sim 2\pi$ 的负半周内，晶闸管承受反向阳极电压而关断，元件处于反向阻断状态。此时元件承受反向电压 U_2，负载电压、电流均为零。第二个周期的波形将重复第一个周期波形的状态。

从图 6-4 波形可以看出，经过晶闸管半波整流后的输出电压 U_L 是一个极性不变、幅值变化的脉动直流电压；改变晶闸管门极触发脉冲 U_g 出现的时刻 α 就可改变 U_L 的波形。如果将 U_L 在一个周期内的平均值定义为直流平均电压 U_L，则改变 α 的大小也就改变了 U_L 的大小，实现了整流输出电压大小可调的可控整流。一般规律是 α 越小，门极触发脉冲出现时间越早，负载电压波形面积越大，在一个周期内的平均电压 U_L 就越高。

晶闸管从开始承受正向阳极电压起至开始导通时刻为止的电角度称为控制角，以 α 表示；晶闸管导通时间按交流电源角频率折算出的电角度称为导通角，以 θ 表示。改变控制角 α 的大小，即改变门极触发脉冲出现的时刻，也即改变门极电压相对正向阳极电压出现时刻的相位，称为移相。

单相半波可控整流电路输出电压的平均值 U_L 可用下面公式计算：

$$U_L = 0.45 U_2 \frac{(1+\cos\alpha)}{2}$$

2. 单相半控桥式整流电路

单相半控桥式整流电路如图 6-5 所示。

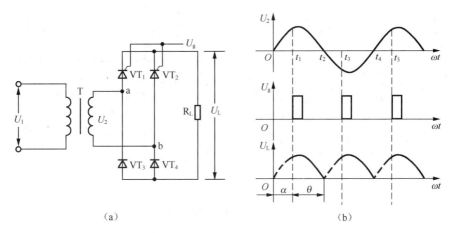

（a）　　　　　　　　　　　　　（b）

图 6-5　单相半控桥式整流电路

在 $\omega t = 0 \sim \pi$ 的变压器副边电压 U_2 正半周内，a 点电位为+、b 点为-，使晶闸管 VT$_1$、VT$_4$ 承受正向阳极电压。当 $\omega t = \alpha$ 时刻触发导通 VT$_1$、VT$_4$，整流电流沿途径 a 点→VT$_1$→R$_L$→VT$_4$→b 点流通，使负载电阻 R$_L$ 上得到上正下负极性的整流电压 U_L；VT$_1$、VT$_4$ 的导通使正半周的 U_2 反向施加在晶闸管 VT$_2$、VT$_3$ 上，使其承受反向阳极电压而阻断。晶闸管对 VT$_1$、VT$_4$ 一直要导通到 $\omega t = \pi$ 时刻为止，此时电源电压 U_2 过零，晶闸管阳极电流也下降至零而关断。

在 $\omega t = \pi \sim 2\pi$ 的 U_2 负半周内，b 点为+、a 点为-，晶闸管对 VT$_2$、VT$_3$ 承受正向阳极电压。当 $\omega t_2 = \pi + \alpha$ 时刻，触发导通 VT$_2$、VT$_3$，即有整流电流沿路径 b 点→VT$_2$→R$_L$→VT$_3$→a 点流通，使负载电阻 R$_L$ 上再次得到上正下负极性的整流电压 U_L；VT$_2$、VT$_3$ 的导通使负半周的 U_2 施加在晶闸管 VT$_1$、VT$_4$ 上，使其承受反向阳极电压而阻断。晶闸管 VT$_2$、VT$_3$ 一直要导通到 $\omega t = 2\pi$ 时刻电源电压 U_2 再次过零为止，此时晶闸管阳极电流下降至零而关断。以后的过程就是 VT$_1$、VT$_4$ 与 VT$_2$、VT$_3$ 两对晶闸管在对应的时刻相互交替导通关断，一个个周期周而复始地重复、循环。

图 6-5（b）为单相桥式全控整流电路负载时各处的电压、电流波形。从图中可以看出，负载在 U_2 正、负两个半波内均有电流流过，使直流电压、电流的脉动程度比单相半波得到了改善，一个周期内脉动两次（两个波头），脉动频率为工频的两倍。因为桥式整流电路正负半波均能工作，使得变压器副边绕组在正、负半周内均有电流流过，直流电流平均值为零，因而变压器没有直流磁化问题，绕组及铁芯利用率较高。

改变触发脉冲的相位，电路整流输出的脉动直流电压 U_L 的大小也会发生变化。U_L 电压的大小可用下面的公式计算：

$$U_L = 0.9 U_2 \frac{(1+\cos\alpha)}{2}$$

3. 三相全控桥式整流电路

三相全控桥式整流电路如图 6-6 所示。

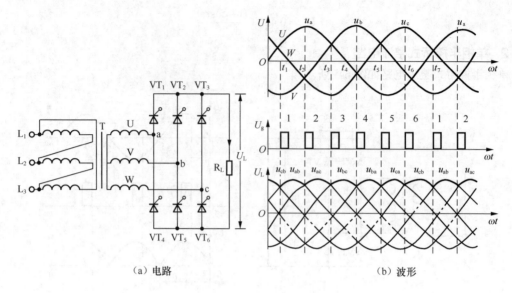

（a）电路   （b）波形

图 6-6　三相全控桥式整流电路

在图 6-6 中，6 个晶闸管 $VT_1 \sim VT_6$ 构成三相全控桥式整流电路，$VT_1 \sim VT_3$ 的 3 个阴极连接在一起，称为共阴极组晶闸管；$VT_4 \sim VT_6$ 的 3 个阳极连接在一起，称为共阳极组晶闸管。$VT_1 \sim VT_6$ 的 G 极与触发电路连接，接受触发电路送来的触发脉冲的控制。

下面来分析电路在三相交流电一个周期（$t_1 \sim t_7$）内的工作过程。

$t_1 \sim t_2$ 期间，U 相始终为正电压（左负右正），V 相始终为负电压（左正右负），W 相在前半段为正电压，后半段变为负电压。在 t_1 时刻，触发脉冲送到 VT_1、VT_5 的 G 极，VT_1、VT_5 导通，有电流流过负载 R_L，电流的途径是：U 相线圈右端（电压极性为正）→a 点→VT_1→R_L→VT_5→b 点→V 相线圈右端（电压极性为负），因 VT_1、VT_5 导通，a、b 两点电压分别加到 R_L 两端，R_L 上电压的大小为 U_{ab}。

$t_2 \sim t_3$ 期间，U 相始终为正电压（左负右正），W 相始终为负电压（左正右负），V 相在前半段为负电压，后半段变为正电压。在 t_2 时刻，触发脉冲送到 VT_1、VT_6 的 G 极，VT_1、VT_6 导通，有电流流过负载 R_L，电流的途径是：U 相线圈右端（电压极性为正）→a 点→VT_1→R_L→VT_6→c 点→W 相线圈右端（电压极性为负），因 VT_1、VT_6 导通，a、c 两点电压分别加到 R_L 两端，R_L 上电压的大小为 U_{ac}。

$t_3 \sim t_4$ 期间，V 相始终为正电压（左负右正），W 相始终为负电压（左正右负），U 相在前半段为正电压，后半段变为负电压。在 t_3 时刻，触发脉冲送到 VT_2、VT_6 的 G 极，VT_2、VT_6 导通，有电流流过负载 R_L，电流的途径是：V 相线圈右端（电压极性为正）→b 点→VT_2→R_L→VT_6→c 点→W 相线圈右端（电压极性为负），因 VT_2、VT_6 导通，b、c 两点电压分别加到 R_L 两端，R_L 上电压的大小为 U_{bc}。

$t_4 \sim t_5$ 期间，V 相始终为正电压（左负右正），U 相始终为负电压（左正右负），W 相在前半段为负电压，后半段变为正电压。在 t_4 时刻，触发脉冲送到 VT_2、VT_4 的 G 极，VT_2、VT_4 导通，有电流流过负载 R_L，电流的途径是：V 相线圈右端（电压极性为正）→b 点→VT_2→R_L→VT_4→a 点→U 相线圈右端（电压极性为负），因 VT$_2$、VT$_4$ 导通，b、a 两点电压分别加到 R$_L$ 两端，R$_L$ 上电压的大小为 U_{ba}。

$t_5 \sim t_6$ 期间，W 相始终为正电压（左负右正），U 相始终为负电压（左正右负），V 相在前半段为正电压，后半段变为负电压。在 t_5 时刻，触发脉冲送到 VT$_3$、VT$_4$ 的 G 极，VT$_3$、VT$_4$ 导通，有电流流过负载 R$_L$，电流的途径是：W 相线圈右端（电压极性为正）→c 点→VT$_3$→ R$_L$→VT$_4$→a 点→U 相线圈右端（电压极性为负），因 VT$_3$、VT$_4$ 导通，c、a 两点电压分别加到 R$_L$ 两端，R$_L$ 上电压的大小为 U_{ca}。

$t_6 \sim t_7$ 期间，W 相始终为正电压（左负右正），V 相始终为负电压（左正右负），U 相在前半段为负电压，后半段变为正电压。在 t_6 时刻，触发脉冲送到 VT$_3$、VT$_5$ 的 G 极，VT$_3$、VT$_5$ 导通，有电流流过负载 R$_L$，电流的途径是：W 相线圈右端（电压极性为正）→c 点→VT$_3$→ R$_L$→VT$_5$→b 点→V 相线圈右端（电压极性为负），因 VT$_3$、VT$_5$ 导通，c、b 两点电压分别加到 R$_L$ 两端，R$_L$ 上电压的大小为 U_{cb}。

t_7 时刻以后，电路会重复 $t_1 \sim t_7$ 期间的过程，在负载 R$_L$ 上可以得到图示的脉动直流电压 U_L。在上面的电路分析中，将交流电压一个周期（$t_1 \sim t_7$）分成 6 等份，每等份所占的相位角为 60°。在任意一个 60° 相位角内，始终有两个晶闸管处于导通状态（一个共阴极组晶闸管、一个共阳极组晶闸管），并且任意一个晶闸管的导通角都是 120°。另外，触发脉冲不是同时加到 6 个晶闸管的 G 极，而是在触发时刻将触发脉冲同时送到需触发的两个晶闸管的 G 极。

改变触发脉冲的相位，电路整流输出的脉动直流电压 U_L 的大小也会发生变化。当 $\alpha \leqslant 60°$ 时，U_L 电压大小可用下面的公式计算：

$$U_L = 2.34U_2\cos\alpha$$

当 $\alpha > 60°$ 时，U_L 电压大小可用下面的公式计算：

$$U_L = 2.34U_2[1+\cos(\frac{\pi}{3}+\alpha)]$$

6.2 斩波电路（DC–DC 变换电路）

利用电力开关器件周期性地开通和关断来改变输出电压的大小，将直流电能转换为另一固定电压或可调电压的直流电路，称为斩波电路（DC–DC 变换电路）。斩波电路也称直流调压器（直流变换电路），其功能是改变和调节直流电的电压和电流。斩波电路种类很多，通常可分为基本斩波电路和复合斩波电路。

6.2.1 基本斩波电路

基本斩波电路的类型很多，常见的有降压斩波电路（Buck）、升压斩波电路（Boost）、升降压斩波电路（Buck-Boost）、库克斩波电路（Cuk）、Sepic 斩波电路（single ended primary inductor converter，单端初级电感式转换器）和 Zeta 斩波电路。

1. 降压斩波电路

降压斩波电路如图 6-7 所示，电路由一个三极管 VT、二极管 VD$_1$ 和电感 L 等组成。三极管 VT 是斩波控制的主要元件，电感起储能和滤波作用，二极管起续流作用。负载可以是电阻、电感、电容或直流电动机电枢等，电路的工作原理如下。

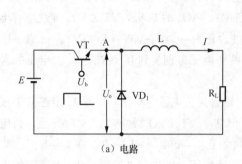
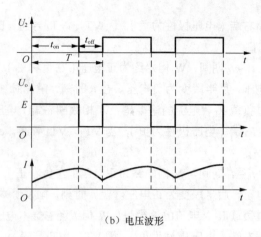

（a）电路 　　　　　　　　　（b）电压波形

图 6-7　降压斩波电路

（1）工作原理

在图 6-7（a）中，三极管 VT 的基极加有控制脉冲 U_b，当 U_b 为高电平时，VT 导通，相当于开关闭合，这时 $U_o=E$。在 $t=t_{off}$ 时，三极管 VT 关断，关断时电感 L 经二极管 VD_1 续流，$U_o=0$，斩波器输出电压 U_o 波形如图 6-7（b）所示，输出平均电压：

$$U_o = \frac{t_{on}}{t_{on}+t_{off}}E = \frac{t_{on}}{T}E$$

式中，T 为开关周期；$\alpha = \frac{t_{on}}{T}$ 为占空比，或称导通比。改变占空比 α，可以调节直流输出平均电压的大小。因为 $\alpha \leq 1$，$U_o \leq E$，故该电路称为降压斩波。

在三极管 VT 导通区间有电流 I 经 $E+\rightarrow VT \rightarrow L \rightarrow R_L \rightarrow E-$，而二极管 VD_1 截止，电流在流过电感 L 时，L 会产生左正右负的电动势阻碍电流 I（同时储存能量），故 I 慢慢增大；在三极管 VT 关断期间，电感 L 经 R_L 和二极管 VD_1 续流，电流途径是：L 右正→R_L→VD_1→L 左负，该电流是一个逐渐减小的电流。

（2）斩波电路的调压控制方式

斩波电路是通过控制三极管（或其他电力电子器件）导通、关断来调节输出电压的。斩波电路的调压控制方式主要有三种。

➢ 脉冲控制。该方式是控制脉冲的周期 T 保持不变，改变斩波器的导通时间 T_{on}，就能控制负载上的电压平均值。如图 6-8 所示，当脉冲周期不变而宽度变窄时，三极管导通时间变短，输出的平均电压 U_o 会下降。

➢ 频率控制。该方式是控制脉冲的导通时间 T_{on} 不变，而改变斩波周期 T。如图 6-8 所示，斩波器斩波频率越高，则输出电压的平均值越高。频率控制方式的主电路及控制电路都比较简单，但由于斩波频率在变化，谐波的滤波就比较困难。

➢ 综合控制。既改变斩波周期 T 又改变导通时间 T_{on} 的控制方式为综合控制。这种控制方式可以较大幅度地改变输出电压的平均值，由于斩波频率仍变化，滤波也比较困难。

2. 升压斩波电路

升压斩波电路又称直流升压器，它可以将直流电压升高。升压斩波电路如图 6-9 所示。

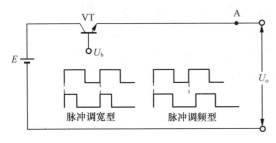

图 6-8　斩波电路的两种调压控制方式

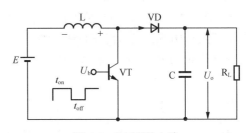

图 6-9　升压斩波电路

电路工作原理如下。

状态一：当三极管 VT 基极加有控制脉冲并且为高电平时，VT 导通，电源 E 电流经电感 L、三极管 VT 流通，电感 L 马上产生左正右负的电动势阻碍电流，同时电感 L 中储存能量。负载 R_L 由电容 C 提供电流，二极管 VD 的作用是阻断电容经三极管 VT 放电的回路。

状态二：当三极管 VT 基极的控制脉冲为低电平时，二极管 VD 导通，电容 C 在电源 E 和电感 L 反电动势的共同作用下充电，电感释放储能，流过电感 L 的电流突然变小，电感 L 马上产生左负右正的电动势，该电动势与电源 E 进行叠加，通过二极管对电容 C 充电，在 C 上充得上正下负的电压 U_o。如果电容足够大，电容两端电压 U_o 波动不大，负载 R_L 的电流是连续的。

从上面的分析可知，输出电压 U_o 是由直流电源 E 和电感 L 产生的电动势叠加充得的，输出电压 U_o 较电源 E 更高，故称该电路为升压斩波电路。

对于图 6-9 所示的升压斩波电路，在一个周期 T 内，如果控制脉冲 U_b 的高电平持续时间为 t_{on}，低电平持续时间为 t_{off}，那么对于 U_o 电压的平均值有下面的关系：

$$U_o = \frac{T}{t_{off}} E$$

式中，$\frac{T}{t_{off}}$ 称为升压比，由于 $\frac{T}{t_{off}} > 1$，故输出电压 U_o 始终高于输入直流电压 E。当 $\frac{T}{t_{off}}$ 值发生化时，输出电压 U_o 就会发生改变，$\frac{T}{t_{off}}$ 值越大，输出电压 U_o 越高。

3. 升降压斩波电路

升降压斩波电路既可以提升电压，也可以降低电压。升降压斩波电路可分为正极性和负极性两类。

（1）负极性升降压斩波电路

负极性升降压斩波电路主要有普通升降压斩波电路和 CuK 升降压斩波电路。

① 普通升降压斩波电路。普通升降压斩波电路如图 6-10 所示。

电路工作原理如下：

状态一：当三极管 VT 基极加有控制脉冲并且为高电平时，VT 导通，电源 E 经电感 L 和三极管 VT 流通，电感 L 马上产生上正下负的电动势阻碍电流，同时电感 L 中储存能量；与此同时，电容 C 对负载 R_L 放电。在这个阶段中，二极管 VD 被反偏而处于截止状态。

状态二：当三极管 VT 基极的控制脉冲为低电平时，VT 关断，流过电感 L 的电流突然变小，电感 L 马上产生上负下正的电动势，该电动势通过二极管 VD 对电容 C 充电（同时也有电流流过负载 R_L），在 C 上充得上负下正的电压 U_o。控制脉冲 U_b 高电平持续时间（t_{on}）越长，流过 L 的电流时间越长，L 储能越多，在 VT 关断时产生的上负下正电动势越高，对电容 C 充电越多，U_o 越高。

从图 6-10 所示电路可以看出，该电路的负载 R_L 两端的电压 U_o 的极性是上负下正，它与电源 E 的极性相反，故称这种斩波电路为负极性升降压斩波电路。

对于图 6-10 所示的升降压斩波电路，在一个周期 T 内，如果控制脉冲 U_b 的高电平持续时间为 t_{on}，低电平持续时间为 t_{off}，那么对于 U_o 电压的平均值有下面的关系：

$$U_o = \frac{t_{on}}{t_{off}} E = \frac{t_{on}}{T - t_{on}} E$$

式中，若 $\frac{t_{on}}{t_{off}} > 1$，输出电压 U_o 会高于输入直流电压 E，电路为升压斩波；若 $\frac{t_{on}}{t_{off}} < 1$，输出电压 U_o 会低于输入直流电压 E，电路为降压斩波。

② CuK 升降压斩波电路。CuK 升降压斩波电路如图 6-11 所示。

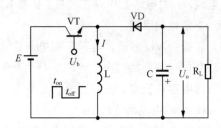

图 6-10 普通升降压斩波电路

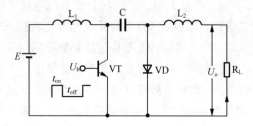

图 6-11 Cuk 升降压斩波电路

电路工作原理如下。

状态一：当三极管 VT 基极加有控制脉冲并且为高电平时，VT 导通，电源 E 经电感 L_1 和三极管 VT 流通，电感 L_1 马上产生左正右负的电动势阻碍电流，同时电感 L_1 中储存能量；与此同时，电容 C 经三极管 VT、电感 L_2 对负载 R_L 放电，电感 L_1 马上产生左负右正的电动势阻碍电流，同时电感 L_2 中储存能量。在这个阶段中，因为电容 C 释放能量，二极管被反偏而处于截止状态。

状态二：当三极管 VT 基极的控制脉冲为低电平时，VT 关断，电感 L_1 产生左负右正的电动势，它与电源 E 叠加经二极管 VD 对电容 C 充电，在电容 C 上充得左正右负的电动势。另外，由于三极管 VT 关断使电感 L_2 流过的电流突然减小，马上产生左正右负的电动势，该电动势形成电流经二极管 VD 流过负载 R_L。

CuK 升降压斩波电路与普通升降压斩波电路一样，在负载上产生的都是负极性电压，但是 CuK 升降压斩波电路的优点是流过负载的电流是连续的，即在三极管 VT 导通、关断期间，负载都有电流通过。

图 6-11 所示的 CuK 升降压斩波电路，在一个周期 T 内，如果控制脉冲 U_b 的高电平持续时间为 t_{on}，低电平持续时间为 t_{off}，那么对于 U_o 电压的平均值有下面的关系：

$$U_o = \frac{t_{on}}{t_{off}} E = \frac{t_{on}}{T - t_{on}} E$$

式中，若 $\frac{t_{on}}{t_{off}} > 1$，$U_o > E$，电路为升压斩波；若 $\frac{t_{on}}{t_{off}} < 1$，$U_o < E$，电路为降压斩波。

（2）正极性升降压斩波电路

正极性升降压斩波电路主要有 Sepic 斩波电路和 Zeta 斩波电路。

① Sepic 斩波电路。Sepic 斩波电路如图 6-12 所示。

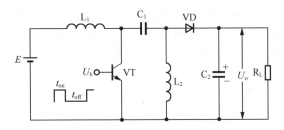

图 6-12 Sepic 斩波电路

电路工作原理如下。

状态一：当三极管 VT 基极的控制脉冲为低电平时，VT 关断，电源 E 经过电感 L_1、L_2 对电容 C_1 充电，在 C_1 上充得左正右负的电压。当三极管 VT 基极加有控制脉冲并且为高电平时，VT 导通，电源 E 经电感 L_1 和三极管 VT 流通，电感 L_1 马上产生左正右负的电动势阻碍电流，同时电感 L_1 中储存能量；与此同时，电容 C_1 经三极管 VT、电感 L_2 流通，电感 L_2 马上产生上正下负的电动势阻碍电流，同时电感 L_2 中储存能量。

状态二：当三极管 VT 基极的控制脉冲为低电平时，VT 关断，电感 L_1 产生左负右正的电动势，它与电源 E 叠加经二极管 VD 对电容 C_1、C_2 充电，电容 C_1 上充得左正右负的电压，电容 C_2 上充得上正下负的电压。另外，在三极管 VT 关断时，电感 L_2 产生上正下负的电动势，它也经二极管 VD 对电容 C_2 充电，电容 C_2 上得到输出电压 U_o。

从图 6-12 所示的电路可以看出，该电路的负载 R_L 两端电压 U_o 的极性是上正下负，它与电源 E 的极性相同，故称这种斩波电路为正极性升降压斩波电路。

对于 Sepic 升降压斩波电路，在一个周期 T 内，如果控制脉冲 U_b 的高电平持续时间为 t_{on}，低电平持续时间为 t_{off}，那么对于 U_o 电压的平均值有下面的关系：

$$U_o = \frac{t_{on}}{t_{off}} E = \frac{t_{on}}{T - t_{on}} E$$

② Zeta 斩波电路。Zeta 斩波电路如图 6-13 所示。

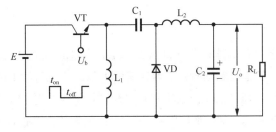

图 6-13 Zeta 斩波电路

电路工作原理如下：

在图 6-13 所示电路中，当三极管 VT 基极第一个控制脉冲高电平来临时，VT 导通，电源 E 产生的电流流经 VT、L_1，L_1 储存能量；当控制脉冲低电平来临时，VT 关断，流过 L_1 的电流突然减小，L_1 马上产生上负下正的电动势，它经 VD 对 C_1 充电，在 C_1 上充得左负右正的电压。当第二个脉冲高电平来临时，VT 导通，电源 E 在产生电流流过 L_1 时，还会与 C_1 上的左负右正电压叠加，经 L_2 对 C_2 充电，在 C_2 上充得上正下负的电压，同时 L_2 储存能量；当第二个脉冲低电平来临时，VT 关断，除了 L_1 产生上负下正的电动势对 C_1 充电外，L_2 会产生左负右正的电动势经 VD 对 C_2 充得上正下负的电压。以后电路会重复上述过程，结果在 C_2 上充得上正下负的正极性电压 U_o。

对于 Zeta 升降压斩波电路，在一个周期 T 内，如果控制脉冲 U_b 的高电平持续时间为 t_{on}，低电平持续时间为 t_{off}，那么对于 U_o 电压的平均值有下面的关系：

$$U_o = \frac{t_{on}}{t_{off}} E = \frac{t_{on}}{T - t_{on}} E$$

6.2.2　复合斩波电路

复合斩波电路由基本斩波电路组合而成，常见的复合斩波电路包括电流可逆斩波电路、桥式可逆斩波电路和多相多重斩波电路。

1. 电流可逆斩波电路

电流可逆斩波电路常用于直流电动机的电动和制动运行控制，即当需要直流电动机主动运转时，让直流电源为电动机提供电压；当需要对运转的直流电动机制动时，让惯性运转的电动机（相当于直流发电机）产生的电压对直流电源充电，消耗电动机的能量进行制动（再生制动）。

电流可逆斩波电路如图 6-14 所示，其中 VT_1、VD_2 构成降压斩波电路，VT_2、VD_1 构成升压斩波电路。

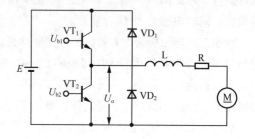

图 6-14　电流可逆斩波电路

（1）电动状态

在电动机电动工作时，VT_1 基极加有控制脉冲 U_{b1}，VT_1 处于开关交替状态，VT_2 基极无控制脉冲，VT_2、VD_1 均处于关断状态。当 VT_1 基极的控制脉冲为高电平时，VT_1 导通，电流自电源 $E+\rightarrow VT_1 \rightarrow L \rightarrow R \rightarrow$ 电动机 $\rightarrow E-$，电动机运转，同时电感 L 储存能量；当控制脉冲为低电平时，VT_1 关断，电感 L 储能经电动机和 VD_2 续流。在电动状态，VT_2 和 VD_1 始终不导通，因此不考虑这两个元件，$U_o = \alpha E$，调节占空比 α 可以调节电动机转速。

（2）制动状态

当电动机工作在电动状态时，电动机电动势 $E_M < E$，当电动机由电动状态转向制动状态时，就必须使负载侧电压 $U_o > E$，但是在制动时，随着转速的下降，E_M 减小，因此需要使用升压斩波提升电路负载侧电压，使负载侧电压 $U_o > E$。在电流可逆斩波电路中，若 VT_2 基极的控制脉冲为高电平时，VT_2 导通，电动机经电感 L、VT_2 形成回路，电感 L 随电流上升而储能。当控制脉冲为低电平时，VT_2 关断，电动机反电动势 E_M 和电感电动势（左正右负）串联相加，产生电流，经 VD_1 将电能输入电源 E。在制动时，VT_1、VD_2 始终在截止状态，因此不考虑这两个元件，调节 VT_2 占空比 α 可以调节输出电压 U_o，控制制动电流。

2. 桥式可逆斩波电路

电流可逆斩波电路只能让直流电动机工作在正转和正转再生制动状态，若将两个电流可逆斩波电路组合，一个提供负载正向电流，一个提供反向电流，电动机就可以实现正反向可逆运行，组成了桥式可逆转波电路。其可以让直流电动机工作在正转、正转再生制动和反转、反转再生制动状态。

桥式可逆斩波电路如图 6-15 所示。

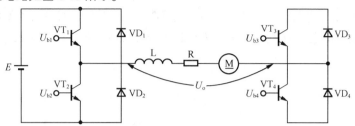

图 6-15　桥式可逆斩波电路

桥式可逆斩波电路有四种工作状态：正转降压斩波、正转升压斩波再生制动、反转降压斩波和反转升压斩波再生制动。

模式 1：三极管 VT_1、VT_4 基极控制脉冲 U_{b1}、U_{b4} 为高电平，三极管 VT_2、VT_3 基极控制脉冲为低电平时，三极管 VT_1、VT_4 导通，三极管 VT_2、VT_3 关断，电源 E 经三极管 VT_1、电感 L、电阻 R、三极管 VT_4 为直流电动机 M 供电，电动机正向运转。

模式 2：三极管 VT_4 基极控制脉冲 U_{b4} 为高电平，三极管 VT_3 基极控制脉冲为低电平时，三极管 VT_4 导通，三极管 VT_3 关断，当 U_{b1} 变为低电平后，VT_1 关断，流过电感 L 的电流突然减小，电感 L 产生左负右正的电动势，经电阻 R、三极管 VT_4、二极管 VD_2 为电动机 M 继续提供电流，维持电动机正转；当电感 L 的能量释放完毕，电动势减小为 0 时，让三极管 VT_2 基极的控制脉冲 U_{b2} 为高电平，VT_2 导通，惯性运转的电动机两端的反电动势（左正右负）经电阻 R、电感 L、三极管 VT_2、二极管 VD_4 回路产生电流，电感 L 因电流通过而储存能量；当三极管 VT_2 的控制脉冲为低电平时，三极管 VT_2 关断，流过电感 L 的电流突然减小，电感 L 产生左正右负的电动势，它与电动机产生的左正右负的反电动势叠加，通过二极管 VD_1 对电源 E 充电，此时电动机进行正转再生制动；当电感 L 与电动机的叠加电动势低于电源 E 时，二极管 VD_1 关断，这时如果又让三极管 VT_1 基极脉冲变为高电平，电路又会重复模式 1 过程。

模式 3：三极管 VT_2、VT_3 基极控制脉冲 U_{b2}、U_{b3} 为高电平，三极管 VT_1、VT_4 基极控制脉冲为低电平时，三极管 VT_2、VT_3 导通，三极管 VT_1、VT_4 关断，电源 E 经三极管 VT_3、电感 L、电阻 R、三极管 VT_2 为直流电动机 M 供电，电动机反向运转。

模式 4：三极管 VT_2 基极控制脉冲 U_{b2} 为高电平，三极管 VT_1 基极控制脉冲为低电平时，三极管 VT_2 导通，三极管 VT_1 关断，当 U_{b3} 变为低电平后，VT_3 关断，流过电感 L 的电流突然减小，电感 L 产生右负左正的电动势，经电阻 R、三极管 VT_2、二极管 VD_4 为电动机 M 继续提供电流，维持电动机反转；当电感 L 的能量释放完毕，电动势减小为 0 时，让三极管 VT_4 基极的控制脉冲 U_{b2} 为高电平，VT_4 导通，惯性运转的电动机两端的反电动势（右正左负）经电阻 R、电感 L、三极管 VT_4、二极管 VD_2 回路产生电流，电感 L 因电流通过而储存能量；当三极管 VT_4 的控制脉冲为低电平时，三极管 VT_4 关断，流过电感 L 的电流突然减小，电感 L 产生右正左负的电动势，它与电动机产生的右正左负的反电动势叠加，通过二极管 VD_3 对电源 E 充电，此时电动机进行正转再生制动；当电感 L 与电动机的叠加电动势低于电源 E 时，二极管 VD_3 关断，这时如果又让三极管 VT_3 基极脉冲变为高电平，电路又会重复模式 3 过程。

3. 多相多重斩波电路

前面介绍的复合斩波电路是由几种不同的单一斩波电路组成的，而多相多重斩波电路是由多个相同的斩波电路组成的。图6-16所示是一种三相三重斩波电路，它在电源和负载之间接入三个结构相同的降压斩波电路。

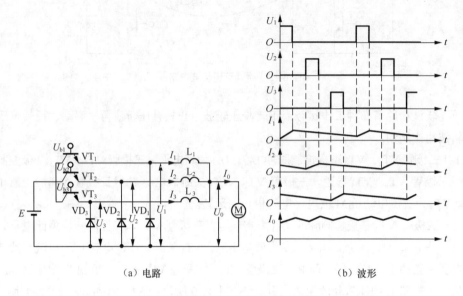

（a）电路　　　　　　　　　　　　（b）波形

图 6-16　一种三相三重斩波电路

三相三重斩波电路工作原理说明如下：

当三极管 VT_1 基极的控制脉冲 U_{b1} 为高电平时，VT_1 导通，电源 E 通过 VT_1 加到 L_1 的一端，L_1 左端的电压如图 6-16（b）中 U_1 波形所示，有电流 I_1 经 L_1 流过电动机；当控制脉冲 U_{b1} 为低电平时，VT_1 关断，流过 L_1 的电流突然变小，L_1 马上产生左负右正的电动势，该电动势产生电流 I_1 通过 VD_1 构成回路继续流过电动机，I_1 电流变化如图 6-16（b）中 I_1 曲线所示，从波形可以看出，一个周期内 I_1 有上升和下降的脉动过程，起伏波动较大。

同样，当三极管 VT_2 基极加有控制脉冲 U_{b2} 时，在 L_2 左端得到图 6-16（b）中所示的 U_2 电压，流过 L_2 的电流为 I_2；当三极管 VT_3 基极加有控制脉冲 U_{b3} 时，在 L_3 左端得到图 6-16（b）中所示的 U_3 电压，流过 L_3 的电流为 I_3。

当三个斩波电路都工作时，流过电动机的总电流 $I_0=I_1+I_2+I_3$。从图 6-16（b）还可以看出，总电流 I_0 的脉冲频率是单相电流脉动频率的 3 倍，但脉冲幅度明显变小，即三相三重斩波电路提供给电动机的电流波动更小，使电动机工作更稳定。另外，多相多重斩波电路还具有备用功能，当某一个斩波电路出现故障时，可以依靠其他的斩波电路继续工作。

6.3　逆变电路（DC-AC 变换电路）

逆变电路的功能是将直流电转换成交流电，故又称直-交转换器。它与整流电路的功能恰好相反。逆变电路可分为有源逆变电路和无源逆变电路。有源逆变电路是将直流电转换成与电网频率相同的交流电，再将该交流电送至交流电网；无源逆变电路是将直流电转换成某一频率或频率可调的交流电，再将该交流电送给用电设备。变频器中主要采用无源逆变电路。

6.3.1　逆变原理

下面以图 6-17 所示电路为例来说明逆变电路的基本工作原理。

工作原理说明如下：

图中的两对晶闸管 VT_1、VT_4 和 VT_2、VT_3 作为开关。当 VT_1、VT_4 基极脉冲信号为高电平，而 VT_2、VT_3 基极脉冲信号为低电平时，VT_1、VT_4 导通，VT_2、VT_3 关断，电源 E 通过 VT_1、VT_4 向负载 R_L 输送电流，负载上的压降为左正右负；当 VT_2、VT_3 基极脉冲信号为高电平，而 VT_1、VT_4 基极脉冲信号为低电平时，VT_2、VT_3 导通，VT_1、VT_4 关断，则电源 E 通过 VT_2、VT_3 向负载 R_L 输送电流，负载 R_L 上的压降为左负右正。将两对晶闸管轮流切换导通，则负载上便可得到交变输出电压。负载上的输出电压交变频率由两对晶闸管切换导通频率决定，其幅值可通过直流电压 E 的大小来改变，即可调节产生直流电压的可控整流器的控制角 α 来实现。

从上述过程可以看出，在直流电源供电的情况下，通过控制开关器件的导通、关断可以改变流过负载的电流方向，这种方向发生改变的电流就是交流电流，从而实现直-交转换功能。

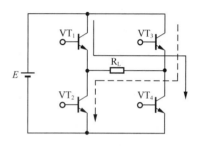

图 6-17　逆变电路的工作原理说明图

6.3.2　电压型逆变电路

逆变电路分为直流侧（电源端）和交流侧（负载端），电压型逆变电路是指直流侧采用电压源的逆变电路。电压源是指能提供稳定电压的电源，另外，电压波动小且两端并联有大电容的电源也可视为电压源。图 6-18 中就是两种典型的电压源（虚线框内部分）。

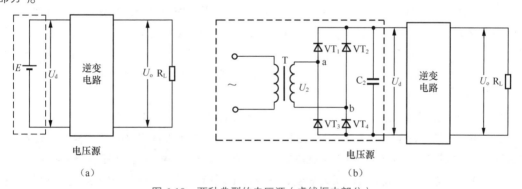

图 6-18　两种典型的电压源（虚线框内部分）

图 6-18（a）中的直流电源 E 能提供稳定不变的电压 U_d，所以它可以视为电压源。图 6-18（b）中的桥式整流电路后面接有一个大滤波电容 C，交流电压经变压器降压和二极管整流后，在电容 C 上会得到波动很小的电压 U_d（电容往后级电路放电后，整流电路会及时充电，故 U_d 变化很小，电容容量越大，U_d 波动越小，电压越稳定），故虚线框内的整个电路也可视为电压源。

电压型逆变电路的种类很多，常用的有单相半桥逆变电路、单相全桥逆变电路、单相变压器逆变电路和三相电压逆变电路等。

1. 单相半桥逆变电路

单相半桥逆变电路及有关波形如图 6-19 所示，三极管 VT_1、VT_2 组成半桥式开关电路，二极管 VD_1、VD_2 提供电感 L 的续流回路，U_d 是直流侧电源电压，串联电容 $C_1=C_2$ 组成直流回路的滤波环节，负载 R、L 连接在结点 A、B 之间。

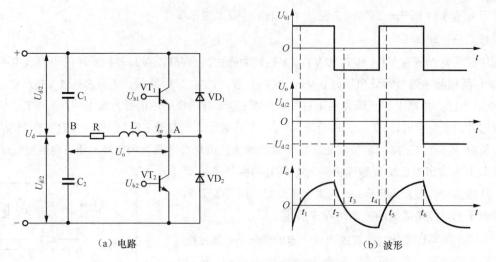

（a）电路　　　　　　　（b）波形

图 6-19　单相半桥逆变电路及有关波形

电路工作过程说明如下：

因为是感性负载，稳态时负载电流 I_o 滞后于电压 U_o。在 VT_1 基极脉冲信号 U_{b1} 为高电平，VT_2 的 U_{b2} 为低电平，VT_1 导通、VT_2 关断，$0 \sim t_1$ 期间，因为二极管 VD_1 导通，VT_1 被短路，负载电流 I_o 从 $C_{1-} \to B \to$ 电阻 $R \to$ 电感 $L \to$ 二极管 $VD_1 \to C_1+$，负载电压 $U_o = U_{d/2}$。到 t_1 时，二极管续流结束而截止，三极管 VT_1 导通，电流 I_o 从 $C_1+ \to$ 三极管 $VT_1 \to$ 电感 $L \to$ 电阻 $R \to B$，电感 L 储能，电流 I_o 上升。

在 $t_2 \sim t_3$ 期间，VT_1 的 U_{b1} 为低电平，VT_2 的 U_{b2} 为高电平，VT_1 关断，但是 VT_2 还不能立即导通，因为电感 L 要释放储能，电流 I_o 将经 $A \to$ 电感 $L \to$ 电阻 $R \to B \to$ 电容 $C_2 \to$ 二极管 $VD_2 \to A$ 回路下降，在 $t_2 \sim t_3$ 期间，负载电压 $U_o = -U_{d/2}$。在 $t_3 \sim t_4$ 期间，因为电流 I_o 减小，当 $I_o = 0$ 后，二极管 VD_2 截止，三极管 VT_2 导通，负载电压 U_o 仍为负，但电流 I_o 反向增加。到 t_4 时，因为三极管 VT_2 关断，电感 L 电流又要经二极管 VD_1 续流，电路完成一个工作周期。

在 $0 \sim t_1$ 和 $t_2 \sim t_3$ 期间，U_o 和 I_o 方向相反，这时分别由电容 C_1 和 C_2 吸收电能，缓冲了电感 L 的无功电流，且电流 I_o 经二极管 VD_1 或 VD_2 形成回路，因此二极管 VD_1 或 VD_2 称为续流二极管。如果没有续流二极管，在三极管 VT_1 和 VT_2 关断时要强制电流 I_o 为 0，会产生很高的电压使开关器件击穿。

从负载 R_L 的电压和电流的波形可以看到，在电源 U_d 是直流的情况下，负载电压和电流都是交流，交流电的频率 $f = 1/T$，改变三极管 VT_1 和 VT_2 的切换周期 T，可以调节输出交流电的频率，且负载交流电压 U_o 呈方波，因此单相半桥逆变电路也称为方波型逆变电路。

单相半桥逆变电路结构简单，但负载两端得到的电压较低（为直流电源电压的一半），并且直流侧需采用两个电容器串联来均压。单相半桥逆变电路常用在几千瓦以下的小功率逆变设备中。

2. 单相全桥逆变电路

单相全桥逆变电路及有关波形如图 6-20 所示，由四个三极管 $VT_1 \sim VT_4$ 和四个续流二极管 $VD_1 \sim VD_4$ 组成。单相全桥逆变器的开关器件有多种控制方式，下面就固定脉冲控制方式和脉冲移相控制方式进行简单介绍。

（1）固定脉冲控制方式

固定脉冲控制是三极管 VT_1、VT_4 和 VT_2、VT_3 的基极脉冲信号互补（即互差 180°），逆变器输出交流电压和电流的波形基本上和半桥式逆变器相同，不同的是全桥逆变器是三极管 VT_1 和 VT_4，VT_2 和 VT_3，续流二极管 VD_1 和 VD_4，VD_2 和 VD_3 成对导通。逆变器输出电压有效值 $U_o = U_d$。

（2）脉冲移相控制方式

在固定脉冲控制中，交流输出电压 $U_o = U_d$，若需要调节交流输出电压 U_o，则需要改变直流侧电压 U_d，因为滤波电容 C 影响了电压调节的速度。为了使交流电压可以调节，一般采用移相控制方式。在移相控制方式中，对角开关器件的基极脉冲信号互相移动一定角度，三极管 VT_1、VT_4 的基极脉冲信号 U_{b1}、U_{b4} 分别领先 VT_2、VT_3 的基极脉冲信号 U_{b2}、U_{b3} δ 角。在三极管 VT_1、VT_4 导通，或二极管 VD_1、VD_4 续流时，输出电压 $U_o = +U_d$；在三极管 VT_2、VT_3 导通，或二极管 VD_2、VD_3 续流时，输出电压 $U_o = -U_d$。

交流输出电压 U_o：

$$U_o = \sqrt{\frac{2}{2\pi}\int_0^\theta U_d^2 \mathrm{d}t} = U_d\sqrt{\frac{\theta}{\pi}} = U_d\sqrt{\frac{\pi-\delta}{\pi}}$$

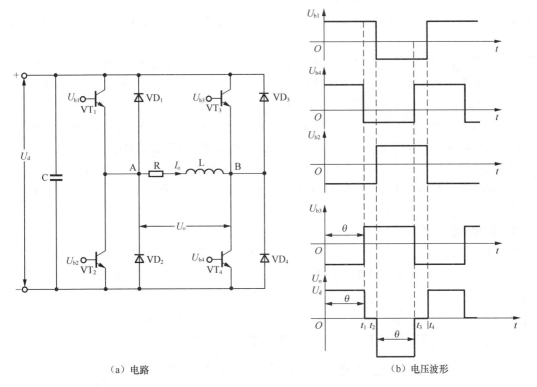

（a）电路　　　　　　　　　　　（b）电压波形

图 6-20　单相全桥逆变电路及有关波形

3. 单相变压器逆变电路

单相变压器逆变电路如图 6-21 所示，变压器 T 有 L_1、L_2、L_3 三组线圈，它们的匝数比为 1:1:1，R、L 为感性负载。

电路工作过程说明如下：

当三极管 VT_1 基极的控制脉冲 U_{b1} 为高电平时，VT_1 导通，VT_2 的 U_{b2} 为低电平，VT_2 关断，有电流流过线圈 L_1，电流途径是：$U_d+ \rightarrow L_1 \rightarrow VT_1 \rightarrow U_d-$，$L_1$ 产生左负右正的电动势，该电动势感应到 L_3 上，L_3 上得到左负右正的电压 U_o 供给负载 R、L。

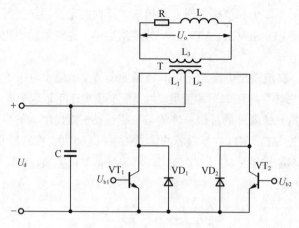

图 6-21　单相变压器逆变电路

当三极管 VT_2 的 U_{b2} 为高电平，VT_1 的 U_{b1} 为低电平时，VT_1 关断，VT_2 并不能马上导通，因为 VT_1 关断后，流过负载 R、L 的电流突然减小，L 马上产生左正右负的电动势，该电动势送给 L_3，L_3 再感应到 L_2 上，L_2 上感应电动势极性为左正右负，该电动势对电容 C 充电将能量反馈给直流侧，充电途径是：L_2 左正→C→VD_2→L_2 右负。由于 VD_2 导通，VT_2 的 e、c 极电压相等，虽然 VT_2 的 U_{b2} 为高电平但不能导通。一旦 L_2 上的电动势降到与 U_d 相等，将无法继续对 C 充电，VD_2 截止，VT_2 开始导通，有电流流过线圈 L_2，电流途径是：U_d+→L_2→VT_2→U_d-，L_2 产生左正右负的电动势，该电动势感应到 L_3 上，L_3 上得到左正右负的电压 U_o 供给负载 R、L。

当三极管 VT_1 的 U_{b1} 再变为高电平，VT_2 的 U_{b2} 为低电平时，VT_2 关断，负载电感 L 会产生左负右正的电动势，通过 L_3 感应到 L_1 上，L_1 上的电动势再通过 VD_1 对直流侧的电容 C 充电。待 L_1 上的左负右正电动势降到与 U_d 相等后，VD_1 截止，VT_1 才能导通。以后电路会重复上述工作。

变压器逆变电路的优点是采用的开关器件少；缺点是开关器件承受的电压高（$2U_d$），并且需要用到变压器。

4. 三相电压逆变电路

单相电压逆变电路只能接一相负载，而三相电压逆变电路可以同时接三相负载。图 6-22 所示是一种应用广泛的三相电压逆变电路，R_1、L_1、R_2、L_2、R_3、L_3 构成三相感性负载（如三相异步电动机）。

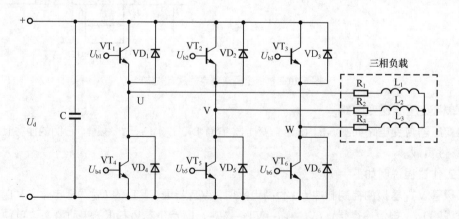

图 6-22　一种应用广泛的三相电压逆变电路

电路工作过程说明如下。

当 VT_1、VT_5、VT_6 基极的控制脉冲均为高电平时，这三个三极管都导通，有电流流过三相负载，电流途径是：$U_d+\to VT_1\to R_1$、L_1，再分作两路，一路经 L_2、R_2、VT_5 流到 U_d-，另一路经 L_3、R_3、VT_6 流到 U_d-。

当 VT_2、VT_4、VT_6 基极的控制脉冲均为高电平时，这三个三极管不能马上导通，因为 VT_1、VT_5、VT_6 关断后流过三相负载的电流突然减小，L_1 产生左负右正的电动势，L_2、L_3 均产生左正右负的电动势，这些电动势叠加对直流侧电容 C 充电，充电途径是：L_2 左正$\to VD_2\to C$，L_3 左正$\to VD_3\to C$，两路电流汇合对 C 充电后，再经 VD_4、$R_1\to L_1$ 左负。VD_2 的导通使 VT_2 集射极电压相等，VT_2 无法导通，VT_4、VT_6 也无法导通。当 L_1、L_2、L_3 叠加电动势下降到 U_d 大小时，VD_2、VD_3、VD_4 截止，VT_2、VT_4、VT_6 开始导通，有电流流过三相负载，电流途径是：$U_d+\to VT_2\to R_2$、L_2，再分作两路，一路经 L_1、R_1、VT_4 流到 U_d-，另一路经 L_3、R_3、VT_6 流到 U_d-。

当 VT_3、VT_4、VT_5 基极的控制脉冲均为高电平时，这三个三极管不能马上导通，因为 VT_2、VT_4、VT_6 关断后流过三相负载的电流突然减小，L_2 产生左负右正的电动势，L_1、L_3 均产生左正右负的电动势，这些电动势叠加对直流侧电容 C 充电，充电途径是：L_1 左正$\to VD_1\to C$，L_3 左正$\to VD_3\to C$，两路电流汇合对 C 充电后，再经 VD_5、$R_2\to L_2$ 左负。VD_3 的导通使 VT_3 集射极电压相等，VT_3 无法导通，VT_4、VT_5 也无法导通。当 L_1、L_2、L_3 叠加电动势下降到 U_d 大小时，VD_2、VD_3、VD_4 截止，VT_3、VT_4、VT_5 开始导通，有电流流过三相负载，电流途径是：$U_d+\to VT_3\to R_3$、L_3，再分作两路，一路经 L_1、R_1、VT_4 流到 U_d-，另一路经 L_2、R_2、VT_5 流到 U_d-。

以后的工作过程与上述相同，这里不再赘述。通过控制开关器件的导通、关断，三相电压逆变电路实现了将直流电压转换成三相交流电压功能。

6.3.3 电流型逆变电路

电流型逆变电路是指直流侧采用电流源的逆变电路。电流源是指能提供稳定电流的电源。理想的直流电流源较为少见，一般在逆变电路的直流侧串联一个大电感可视为电流源。图 6-23 中就是两种典型的电流源（虚线框内部分）。

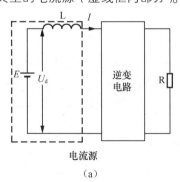
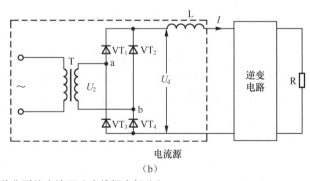

（a）　　　　　　　　　　　　　　　　（b）

图 6-23　两种典型的电流源（虚线框内部分）

图 6-23（a）中的直流电源 E 能为后级电路提供电流，当电源 E 大小突然变化时，电感 L 会产生电动势形成电流来弥补电源的电流。例如，E 突然变小，流过 L 的电流也会变小，L 马上产生左负右正的电动势而形成往右的电流，补充因电源 E 变小而减小的电流，电流 I 基本不变，故电源与电感串联可视为电流源。

图 6-23（b）中的桥式整流电路后面串接一个大电感，交流电压经变压器降压和二极管整流后得到电压 U_d，当 U_d 大小变化时，电感 L 会产生相应的电动势来弥补 U_d 造成的电流的不足，故虚线框内的整个电路也可视为电流源。

1. 单相桥式电流型逆变电路

单相桥式电流型逆变电路如图 6-24（a）所示，晶闸管 $VT_1 \sim VT_4$ 为四个桥臂，其中 VT_1、VT_4 和 VT_2、VT_3 以 1000~2500Hz 的中频轮流导通，可得到中频交流电。采用负载换相方式，要求负载电流超前于电压。

负载一般是电磁感应线圈，加热线圈内的钢料，电阻 R、电感 L 串联为其等效电路。因功率因数很低，故并联电容 C。电容 C、电阻 R、电感 L 构成并联谐振电路，故此电路称为并联谐振式逆变电路。

如图 6-24（b）所示，输出电流波形接近矩形波，含基波和各奇次谐波，且谐波幅值远小于基波。因基波频率接近负载电路谐振频率，故负载对基波呈高阻抗，对谐波呈低阻抗，谐波在负载上产生的压降很小，因此负载电压波形接近正弦波。

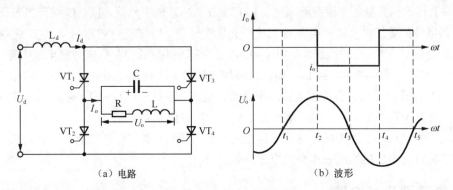

（a）电路　　　　　　　　　　（b）波形

图 6-24　单相桥式电流型逆变电路及有关波形

电路工作过程说明如下：

在一个周期内，单相桥式电流型逆变电路包括两个稳定导通阶段和两个换流阶段。

在 $t_1 \sim t_2$ 期间，VT_1、VT_4 门极的控制脉冲为高电平，VT_1、VT_4 导通，I_o 与 I_d 相等，t_2 时刻前在电容 C 上建立了左正右负的电压。随着充电的进行，电容 C 上的电压逐渐上升，也即电阻 R、电感 L 两端的电压 U_o 逐渐上升。

在 $t_2 \sim t_3$ 期间，t_2 时刻 VT_2、VT_3 门极的控制脉冲为高电平，VT_2、VT_3 导通，进入换流阶段。由于电容 C 上充有左正右负的电压，C 上的电压经 VT_1、VT_4 加上反向电压，VT_1、VT_4 马上关断，I_d 电流开始经 VT_3、VT_2 对电容 C 反向充电，电容 C 上的电压慢慢被中和，两端电压 U_o 也慢慢下降，t_3 时刻 C 上电压为 0。

在 $t_3 \sim t_4$ 期间，I_d 电流继续经 VT_3、VT_2 对电容 C 反向充电，充得左负右正的电压并且逐渐上升。

在 $t_4 \sim t_5$ 期间，VT_1、VT_4 门极的控制脉冲为高电平，VT_1、VT_4 导通，C 上的左负右正电压对 VT_3、VT_2 为反向电压，使 VT_3、VT_2 关断。VT_3、VT_2 关断后，I_d 电流开始经 VT_1、VT_4 对电容 C 充电，将 C 上的左负右正电压慢慢中和，两端电压 U_o 也慢慢下降，t_5 时刻 C 上电压为 0。

以后电路重复上述工作过程，从而在 R、L、C 电路两端得到正弦波电压 U_o，流过 R、L、C 电路的电流 I_o 为矩形电流。

实际工作过程中，感应线圈参数随时间变化，必须使工作频率适应负载的变化而自动调整，这种控制方式称为自励方式。固定工作频率的控制方式称为他励方式。

自励方式存在启动问题，解决方法：一是先用他励方式，系统开始工作后再转入自励方式。另一种方法是附加预充电启动电路。

2. 三相电流型逆变电路

三相电流型逆变电路如图 6-25 所示，$VT_1 \sim VT_6$ 为可关断晶闸管（GTO），栅极加正脉冲时导通，加负脉冲时关断，C_1、C_2、C_3 为补偿电容，用于吸收在换流时感性负载产生的电动势，减小对晶闸管的冲击。

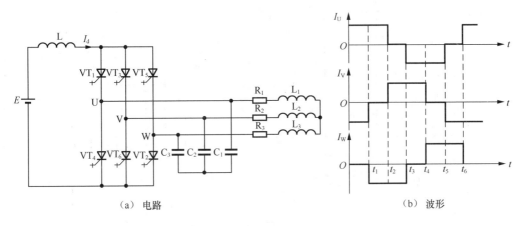

（a）电路　　　　　　　　　　　　　　（b）波形

图 6-25　三相电流型逆变电路

电路工作过程说明如下：

在 $0 \sim t_1$ 期间，VT_1、VT_6 导通，有电流 I_d 流过负载，电流途径是：$U_d+ \to L \to VT_1 \to R_1$、$L_1 \to L_2$、$R_2 \to VT_6 \to U_d-$。

在 $t_1 \sim t_2$ 期间，VT_1、VT_2 导通，有电流 I_d 流过负载，电流途径是：$U_d+ \to L \to VT_1 \to R_1$、$L_1 \to L_3$、$R_3 \to VT_2 \to U_d-$。

在 $t_2 \sim t_3$ 期间，VT_3、VT_2 导通，有电流 I_d 流过负载，电流途径是：$U_d+ \to L \to VT_3 \to R_2$、$L_2 \to L_3$、$R_3 \to VT_2 \to U_d-$。

在 $t_3 \sim t_4$ 期间，VT_3、VT_4 导通，有电流 I_d 流过负载，电流途径是：$U_d+ \to L \to VT_3 \to R_2$、$L_2 \to L_1$、$R_1 \to VT_4 \to U_d-$。

在 $t_4 \sim t_5$ 期间，VT_5、VT_4 导通，有电流 I_d 流过负载，电流途径是：$U_d+ \to L \to VT_5 \to R_3$、$L_3 \to L_1$、$R_1 \to VT_4 \to U_d-$。

在 $t_5 \sim t_6$ 期间，VT_5、VT_6 导通，有电流 I_d 流过负载，电流途径是：$U_d+ \to L \to VT_5 \to R_3$、$L_3 \to L_2$、$R_2 \to VT_6 \to U_d-$。

以后电路重复上述工作过程。

6.3.4　复合型逆变电路

电压型逆变电路输出的是矩形波电压，电流型逆变电路输出的是矩形波电流，而矩形波信号中含有较多的谐波成分（如二次谐波、三次谐波等），这些谐波对负载会产生很多不利影响。为了减少矩形波中的谐波，可以将多个逆变电路组合起来，将它们产生的相位不同的矩形波进行叠加，以形成近似正弦波的信号，再提供给负载。多重逆变电路和多电平逆变电路可以实现上述功能。

1. 多重逆变电路

多重逆变电路是指由多个电压型逆变电路或电流型逆变电路组合成的复合型逆变电路。图 6-26 所示是二重三相电压型逆变电路，T_1、T_2 为三相交流变压器，一次绕组按三角形接法连接，T_1、T_2 的二次绕组串接起来并接成星形，同一水平方向的绕组绕在同一铁芯上，同一铁芯的一次绕组电压可以感应到二次绕组上。

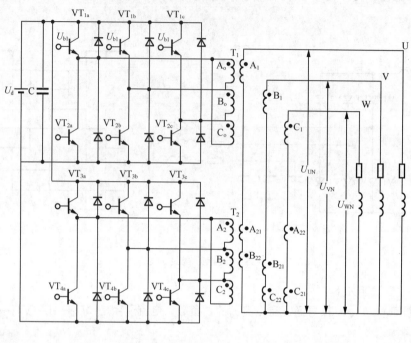

（a）电路

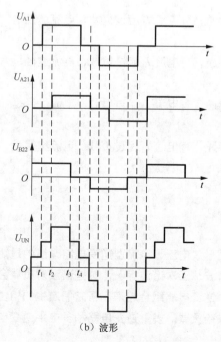

（b）波形

图 6-26　二重三相电压型逆变电路

电路工作过程说明如下（以获得 U 相负载电压 U_{UN} 为例）。

在 $0 \sim t_1$ 期间，VT_{3b}、VT_{4c} 导通，线圈 B_2 两端电压大小为 U_d（忽略三极管导通压降），极性为上正下负。该电压感应到同一铁芯的 B_{22}、B_{21} 绕组上，B_{22} 上得到上正下负的电压 U_{B22}。在 $0 \sim t_1$ 期间绕组 A_1、A_{21} 上的电压都为 0，三绕组叠加得到的 U_{UN} 电压为正电压（上正下负），$0 \sim t_1$ 期间 U_{UN} 电压如图 6-26（b）所示。

在 $t_1 \sim t_2$ 期间，VT_{1a}、VT_{2b} 和 VT_{3b}、VT_{4c} 都导通，线圈 A_0 和线圈 B_2 两端都得到大小为 U_d 的电压，极性都为上正下负。A_0 绕组电压感应到 A_1 绕组上，A_1 绕组得到上正下负的电压 U_{A1}；B_2 绕组电压感应到 B_{22}、B_{21} 绕组上，B_{22} 上得到上正下负的电压 U_{B22}。

在 $t_1 \sim t_2$ 期间绕组 A_{21} 上的电压为 0，三绕组电压叠加得到的 U_{UN} 电压为正电压，电压大小较 $0 \sim t_1$ 期间上升一个台阶。

在 $t_2 \sim t_3$ 期间，VT_{1a}、VT_{2b} 和 VT_{3a}、VT_{4b} 及 VT_{3b}、VT_{4c} 都导通，线圈 A_0、A_2、B_2 两端都得到大小为 U_d 的电压，极性都为上正下负。A_0 绕组电压感应到 A_1 绕组上，A_1 绕组得到上正下负的电压 U_{A1}；A_2 绕组电压感应到 A_{21} 绕组上，A_{21} 绕组得到上正下负的电压 U_{A21}；B_2 绕组电压感应到 B_{22}、B_{21} 绕组上，B_{22} 上得到上正下负的电压 U_{B22}。在 $t_2 \sim t_3$ 期间 A_2、A_{21}、B_{22} 三个绕组上的电压为正电压，三绕组叠加得到的 U_{UN} 电压也为正电压，电压大小较 $t_1 \sim t_2$ 期间上升一个台阶。

在 $t_3 \sim t_4$ 期间，VT_{1a}、VT_{2b} 和 VT_{3a}、VT_{4b} 导通，线圈 A_0、A_2 两端都得到大小为 U_d 的电压，极性都为上正下负。A_0 绕组电压感应到 A_1 绕组上，A_1 绕组得到上正下负的电压 U_{A1}；A_2 绕组电压感应到 A_{21} 绕组上，A_{21} 绕组得到上正下负的电压 U_{A21}。在 $t_3 \sim t_4$ 期间 A_2、A_{21} 绕组上的电压为正电压，它们叠加得到的 U_{UN} 电压为正电压，电压大小较 $t_2 \sim t_3$ 期间下降一个台阶。

以后电路工作过程与上述过程类似，结果在 U 相 R、L 负载两端得到近似正弦波的电压 U_{UN}。同样，V、W 相 R、L 负载两端也能得到近似正弦波的电压 U_{VN} 和 U_{WN}。这种近似正弦波的电压中包含的谐振成分较矩形波电压大大减少，可使感性负载较稳定地工作。

2. 多电平逆变电路

多电平逆变电路是一种可以输出多种电平的复合型逆变电路。矩形波只有正、负两种电平，在正、负转换时电压会发生突变，从而形成大量的谐波，而多电平逆变电路可输出多种电平，会使加到负载两端的电压变化减小，相应谐波成分也大大减小。

多电平逆变电路可分为三电平、五电平和七电平逆变电路等，图 6-27 所示是一种常见的三电平逆变电路。

图 6-27 中的 C_1、C_2 是两个容量相同的电容，它将 U_d 分作相等的两个电压，即 $U_{C1}=U_{C2}=U_{d/2}$。如果将 E 点电压当作 0V，那么 A、B 点电压分别是 $+U_{d/2}$、$-U_{d/2}$。下面以 U 点电压变化为例来说明电平变化原理。

（1）"1" 状态 $U_{UE}=+U_{d/2}$

当 I 为正时，使晶闸管 VT_{11}、VT_{12} 导通，电流从 A→VT_{11}→VT_{12}→U，$U_{UE}=+U_{d/2}$。当 I 为负时，电流从 U→VD_{12}→VD_{11}→A，$U_{UE}=+U_{d/2}$。其中，二极管 VD_1 的作用是在 I 为正或负时，阻断电容 C_1 被 VT_{11} 或 VD_{11} 短路。因此无论 I 为正或负，U 点对 E 点都有高电平 $U_{UE}=+U_{d/2}$。

（2）"0" 状态 $U_{UE}=0$

当 I 为正时，使晶闸管 VT_{12} 导通，电流从 E→VD_1→VT_{12}→U，$U_{UE}=0$。当 I 为负时，使晶闸管 VT_{41} 导通，电流从 U→VT_{41}→VD_4→E，$U_{UE}=0$。因此无论 I 为正或负，U 点对 E 点都为 0 电平，$U_{UE}=0$。

（3）"−1" 状态 $U_{UE}=-U_{d/2}$

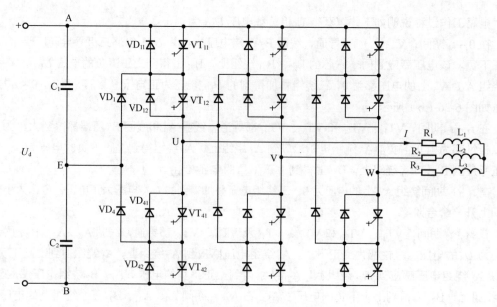

图 6-27   一种常见的三电平逆变电路

当 I 为正时，电流从 B→VD_{42}→VD_{41}→U，$U_{UE} = -U_{d/2}$。当 I 为负时，使晶闸管 VT_{41} 和 VT_{42} 导通，电流从 U→VT_{41}→VT_{42}→B，$U_{UE} = -U_{d/2}$。其中二极管 VD_4 的作用是在 I 为正或负时，阻断电容 C_2 被 VT_{41} 或 VD_{41} 短路。因此无论 I 为正或负，U 点对 E 点都有负电平 $U_{UE} = -U_{d/2}$。

综上所述，U 点有三种电平（即 U 点与 E 点之间的电压大小）：$+U_{d/2}$，0，$-U_{d/2}$。同样，V、W 点也分别有这三种电平，那么 U、V 点（或 U、W 点，或 V、W 点）之间的电压就有$+U_d$、$+U_{d/2}$、0、$-U_{d/2}$、$-U_d$ 五种，如 U 点电平为$+U_{d/2}$、V 点电平为$-U_{d/2}$ 时，U、V 点之间的电压变为$+U_d$。这样加到任意两相负载两端的电压（U_{UV}、U_{UW}、U_{VW}）变化就接近正弦波，这种变化的电压中谐波成分大大减少，有利于负载稳定工作。

6.4　PWM 控制技术

PWM（Pulse Width Modulation，脉冲宽度调制）控制就是对脉冲宽度进行控制，可以调节逆变器输出的电压和电流，可以减少输出波形的谐波，或消除某些特定次谐波。

6.4.1　PWM 控制的基本原理

1. 理论基础

冲量（窄脉冲的面积）相等而形状不同的窄脉冲加在具有惯性的环节上时，其效果基本相同。效果基本相同是指环节的输出响应波形基本相同，低频段非常接近，仅在高频段略有差异。

2. 面积等效原理

面积等效原理内容是：冲量相等（即面积相等）而形状不同的窄脉冲加在惯性环节（R-L 电路）上，其效果基本相同。图 6-28 所示是三个形状不同但面积相等的窄脉冲信号电压，当它们加到图 6-29 所示的 R-L 电路两端时，流过 R、L 元件的电流变化基本相同，因此对于 R-L 电路来说，这三个脉冲是等效的。

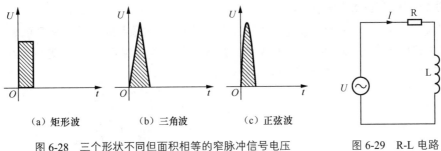

| (a) 矩形波 | (b) 三角波 | (c) 正弦波 |

图 6-28　三个形状不同但面积相等的窄脉冲信号电压　　　图 6-29　R-L 电路

3. SPWM 控制原理

SPWM 意为正弦波（Sinusoidal）脉冲宽度调制。为了说明 SPWM 原理，可将图 6-30 所示的正弦波正半周分成 N 等份，那么该正弦波可以看成是由宽度相同、幅度变化一系列连续的脉冲组成，这些脉冲的幅度按正弦规律变化，根据面积等效原理，这些脉冲可以用一系列矩形脉冲来代替，这些矩形脉冲的面积要求与对应正弦波部分相等，且矩形脉冲的中点与对应正弦波部分的中点重合。同样道理，正弦波负半周也可用一系列负的矩形脉冲来代替。这种脉冲宽度按正弦规律变化且和正弦波等效的 PWM 波形称为 SPWM 波形。PWM 波形还有其他一些类型，但在变频器中最常见的就是 SPWM 波形。

要得到 SPWM 脉冲，最简单的方法是采用图 6-31 所示的电路，通过控制开关 S 的通断，在 B 点可以得到图 6-30 所示的 SPWM 脉冲 U_B，该脉冲加到 R-L 电路两端，流过 R-L 电路的电流为 I，该电流与正弦波 U_A 加到 R-L 电路时流过的电流是近似相同的。也就是说，对于 R-L 电路来说，虽然加到两端的 U_A 和 U_B 信号波形不同，但流过的电流是近似相同的。

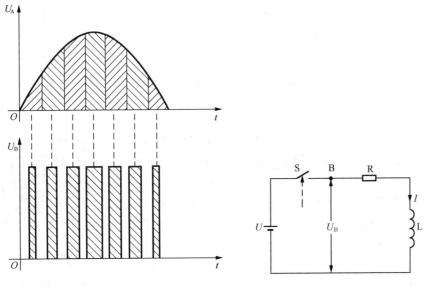

图 6-30　正弦波按面积等效原理转换成 SPWM 脉冲　　图 6-31　产生 SPWM 波的简易电路

6.4.2　SPWM 波的产生

SPWM 波作用于感性负载与正弦波直接作用于感性负载的效果是一样的。SPWM 波有两种形式：单极性 SPWM 波和双极性 SPWM 波。

1. 单极性 SPWM 波的产生

在调制波 U_r 的正半周，以正的三角波调制，在调制波 U_r 的负半周，以负的三角波调制，三角波只有正或负的单一极性，故称为单极性调制。图 6-32 所示是单相桥式 PWM 逆变电路，在 PWM 控制信号的控制下，负载两端会得到单极性 SPWM 波。

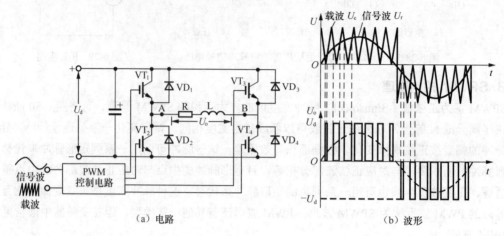

图 6-32　采用单相桥式 PWM 逆变电路产生单极性 SPWM 波

单极性 PWM 波的产生过程说明如下。

信号波（正弦波）和载波（三角波）送入 PWM 控制电路，该电路会产生 PWM 控制信号送到逆变电路的各个 IGBT 的栅极，控制它们的通断。在信号波 U_r 为正半周时，载波 U_c 始终为正极性（即电压始终大于 0）。在 U_r 为正半周时，PWM 控制信号使 VT_1 始终导通，VT_2 始终关断。

当 $U_r > U_c$ 时，VT_4 导通，VT_3 关断，A 点通过 VT_1 与 U_d 正极端连接，B 点通过 VT_4 与 U_d 负极端连接，如图 6-32（b）所示，R、L 两端的电压 $U_o = U_d$；当 $U_r < U_c$ 时，VT_4 关断，流过 L 的电流突然变小，L 马上产生左负右正的电动势，该电动势使 VD_3 导通，电动势通过 VD_3、VT_1 构成回路续流，由于 VD_3 导通，B 点通过 VD_3 与 U_d 正极端连接，$U_A = U_B$，R、L 两端的电压 $U_o = 0$。在信号波 U_r 为负半周时，载波 U_c 始终为负极性（即电压始终小于 0）。在 U_r 为负半周时，PWM 控制信号使 VT_1 始终关断，VT_2 始终导通。

当 $U_r < U_c$ 时，VT_3 导通，VT_4 关断，A 点通过 VT_2 与 U_d 负极端连接，B 点通过 VT_3 与 U_d 正极端连接，R、L 两端的电压极性为左负右正，即 $U_o = -U_d$；当 $U_r > U_c$ 时，VT_3 关断，流过 L 的电流突然变小，L 马上产生左正右负的电动势，该电动势使 VD_4 导通，电动势通过 VT_2、VD_4 构成回路续流，由于 VD_4 导通，B 点通过 VD_4 与 U_d 负端连接，$U_A = U_B$，R、L 两端的电压 $U_o = 0$。

从图 6-32（b）中可以看出，在信号波 U_r 半个周期内，载波 U_c 只有一种极性变化，并且得到的 SPWM 波也只有一种极性变化，这种控制方式称为单极性 PWM 控制方式，由这种方式得到的 SPWM 波称为单极性 SPWM 波。

2. 双极性 SPWM 波的产生

双极性 SPWM 波也可以由单相桥式 PWM 逆变电路产生。双极性 SPWM 波如图 6-33 所示。下面以图 6-32 所示的单相桥

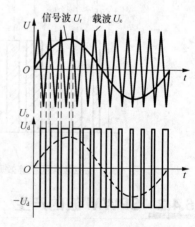

图 6-33　双极性 SPWM 波

式 PWM 逆变电路为例来说明双极性 SPWM 波的产生。

要让单相桥式 PWM 逆变电路产生双极性 SPWM 波，PWM 控制电路须产生相应的 PWM 控制信号去控制逆变电路的开关器件。

当 $U_r<U_c$ 时，VT_3、VT_2 导通，VT_1、VT_4 关断，A 点通过 VT_2 与 U_d 负极端连接，B 点通过 VT_3 与 U_d 正极端连接，R、L 两端的电压 $U_o= -U_d$。

当 $U_r>U_c$ 时，VT_1、VT_4 导通，VT_2、VT_3 关断，A 点通过 VT_1 与 U_d 正端连接，B 点通过 VT_4 与 U_d 正极端连接，R、L 两端的电压 $U_o=U_d$。在此期间，由于流过 L 的电流突然改变，L 会产生左正右负的电动势，该电动势使续流二极管 VD_1、VD_4 导通，对直流侧的电容充电，进行能量的回馈。

R、L 上得到的 PWM 波形如图 6-32 所示的 U_o 电压，在信号波 U_r 半个周期内，载波 U_c 的极性有正、负两种变化，并且得到的 SPWM 波也有两个极性变化，这种控制方式称为双极性 PWM 控制方式，由这种方式得到的 SPWM 波称为双极性 SPWM 波。

3. 三相 SPWM 波的产生

单极性 SPWM 波和双极性 SPWM 波用来驱动单相电动机，三相 SPWM 波则用来驱动三相异步电动机。图 6-34 所示是三相桥式 PWM 逆变电路，它可以产生三相 SPWM 波，图中的电容 C_1、C_2 容量相等，它将 U_d 电压分成相等的两部分，N' 为中点，C_1、C_2 两端的电压均为 $U_{d/2}$。

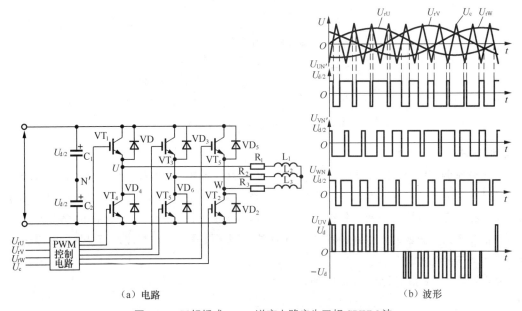

（a）电路　　　　　　　　　　（b）波形

图 6-34　三相桥式 PWM 逆变电路产生三相 SPWM 波

三相 SPWM 波的产生说明如下（以 U 相为例）。

三相信号波电压 U_{rU}、U_{rV}、U_{rW} 和载波电压 U_c 送到 PWM 控制电路，该电路产生 PWM 控制信号加到逆变电路各 IGBT 的栅极，控制它们的通断。

当 $U_{rU}>U_c$ 时，PWM 控制信号使 VT_1 导通、VT_4 关断，U 点通过 VT_1 与 U_d 正极端直接连接，U 点与中点 N' 之间的电压 $U_{UN'}= U_{d/2}$。

当 $U_{rU}<U_c$ 时，PWM 控制信号使 VT_1 关断、VT_4 导通，U 点通过 VT_4 与 U_d 负极端直接连接，U 点与中点 N' 之间的电压 $U_{UN'}= -U_{d/2}$。

电路工作的结果使 U、N′两点之间得到图 6-34（b）所示的脉冲电压 $U_{UN'}$，在 V、N′两点之间得到脉冲电压 $U_{VN'}$，在 W、N′两点之间得到脉冲电压 $U_{WN'}$，在 U、V 两点之间得到电压 U_{UV}（U_{UV} = $U_{UN'}$-$U_{VN'}$），U_{UV} 实际上就是加到 L_1、L_2 两绕组之间的电压，从波形图可以看出，它就是单极性 SPWM 波。同样，在 U、W 两点之间得到电压为 U_{UW}，在 V、W 两点之间得到电压为 U_{VW}，它们都为单极性 SPWM 波。这里的 U_{UW}、U_{UV}、U_{VW} 就称为三相 SPWM 波。

6.4.3 PWM 控制方式

PWM 控制电路的功能是产生 PWM 控制信号去控制逆变电路，使之产生 SPWM 波提供给负载。为了使逆变电路产生的 SPWM 波符合要求，通常的做法是将正弦波作为参考信号送给 PWM 控制电路，PWM 控制电路对该信号处理后形成相应的 PWM 控制信号去控制逆变电路，让逆变电路产生与参考信号等效的 SPWM 波。

根据 PWM 控制电路对参考信号处理方法的不同，可分为计算法、调制法和跟踪控制法等。

1. 计算法

根据正弦波频率、幅值和半周期脉冲数，准确计算 PWM 波各脉冲宽度和间隔，据此控制逆变电路开关器件的通断，就可得到所需 PWM 波形。采用计算法的 PWM 电路如图 6-35 所示。

缺点：采用计算法操作较烦琐，当输出正弦波的频率、幅值或相位变化时，结果都要变化。

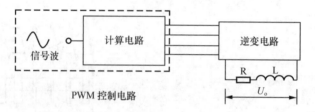

图 6-35　采用计算法的 PWM 电路

2. 调制法

输出波形作调制信号，进行调制得到期望的 PWM 波；通常采用等腰三角波或锯齿波作为载波；等腰三角波应用最多，其任一点水平宽度和高度呈线性关系且左右对称；与任一平缓变化的调制信号波相交，在交点控制器件通断，就得宽度正比于信号波幅值的脉冲，符合 PWM 的要求。

调制信号波为正弦波时，得到的就是 SPWM 波；调制信号不是正弦波，而是其他所需波形时，也能得到等效的 PWM 波。

采用调制法的 PWM 电路如图 6-36 所示。

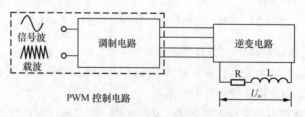

图 6-36　采用调制法的 PWM 电路

调制法中的载波频率 f_c 与信号波频率 f_r 之比称为载波比，记作 $N = f_c/f_r$。根据载波和信号波是否同步及载波比的变化情况，调制法又可分为异步调制和同步调制。

（1）异步调制

异步调制是载波信号和调制信号不同步的调制方式。

通常保持载波频率 f_c 固定不变，当信号波频率 f_r 变化时，载波比 N 是变化的。在信号波的半周期内，PWM 波的脉冲个数不固定，相位也不固定，负半周期的脉冲不对称，半周期内前后 1/4 周期的脉冲也不对称。当信号波频率 f_r 较低时，载波比 N 较大，一周期内的脉冲数较多，PWN 脉冲不对称的不利影响较小；当信号波频率 f_r 增高时，载波比 N 减小，一周期内的脉冲数减少，PWM 脉冲不对称的影响就变大。因此，在采用异步调制方式时，希望采用较高的载波频率，以使在信号波频率较高时仍能保持较大的载波比。

异步调制适用于信号频率较低、载波频率较高（即载波比 N 较大）的 PWM 电路。

（2）同步调制

同步调制是载波比 N 等于常数，并在变频时使载波频率和信号波保持同步。

基本同步调制方式，信号波频率 f_r 变化时载波比 N 不变，信号波一周期内输出脉冲数固定。在三相 PWM 逆变电路中，通常共用一个三角载波，并且让载波比 N 固定取 3 的整数倍，这样会使输出的三相 SPWM 波严格对称。为使一相的 PWM 波负半周期对称，载波比 N 应取奇数。

信号波频率 f_r 很低时，载波频率 f_c 也很低，由调制带来的谐波不易滤除，信号波频率 f_r 很高时，载波频率 f_c 会过高，使开关器件难以承受。

在进行异步调制或同步调制时，要求将信号波和载波进行比较，采用的方法主要有自然采样法和规则采样法。自然采样法和规则采样法如图 6-37 所示。

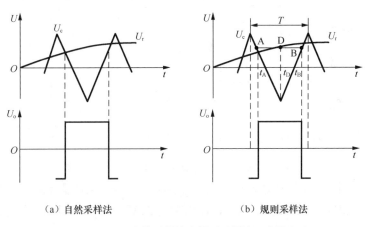

（a）自然采样法　　　　　　（b）规则采样法

图 6-37　自然采样法和规则采样法示意图

图 6-37（a）为自然采样示意图。自然采样法是将载波 U_c 与信号波 U_r 进行比较，当 $U_c > U_r$ 时，调制电路控制逆变电路，使之输出低电平；当 $U_c < U_r$ 时，调制电路控制逆变电路，使之输出高电平。自然采样法是一种最基本的方法，但使用这种方法要求电路进行复杂的运算，这样会花费较多的时间，实时控制较差，因此在实际中较少采用这种方法。

图 6-37（b）为规则采样示意图。规则采样法是以三角波两个正峰值之间为一个采样周期 T。自然采样法中，脉冲中点和三角波一周期中点（即负峰点）不重合。规则采样法使两者重合，每个脉冲中点为相应三角波中点，计算大为简化。三角波负峰时刻 t_D 对信号波采样得 D 点，过 D 点作水平线和三角波交于 A、B 两点，在 A 点时刻 t_A 和 B 点时刻 t_B 控制器件的通断，脉冲宽度和用自然采样法得到的脉冲宽度非常接近。

规则采样法的效果与自然采样法接近，但计算量很少，在实际中这种方法应用较广泛。

3. 跟踪控制法

把希望输出的波形作为指令信号，把实际波形作为反馈信号，通过两者的瞬时值比较来决定逆变电路各器件的通断，使实际的输出跟踪指令信号发生变化，常用的有滞环比较方式跟踪控制法和三角波比较方式跟踪控制法。

（1）滞环比较式跟踪控制法

采用滞环比较式跟踪法的 PWM 控制电路要采用滞环比较器。根据反馈信号的类型不同，滞环比较式跟踪控制法可分为电流型滞环比较式跟踪控制法和电压型滞环比较式跟踪控制法。

① 电流型滞环比较式跟踪控制法。图 6-38 所示是单相电流型滞环比较式跟踪控制 PWM 逆变电路。该方式是把参考信号电流 I_r 和逆变电路输出端反馈过来的反馈信号电流 I_f 相减，再将两者的偏差 I_r–I_f 输入滞环比较器，滞环比较器会输出相应的 PWM 控制信号来控制三极管 VT_1 和 VT_2 的通断。三极管 VT_1（或二极管 VD_1）导通时，输出电流 I 增大，三极管 VT_2（或二极管 VD_2）导通时，输出电流 I 减小。

滞环环宽对跟踪性能的影响：环宽过宽时，开关频率低，跟踪误差大；环宽过窄时，跟踪误差小，但开关频率过高。

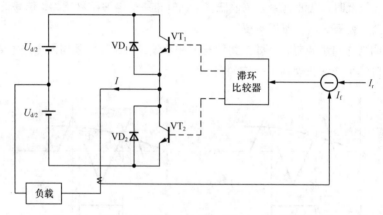

图 6-38　单相电流型滞环比较式跟踪控制 PWM 逆变电路

图 6-39 所示是三相电流型滞环比较式跟踪控制 PWM 逆变电路。该电路有 I_{Ur}、I_{Vr}、I_{Wr} 三个参考信号电流，它们分别与反馈信号电流 I_{Uf}、I_{Vf}、I_{Wf} 相减，再将两者的偏差输入各自的滞环比较器，各滞环比较器会输出相应的 PWM 控制信号，控制逆变电路开关器件的通断，使各自输出的反馈电流朝着与参考电流误差减小的方向变化。

采用电流型滞环比较式跟踪控制的 PWM 电路的主要特点有：硬件电路简单；实时控制，电流响应快；不用载波，输出电压波形中不含特定频率的谐波；和调制法和计算法相比，相同开关频率时，输出电流中高次谐波含量多；闭环控制是各种跟踪型 PWM 变流电路的共同特点。

② 电压型滞环比较式跟踪控制法。图 6-40 所示是单相电压型滞环比较式跟踪控制 PWM 逆变电路。该方式是把参考信号电压 U_r 和逆变电路输出端反馈过来的反馈信号电流 U_f 相减，再将两者的偏差 U_r–U_f 输入滞环比较器，滞环比较器会输出相应的 PWM 控制信号来控制三极管 VT_1 和 VT_2 的通断，从而实现电压跟踪控制。和电流跟踪控制电路相比，只是把指令和反馈从电流变为电压。输出电压 PWM 波形中含大高次谐波，必须用适当的滤波器滤除。

U_r=0 时，输出 U_o 为频率较高的矩形波，相当于一个自励振荡电路。

U_r 为直流时，输出 U_o 产生直流偏移，变为正负脉冲宽度不等的矩形波。

U_r 为交流时，只有其频率远低于上述自励振荡频率，从输出 U_o 中滤除由器件通断产生的高次谐波后，所得的波形就几乎和参考信号电压 U_r 相同，从而实现电压跟踪控制。

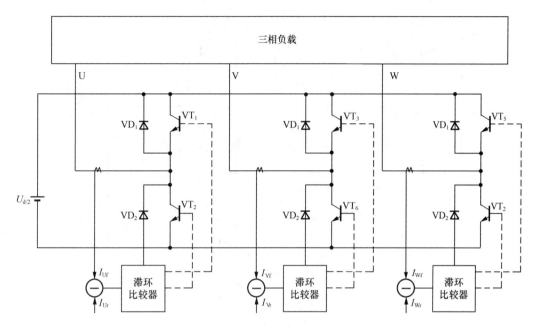

图 6-39　三相电流型滞环比较式跟踪控制 PWM 逆变电路

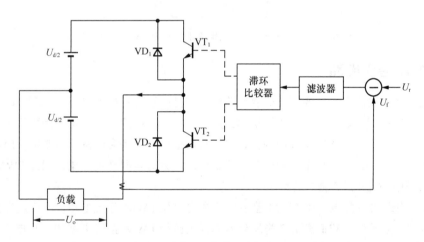

图 6-40　单相电压型滞环比较式跟踪控制 PWM 逆变电路

（2）三角波比较式跟踪控制法

图 6-41 所示是三相三角波比较式电流跟踪型 PWM 逆变电路。在电路中，三个参考信号电流 I_{Ur}、I_{Vr}、I_{Wr} 与反馈信号电流 I_{Uf}、I_{Vf}、I_{Wf} 相减，得到的误差电流先由放大器 A 进行放大，然后再送到运算放大器 C（比较器）的同相输入端，与此同时，三相三角波发生电路产生三相三角波送到三个运算放大器的反相输入端，各误差信号与各自的三角波进行比较后输出相应的 PWM 控制信号，去控制逆变电路相应的开关器件通断，使各相输出反馈电流朝着与该相参考电流误差减小的方向变化。

放大器 A 通常具有比例积分特性或比例特性，其系数直接影响电流跟踪特性。

三角波比较式主要特点有：开关频率固定，等于载波频率，高频滤波器设计方便；为改善输出电压波形，三角波载波常用三相；和滞环比较控制方式相比，这种控制方式输出电流谐波少。

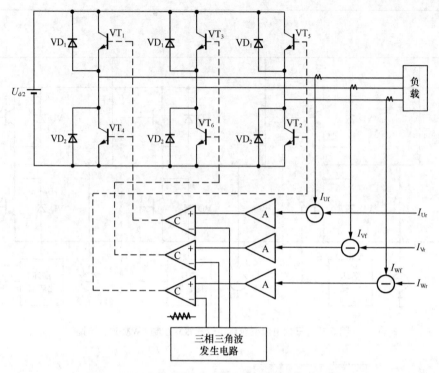

图 6-41　三相三角波比较式电流跟踪型 PWM 逆变电路

6.4.4　PWM 整流电路

目前广泛应用的整流电路主要有二极管整流电路和晶闸管可控整流电路。二极管整流电路简单，但无法对整流进行控制；晶闸管可控整流电路虽然可对整流进行控制，但功率因数低（即电能利用率低），且工作时易引起电网电源波形畸变，对电网其他用电设备会产生不良影响。PWM 整流电路是一种可控整流电路，它的功率因数很高，且工作时不会对电网产生污染，因此 PWM 整流电路在电力电子设备中的应用越来越广泛。

PWM 整流电路可分为电压型 PWM 整流电路和电流型 PWM 整流电路，但广泛应用的主要是电压型整流电路。电压型 PWM 整流电路又分为单相电压型 PWM 整流电路和三相电压型 PWM 整流电路。

1. 单相电压型 PWM 整流电路

单相电压型 PWM 整流电路如图 6-42 所示，图中 L 为电感量较大的电感，R 为电感和交流电压 U_i 的直流电阻，$VT_1 \sim VT_4$ 为 IGBT，其导通、关断受 PWM 控制电路（图中未画出）送来的控制信号控制。

电路工作过程说明如下。

正弦信号波和三角波相比较的方法对三极管 $VT_1 \sim VT_4$ 进行 SPWM 控制，就可以在交流输入端 AB 产生 SPWM 波 u_{AB}。u_{AB} 中含有和信号波同频率且幅值成比例的基波、和载波有关的高频谐波，不含低次谐波。由于电感 L 的滤波作用，谐波电压只使输入电流产生很小的脉动。当信号波频率和电源频率相同时，输入电流也是与电源频率相同的正弦波。U_i 一定时，输入电流幅值和相位仅由 u_{AB}

中基波的幅值及其与 U_i 的相位差决定。改变 u_{AB} 的幅值和相位，可使输入电流和 U_i 同相或反相，输入电流比 U_i 超前 90°，或输入电流与 U_i 相位差为所需角度。

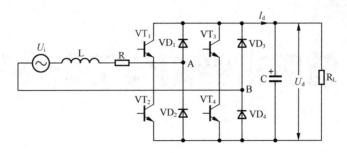

图 6-42　单相电压型 PWM 整流电路

　　整流状态下，$U_i>0$ 时，形成两个升压斩波电路，分别为 VT_2、VD_4、VD_1、L 和 VT_3、VD_1、VD_4、L。以升压斩波电路 VT_2、VD_4、VD_1、L 为例，VT_2 导通时，U_i 通过 VT_2、VD_4 向电感 L 储能。VT_2 关断时，电感 L 中的储能通过 VD_1、VD_4 向电容 C 充电。$U_i<0$ 时，也形成两个升压斩波电路，分别为 VT_1、VD_3、VD_2、L 和 VT_4、VD_2、VD_3、L，由于采用升压斩波电路工作，如控制不当，直流侧电容电压可能比交流电压峰值高出许多倍，对器件形成威胁。

　　另一方面，如直流侧电压过低，例如低于 U_i 的峰值，则 u_{AB} 中就得不到足够高的基波电压幅值，或 u_{AB} 中含有较大的低次谐波。

　　可见，电压型 PWM 整流电路是升压型整流电路，其输出直流电压可从交流电源电压峰值附近向高调节，如要向低调节就会使性能恶化，以至不能工作。

2. 三相电压型 PWM 整流电路

　　三相电压型 PWM 整流电路如图 6-43 所示。U_1、U_2、U_3 为三相交流电压，L_1、L_2、L_3 为储能电感（电感量较大的电感），R_1、R_2、R_3 为储能电感和交流电压内阻的等效电阻。三相电压型 PWM 整流电路工作原理与单相电压型 PWM 整流电路基本相同，只是从单相扩展到三相，电路工作的结果是在电容 C 上得到上正下负的直流电压 U_d。

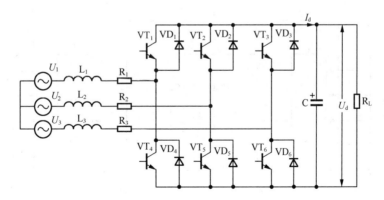

图 6-43　三相电压型 PWM 整流电路

第7章

PLC 的基本结构与工作原理

可编程逻辑控制器是一种数字运算操作的电子系统，专为在工业环境下应用而设计。它采用可编程序的存储器，用来在其内部存储和执行逻辑运算、顺序控制、定时、计数和算术运算等操作的指令，并通过数字式和模拟式的输入和输出，控制各种类型的机械或生产过程。可编程逻辑控制器及其有关外围设备，都应按易于与工业系统联成一个整体，易于扩充其功能的原则设计。本章介绍了三菱公司 FX 系列可编程逻辑控制器的基本组成、硬件配置、编程元件及工作原理，帮助读者更好地了解可编程逻辑控制器。

7.1 PLC 的基本组成

PLC 作为一种工业控制的计算机，和普通计算机有着相似的结构。但是由于使用场合、目的不同，它们在结构上又有一些差别。

可编程逻辑控制器的产品很多，不同厂家生产的 PLC 以及同一厂家生产的不同型号的 PLC 结构各不相同，但其基本组成和基本工作原理是大致相同的。它们都是以微处理器为核心的结构，其功能的实现不仅基于硬件的作用，更要依靠软件的支持。实际上，可编程逻辑控制器就是一种新型的工业控制计算机。

PLC 控制系统基本组成框图如图 7-1 所示。

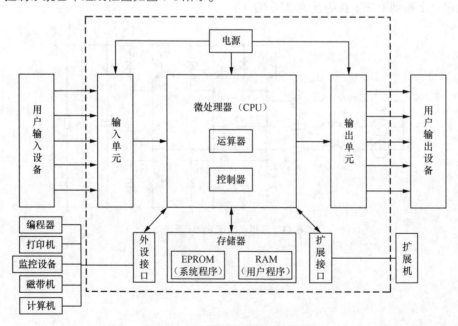

图 7-1　PLC 控制系统基本组成框图

在图 7-1 中，PLC 的主机由中央处理单元（CPU）、存储器（EPROM、RAM）、输入/输出接口（I/O）、扩展接口、通信接口及电源组成。对于整体式的 PLC，这些部件都在同一个机壳内；而对于模块式结构的 PLC，各部件独立封装，称为模块，各模块通过机架和电缆连接在一起。主机内的各个部分均通过电源总线、控制总线、地址总线和数据总线连接。根据实际控制对象的需要配备一定的外围设备，可构成不同的 PLC 控制系统。PLC 可以配置通信模块与上位机及其他 PLC 进行通信，构成 PLC 的分布式控制系统。

下面分别介绍 PLC 各组成部分及其作用，以便读者进一步了解 PLC 的控制原理和工作过程。

7.1.1　中央处理器

中央处理器（CPU）由控制器、运算器和寄存器组成并集成在一个芯片内。CPU 通过数据总线、地址总线、控制总线和电源总线与存储器、输入/输出接口、编程器和电源相连接，它是 PLC 的控制中枢，每套 PLC 至少有一个 CPU。中央处理器能按照 PLC 系统程序赋予的功能接收并存储从编程器键入的用户程序和数据，检查电源、存储器、I/O 以及警戒定时器的状态，并能诊断用户程序中的语法错误。

PLC 采用的 CPU 随机型不同而不同，通常有三种：通用微处理器（如 8086、80286、80386 等）、单片机和位片式微处理器。小型 PLC 大多采用 8 位、16 位微处理器或单片机（如 Z80A、8031、M6800 等），这些芯片具有价格低、通用性好等优点。中型的 PLC 大多采用 16 位、32 位微处理器或单片机作为 CPU（如 8086、8096 系列单片机），具有集成度高、运算速度快、可靠性高等优点。大型 PLC 大多数采用高速芯片式微处理器，具有灵活性强、速度快、效率高等优点。

CPU 是 PLC 的控制中枢，PLC 在 CPU 的控制下有条不紊地协调工作，从而实现了对现场各个设备的控制。CPU 由微处理器和控制器组成，可以实现逻辑运算和数学运算，协调控制系统内部各部分的工作。

控制器的作用是控制整个微处理器各个部件工作，它的基本功能是从内存中读取指令和执行指令。

CPU 的具体作用如下。

（1）采集由现场输入装置传送来的状态或数据，通过输入接口存入输入映像寄存器或数据寄存器中。

（2）按用户程序存储器中存放的先后次序逐条读取指令，完成各种数据的运算、传递和存储等功能，进行编译解释后，按指令规定的任务完成各种运算和操作，并把各种运算结果向外界输出。

（3）监测和诊断电源以及 PLC 内部电路工作状态和用户程序编程过程中出现的语法错误。

（4）根据数据处理的结果，刷新有关标志位的状态和输出状态寄存器表的内容，响应各种外部设备（如编程器、打印机、上位计算机、图形监控系统、条码判读器等）的工作请求，以实现输出控制、制表打印及数据通信等功能。

7.1.2　存储器

可编程逻辑控制器配有两种存储器，即系统存储器（EPROM）和用户存储器（RAM）。系统存储器用来存放系统管理程序，用户不能访问和修改这部分存储器的内容。用户存储器用来存放编制的应用程序和工作数据状态。存放工作数据状态的用户存储器部分也称为数据存储区，它包括输入、输出数据映像区，定时器/计数器预置数和当前值的数据区，以及存放中间结果的缓冲区。

PLC 的存储器主要包括以下几种。

（1）只读存储器（Read Only Memory，ROM）

ROM 是线路最简单的半导体电路，通过掩模工艺，一次性制造，在元件正常工作的情况下，其中的代码与数据将永久保存，并且不能够进行修改，一般应用于 PC 系统的程序码、主机板上的基本输入/输出系统（Basic Input Output System，BIOS）等。它的读取速度比 RAM 慢很多。

（2）可编程只读存储器（Programmable Read Only Memory，PROM）

这是一种可以用刻录机将资料写入的 ROM 内存，但只能写入一次，所以也被称为一次可编程只读存储器（One Time Programming ROM，OTP-ROM）。PROM 在出厂时，存储的内容全部为 1，用户可以根据需要将其中的某些单元写入数据 0（部分 PROM 在出厂时数据全部为 0，用户可以将其中的部分单元写入 1），以实现对其编程的目的。

（3）可擦除可编程只读存储器（Erasable Programmable Read Only Memory，EPROM）

这是一种具有可擦除功能，擦除后即可进行再编程的 ROM 内存，写入前必须用紫外线照射其 IC 卡上的透明窗口的方式来清除掉之前的存储。这类芯片比较容易识别，其封装中包含石英玻璃窗。一个编程后的 EPROM 芯片的石英玻璃窗一般使用黑色不干胶纸盖住，以防止遭到阳光直射。

（4）电可擦除可编程只读存储器（Electrically Erasable Programmable Read Only Memory, EEPROM）

EEPROM 的功能和使用方式与 EPROM 一样，不同之处是它清除数据的方式是以约 20V 的电压来进行清除的，另外它还可以用电信号进行数据写入。这类 ROM 内存多应用于即插即用接口中。

（5）随机存取存储器（Random Access Memory，RAM）

RAM 的特点是计算机开机时，操作系统和应用程序的所有正在运行的数据和程序都会存储在其中，并且随时可以对存储在里面的数据进行修改和存取。它的工作需要由持续的电力提供支持，一旦系统断电，存储在里面的所有数据和程序都会被自动清空，并且无法恢复。

7.1.3 输入／输出接口单元

输入/输出接口（即输入、输出电路）又称 I/O 接口或 I/O 模块，是 PLC 与外围设备之间的连接部件。PLC 通过输入接口检测输入设备的状态，以此作为对输出设备控制的依据，同时 PLC 又通过输出接口对输出设备进行控制。

PLC 的 I/O 接口能接受的输入和输出信号个数即为 PLC 的 I/O 点数。I/O 接口是选择 PLC 的重要依据之一。

PLC 外围设备提供或需要的信号电平是多种多样的，而 PLC 内部 CPU 只能处理标准电平信号，所以 I/O 接口要能进行电平转换；另外，为了提高 PLC 的抗干扰能力，I/O 接口一般采用光电隔离和滤波功能；此外，为了便于了解 I/O 接口的工作状态，I/O 接口还带有状态指示灯。

（1）输入接口

PLC 的输入接口分为数字量输入接口和模拟量输入接口，数字量输入接口用于接收"1""0"数字信号或开关通断信号，又称开关量输入接口；模拟量输入接口用于接收模拟量信号。模拟量输入接口通常采用 A/D 转换电路，将模拟量信号转换成数字信号。

（2）输出接口

PLC 的输出接口也分为数字量输出接口和模拟量输出接口。数字量输出接口采用的电路形式较多，根据使用的输出开关器件不同，可分为继电器输出接口、晶体管输出接口和双向晶闸管输出接口。模拟量输出接口通常采用 D/A 转换电路，将数字量信号转换成模拟量信号。

7.1.4　电源单元

　　PLC 的电源为 PLC 电路提供工作电源，将外部供给的交流电转换成供 CPU、存储器等所需的直流电，是整个 PLC 的能源供给中心，在整个系统中起着十分重要的作用。电源系统保障了 PLC 的基本运行。

　　电源单元的作用是把外部电源（AC 220V）转换成内部工作电压。外部连接的电源通过 PLC 内部配有的一个专用开关式稳压电源，将交流/直流供电电源转化为 PLC 内部电路需要的工作电源（DC5V、DC-12~+12V、DC24V），并为外部输入元件（如接近开关）提供 DC24V 电源（仅供输入端点使用），而驱动 PLC 负载的电源由用户提供。

7.1.5　外围设备

　　可编程逻辑控制器常用的外围设备有编程器、打印机、EPROM 写入器等。编程器是 PLC 的重要外围设备，利用编程器可将用户程序送入 PLC 的用户程序存储器，调试、监控程序的执行过程。编程器按结构可分为以下三种类型。

　　（1）简易编程器

　　它可以直接与 PLC 的专用插座相连，或通过电缆与 PLC 相连，它与主机共用一个 CPU，一般只能用助记符或功能指令代号编程。其优点是携带方便、价格便宜，多用于微型、小型 PLC；缺点是因编程器与主机共用一个 CPU，只能联机编程，对 PLC 的控制能力较小，现在已经很少使用了。

　　（2）图形编程器

　　图形编程器有两种显示屏，一种是液晶显示屏（LCD），另一种是阴极射线管（CRT）显示屏。显示屏可以用来显示编程的情况，还可以显示 I/O、继电器的工作状况、信号状态和出错信息等；工作方式既可以是联机编程，又可以是脱机编程。图形编程器可以用梯形图编程，也可以用助记符指令编程，同时还可以与打印机、绘图仪等设备相连，并有较强的监控功能，但价格高，通常用于大、中型 PLC。

　　（3）通用计算机编程

　　通用计算机编程是指采用通用计算机，通过硬件接口和专用软件包，让用户可以直接在计算机上以联机或脱机方式编程（可以使用梯形图编程，也可以使用助记符指令编程），并有较强的监控能力。随着笔记本电脑的普及，通用计算机编程方式应用越来越广泛。

7.2　FX 系列 PLC 硬件配置

7.2.1　FX₂ₙ系列 PLC 的基本单元

　　三菱 FX₂ₙ 系列 PLC 的基本单元又称 CPU 单元或主机单元，三菱 PLC 属于集成型小型单元式 PLC，具有高速处理及可扩展大量满足单个需要的特殊功能模块等特点，多应用于工厂的自动化设备中。

　　三菱 FX₂ₙ 系列 PLC 基本单元的基本性能指标如表 7-1 所示。

表 7-1　三菱 FX₂ₙ 系列 PLC 基本单元的基本性能指标

项目	内容
运算控制方式	存储程序、反复运算
I/O 控制方式	批处理方式（在执行 END 指令时），可以使用输入/输出刷新指令
运算处理速度	基本指令：0.08 μ s/基本指令；应用指令：1.52 微秒~数百微秒/应用指令

项目	内容
程序语言	梯形图、语句表、顺序功能图
存储器容量	8k 步，最大可扩展为 16k 步（可选存储器，有 RAM、EPROM、EEPROM）
指令数量	基本指令：27 个，步进指令 2 个，应用指令：128 种，298 个
I/O 设置	最多 256 点

三菱 FX$_{2N}$ 系列 PLC 基本单元的外部结构主要由电源接口、输入/输出接口、PLC 状态指示灯、输入/输出 LED 指示灯、扩展接口、外围设备接线插座及盖板、存储器和串行通信接口构成，如图 7-2 所示。

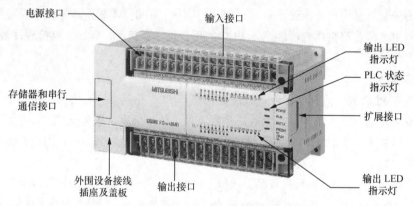

图 7-2　三菱 FX$_{2N}$ 系列 PLC 基本单元的外部结构

三菱 FX$_{2N}$ 系列 PLC 的基本单元主要有 25 种类型，每一种类型的基本单元通过 I/O 扩展单元都可扩展到 256 个 I/O 点。根据电源类型的不同，25 种类型的 FX$_{2N}$ 系列 PLC 基本单元可分为交流电源和直流电源，如表 7-2 所示。

表 7-2　三菱 FX$_{2N}$ 系列 PLC 基本单元的类型及 I/O 点数

AC 电源、24V 直流输入				
继电器输出	晶体管输出	晶闸管输出	输入点数	输出点数
FX$_{2N}$-16MR-001	FX$_{2N}$-16MT-001	FX$_{2N}$-16MS-001	8	8
FX$_{2N}$-32MR-001	FX$_{2N}$-32MT-001	FX$_{2N}$-32MS-001	16	16
FX$_{2N}$-48MR-001	FX$_{2N}$-48MT-001	FX$_{2N}$-48MS-001	24	24
FX$_{2N}$-64MR-001	FX$_{2N}$-64MT-001	FX$_{2N}$-64MS-001	32	32
FX$_{2N}$-80MR-001	FX$_{2N}$-80MT-001	FX$_{2N}$-80MS-001	40	40
FX$_{2N}$-128MR-001	FX$_{2N}$-128MT-001		64	64
DC 电源、24V 直流输入				
继电器输出	晶体管输出		输入点数	输出点数
FX$_{2N}$-32MR-D	FX$_{2N}$-32MT-D		16	16
FX$_{2N}$-48MR-D	FX$_{2N}$-48MT-D		24	24
FX$_{2N}$-64MR-D	FX$_{2N}$-64MT-D		32	32
FX$_{2N}$-80MR-D	FX$_{2N}$-80MT-D		40	40

7.2.2 FX₂N 系列的 I/O 扩展单元和扩展模块

1. I/O 扩展单元

FX₂N 系列 PLC 的扩展单元如表 7-3 所示。

表 7-3 FX₂N 系列 PLC 的扩展单元

型号	总 I/O 数目	输入			输出	
		数目	电压	类型	数目	类型
FX₂N-32ER	32	16	24V 直流	漏型	16	继电器
FX₂N-32ET	32	16	24V 直流	漏型	16	晶体管
FX₂N-48ER	48	24	24V 直流	漏型	24	继电器
FX₂N-48ET	48	24	24V 直流	漏型	24	晶体管
FX₂N-48ER-D	48	24	24V 直流	漏型	24	继电器（直流）
FX₂N-48ET-D	48	24	24V 直流	漏型	24	继电器（直流）

2. I/O 扩展模块

I/O 基本扩展模块按地域远近可分为近程扩展方式和远程扩展方式两种。

在 CPU 主机上 I/O 点数不能满足需要或组合式 PLC 选用的模块较多时，可通过扩展口进行近程扩展。

当有部分现场信号相对集中，而又与其他现场信号相距较远时，可采用远程扩展方式。在远程扩展方式下，远程 I/O 模块作为远程从站可安装在主机及其近程扩展机上，远程扩展机作为远程从站安装在现场。

远程主站用于远程从站与主机间的信息交换，每个远程控制系统可以有多个远程主站。一个远程主站可以有多个远程扩展机从站，每个远程扩展机又可以带多个近程扩展机，但对远程部分的扩展机数量有一定的限制。远程主站和从站（远程扩展机）之间利用双绞线连接，同一个主站下面的不同从站用双绞线并联在一起。远程扩展机和近程扩展机之间的连接与主机和近程扩展机之间的连接方式相同。

远程部分的每个扩展机上都有一个编号，远程扩展机的编号由用户在远程扩展机上设定，具体编号按不同型号的规定设置。

FX₂N 系列 PLC 的扩展模块如表 7-4 所示，通过扩展，可以增加输入/输出点数，以弥补点数不足的问题。

表 7-4 FX₂N 系列 PLC 的扩展模块

型号	总 I/O 数目	输入			输出	
		数目	电压	类型	数目	类型
FX₂N-16EX	16	16	24V 直流	漏型		
FX₂N-16EYT	16				16	晶体管
FX₂N-16EYR	16				16	继电器

7.2.3 FX 系列的特殊功能模块

特殊功能模块作为智能模块，有自己的 CPU、存储器、控制逻辑与总线接口电路组成一个完整的微型计算机系统。它通过总线接口与 CPU 进行数据交换，接收主 CPU 发来的命令和参数，并将执行结果和运行状态返回主 CPU。这样，既减轻了主 CPU 的负担，又实现了主 CPU 模块对整个系统的控制与协调，从而大幅度增强了系统的处理能力和运行速度。

下面简单介绍高速计数模块、位置控制模块、PID 控制模块、温度传感器模块和通信模块等特殊扩展模块。

1. 高速计数模块

高速计数模块用于脉冲或方波计数器、实时时钟、脉冲发生器、数字码盘等输出信号的检测和处理，用于快速变化过程中的测量或精确定位控制。高速计数单元常设计为智能型模板，它与主令启动信号联锁，而与 PLC 的 CPU 之间是互相独立的。它自行配置计数、控制、检测功能，占有独立的 I/O 地址，与 CPU 之间以 I/O 扫描方式进行信息交换。有的计数单位还具有脉冲控制信号输出，用于驱动或控制机械运动，使机械运动到达要求的位置。

高速计数模块的主要技术参数有计数脉冲频率、计数范围、计数方式、输入信号规格、独立计数器个数等。

2. 位置控制模块

位置控制模块是用于位置控制的智能 I/O 模块，能改变被控点的位移、速度和位置，适用于步进电动机或脉冲输入的伺服电动机驱动器。

位置控制单元一般自身带有 CPU、存储器、I/O 接口和总线接口。它一方面可以独立地进行脉冲输出，控制步进电动机或伺服电动机，带动被控对象运动；另一方面可以接收主机 CPU 发来的控制命令和控制参数，完成相应的控制要求，并将结果和状态信息返回给主机 CPU。

位置控制模块提供的功能如下。

（1）可以对每个轴独立控制，也可以多轴同时控制。

（2）原点可分为机械原点和软原点，并提供了三种原点复位和停止方法。

（3）通过设定运动速度，方便实现变速控制。

（4）采用线性插补和圆弧插补的方法，实现平滑控制。

（5）可实现试运行、单步、点动和连续等运行方式。

（6）采用数字控制方式输出脉冲，达到精密控制的要求。

位置控制模块的主要参数有：占用 I/O 点数、控制轴数、输出控制脉冲数、脉冲速率、脉冲速率变化、间隙补偿、定位点数、位置控制范围、最大速度、加/减速时间等。

3. PID 控制模块

PID 控制模块多用于执行闭环控制的系统，该模块自带 CPU、存储器、模拟量 I/O，并带有编程器接口。它既可以联机使用，也可以脱机使用，在不同的硬件结构和软件程序中，可实现多种控制功能，如 PID 回路独立控制、两种操作方式（数据设定、程序控制）、参数自整定、先行 PID 控制和开关控制、数字滤波、定标、提供 PID 参数供用户选择等。

PID 控制模块的技术指标有 PID 算法和参数、操作方式、PID 回路数、控制速度等。

4. 温度传感器模块

温度传感器模块实际为变送器和模拟量输入模块的组合，其输入为温度传感器的输出信号，通过模块内的变送器和 A/D 转换器，将温度值转换为 BCD 码传送给可编程控制器，温度传感器模块配置有热电偶和热电阻传感器。

温度传感器模块的主要技术参数有输入点数、温度检测元件、测温范围、数据转化范围及误差、数据转化时间、温度控制模式、显示精度和控制周期等。

5. 通信模块

上位链接模块用于 PLC 与计算机的互联与通信。PLC 链接模块用于 PLC 和 PLC 之间的互联与通信。

远程 I/O 模块有主站模块和从站模块两类，分别装在主站 PLC 机架和从站 PLC 机架上，实现主站 PLC 与从站 PLC 的远程互联和通信。通信模块的主要技术参数有数据通信的协议格式、通信接口、传输距离、数据传输长度、数据传输速率、传输数据校验等。

7.3 FX 系列 PLC 的编程元件

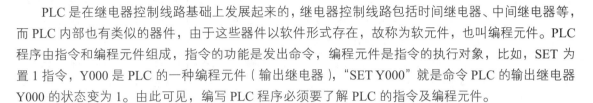

PLC 是在继电器控制线路基础上发展起来的，继电器控制线路包括时间继电器、中间继电器等，而 PLC 内部也有类似的器件，由于这些器件以软件形式存在，故称为软元件，也叫编程元件。PLC 程序由指令和编程元件组成，指令的功能是发出命令，编程元件是指令的执行对象，比如，SET 为置 1 指令，Y000 是 PLC 的一种编程元件（输出继电器），"SET Y000" 就是命令 PLC 的输出继电器 Y000 的状态变为 1。由此可见，编写 PLC 程序必须要了解 PLC 的指令及编程元件。

PLC 的编程元件很多，主要有输入继电器、输出继电器、辅助继电器、定时器、计数器、数据寄存器和常数等。三菱 FX 系列 PLC 有很多子系列，越高档的子系列，其支持指令和编程元件数量越多。

7.3.1 输入继电器（X）

输入继电器用于接收 PLC 输入端子送入的外部开关信号，它与 PLC 的输入端子连接，其表示符号为 X，按八进制方式编号，输入继电器与外部对应的输入端子编号是相同的。例如，三菱 FX$_{2N}$-48M 型 PLC 外部有 24 个输入端子，其编号为 X000～X007、X010～X017 和 X020～X027，内部有 24 个相同编号的输入继电器来接收这些端子输入的开关信号。一个输入继电器可以有无数个编号相同的常闭触点和常开触点，当某个输入端子（如 X000）外接开关闭合时，PLC 内部相同编号输入继电器（X000）状态变为 ON，那么程序中相同编号的常开触点处于闭合，常闭触点处于断开。

7.3.2 输出继电器（Y）

输出继电器（常称输出线圈）用于将 PLC 内部开关信号送出，它与 PLC 输出端子连接，其表示符号为 Y，也按八进制方式编号，输出继电器与外部对应的输出端子编号是相同的。例如，三菱 FX$_{2N}$-48M 型 PLC 外部有 24 个输出端子，其编号为 Y000～Y007、Y010～Y017 和 Y020～Y027，内部有 24 个相同编号的输出继电器，这些输出继电器的状态由相同编号的外部输出端子送出。一个输出继电器只有一个与输出端子连接的常开触点（又称硬触点），但在编程时可使用无数个编号相同的常开触点和常闭触点。当某个输出继电器（如 Y000）状态为 ON 时，它除了会使相同编号的输出端子内部的硬触点闭合外，还会使程序中相同编号的常开触点闭合，常闭触点断开。

7.3.3 辅助继电器（M）

辅助继电器是 PLC 内部继电器，它与输入、输出继电器不同，不能接收输入端子送来的信号，也不能驱动输出端子。辅助继电器表示符号为 M，按十进制方式编号，如 M0～M499、M500～M1023 等。一个辅助继电器可以有无数个编号相同的常闭触点和常开触点。

辅助继电器分为四类：一般型、停电保持型、停电保持专用型和特殊用途型。三菱 FX 系列 PLC

支持的辅助继电器如表 7-5 所示。

表 7-5　三菱 FX 系列 PLC 支持的辅助继电器

型号	FX1S	FXIN、FXINC	FX₂N、FX₂NC	FX₃G	FX₃U、FX₃UC
一般型	M0~M383 （384 点）	M0~M383 （384 点）	M0~M499 （500 点）	M0~M383 （384 点）	M0~M499 （500 点）
停电保持型 （可设成一般型）	无	无	M500~M1023 （524 点）	无	M500~M1023 （524 点）
停电保持专用型	M384~M511 （128 点）	M384~M511（128 点， EEPROM 长久保持） M512~M1535（1024 点， 电容 10 天保持）	M1024~M3071 （2048 点）	M384~M1535 （1152 点）	M1024~M7679 （6656 点）
特殊用途型	M8000~M8255 （256 点）		M8000~M8255 （256 点）	M8000~M8511 （512 点）	M8000~M8511 （512 点）

1. 一般型辅助继电器

　　三菱 FX₂N 系列 PLC 的一般型辅助继电器点数默认为 M0 ~ M499，共 500 点。如果 PLC 运行时电源突然停电，则全部线圈状态均变为 OFF（断开状态）。当电源再次接通时，除了因其他信号而变为 ON（连接状态）的以外，其余的仍将保持 OFF 状态，它们没有停电保持功能。

2. 停电保持型辅助继电器

　　停电保持型辅助继电器与一般型辅助继电器的区别主要在于，前者具有停电保持功能，即能记忆停电前的状态，并在重新通电后保持停电前的状态。FX₂N 系列 PLC 的停电保持型辅助继电器可分为停电保持型（M500 ~ M1023）和停电保持专用型（M1024 ~ 3071），停电保持专用型辅助继电器无法设成一般型。

　　下面以图 7-3 为例来说明一般型和停电保持型辅助继电器的区别。

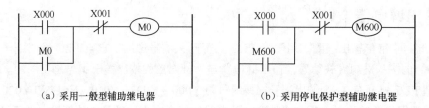

(a) 采用一般型辅助继电器　　　　　　　(b) 采用停电保护型辅助继电器

图 7-3　一般型和停电保持型辅助继电器的区别说明

　　图 7-3（a）程序采用了一般型辅助继电器，在通电时，如果 X000 常开触点闭合，辅助继电器 M0 状态变为 ON（或称 M0 线圈得电），M0 常开触点闭合，在 X000 触点断开后锁住 M0 继电器的状态值；如果 PLC 出现停电，M0 继电器状态值变为 OFF，在 PLC 重新恢复供电时，M0 继电器状态仍为 OFF，M0 常开触点处于断开。

　　图 7-3（b）程序采用了停电保持型辅助继电器，在通电时，如果 X000 常开触点闭合，辅助继电器 M600 状态变为 ON，M600 常开触点闭合；如果 PLC 出现停电，M600 继电器状态值保持为 ON，在 PLC 重新恢复供电时，M600 继电器状态仍为 ON，M600 常开触点处于闭合。若重新供电时 X001 触点处于开路，则 M600 继电器状态为 OFF。

3. 特殊用途型辅助继电器

FX$_{2N}$系列中有 256 个特殊用途型辅助继电器，可分成触点型特殊用途辅助继电器和线圈型特殊用途辅助继电器两大类。

（1）触点型特殊用途辅助继电器

触点型特殊用途辅助继电器的线圈由 PLC 自动驱动，用户只可使用其触点，即在编写程序时，只能使用这种继电器的触点，不能使用其线圈。常用的触点型特殊用途辅助继电器如下。

M8000：运行监视 a 触点（常开触点），在 PLC 运行中，M8000 触点始终处于接通状态，M8001 为运行监视 b 触点（常闭触点），它与 M8000 触点逻辑相反，在 PLC 运行时，M8001 触点始终断开。

M8002：初始脉冲 a 触点，该触点仅在 PLC 运行开始的一个扫描周期内接通，以后周期断开，M8003 为初始脉冲 b 触点，它与 M8002 触点逻辑相反。

M8011、M8012、M8013 和 M8014 分别是产生 10ms、100ms、1s 和 1min 时钟脉冲的特殊用途型辅助继电器触点。

M8000、M8002、M8012 触点的时序关系如图 7-4 所示。从图中可以看出，在 PLC 运行（RUN）时，M8000 触点始终是闭合的（图中用高电平表示），而 M8002 触点仅闭合一个扫描周期，M8012 触点闭合 50ms、接通 50ms，并且不断重复。

（2）线圈型特殊用途辅助继电器

线圈型特殊用途辅助继电器由用户程序驱动其线圈，使 PLC 执行特定的动作。常用的线圈型特殊用途辅助继电器如下。

M8030：电池 LED 熄灯。当 M8030 线圈得电（M8030 继电器状态为 ON）时，电池电压降低，发光二极管熄灭。

M8033：存储器保持停止。若 M8033 线圈得电（M8033 继电器状态值为 ON），PLC 停止时保持输出映象存储器和数据寄存器的内容。以图 7-5 所示的程序为例，当 X000 常开触点处于断开时，M8034 辅助继电器状态为 OFF，X001～X003 常闭触点处于闭合状态，使 Y000～Y002 线圈均得电；如果 X000 常开触点闭合，M8034 辅助继电器状态变为 ON，PLC 马上让所有的输出线圈失电，故 Y000～Y002 线圈都失电，即使 X001～X003 常闭触点仍处于闭合。

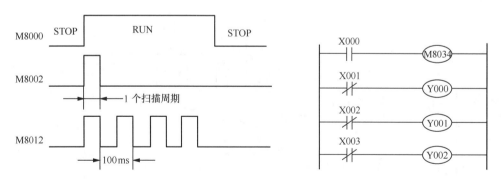

图 7-4　M8000、M8002、M8012 触点的时序关系　　图 7-5　线圈型特殊用途辅助继电器的使用举例

M8034：所有输出禁止。若 M8034 线圈得电（即 M8034 继电器状态为 ON），PLC 的输出全部禁止。

M8039：恒定扫描模式。若 M8039 线圈得电（即 M8039 继电器状态为 ON），PLC 按数据寄存器 D8039 中指定的扫描时间工作。

7.3.4 状态继电器（S）

状态继电器是用于编制顺序控制程序的一种编程元件，它与后面讲述的步进顺控指令配合使用。通常，状态继电器有下面 5 种类型。

① 初始状态继电器 S0~S9，共 10 点。

② 回零状态继电器 S10~S19，共 10 点，供返回原点用。

③ 通用状态继电器 S20~S499，共 480 点，没有断电保持功能，但是用程序可以将它们设定为有断电保持功能状态。

④ 断电保持状态继电器 S500~S899，共 400 点。

⑤ 报警用状态继电器 S900~S999，共 100 点。

不用步进顺控指令时，状态器 S 可以作为辅助继电器（M）使用。供报警用的状态继电器，可用于外部故障诊断的输出。

7.3.5 定时器（T）

定时器是用于计算时间的继电器，它可以有无数个常开触点和常闭触点，其定时单位有 1ms、10ms、100ms 三种。定时器表示符号为 T，按十进制编号，定时器分为普通型定时器（又称一般型定时器）和停电保持型定时器（又称累计型或积算型定时器）。

普通型定时器和停电保持型定时器的区别说明如图 7-6 所示。

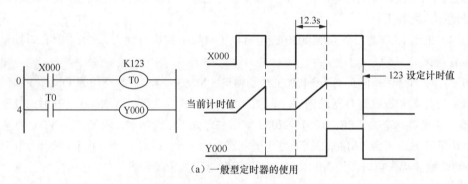

（a）一般型定时器的使用

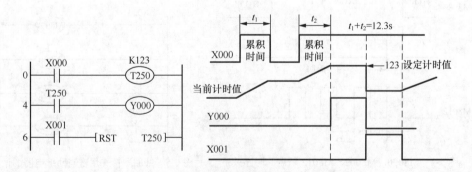

（b）停电保持型定时器的使用

图 7-6 普通型定时器和停电保持型定时器的区别说明

图 7-6（a）梯形图中的定时器 T0 为 100ms 普通型定时器，其设定计时值为 123（123×0.1s=12.3s）。当 X000 触点闭合时，定时器 T0 输入为 ON，开始计时，如果当前计时值未到 123 时，定时器 T0 输

入变为 OFF（X000 触点断开），定时器 T0 马上停止计时，并且当前计时值复位为 0；当 X000 触点再闭合时，定时器 T0 重新开始计时，当计时值到达 123 时，定时器 T0 的状态值变为 ON，T0 常开触点闭合，Y000 线圈得电。普通型定时器的计时值到达设定值时，如果其输入仍为 ON，定时器的计时值保持设定值不变，当输入变为 OFF 时，其状态值变为 OFF，同时当前计时变为 0。

图 7-6（b）梯形图中的定时器 T250 为 100ms 停电保持型定时器，其设定计时值为 123（123×0.1s = 12.3s）。当 X000 触点闭合时，定时器 T0 开始计时，如果当前计时值未到 123 时，出现 X000 触点断开或 PLC 断电，定时器 T250 停止计时，但当前计时值保持；当 X000 触点再闭合或 PLC 恢复供电时，定时器 T250 在先前保持的计时值基础上继续计时，直到累积计时值到达 123，定时器 T250 的状态值变为 ON，T250 常开触点闭合，Y000 线圈得电。停电保持型定时器的计时值到达设定值时，不管其输入是否为 ON，其状态值仍保持为 ON，当前计时值也保持设定值不变，直到用 RST 指令对其进行复位，状态值才变为 OFF，当前计时值才复位为 0。

7.3.6 计数器（C）

计数器是一种具有计数功能的继电器，它可以有无数个常开触点和常闭触点。计数器表示符号为 C，计数器可分为加计数器和加/减双向计数器，也可分为普通型计数器和停电保持型计数器。

1. 加计数器的使用

加计数器的使用说明如图 7-7 所示，C0 是一个普通型的 16 位加计数器。当 X010 触点闭合时，RST 指令将 C0 计数器复位（状态值变为 OFF，当前计数值变为 0）；X010 触点断开后，X011 触点每闭合断开一次（产生一个脉冲），计数器 C0 的当前计数值就递增 1，X011 触点第 10 次闭合时，C0 计数器的当前计数值达到设定计数值 10，其状态值马上变为 ON，C0 常开触点闭合，Y000 线圈得电。当计数器的计数值达到设定值后，即使再输入脉冲，其状态值和当前计数值都保持不变，直到用 RST 指令将计数器复位。

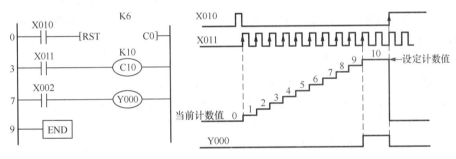

图 7-7 加计数器的使用说明

停电保持型计数器的使用方法与普通型计数器基本相似，两者的区别主要在于：普通型计数器在 PLC 停电时状态值和当前计数值会被复位，上电后重新开始计数，而停电保持型计数器在 PLC 停电时会保持停电前的状态值和计数值，上电后会在先前保持的计数值基础上继续计数。

2. 加/减计数器的使用

三菱 FX 系列 PLC 的 C200 ~ C234 为加/减计数器，这些计数器既可以加计数，也可以减计数，进行何种计数方式分别受特殊辅助继电器 M8200 ~ M8234 控制，即 C200 计数器的计数方式受 M8200 辅助继电器控制，M8200 = 1（M8200 状态为 ON）时，C200 计数器进行减计数；M8200 = 0 时，C200 计数器进行加计数。加/减计数器在计数值达到设定值后，如果仍有脉冲输入，其计数值会继续增加或减少，在加计数达到最大值 2147483647 时，再来一个脉冲，计数值会变为最小值-2147483648，在减计数达到最小值–2147483648 时，再来一个脉冲，计数值会变为最大值 2147483647，所以加/

减计数器是环形计数器。在计数时，不管加/减计数器进行的是加计数还是减计数，只要其当前计数值小于设定计数值，计数器的状态就为 OFF；若当前计数值大于或等于设定计数值，计数器的状态为 ON。加/减计数器的使用说明如图 7-8 所示。

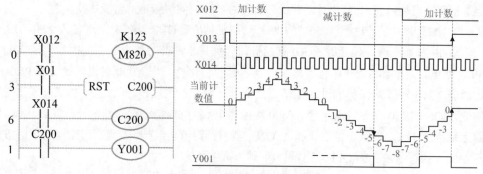

图 7-8　加/减计数器的使用说明

当 X012 触点闭合时，M8200 继电器状态为 ON，C200 计数器工作方式为减计数，X012 触点断开时，M8200 继电器状态为 OFF，C200 计数器工作方式为加计数。当 X013 触点闭合时，RST 指令对 C200 计数器进行复位，其状态变为 OFF，当前计数值也变为 0。C200 计数器复位后，将 X013 触点断开，X014 触点每闭合断开一次（产生一个脉冲），C200 计数器的计数值就加 1 或减 1。在进行加计数时，当 C200 计数器的当前计数值达到设定值（图中−6 增到−5）时，其状态变为 ON；在进行减计数时，当 C200 计数器的当前计数值减到小于设定值（图中−5 减到−6）时，其状态变为 OFF。

3. 计数值的设定方式

计数器的计数值可以直接用常数设定（直接设定），也可以将数据寄存器中的数值设为计数值（间接设定）。计数器的计数值设定如图 7-9 所示。16 位计数器的计数值设定如图 7-9（a）所示，C0 计数器的计数值采用直接设定方式，直接将常数 6 设为计数值，C1 计数器的计数值采用间接设定方式，先用 MOV 指令将常数 10 传送到数据寄存器 D5 中，然后将 D5 中的值指定为计数值。

32 位计数器的计数值设定如图 7-9（b）所示，C200 计数器的计数值采用直接设定方式，直接将常数 43210 设为计数值，C201 计数器的计数值采用间接设定方式，由于计数值为 32 位，故需要先用 DMOV 指令（32 位数据传送指令）将常数 68000 传送到 2 个 16 位数据寄存器 D6、D5 中，然后将 D6、D5 中的值指定为计数值，在编程时只需输入低编号数据寄存器，相邻高编号数据寄存器会自动占用。

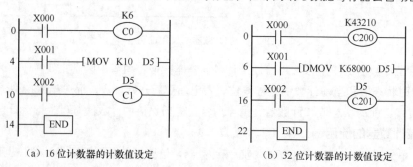

图 7-9　计数器的计数值设定

7.3.7　数据寄存器（D）

数据寄存器是用来存放数据的编程元件，其表示符号为 D，按十进制编号。一个数据寄存器可以存放 16 位二进制数，其高位为符号位（符号位为 0：正数；符号位为 1：负数），一个数据寄存器可存放–32768～+32767 范围的数据。16 位数据寄存器的结构如下：

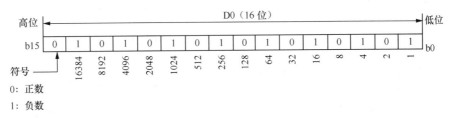

两个相邻的数据寄存器组合起来可以构成一个 32 位数据寄存器，能存放 32 位二进制数，其高位为符号位（0—正数，1—负数），两个数据寄存器组合构成的 32 位数据寄存器可存放–2147483648～+2147483647 范围的数据。32 位数据寄存器的结构如下：

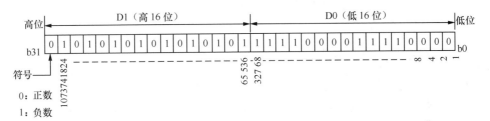

三菱 FX 系列 PLC 的数据寄存器可分为一般型、停电保持型、文件型和特殊型数据寄存器。三菱 FX 系列 PLC 支持的数据寄存器点数如表 7-6 所示。

表 7-6　FX 系列 PLC 支持的数据寄存器点数

PLC **系列**	FX_{1S}	FX_{1N}、FX_{1NC}、FX_{3G}	FX_{2N}、FX_{2NC}、FX_{3U}、FX_{3UC}
一般型数据寄存器	D0~D127,128 点	D0~D127,128 点	D0~D199,200 点
停电保持型数据寄存器	D128~D255,128 点	D128~D7999,7872 点	D200~D7999,7800 点
文件型数据寄存器	D1000~D2499,1500 点	D1000~D7999,7000 点	
特殊型数据寄存器	D8000~D8255,256 点（FX_{1S}/FX_{1N}/FX_{1N}C） D8000~D8511,512 点（FX_{3G}/FX_{3U}/FX_{3U}C）		

（1）一般型数据寄存器

当 PLC 从 RUN 模式进入 STOP 模式时，所有一般型数据寄存器的数据全部清 0，如果特殊辅助继电器 M8033 为 ON，则 PLC 从 RUN 模式进入 STOP 模式时，一般型数据寄存器的值保持不变。程序中未用的定时器和计数器可以作为数据寄存器使用。

（2）停电保持型数据寄存器

停电保持型数据寄存器具有停电保持功能，当 PLC 从 RUN 模式进入 STOP 模式时，停电保持型寄存器的值保持不变。在编程软件中可以设置停电保持型数据寄存器的范围。

（3）文件型数据寄存器

文件型数据寄存器用来设置具有相同软元件编号的数据寄存器的初始值。PLC 上电时和由 STOP 转换至 RUN 模式时，文件寄存器中的数据被传送到系统的 RAM 的数据寄存器区。在 GX Developer 软件的"FX 参数设置"对话框，切换到"内存容量设置"选项卡，从中可以设置文件寄存器容量（以块为单位，每块 500 点）。

（4）特殊型数据寄存器

特殊型数据寄存器的作用是用来控制和监视 PLC 内部的各种工作方式和软元件，如扫描时间、电池电压等。在 PLC 上电和由 STOP 转换至 RUN 模式时，这些数据寄存器会被写入默认值。

7.3.8　常数（K、H）

常数有两种表示方式，一种是用十进制数表示，其表示符号为 K，如"K234"表示十进制数 234；另一种是用十六进制数表示，其表示符号为 H，如"H1B"表示十六进制数 1B，相当于十进制数 27。

在用十进制数表示常数时，数值范围为：–32768～+32767（16 位），–2147483648～+2147483647（32 位）。在用十六进制数表示常数时，数值范围为：0～FFFF（16 位），0～FFFFFFFF（32 位）。

7.4　可编程逻辑控制器的工作原理

7.4.1　PLC 的控制系统组成

PLC 控制系统由输入、逻辑控制、输出三部分组成，如图 7-10 所示。输入部分是各种开关量信号（如按钮、行程开关等），输出部分是各种执行元件（如接触器、电磁阀、指示灯等），逻辑控制部分是用户程序。

PLC 接收输入端信号后，通过执行用户程序来实现输入信号和输出信号之间的逻辑关系，并将程序的执行结果通过输出端输出实现对设备的控制。

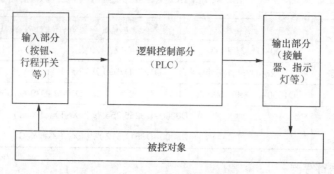

图 7-10　PLC 控制系统的组成

7.4.2　PLC 控制系统等效电路

从 PLC 控制系统与电器控制系统比较可知，PLC 的用户程序（软件）代替了继电器控制电路（硬件）。因此，对于使用者来说，可以将 PLC 等效成是许多各种各样的"软继电器"和"软接线"的集合，而用户程序就是用"软接线"将"软继电器"及其"触点"按一定要求连接起来的"控制电路"。

为了更好地理解这种等效关系，下面通过一个例子来说明。图 7-11 所示为三相异步电动机单向启动运行的电器控制系统。其中，由输入设备 SB₁、SB₂、FR 的触点构成系统的输入部分，由输出设备 KM 构成系统的输出部分。

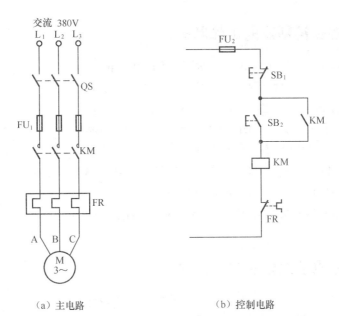

（a）主电路　　　　　　　（b）控制电路

图 7-11　三相异步电动机单向启动运行的电器控制系统

如果用 PLC 来控制这台三相异步电动机，组成一个 PLC 控制系统，根据上述分析可知，系统主电路不变，只要将输入设备 SB_1、SB_2、FR 的触点与 PLC 的输入端连接，输出设备 KM 线圈与 PLC 的输出端连接，就构成 PLC 控制系统的输入、输出硬件线路。而控制部分的功能则由 PLC 的用户程序来实现，其等效电路如图 7-12 所示。

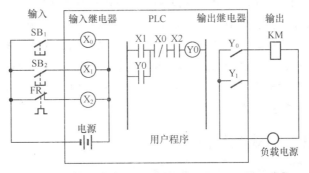

图 7-12　PLC 的等效电路

图 7-12 中，输入设备 SB_1、SB_2、FR 与 PLC 内部的"软继电器" X_0、X_1、X_2 的"线圈"对应，由输入设备控制相对应的"软继电器"的状态，即通过这些"软继电器"将外部输入设备状态变成 PLC 内部的状态，这类"软继电器"称为输入继电器；同理，输出设备 KM 与 PLC 内部的"软继电器" Y_0 对应，由"软继电器" Y_0 状态控制对应的输出设备 KM 的状态，即通过这些"软继电器"将 PLC 内部状态输出，以控制外部输出设备，这类"软继电器"称为输出继电器。

因此，PLC 用户程序要实现的是：如何用输入继电器 X_0、X_1、X_2 来控制输出继电器 Y_0。当控制要求复杂时，程序中还要采用 PLC 内部其他类型的"软继电器"，如辅助继电器、定时器、计数器等，以达到控制要求。

要注意的是，PLC 等效电路中的继电器并不是实际的物理继电器，它实质上是存储器单元的状态。单元状态为"1"，相当于继电器接通；单元状态为"0"，则相当于继电器断开。因此，我们称这些继电器为"软继电器"。

7.4.3 可编程逻辑控制器的工作状态

PLC 有两个工作状态：RUN（运行）状态和 STOP（停止）状态。当 PLC 工作在 RUN 状态时，系统会完整地执行图 7-13 所示的工作过程；当 PLC 工作在 STOP 状态时，系统不执行用户程序。PLC 正常工作时应处于 RUN 状态，而在编制和修改程序时，应让 PLC 处于 STOP 状态。PLC 的两种工作状态可通过开关进行切换。当 PLC 工作在 RUN 状态时，完整执行图 7-13 过程所需的时间称为扫描周期，一般为 1 ~ 100ms。扫描周期与用户程序的长短、指令的种类和 CPU 执行指令的速度有很大的关系。

7.4.4 可编程逻辑控制器的工作方式

PLC 是一种由程序控制运行的设备，其工作方式与微型计算机不同，微型计算机运行到结束指令 END 时，程序运行结束。PLC 运行程序时，会按顺序依次逐条执行存储器中的程序指令，当执行完指令后，并不会马上停止，而是又重新开始再次执行存储器的程序，如此周而复始，PLC 的这种工作方式称为循环扫描方式。

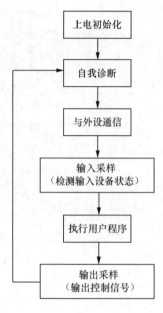

图 7-13　PLC 的工作过程

PLC 的工作过程如图 7-13 所示。PLC 通电后，首先进行系统初始化，将内部电路恢复到起始状态，然后进行自我诊断，检测内部电路是否正常，以确保系统能正常运行，诊断结束后对通信接口进行扫描，若接有外设则与其通信。通信接口无外设或通信完成后，系统开始进行输入采样，检测输入设备（开关、按钮等）的状态，然后根据输入采样结果依次执行用户程序，程序运行结束后对输出进行刷新，即输出程序运行时产生的控制信号。以上过程完成后，系统又返回，重新开始自我诊断，以后不断重复上述过程。

7.4.5 PLC 扫描工作方式的特点

PLC 扫描工作方式的特点是集中采样、集中输出、循环扫描。

1. 集中采样

集中采样：只在输入采样阶段进行输入状态的扫描。即在程序执行阶段或输出阶段，若输入端状态发生变化，输入映象寄存器的内容也不会改变，只有到下一个扫描周期的输入处理阶段才能被读入（响应滞后）。

2. 集中输出

集中输出：在一个扫描周期内，只有在输出处理阶段才将元件映像寄存器中的状态输出，在其他阶段，输出值一直保存在元件映像寄存器中。

注意：在用户程序中，如果对输出多次赋值，则仅最后一次是有效的，应避免双线圈输出。

集中采样、集中输出的扫描工作方式使 PLC 在工作的大部分时间与外设隔离，从根本上提高了系统的抗干扰能力，增强了系统的可靠性。但是，缺点是使响应滞后，降低系统的响应速度。

3. 循环扫描

循环扫描: PLC 采用循环扫描的工作方式。在 PLC 中, 用户程序按先后顺序存放, CPU 从第一条指令开始执行程序, 直到遇到结束符后又返回第一条, 如此周而复始不断循环。

PLC 的扫描过程分为内部处理、通信操作、程序输入处理、程序执行、程序输出几个阶段, 全过程扫描一次所需的时间称为扫描周期。当 PLC 处于停止状态时, 只进行内部处理和通信操作服务等内容。在 PLC 处于运行状态时, 从内部处理、通信操作、程序输入、程序执行到程序输出, 一直循环扫描工作。

注意: 在中、大型 PLC 中所需处理的 I/O 点数较多, 用户程序较长, 还采用分时分批的扫描方式或中断等的工作方式, 以缩短循环扫描的周期和提高实时控制。

7.5 可编程逻辑控制器的主要性能指标

可编程逻辑控制器的主要性能指标有以下几个。

1. 存储容量

存储容量是指用户程序存储器的容量。用户程序存储器的容量大, 可以编制出复杂的程序。一般来说, 小型 PLC 的用户存储器容量为几千字, 而大型机的用户存储器容量为几万字。

2. I/O 点数

输入/输出 (I/O) 点数是 PLC 可以接受的输入信号和输出信号的总和, 是衡量 PLC 性能的重要指标。I/O 点数越多, 外部可接的输入设备和输出设备就越多, 控制规模就越大。

3. 扫描速度

扫描速度是指 PLC 执行用户程序的速度, 是衡量 PLC 性能的重要指标。一般以扫描 1KB 字节用户程序所需的时间来衡量扫描速度, 通常以 ms/KB 字为单位。PLC 用户手册一般给出执行各条指令所用的时间, 可以通过比较各种 PLC 执行相同操作所用的时间来衡量扫描速度的快慢。

4. 指令的功能与数量

指令功能的强弱、数量的多少也是衡量 PLC 性能的重要指标。编程指令的功能越强、数量越多, PLC 的处理能力和控制能力也越强, 用户编程也越简单和方便, 越容易完成复杂的控制任务。

5. 内部元件的种类与数量

在编制 PLC 程序时, 需要用到大量的内部元件来存放变量、中间结果、保持数据、定时计数、模块设置和各种标志位等信息。这些元件的种类与数量越多, 表示 PLC 的存储和处理各种信息的能力越强。

6. 特殊功能单元

特殊功能单元种类的多少与功能的强弱是衡量 PLC 产品的一个重要指标。近年来, 各 PLC 厂商非常重视特殊功能单元的开发, 特殊功能单元种类日益增多, 功能越来越强, 使 PLC 的控制功能越来越大。

7. 可扩展能力

PLC 的可扩展能力包括 I/O 点数的扩展、存储容量的扩展、联网功能的扩展、各种功能模块的扩展等。在选择 PLC 时, 经常需要考虑 PLC 的可扩展能力。

除此之外, 还有一些其他性能指标, 如编程语言、编程手段、工作环境、电源等级、输入/输出方式、自诊断、通信联网、远程 I/O、监控能力等指标。

7.6 可编程逻辑控制器与其他控制系统的比较

7.6.1 PLC 控制系统与继电器控制系统相比

在 PLC 出现之前,继电器硬接线电路是逻辑控制、顺序控制的唯一执行者,其结构简单、价格低廉,一直被广泛应用。它与 PLC 控制系统的比较如表 7-7 所示。

表 7-7 继电器逻辑控制系统与 PLC 控制系统的比较

比较项目	继电器逻辑控制系统	PLC 控制系统
控制逻辑	体积大,接线复杂,修改困难	存储逻辑,体积小,连线少,控制灵活,易于扩展
控制速度	通过触点的开闭实现控制作用,动作速度为几十毫秒,易出现触点抖动	由半导体电路实现控制作用,每条指令执行时间为微秒级,不会出现触点抖动
限时控制	由时间继电器实现,精度差,易受环境、温度影响	用半导体集成电路实现,精度高,时间设置方便,不受环境、温度影响
触点数量	4~8 对,易磨损	任意多个,永不磨损
工作方式	并行工作	串行循环扫描
设计与施工	设计、施工、调试必须顺序进行,周期长,修改困难	在系统设计后,现场施工与程序设计可同时进行,周期短,调试、修改方便
可靠性与可维护性	寿命短,可靠性与可维护性差	寿命长,可靠性高,有自诊断功能,易于维护
价格	使用机械开关,继电器及接触器等,价格便宜	使用大规模集成电路,初期投资较高

7.6.2 可编程逻辑控制器与微型计算机控制的区别

采用微电子技术制作的作为工业控制器的 PLC,它也是由 CPU、RAM、只读存储器(Read Only Memory,ROM)、I/O 接口等构成的,与微型计算机有相似的构造,但又不同于一般的微型计算机,特别是它采用了特殊的抗干扰技术,有着很强的接口能力,使它更能适用于工业控制。可编程控制器与微型计算机控制的比较见表 7-8。

表 7-8 可编程逻辑控制器与微型计算机控制的比较

比较项目	可编程逻辑控制器	微机控制
应用范围	工业控制	科学计算、数据处理、通信等
使用环境	工业现场	具有一定温度、湿度的机房
输入/输出	控制强电设备,有光电隔离,有大量的 I/O 接口	与主机采用微电联系,没有光电隔离,没有专用的 I/O 接口
程序设计	一般为梯形图语言,易于学习和掌握	程序语言丰富,如汇编语言、FORTRAN、BASIC 及 COBOL 等。语句复杂,需专门计算机的硬件和软件知识
系统功能	自诊断监控等	配有较强的操作系统
工作方式	循环扫描方式及中断方式	中断方式
可靠性	极高、抗干扰能力强,长期运行	抗干扰能力差,不能长期运行
体积与结构	结构紧凑,体积小;外壳坚固,密封	结构松散,体积大,密封性差;键盘大,显示器大

第 8 章

编程与仿真

PLC 实质上是一种被专用于工业控制的计算机。PLC 的程序分为系统程序和用户程序，系统程序已经固化在 PLC 内部。一般而言，用户程序要用编程软件输入，编程软件是编写、调试、仿真用户程序不可或缺的软件。本章首先介绍 PLC 程序设计语言，然后介绍三菱 FX-20P-E 编程器、可编程控制器编程软件的使用，以供读者学习。

8.1 PLC 程序设计语言介绍

PLC 的编程语言与一般计算机语言相比，具有明显的特点：它既不同于高级语言，又不同于一般的汇编语言；它既要满足易于编写的要求，又要满足易于调试的要求。目前，还没有一种对各厂家产品都能兼容的 PLC 编程语言。如三菱公司的产品有自己的编程语言，OMRON 公司的产品也有自己的语言。但不管什么型号的 PLC，其编程语言都遵照国际电工委员会制定的工业控制编程语言标准（IEC1131-3）。按照该标准，PLC 的编程语言包括以下 5 种：梯形图语言、指令表语言、功能模块图语言、顺序功能流程图语言及结构化语句语言。

8.1.1 梯形图（Ladder Diagram）

梯形图语言是用梯形图的图形符号来描述程序的一种程序设计语言。这种程序设计语言采用因果关系描述事件发生的条件和结果，每个梯级是一个因果关系。在梯级中，描述事件发生的条件表示在左面，事件发生的结果表示在右面。梯形图程序设计语言是最常用的一种程序设计语言，它来源于对继电器逻辑控制系统的描述。在工业过程控制领域，电气技术人员对继电器逻辑控制技术较为熟悉，因此，由这种逻辑控制技术发展而来的梯形图受到使用人员的欢迎，并得到广泛应用。

梯形图程序设计语言的特点如下：

（1）与电气操作原理图相对应，具有直观性和对应性。如果仅考虑逻辑控制，梯形图与电气原理图也可建立起一定的对应关系。如梯形图的输出（OUT）指令，对应于继电器的线圈，而输入指令（如 LD、AND、OR）对应于接点，等等。这样，原有的继电控制逻辑，经转换即可变成梯形图，再进一步转换，即可变成语句表程序。

（2）与原有继电器逻辑控制技术一致，易于掌握和学习。

（3）与布尔助记符程序设计语言一一对应，便于相互转换和程序检查。

（4）梯形图中的继电器不是"硬"继电器，而是 PLC 存储器的一个存储单元。当写入该单元的逻辑状态为"1"时，表示相应继电器的线圈接通，其动合触点闭合，动断触点断开；当写入该单元的逻辑状态为"0"时，表示相应继电器的线圈断开，其动断触点闭合，动开触点断开。

（5）梯形图按从左到右、自上而下的顺序排列。每一逻辑行（或称梯级）起始于左母线，然后是触点的串、并联连接，最后是线圈与右母线相连。

（6）梯形图中每个梯级流过的都不是物理电流，而是"概念电流"，从左流向右，其两端没有电源。这个"概念电流"只是用来形象地描述用户程序执行中应满足线圈接通的条件。

（7）输入继电器用于接收外部输入信号，而不能由 PLC 内部其他继电器的触点来驱动。因此，梯形图中只出现输入继电器的触点，而不出现其线圈。输出继电器输出程序执行结果给外部输出设备。当梯形图中的输出继电器线圈接通时，就有信号输出，但不是直接驱动输出设备，而要通过输出接口的继电器、晶体管或晶闸管才能实现。

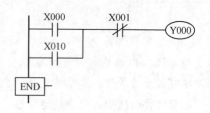

三菱公司的 FX$_{2N}$ 系列产品的最简单的梯形图编程示意图如图 8-1 所示。

图 8-1　梯形图编程示意图

8.1.2　指令表（Instruction List）

指令表语言是用布尔助记符来描述程序的一种程序设计语言。指令表编程语言与计算机中的汇编语言非常相似，采用布尔助记符来表示操作功能。PLC 指令表编程语言的特点如下。

（1）采用助记符来表示操作功能，具有容易记忆，便于掌握的特点。

（2）在编程器的键盘上采用助记符表示，具有便于操作的特点，可在无计算机的场合进行编程设计。

（3）与梯形图一一对应。其特点与梯形图语言基本类同。助记符指令与梯形图指令有严格的对应关系，而梯形图的连线又可把指令的顺序予以体现。一般情况下，其顺序为：先输入，后输出（含其他处理）；先上，后下；先左，后右。有了梯形图就可将其翻译成助记符程序。图 8-1 所示的指令表程序为：

地址指令变量

0000　LD　　X000

0001　OR　　X010

0002　ANI　　X001

0003　OUT　Y000

0004　END

反之根据指令表语言，也可画出与其对应的梯形图。

8.1.3　功能模块图（Function Block Diagram）

功能模块图语言采用功能模块来表示模块所具有的功能，不同的功能模块有不同的功能，它有若干个输入端和输出端，通过软连接的方式，分别连接到所需的其他端子，完成所需的控制运算或控制功能。功能模块分为不同的类型，在同一种类型中，也可能因功能参数的不同而使功能或应用范围有所差别，例如，输入端数量、输入信号类型等的不同会使它的使用范围不同。由于采用软连接的方式进行功能模块之间及功能模块与外部端子的连接，因此控制方案的更改，信号连接的替换等操作可以很方便地实现。功能模块图程序设计语言的特点如下。

（1）以功能模块为单位，从控制功能入手，使控制方案的分析和理解变得容易。

（2）功能模块用图形化的方法描述功能，它的直观性大大方便了设计人员的编程和组态，操作性较好。

（3）对控制规模较大、控制关系较复杂的系统，由于控制功能的关系可以较清楚地表达出来，因此，编程和组态时间可以缩短，调试时间也能减少。

（4）由于每种功能模块需要占用一定的程序内存，对功能模块的执行需要一定的执行时间，因此，这种设计语言在大中型 PLC 和集散控制系统的编程和组态中才被采用。图 8-1 所示的梯形图程序变换成功能模块图如图 8-2 所示。

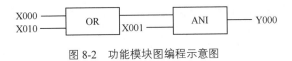

图 8-2　功能模块图编程示意图

8.1.4　顺序功能流程图（Sequential Function Chart）

顺序功能流程图语言是用采用功能表图来描述程序的一种程序设计语言。它是近年来发展起来的一种程序设计语言，采用功能表图的描述，将控制系统分为若干个子系统，从功能入手，使系统的操作具有明确的含义，便于设计人员和操作人员沟通设计思想，以及程序的分工设计和检查调试。顺序功能流程图程序设计语言的特点如下。

（1）以功能为主线，条理清楚，便于设计人员和操作人员对程序操作的理解和沟通。

（2）对大型的程序，可分工设计，采用较为灵活的程序结构，节省程序设计、调试时间。

（3）常用于系统规模较大、程序关系较复杂的场合。

（4）只有在活动步的命令和操作被执行后，才对活动步后的转换进行扫描，因此整个程序的扫描时间较其他程序编制的程序扫描时间要短得多。

顺序功能流程图来源于佩特利（Petri）网，由于它具有图形表达方式，能比较简单清楚地描述并发系统和复杂系统的所有现象，并能对系统中存在的死锁、不安全等反常现象进行分析和建模，在模型的基础上可以直接编程，因此得到了广泛的应用。可编程控制器和小型离散控制系统中已提供了采用功能表图描述语言进行编程的软件。顺序功能流程图体现了一种编程思想，在程序的编制中有很重要的意义。顺序功能流程图编程示例如图 8-3 所示。

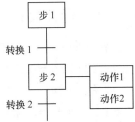

图 8-3　顺序功能流程图编程示意图

8.1.5　结构化语句（Structured Text）

结构化语句是用结构化的描述语句来描述程序的一种程序设计语言。它是一种类似于高级语言的程序设计语言。在大中型的 PLC 系统中，常采用结构化语句来描述控制系统中各个变量的关系。它也被用于集散控制系统的编程和组态。大多数 PLC 制造厂商采用的文本化程序设计语言与 Basic 语言、Pascal 语言或 C 语言等高级语言相似，但为了使用方便，在语句的表达方法及语句的种类等方面都进行了简化。结构化语句具有下列特点。

（1）采用高级语言进行编程，可以完成较复杂的控制运算。

（2）需要具备一定的计算机高级程序设计语言的知识和编程技巧，对编程人员的技能要求较高，普通电气技术人员难以完成。

（3）直观性和易操作性等较差。

（4）常被用于功能模块图等其他语言较难实现的控制功能的设计。

8.2 FX–20P–E 编程器介绍

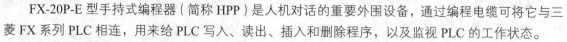

FX-20P-E 型手持式编程器（简称 HPP）是人机对话的重要外围设备，通过编程电缆可将它与三菱 FX 系列 PLC 相连，用来给 PLC 写入、读出、插入和删除程序，以及监视 PLC 的工作状态。

FX-20P-E 型手持式编程器可以用于 FX 系列，如 FX2、FX0、FX$_{ON}$、FX$_{2C}$、FX$_{2N}$ 型 PLC，也可以通过 FX-20P-E-FKIT 转换器用于 F1 和 F2 系列的 PLC。

8.2.1 FX–20P–E 编程器的外观

FX-20P-E 型手持式编程器是一种智能简易型编程器，既可联机编程又可脱机编程。在线编程也称为联机编程，编程器和 PLC 直接相连，并对 PLC 用户程序存储器进行直接操作。在离线（脱机）编程方式下，编制的程序先写入编程器内部的 RAM，再成批地传送到 PLC 的存储器,也可以在编程器和 ROM 写入器之间进行程序传送。该编程器显示窗口可同时显示四条基本指令。FX-20P-E 型手持式编程器外观如图 8-4 所示。

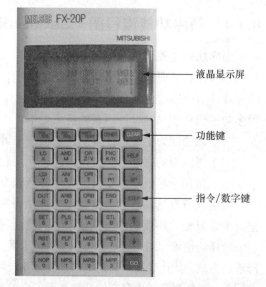

图 8-4　FX-20P-E 型手持式编程器外观图

8.2.2 HPP 操作面板介绍

FX-20P-E 型手持式编程器面板主要由液晶显示屏、功能键和指令/数字键三部分组成。

（1）液晶显示屏

FX-20P-E 型编程器液晶显示屏的显示界面如图 8-5 所示。液晶显示屏的上方是一个可显示 4 行，每行 16 个字符的液晶显示器。它的下面共有 35 个键，最上面一行和最右边一列为 11 个功能键，其余的 24 个键为指令键和数字键。

（2）功能键

11 个功能键的功能如下：

➤【RD/WR】键：读出/写入键。此键是双功能键，按第一下选择读出方式，在液晶显示屏的左上角显示 R；按第二下选择写入方式，在液晶显示屏的左上角显示 W；按第三下又回到读出方式。编程器当前的工作状态显示在液晶显示屏的左上角。

➤【INS/DEL】键：插入/删除键。此键是双功能键，按第一下选择插入方式，在液晶显示屏的左上角显示 I；按第二下选择删除方式，在液晶显示屏的左上角显示 D；按第三下又回到插入方式。编程器当前的工作状态显示在液晶显示屏的左上角。

➤ 【MNT/TEST】键：监视/测试键。此键也是双功能键，按第一下选择监视方式，在液晶显示屏的左上角显示 M；按第二下选择测试方式，在液晶显示屏的左上角显示 T；按第三下又回到监视方式。编程器当前的工作状态显示在液晶显示屏的左上角。

➤ 【GO】键：执行键。此键用于对指令的确认和执行，在键入某指令后，按【GO】键，编程器就将该指令写入 PLC 的用户程序存储器。该键还可用来选择工作方式。

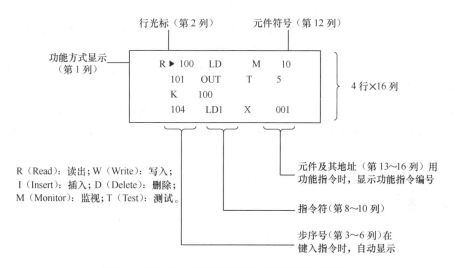

图 8-5　FX-20P-E 型编程器液晶显示屏的显示界面

➤ 【CLEAR】键：清除键。在未按【GO】键之前，按下【CLEAR】键，刚刚键入的操作码或操作数即被清除。另外，该键还用来清除屏幕上的错误内容或恢复原来的界面。

➤ 【SP】键：空格键。输入多参数的指令时，用来指定操作数或常数。在监视工作方式下，若要监视位编程元件，先按下【SP】键，再传送该编程元件和元件号即可。

➤ 【STEP】键：步序键。如果需要显示某步的指令，先按下【STEP】键，再传送步序号即可。

➤ 【↑】、【↓】键：光标键。这两个键可以移动光标和提示符，指定当前软元件的前一个或后一个元件，进行上、下移动。

➤ 【HELP】键：帮助键。按下【FNC】键后按【HELP】键，屏幕上会显示应用指令的分类菜单，再按下相应的数字键，就会显示出该类指令的全部指令名称。在监视方式下按【HELP】键，可用于使字编程元件内的数据在十进制和十六进制数之间进行切换。

➤ 【OTHER】键："其他"键，无论什么时候按下它，即进入菜单选择方式。

（3）指令键、元件符号键和数字键

它们都是双功能键，键的上半部分是指令助记符，键的下半部分是数字或软元件符号，使何种功能有效，是在当前操作状态下，由功能自动定义。键下半部分的双重元件行号 Z/V、K/H 和 P/I 交替起作用，反复按键时可相互切换。

8.2.3　HPP 主要功能操作说明

（1）手持编程器 HPP 复位：RST+GO。

（2）程序删除：PLC 处于 STOP 状态。

（3）逐条删除：读出程序，逐条删除用光标指定的指令或指针，基本操作为【读出程序】→【INS】→【DEL】→【↑】、【↓】→【GO】。

（4）指定范围的删除：【INS】→【DEL】→【STEP】→【步序号】→【SP】→【STEP】→【步序号】→【GO】。

（5）元件监控：【MNT】→【SP】→【元件符号】→【元件号】→【GO】→【↑】、【↓】。

（6）强制 ON/OFF：PC 状态为 RUN、STOP。元件的强制 ON/OFF，先进行元件监控，后进行测试功能。

【MNT】→【SP】→【元件符号】→【元件号】→【GO】→【TEST】→【SET】/【RST】。

其中，【SET】为强制 ON，【RST】为强制 OFF。

注意：在 PLC 处于 RUN 状态运行时，可能会使强制失效，为验证强制输出，最好使 PLC 处于 STOP 状态。

（7）程序的写入：【RD/WR】→【指令】→【元件号】→【GO】。

（8）计时器写入：【RD/WR】→【OUT】→【T××】→【SP】→【K】→【延时时间值】→【GO】。

（9）程序的插入：PLC 处于 STOP 状态。【读出程序】→【INS】→【指令的插入】→【GO】。

8.2.4 联机方式菜单

联机方式按下述步骤进行，如图 8-6 所示。

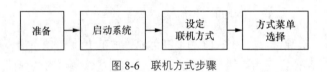

图 8-6 联机方式步骤

前三步与编程等操作一样。在联机方式下，只按【OTHER】键，即显示方式菜单。

联机方式菜单有 7 个子菜单：方式切换、程序检查、存储盒的传送、参数设置、元件变换、蜂鸣器音量调整和清除锁存元件。

1. 方式切换

由联机方式切换到脱机方式。按【GO】键，进行联机、脱机方式切换。按【CLEAR】键返回方式菜单，显示如下。

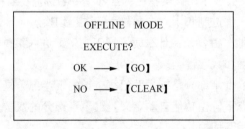

2. 程序检查

程序检查显示如下。

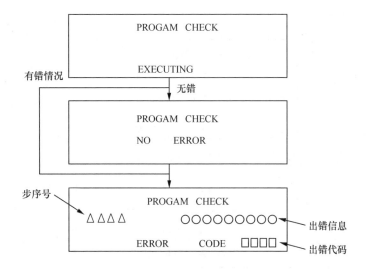

说明:

① 程序检查时,分为"有错"和"无错"两种情况。

② 有错时,显示有错的步序号、出错信息和出错代码(在一次操作中只显示最先出现的 1 个错误)。

③ 有错或无错时,只要按【CLEAR】或【OTHER】键,则显示方式菜单。

④ 改正错误后再次进行程序检查时,PC 的 M8068 和 D8068 自动复位。如还存在其他错误时,则保存下一个出错代码。

3. 存储盒的传送

存储盒的传送指在 PC 内部 RAM 和装在 PC 上的存储卡盒之间传送程序和参数。传送后,进一步校验双方的内容。

显示 1:

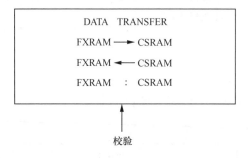

说明:

① 用【↑】、【↓】键,使光标对准所选项目,然后按【GO】键。

② PC 内部 RAM 和存储卡盒之间的传送,随存储器种类(RAM、EPROM、EEPROM)的不同,显示的项目也不同。

显示 2:

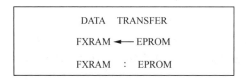

FXROM→EEPROM 时,应将 EEPROM 盒内的保护开关置于 OFF。显示 3:

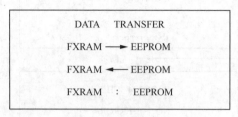

光标对准 FXROM→EEPROM，并按【GO】键显示如下。

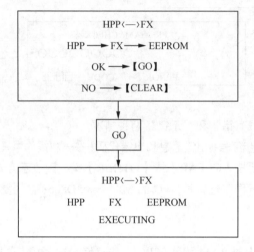

说明：

① 按【CLEAR】键，返回到上述 3 种显示之一。

② 4K 步或 8K 步的程序，不能从存储盒传送到内部 RAM(显示"PC PARA.ERROR")。

③ 正确传送后，显示"COMPLETED"。

④ 如操作不能正常完成，则显示出错信息。

4. 参数设置

参数设置包括：缺省值、存储器容量、锁存范围、文件寄存器的设定和关键字登记。

① 设定缺省值时，将光标对准"YES"，按【GO】键。不设定时，将光标对准"NO"，按【GO】键，显示如下。

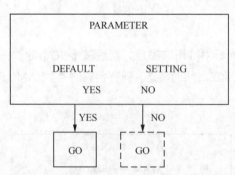

② 改变存储量容量时，将光标对准所选的容量，按【GO】键，显示如下。

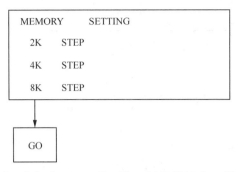

③ 关键字登记时，将光标对准"ENTRY"，输入新的关键字，按【GO】键。不改变登记状态时，直接按【GO】键，显示如下。

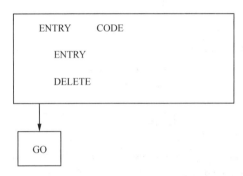

④ 改变锁存范围时，输入元件号，按【GO】键。屏幕上显示的是当前设定范围，不改变设定范围时，直接按【GO】键，显示如下。

⑤ 文件寄存器的设定：根据分配给文件寄存器的存储器块数（0~4 块），按【0】~【4】键，再按【GO】键。最大块号是 4。

⑥ 参数设定完毕后，将光标对准"YES"，按【GO】键，显示方式菜单。参数设定未完成时，将光标对准"NO"，按【GO】键，回到参数设定的初始显示。

⑦ 按【CLEAR】键，回到前一个设定。

5. 元件变换

此操作可以在同一类元件内进行元件号变换。执行此操作时，程序中的该元件号全部被置换（包括在 END 指令后的该元件号）。

例如，将 X000 变换为 X003，显示如下。

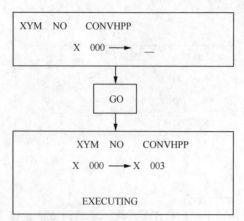

在变换元件号确认之前（即按【GO】键前），按【CLEAR】键可以取消指定的元件符号和元件号（置换的或被置换的）。

6. 蜂鸣器音量调整

蜂鸣器音量调整的操作和显示如下。

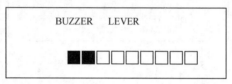

PLC停止状态，利用【↑】、【↓】键调整显示条的长度，显示条的长度越长音量越大，音量分10级，按【OTHER】或【CLEAR】键返回方式菜单。

7. 清除锁存元件

清除锁存元件的操作和显示如下。

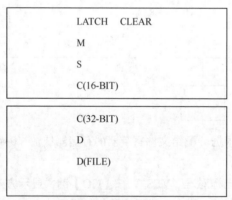

用光标键选择要清除的锁存元件，按【GO】键。

注意：程序存储器为 EPROM 时，此操作不能用来进行文件寄存器的清除。程序存储器为 EEPROM 时，存储器保护开关处于 OFF 位置，才能进行文件寄存器的清除。文件寄存器以外的元件，无论存储器的形式为 RAM、EPROM、EEPROM 中任何一种，其锁存清除均有效。

8.2.5 实践中的技巧

1. 用户程序存储器初始化

在写入程序之前，一般需要将存储器中原有的内容全部清除，再按【RD/WR】键，使编程器（写）

处于 W 工作方式。清除操作按照以下顺序按键即可。

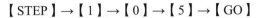
【NOP】→【A】→【GO】→【GO】

2. 指令的读出

（1）根据步序号读出指令

根据步序号读出指令的基本操作如图 8-7 所示，先按【RD/WR】键，使编程是处于 R（读）工作方式，以读出步停号为 105 的指令为例，按下列顺序操作，该指令就会显示在屏幕上。

【STEP】→【1】→【0】→【5】→【GO】

图 8-7 根据步序号读出的基本操作

若还需要显示该指令之前或之后的其他指令，可以按【↑】、【↓】或【GO】键。按【↑】、【↓】键可以显示上一条或下一条指令；按【GO】键可以显示下面 4 条指令。

（2）根据指令读出

根据指令读出指令的基本操作如图 8-8 所示，先按【RD/WR】键，使编程器处于 R（读）工作方式，然后根据图 8-8 或图 8-9 所示的操作步骤依次按相应的键，要读的指令就会显示在屏幕上。

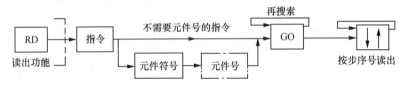
图 8-8 根据指令读出指令的基本操作

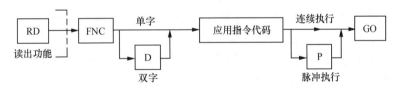
图 8-9 应用指令的读出

例如，要从 PLC 中读出指令 LD X020，可按【RD/WR】键使编程器处于读（R）工作方式，然后按以下顺序按键即可。

【LD】→【X】→【2】→【0】→【GO】

按【GO】键后屏幕上会显示出指定的指令和步序号，再按【GO】键，屏幕上将显示出下一条相同的指令及其步序号。如果用户程序中没有该指令，在屏幕的最后一行将显示 NOTFOUND（未找到）。按【↑】或【↓】键可读出上一条或下一条指令，按【CLEAR】键则屏幕显示出原来的内容。

再例如，要读出数据传送指令（D）MOV（P）D10D14，方法如下。

已知 MOV 指令的应用指令代码为 12，先按【RD/WR】键使编程器处于 R（读）工作方式，然后按下列顺序按键，该指令就会出现在屏幕上。

$$【FUN】\rightarrow【D】\rightarrow【1】\rightarrow【2】\rightarrow【P】\rightarrow【GO】$$

（3）根据元件读出指令

先按【RD/WR】键，使编程器处于 R（读）工作方式，以读出含有 Y1 的指令为例，基本操作步骤如图 8-10 所示。

$$【SP】\rightarrow【Y】\rightarrow【1】\rightarrow【GO】$$

图 8-10　根据元件读出指令的基本操作

这种方法只限于基本逻辑指令，不能用于应用指令。

（4）根据指针查找其所在的步序号

根据指针查找其所在的步序号的基本操作如图 8-11 所示，以在 R（读）工作方式下读出 8 号指针的步序号为例，操作步骤如下。

$$【P】\rightarrow【8】\rightarrow【GO】$$

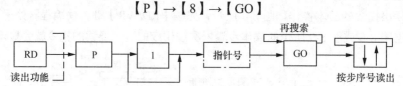

图 8-11　根据指针读出所在步序号的基本操作

屏幕上将显示指针 P8 及其步序号，注意在读出中断程序指针步序号时，应连续按两次【P/I】键。

3. 指令的写入

写入指令的基本操作步骤是：按【RD/WR】键，使编程器处于 W（写）工作方式，然后按【STEP】键后键入指令所在的步序号，接着按【GO】键，使光标"▶"移动到指定的步序号，写入指令。如果需要修改刚写入的指令，在未按【GO】键之前，按下【CLEAR】键，刚键入的操作码或操作数便会被清除，若按了【GO】键之后，可按【↑】键，返回刚写入的指令，再做修改。

（1）写入基本逻辑指令

以写入指令 LD X010 为例，先使编程器处于 W（写）工作方式，将光标"▶"移动到指定的步序号，然后按以下顺序按键即可。

$$【LD】\rightarrow【X】\rightarrow【1】\rightarrow【0】\rightarrow【GO】$$

写入 LDP、ANP、ORP 指令时，在按对应指令键后还要按【P/I】键；写入 LDF、ANF、ORF 指令时，在按对应指令键后还要按【F】键；写入 INV 指令时，还要按【NOP】【P/I】和【GO】键。

（2）写入应用指令

写入应用指令的基本操作如图 8-12 所示，按【RD/WR】键，使编程器处于 W（写）工作方式，将光标"▶"移动到指定的步序号位置，然后按【FNC】键，接着按该应用指令的指令代码对应的数字键，按【SP】键，再按相应的操作数。如果操作数不止一个，则每次键入操作数之前，先按一下【SP】键，键入所有的操作数后，再按【GO】键，该指令就被写入 PLC 的存储器内。如果操作数为双字，按【FNC】键后，再按【D】键；如果是脉冲上升沿执行方式，则在键入编程代码的数字键后，再按【P】键。

图 8-12　写入应用指令的基本操作

例如，写入数据传送指令 MOV D10 D14，方法如下。

已知 MOV 指令的应用指令编号为 12，写入的操作步骤如下。

【FUN】→【1】→【2】→【SP】→【D】→【1】→【0】→【SP】→【D】→【1】→【4】→【GO】

例如，写入数据传送指令（D）MOV（P）D10 D14，操作步骤如下。

【FUN】→【D】→【1】→【2】→【P】→【SP】→【D】→【1】→【0】→【SP】→
【D】→【1】→【4】→【GO】

（3）指针的写入

写入指针的基本操作如图 8-13 所示。如写入中断用的指针，应连续按两次【P/I】键。

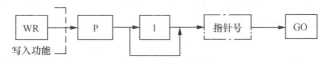

图 8-13　写入指针的基本操作

（4）指令的修改

例如，要将步序号为 105 原有的指令 OUTT6K150 改写为 OUTT6K30，方法如下。

根据步序号读出原指令后，按【RD/WR】键，使编程器处于 W（写）工作方式，然后按下列操作步骤按键即可。

【OUT】→【T】→【6】→【SP】→【K】→【3】→【0】→【GO】

如果要修改应用指令中的操作数，则读出该指令后，将光标"▶"移到预修改的操作数所在的行，然后修改该行的参数即可。

4. 指令的插入

如果需要在某条指令前插入一条指令，按照前述读出指令的方式，先将某条指令显示在屏幕上，将光标"▶"指向该指令，然后按【INS/DEL】键，使编程器处于 I（插入）工作方式，再按照指令写入的方法，将该指令写入，按【GO】键后，将写入的指令插在原指令之前，后面的指令依次向后推移。

例如，要在步序号 180 之前插入指令 ANDM3，在 I 工作方式下首先读出步序号为 180 的指令，然后将光标"▶"指向该步序号，按以下顺序按键即可。

【INS】→【AND】→【M】→【3】→【GO】

5. 指令的删除

（1）逐条指令的删除

如果需要将某条指令或某个指针删除，按照读出指令的方法先将该指令或指针显示在屏幕上，令光标"▶"指向该指令，然后按【INS/DEL】键，使编程器处于 D（删除）工作方式，再按功能键【GO】，该指令或指针即被删除。

（2）NOP 指令的成批删除

按【INS/DEL】键，使编程器处于 D（删除）工作方式，依次按【NOP】键和【GO】键，执行完毕后，用户程序中的 NOP 指令会被全部删除。

（3）指定范围内指令的删除

按【INS/DEL】键，使编程器处于 D（删除）工作方式，接着按下列操作步骤依次按相应的键，该范围内的程序就会被删除。

【STEP】→起始步序号→【SP】→【STEP】→终止步序号→【GO】

8.3 SWOPC–FXGP/WIN–C 编程软件介绍

8.3.1 产品构成

1. 软件简介

SWOPC-FXGP/WIN-C 是三菱公司用于 FX 系列 PLC 的编程软件，该软件可在 Windows 3.1 及 Windows 95 以上版本运行。SWOPC-FXGP/WIN-C 软件具有以下功能。

（1）脱机编程

利用 SWOPC-FXGP/WIN-C 可以在计算机上通过专用软件采用梯形图、指令表及顺序功能图来创建 PLC 程序。另外，编程后可进行语法检查、双线圈检验、电路检查，并提示错误步，对编程元件、程序块、线圈进行注释等操作。

（2）文件管理

所编写的程序可作为文件进行保存，这些文件的管理与 Windows 中其他文件的管理方法一致，可进行复制、删除、重命名、打印等操作。

（3）程序传输

通过专用的电线、接口，将计算机与 PLC 建立起通信连接后，可实现程序的写入与读出。

（4）运行监控

PLC 与计算机建立通信后，计算机可对 PLC 进行监控，实时观察各编程元件 ON/OFF 的情况。

2. 操作环境

运行 SWOPC-FXGP/WIN-C 软件的计算机的最低配置如下。

CPU：80486 及以上。

内存：8MB（推荐 16MB 以上）。

分辨率：800 像素×600 像素，16 色。

操作系统：MS-DOS（MS-DOS/V）、Windows 3.1、Windows 95/98/2000 等。

3. 操作界面

图 8-14 为 SWOPC-FXGP/WIN-C 软件的操作界面，该操作界面由菜单栏、工具栏、梯形图编程区、程序状态栏、功能栏、功能图等部分组成。

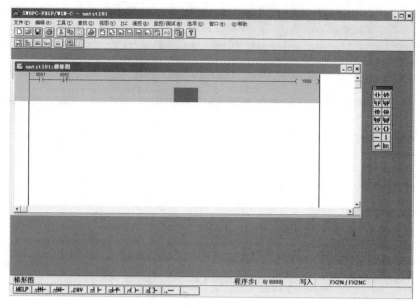

图 8-14　SWOPC-FXGP/WIN-C 软件的操作界面（一）

（1）菜单栏

菜单栏按功能分为文件、编辑、工具等几个功能区，如图 8-14 所示，软件的所有功能均能在下拉菜单中找到。但在实际使用过程中，下拉菜单的使用频率不高，而且很多常用的功能在工具栏中都可以找到。因此，下拉菜单只是作为工具栏的必要补充和延伸。

文件包括新建、打开、保存、打印及显示最近打开的几个文件等功能。因为这部分内容与其他软件相类似，所以在此不再赘述。

编辑包括剪切、复制、粘贴、删除、撤销等功能，与其他软件是完全一样的。但是，在这里软件新增了一些功能。在梯形图编辑模式下，编辑菜单增加了线圈注释、程序块注释、元件注释、元件名等功能。在指令表编程模式下，编辑菜单中增加的则是 NOP 覆盖/写入、NOP 插入、NOP 删除等功能。

工具：在梯形图编程模式下，工具菜单中涵盖了各种触点、线圈、功能指令、连线及全部清除、转换功能。在指令表编程模式下，工具菜单中仅有全部清除、指令表两个功能命令，打开指令对话框，如图 8-15 所示，也可以找到所有的触点、线圈、功能指令等。尽管在两种模式下该菜单显示的命令有所不同，但是所涵盖的内容是完全一样的。

查找：在使用过程中，该菜单的许多功能是十分常用的，如线圈/触点查找、元件查找、指令查找、交换元件地址等。因此，这些功能均罗列在工具栏 1 中（见图 8-14），使其使用更简单、快捷。

视图：菜单的部分内容与工具栏 2 的部分内容是一致的。通过该菜单，用户可以选择使用梯形图编程模式、指令表编程模式、顺序功能图编程模式，还可以选择显示注释、显示注释的类型及寄存器的值。通过该菜单，可以开启或关闭工具栏 1、工具栏 2、状态栏、功能栏、功能图。此外，视图菜单中还有用于显示触点/线圈列表的命令，用于显示已用元件列表的命令，用于显示 T/C（定时器/计数器）数据设定列表的命令。

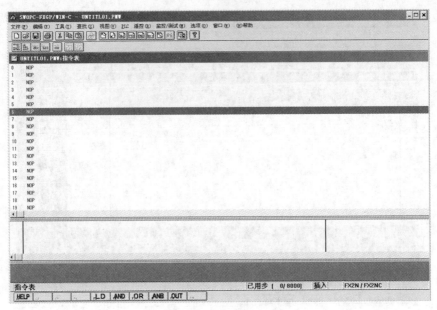

图 8-15　指令表工具栏

PLC 菜单中的功能，主要是在 PC 与 PLC 通信时使用。较常用的有传送（用于程序的写入与读出）、实时监控的开启与停止、端口设置、串行口设置等。

遥控菜单的各功能主要用于 PC 通过调制解调器与 PLC 连接。该软件可通过电话网络与远程站点连接，从而实现数据的传送、接收。

监控/测试菜单：当与 PLC 连接进行在线调试时，该菜单可提供程序监控、元件监控、强制 Y 输出、强制 ON/OFF 等功能。这些功能在现场调试时非常实用。

选项菜单提供了程序检查、参数设置、口令设置、PLC 类型设置、串行口设置等功能。程序检查功能主要进行语法检查、双线圈检查、线路检查，检查完毕后显示结果，提示错误步。

窗口菜单可选择已打开窗口的布局类型，可水平、垂直、顺序排列以方便编程，编程人员使用时在各种编程模式下可自由切换。

帮助菜单提供了该软件的版本信息及简单的使用说明。

（2）工具栏 1

为方便使用，该软件将部分使用频率较高的功能置于工具栏 1（见图 8-14），便于编程人员使用。工具栏 1 主要选取下拉菜单文件、编辑、查找中常用的功能，以简洁的图标排列组成。使用时，将鼠标指针移至工具栏图标上，此时会自动弹出该图标的名称，单击图标该功能即被选定。

（3）工具栏 2

工具栏 2 由下拉菜单视图和监控/测试中常用的功能组成。其结构特点、使用与工具栏 1 完全相同。

（4）梯形图编程区

梯形图以其直观、简洁、通俗易懂等特点为大部分编程人员所采用。因此，在此仅以梯形图编程区为典型进行说明。

左侧粗实线为母线，母线左侧数字为程序步号。编程区中蓝色实心阴影区为当前选定的操作区域，该操作区域为元件写入、删除位置或连线的写入、删除位置。该区域可通过鼠标或键盘上的方向键选定。此外，在该区域可直接进行指令输入，无须切换到指令表编辑模式。灰色区域是编辑后未进行转换的区域，转换功能在工具菜单、功能栏中均能找到。

（5）程序状态栏

梯形图编程下方就是程序状态栏，如图 8-16 所示，状态栏自左向右依次如下。

① 显示当前窗口的名称，图 8-16 为梯形图编程窗口，另外，还有指令表编辑窗口、顺序功能图编辑窗口、注释窗口和寄存器窗口。

② 在梯形图、指令表编辑器模式下显示已编辑程序步数和程序步总数，在顺序功能图编程模式下显示光标当前位置。例如，图 8-16 为 "程序步[0/8000]"，即已经编辑 0 步程序/程序步总数为 8000 步。

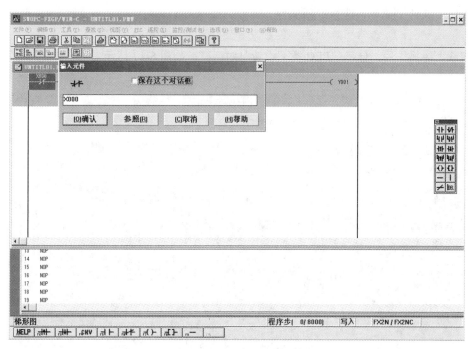

图 8-16　SWOPC-FXGP/WIN-C 软件的操作界面（二）

③ 显示当前状态，有写入、读入、写出等。

④ 显示 PLC 的类型，如图 8-15 中为 FX_{2N}/FX_{2NC}。

（6）功能栏

如图 8-16 所示，位于程序状态栏下方的是功能栏，位于梯形图编程区的是功能图。特别需要说明的是，功能图仅出现在梯形图编程模式下，在指令模式或顺序功能图编程模式等状态下仅有功能栏。功能栏与功能图所涉及的内容大致相同，相比之下，功能栏比功能图的功能稍多一点。

功能栏的使用有两种方法，一是可通过鼠标单击直接选定；二是每个功能键分别与键盘上 F1~F9 键相对应，分别标注在功能键的左下角，因此，按 F1~F9 键也可选定相应的功能。功能栏包括 17 个功能，分两行显示，通过 Shift 键相互切换。

（7）功能图

功能图中涵盖 14 个功能。为方便编程人员的使用，功能图可就近置于梯形图编程区任意位置。功能图只能通过鼠标单击选定。编程人员可根据自己的喜好选择合适的编辑方法。

8.3.2　SWOPC–FXGP/WIN–C 的操作

1. 梯形图编程

（1）新文件的建立

打开 SWOPC-FXGP/WIN-C 软件。单击"开始"按钮，打开"所有程序"菜单，选择"MELSEC-F FX Applications"→"FXGP_WIN-C"命令，启动软件；或者从桌面上直接单击 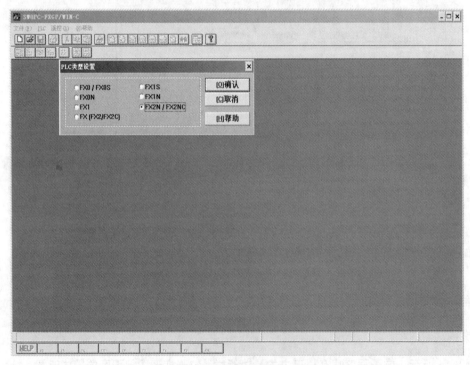 图标，也可以启动软件。

（2）FX-GP/WIN-C 软件的初始化

软件打开后，创建新的文件，必须进行初始化设定。具体操作步骤如下。

① 单击"文件"菜单，选择"新文件"命令，或单击工具栏中的"新文件"按钮，均可新建文件。

② 完成上述操作后，显示"PLC 类型设置"对话框，如图 8-17 所示。

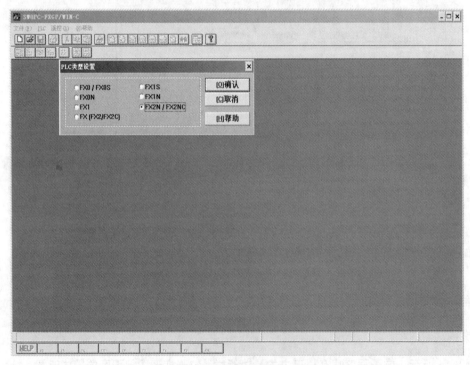

图 8-17　"PLC 类型设置"对话框

③ 根据 PLC 的型号进行设定，务必相互对应，单击"确认"按钮，完成设定。

（3）编程元件的输入

单击功能图或功能栏中待输入的编程软元件（如常开触点等），此时，显示"输入元件"对话框，如图 8-18 所示，在该对话框中输入编程软元件的地址（如 X1 等），单击"确认"按钮完成该编程软元件的输入。

图 8-18   "输入元件"对话框

编程结束后需要输入 END 指令，这是因为 PLC 在运行过程中循环地进行输入处理、程序执行、输出处理。若程序结束后输入 END 指令，则 END 以后的程序步将不再执行，而进行输出处理；若程序中没有输入 END 指令，则 PLC 将执行完全部程序步后再从 0 步开始重复处理。

2. 文件的保存与打开

（1）文件的保存

中断或完成程序的编辑时，必须对文件进行保存，执行该操作可通过以下 3 种途径来完成。

① 单击"文件"菜单，选择"保存"命令。

② 单击工具栏中的"保存"按钮。

③ 通过按"Ctrl+S"组合键，完成文件的保存。

以上 3 种方式均可实现文件的保存，无须其他操作。但是，如果是保存新建文件的话，执行保存操作后将打开 File Save As（文件另存为）对话框，如图 8-19 所示，这时要求输入"文件名"，选择文件保存的类型及文件保存的位置等。

（2）文件的打开

当需要编辑或修改已有文件时，先启动 FX-GP/WIN-C 软件，而后可通过以下 3 种途径来打开已有文件。

① 单击"文件"菜单，选择"打开"命令。

② 单击工具栏中的"打开"按钮。

③ 通过按"Ctrl+O"组合键，完成文件的打开。

以上 3 种方式均可打开 File Open（打开文件）对话框，如图 8-20 所示。在该对话框中选择待打开文件所在的驱动器，然后选择文件所在目录，在"文件名"文本框中选择该文件，并单击"确认"按钮打开。此外，根据不同的文件格式选择匹配的文件类型。

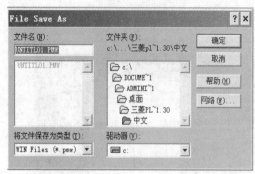 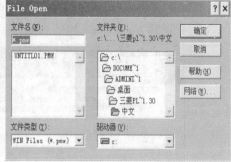

图 8-19　文件的另存为对话框　　　　图 8-20　"打开文件"对话框

3. 基本操作

（1）剪切

功能：通过该指令的操作可以对梯形图元件执行剪切操作，执行该命令后所选位置元件被删除，并暂时保存在剪贴板中。因此，当被剪切的数据超过剪贴板的容量时，该操作不生效。

操作步骤如下。

① 选择需要剪切的元件。

② 将鼠标指针移"编辑"菜单并单击。

③ 将鼠标指针移至"剪切"命令并单击，如图 8-21 所示。

（2）复制

功能：通过该指令的操作可以对梯形图元件执行复制操作，执行该命令后所选位置元件不变化，同时保存在剪贴板中。因此，当所选的数据超过剪贴板的容量时，该操作不生效。

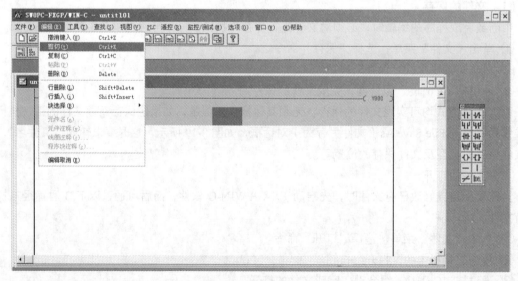

图 8-21　剪切操作说明

操作步骤如下。

① 选择需要复制的元件，操作与剪切操作相似。

② 将鼠标指针移至"编辑"菜单并单击。

③ 将鼠标指针移至"复制"命令并单击。

（3）粘贴

功能：通过该指令的操作可以将剪贴板中的数据粘贴到梯形图中所选位置，被粘贴的是剪切或复制后保存在剪贴板中的数据。

操作步骤如下。

① 执行剪切或复制操作。

② 选择将要粘贴的位置。

③ 将鼠标指针移至"编辑"菜单并单击。

④ 将鼠标指针移至"粘贴"命令并单击。

（4）删除

功能：通过该指令的操作可以将梯形图中所选元件删除。

操作步骤如下。

① 选择需要删除的元件。

② 将鼠标指针移至"编辑"菜单并单击。

③ 将鼠标指针移至"删除"命令并单击。

4. 行操作

（1）行删除

功能：该指令主要用于梯形图行或梯形图块的一次性删除。

操作步骤如下。

① 将鼠标指针移至"编辑"菜单并单击。

② 将鼠标指针移至"块选择"命令并单击。

③ 选择"向上"或"向下"命令并单击，此时，在梯形图上会自动选择相应的程序块。

④ 选择"行删除"命令并单击，删除所选程序块的最上面一行。

（2）行插入

功能：该指令主要用于在梯形图中插入一个程序行。

操作步骤如下。

① 将鼠标指针移至需要插入行的位置并单击。

② 选择"编辑"菜单并单击。

③ 选择"行插入"命令并单击。

5. 其他操作

（1）连线

功能：该指令主要用于垂直或水平连线的连接，垂直线的删除和累加器结果的取反。操作步骤如下。

① 将鼠标指针移至需要连线的位置并单击。

② 选择"工具"菜单并单击。

③ 选择"连线"命令并单击。

④ 选择连接垂直线、水平线或取反操作，如图 8-22 所示。

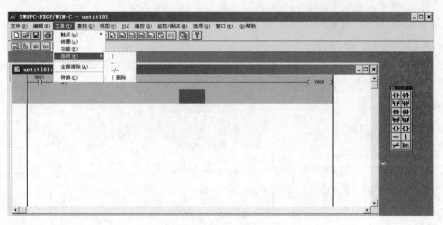

图 8-22　连线类型选择

（2）全部清除

功能：该指令主要用于清除程序区的所有指令。

操作步骤如下。

① 选择"工具"菜单并单击。

② 选择"全部清除"命令并单击。此时，界面显示清除画面，通过按"Enter"键或单击"确认"按钮，执行清除过程。

第9章

基本逻辑指令及使用

逻辑指令是 PLC 最基本的指令，也是任何一个 PLC 应用系统不可缺少的指令。PLC 的基本逻辑指令主要包括触点的与、或、非运算指令，以及功能块的与、或等操作指令。本章用举例的方式介绍了三菱 FX 系列 PLC 逻辑取与输出指令、触点串联指令、触点并联指令、串联电路块的并联指令、并联电路块的并联指令、分支多重输出电路指令、主控触点指令、自保持与解除指令、脉冲微分输出指令、取反指令、空操作指令、程序结束指令等指令，并通过常用典型电路的编程，深入浅出地讲解了 PLC 程序的简单设计方法。

9.1 逻辑取与输出指令（LD、LDI、OUT）

9.1.1 LD、LDI、OUT 指令介绍

LD、LDI 和 OUT 指令为 PLC 使用频率最高的指令，分别用于触点逻辑运算的开始及线圈输出驱动，如表 9-1 所示。

表 9-1 LD、LDI 和 OUT 指令助记符及功能

助记符	名称	功能	可用软元件	程序步长
LD	取指令	触点逻辑运算开始	X、Y、M、S、T、C	1 步
LDI	取反指令	触点逻辑取反运算开始	X、Y、M、S、T、C	1 步
OUT	输出指令	线圈驱动	Y、M、S、T、C	Y、M：1 步；S、M：2 步；T：3 步；C：3~5 步

说明如下。

（1）LD：取指令，表示一个与输入母线相连接的常开触点指令。

（2）LDI：取反指令，表示一个与输入母线相连接的常闭触点指令。

（3）OUT：线圈驱动指令，也称输出指令。操作目标元件不能是输入继电器的操作元件，而是定时器 T 和计数器 C 时，必须设置常数 K。

9.1.2 使用举例

【例 9-1】LD、LDI 和 OUT 指令应用示例。

如图 9-1 所示，X000 作为与输入母线相连的常开触点，采用 LD 指令；X001 作为与输入母线相连的常闭触点，采用 LDI 指令。Y000、M100、Y001 均为输出线圈，采用 OUT 指令。

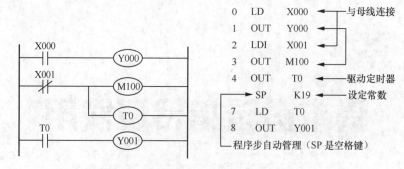

图 9-1　LD、LDI 和 OUT 指令应用示例

其中 T0 作为定时器设定时长时，可参考表 9-2。

表 9-2　定时器/计数器设定值范围及步长

定时器/计数器	K 的设定范围	实际的设定值	程序步长
1ms 定时器	1~32767	0.001~32.767s	3 步
10ms 定时器	1~32767	0.001~327.67s	3 步
100ms 定时器	1~32767	0.1~327.67s	3 步
16 位计数器	1~32767	1~32767s	3 步
32 位计数器	−2147483648~2147483647		5 步

9.2　触点串联指令（AND、ANI）

9.2.1　AND、ANI 指令介绍

AND 和 ANI 指令分别为常开、常闭串联触点指令，用于处理触点串联关系，功能如表 9-3 所示。

表 9-3　AND 和 ANI 指令助记符及功能

助记符	名称	功能	可用软元件	程序步长
AND	与指令	常开触点串联开始	X、Y、M、S、T、C	1 步
ANI	与非指令	常闭触点串联连接	X、Y、M、S、T、C	1 步

说明如下。

（1）AND：与指令，用于常开触点的串联。

（2）ANI：与非指令，用于常闭触点的串联连接。

9.2.2　使用举例

【例 9-2】AND 和 ANI 触点串联指令应用示例。

如图 9-2 所示，X002、X000 常开触点为串联关系，故采用 AND 指令；触点 Y003 与触点 X003 之间也为串联关系，因为 X003 为常闭触点，故采用 ANI 指令。紧接 OUT M101 以后，通过触点 T1 可以驱动 OUT Y004，如果这样的连接输出顺序不出错，可以多次重复使用。但是由于受图形编程器和打印机页面限制，应尽量做到一行不超过 10 个触点和一个线圈，行数不超过 24 行。

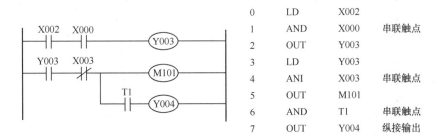

图 9-2　AND 和 ANI 触点串联指令应用示例

如图 9-3 所示，转换输出顺序之后，不能再使用连续输出，而必须采用堆栈操作。

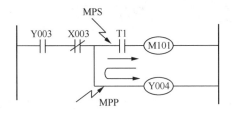

图 9-3　不能使用连续输出的说明

9.3　触点并联指令（OR、ORI）

9.3.1　OR、ORI 指令介绍

OR 和 ORI 指令分别为常开、常闭并联触点指令，用于处理触点并联关系，功能如表 9-4 所示。

表 9-4　OR 和 ORI 指令助记符及功能

助记符	名称	功能	可用软元件	程序步长
OR	或指令	常开触点并联开始	X、Y、M、S、T、C	1 步
ORI	或非指令	常闭触点并联连接	X、Y、M、S、T、C	1 步

说明如下。

（1）OR：或指令，用于常开触点的并联。

（2）ORI：或非指令，用于常闭触点的并联。

9.3.2　使用举例

【例 9-3】OR 和 ORI 触点并联指令应用示例。

如图 9-4 所示，X004、X006、M102 之间为并联关系，X006 为常开触点，所以采用 OR 指令，M102 为常闭触点所以采用 ORI 指令。OR、ORI 指令一般跟在 LD、LDI 指令后面，如果这样的连接输出顺序不出错，则并联次数没有限制，但是由于图形编程器和打印机页面限制，应尽量做到行数不超过 24 行。

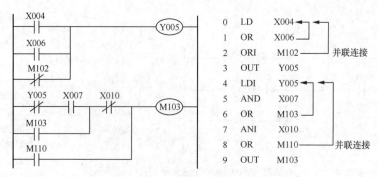

图 9-4　OR 和 ORI 触点并联指令应用示例

9.4　串联电路块的并联（ORB）指令

9.4.1　ORB 指令介绍

ORB 指令为电路块或指令，主要用于电路块的并联连接，如表 9-5 所示。

表 9-5　ORB 指令助记符及功能

助记符	名称	功能	可用软元件	程序步长
ORB	电路块或指令	串联电路块的并联连接	无	1 步

说明如下。

（1）两个以上串联连接的电路称为串联电路块，串联电路块并联连接时，每一个分支作为独立程序段的开始必须要用 LD 或者 LDI 指令。

（2）如果电路中并联支路较多，集中使用 ORB 指令时，需注意电路块并联支路数必须小于 8。

9.4.2　使用举例

【例 9-4】ORB 块或指令应用示例。

图 9-5（a）中有 3 条并联支路，对于这种梯形图，PLC 提供了两种编程方法。第一种如图 9-5（b）所示，先对块前面的两条分支进行编程，然后"块或"（ORB）产生结果；再编写第三条分支程序，并与前面结果相"或"产生结果。采用这种编程方法，ORB 的使用次数没有限制。另一种编程方法如图 9-5（c）所示，先编写每个块的程序，然后再连续使用 ORB 块或指令。建议使用第一种方法。由于受到操作器长度的限制，使用 LD、LDI 指令时，其个数限制在 8 个以下，因此，块或指令连续使用的个数限制在 8 个以下。

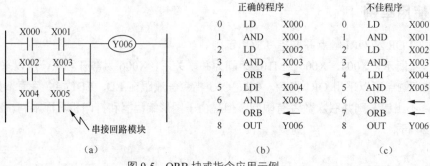

图 9-5　ORB 块或指令应用示例

9.5 并联电路块的串联（ANB）指令

9.5.1 ANB 指令介绍

ANB 指令为电路块与指令，主要用于电路块的串联连接，如表 9-6 所示。

表 9-6 ANB 指令助记符及功能

助记符	名称	功能	可用软元件	程序步长
ANB	电路块与指令	并联电路块的串联连接	无	1 步

说明如下。

（1）两个以上并联连接的电路称为并联电路块，并联电路块串联连接时，每一个分支作为独立程序段的开始必须要用 LD 或者 LDI 指令。

（2）如果电路中串联支路较多，集中使用 ANB 指令时，需注意电路块串联支路数必须小于 8。

9.5.2 使用举例

【例 9-5】ANB 并联电路块的串联连接指令应用示例。

当一个梯形图的控制线路由若干个先并联、后串联的触点组成时，可以将每组并联看成一个块，如图 9-6 所示，先写完每一个程序分支，然后再使用 ANB 指令。与 ORB 块或指令一样，ANB 块和指令个数也应在 8 个以下。

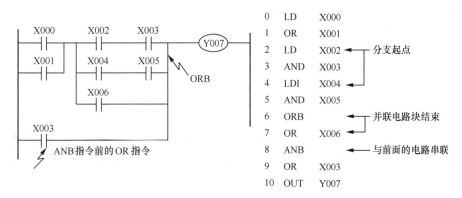

图 9-6 ANB 并联电路块的串联连接指令应用示例

PLC 的基本逻辑指令的操作是由 PLC 内部逻辑处理器完成的。PLC 内部的逻辑处理器一般为 8 位，最高位为操作器，当 PLC 执行程序时，它执行逐行扫描指令。当执行的指令为与左母线相连的 LD 指令时，它将 LD 后面操作元件中的内容提取出来送至操作器；若为与左母线相连的 LDI 指令时，它将 LDI 后面的操作元件中的内容提取出来取"反"送至操作器。若 LD 指令为并联块的串联或串联块的并联的第二个 LD 指令，则执行该 LD 指令是将操作器的内容右移一位，让最右边一位内容丢失，再将 LD 后面操作元件中的内容提取出来送至操作器。若为 LDI 指令，则将操作元件中的内容取"反"后送至操作器。

当 PLC 执行 AND 或 ANI 指令时，是将 AND 操作元件中的内容提取出来与操作器中的内容相"与"，其结果送至操作器；或将 ANI 操作元件中的内容提取出来取"反"后与操作器的内容相"与"，结果送至操作器。

当 PLC 执行 OR 或 ORI 指令时，是将 OR 操作元件中的内容提取出来与操作器中的内容相"或"，其结果送至操作器；或将 ORI 操作元件中的内容提取出来取"反"后与操作器的内容相"或"，其结果送至操作器。

当 PLC 执行 ANB、ORB 指令时，是将操作器的内容与下一位的内容相"与"或相"或"，其结果送至操作器，同时操作器的内容不变，逻辑处理器的其他各位向左移一位。当 PLC 执行 OUT 指令时，是将操作器的内容送到 OUT 的操作元件中。

9.6 分支多重输出电路指令（MPS、MRD、MPP）

9.6.1 MPS、MRD、MPP 指令介绍

MPS、MRD 和 MPP 指令为多重输出电路指令，借用了堆栈的形式处理一些特殊程序，功能如表 9-7 所示。

表 9-7 MPS、MRD 和 MPP 指令助记符及功能

助记符	名称	功能	可用软元件	程序步长
MPS	进栈指令	入栈	无	1 步
MRD	读栈指令	读栈	无	1 步
MPP	出栈指令	出栈	无	1 步

说明如下。

（1）MPS：进栈指令，将运算结果（或数据）压入栈存储器。

（2）MRD：读栈指令，将栈的第一层内容读出来。

（3）MPP：出栈指令，同时将栈第一层的内容弹出来。

这组指令用于多重输出电路，无操作数。在编程时，有时候需要将某些触点的中间结果存储起来，此时可以采用这三条指令。如图 9-7 所示，可以将 X004 之后的状态暂存起来。对于中间结果的存储，PLC 已提供了栈存储器，FX$_{2N}$ 系列 PLC 提供了 11 个栈存储器，当使用 MPS 指令时，新的运算结果存入栈的第一层，栈中原来的数据依次向下移一层；当使用 MRD 指令时，栈内的数据不发生移动，而是将栈的第一层内容读出来；当使用 MPP 指令时，是将栈中的第一层数据读出，同时该数据从栈中消失，因此称该方式为出栈或弹栈。编程时，MPS 与 MPP 必须成对使用，且连续使用次数应该少于 11 次。

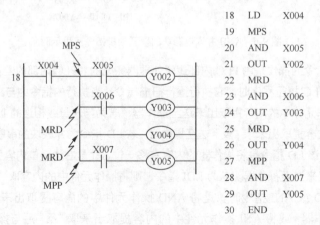

图 9-7 堆栈示意图

9.6.2 使用举例

下面介绍 MPS、MRD 和 MPP 多重输出指令的应用示例。

【例 9-6】1 层栈电路示例。

从图 9-8 可以看到，X000 的状态通过 MPS 指令被暂存在堆栈，然后在 X003 和 X005 前面需要使用时，通过 MRD 指令将堆栈状态读出，最后在 X007 处使用，堆栈内容不再作保存，采用了 MPP 指令。

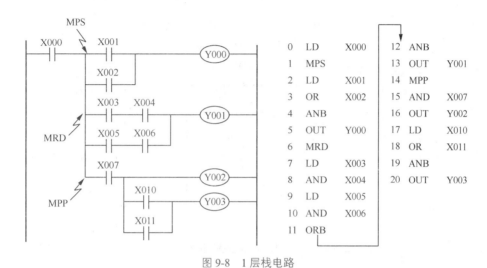

0	LD	X000		12	ANB	
1	MPS			13	OUT	Y001
2	LD	X001		14	MPP	
3	OR	X002		15	AND	X007
4	ANB			16	OUT	Y002
5	OUT	Y000		17	LD	X010
6	MRD			18	OR	X011
7	LD	X003		19	ANB	
8	AND	X004		20	OUT	Y003
9	LD	X005				
10	AND	X006				
11	ORB					

图 9-8 1 层栈电路

【例 9-7】2 层栈多重输出电路示例。

在图 9-9 中，可以看到 X000、X001、X004 之后的状态都需要暂存，而且 X001、X004 被嵌套在 X000 的内部，形成了 2 层栈电路；同样，X001、X004 暂存的状态也会先被读出，最后弹出的是 X000 的状态。

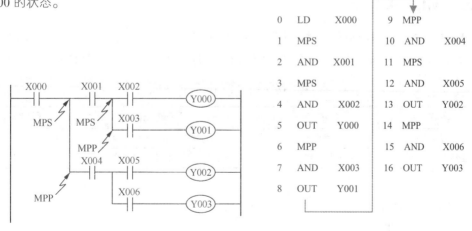

0	LD	X000		9	MPP	
1	MPS			10	AND	X004
2	AND	X001		11	MPS	
3	MPS			12	AND	X005
4	AND	X002		13	OUT	Y002
5	OUT	Y000		14	MPP	
6	MPP			15	AND	X006
7	AND	X003		16	OUT	Y003
8	OUT	Y001				

图 9-9 2 层栈电路

【例 9-8】4 层栈多重输出电路示例。

图 9-10 所示为一个 4 层栈的电路说明。电路功能虽然并不复杂，但由于设计不合理，出现了多层栈嵌套的现象，导致程序较长，影响执行效率。如果将图 9-10 中的电路改成图 9-11 所示的梯形图，则编程就不必使用 MPS/MPP 指令了。

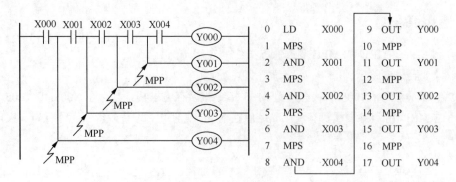

图 9-10　4 层栈电路

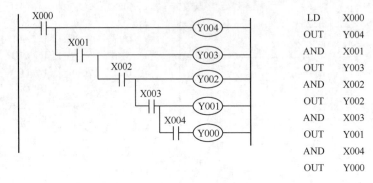

图 9-11　4 层栈优化电路

9.7　主控触点指令（MC、MCR）

9.7.1　MC、MCR 指令介绍

在实际 PLC 控制中，经常碰到多个触点由同一个触点控制的情况，这个控制其他触点的触点称为主控触点。MC 和 MCR 指令为主控指令，使用主控指令可以简化电路，其功能如表 9-8 所示。

表 9-8　MC 和 MCR 指令助记符及功能

助记符	名称	功能	可用软元件	程序步长
MC	主控起点指令	主控电路块起点	除特殊辅助继电器以外的 M	3 步
MCR	主控复位指令	主控电路块终点	除特殊辅助继电器以外的 M	2 步

说明如下。

（1）MC：主控起点指令。

（2）MCR：主控复位指令。

（3）主控指令的操作元件为 M，但不能使用特殊辅助继电器 M。

9.7.2　使用举例

【例 9-9】MC 和 MCR 指令的应用。

在图 9-12 中，当 X0 接通时，执行 MC 与 MCR 之间的指令；当输入条件 X0 断开时不执行 MC

与 MCR 之间的指令，但非积算定时器和用 OUT 指令驱动的元件均复位；积算定时器、计数器、用 SET/RST 指令驱动的元件保持当前状态。与主控触点相连的触点须用 LD 或 LDI 指令。使用 MC 指令后，相当于将母线移到主控触点的后面，而 MCR 指令使母线回到原来的位置。在 MC 指令区内再次使用 MC 指令称为嵌套。在没有嵌套结构时，通常使用 N0 指令来编程，且 N0 的使用次数没有限制。如果使用嵌套结构，在进行嵌套时，嵌套级 N 的编号依次顺序增大（N0—N1—N2—N3—N4—……—N7），返回时使用 MCR 指令，从编号大的嵌套级开始解除（N7—N6—……—N1—N0），嵌套级共有 8 级。

【例 9-10】多重嵌套示例。

嵌套示例如图 9-13 所示。对于嵌套级 N0 来说，当 X0=0 时，程序跳至 MCR N0 后执行；当 X0=1 时，母线 B 被激活。对于嵌套级 N1 来说，在 X0、X2 均为 1 时，母线 C 才被激活；当 X0=1，X2=0 时，则执行完 LDX1、OUT Y0 程序后跳至 MCR N1 程序后继续执行程序。

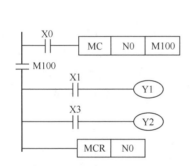

图 9-12　MC 和 MCR 指令的应用

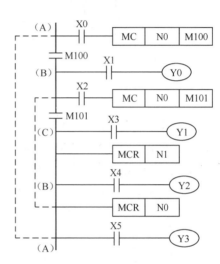

图 9-13　多重嵌套示例

9.8 自保持与解除指令（SET、RST）

9.8.1 SET、RST 指令介绍

SET 和 RST 指令分别为置位和复位指令，除了对线圈进行操作外，还可以对数据寄存器、变址寄存器、积算定时器、计数器进行清零操作，其功能如表 9-9 所示。

表 9-9　SET 和 RST 指令助记符及功能

助记符	名称	功能	可用软元件	程序步长
SET	置位指令	动作保持	Y、M、S	Y、M：1 步
RST	复位指令	消除动作保持	Y、M、S、T、C、D、V、Z	S、特殊 M：2 步 T、C：2 步 D、V、Z、特殊 D：3 步

说明如下。

（1）SET：置位指令，使动作保持。

（2）RST：复位指令，使操作保持复位（或清零）。

9.8.2 使用举例

【例 9-11】SET 和 RST 指令应用示例一。

SET 和 RST 指令的应用示例如图 9-14 所示。当 X0 由 OFF 变为 ON 时，Y0 被驱动置为 ON 状态；而当 X0 断开时，Y0 的状态仍然保持。当 X1 接通时（由 OFF 变为 ON），Y0 的状态则为 OFF 状态，即复位状态；X1 断开时，对 Y0 也没有影响。波形图可表明 SET 和 RST 指令的功能。

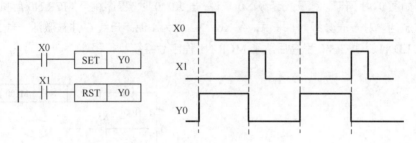

图 9-14　SET 和 RST 指令应用方法一（1）

对于 Y、M、S 等软元件，SET、RST 指令也是一样的。对于同一元件，如图 9-15 所示的 Y000、M0、S0 等，SET、RST 指令可以多次使用，其顺序没有限制。RST 指令还可以使数据寄存器（D）、变址寄存器（V、Z）的内容清零。此外，积算定时器 T246~T255 的当前值的清零和触点的复位也可使用 RST 指令，计数器 C 的当前值清零及输出触点复位也可以使用 RST 指令。

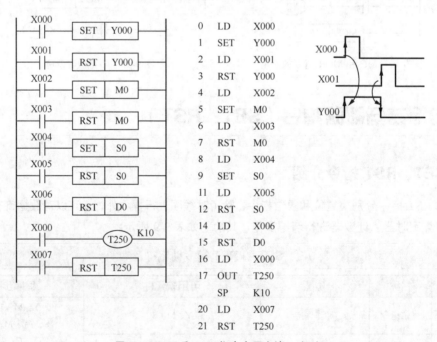

图 9-15　SET 和 RST 指令应用方法一（2）

关于积算定时器 T（T246~T255）及计数器和高速计数器的应用可用图 9-15 所示的编程实例来予以说明。

【例 9-12】SET、RST 应用示例二。

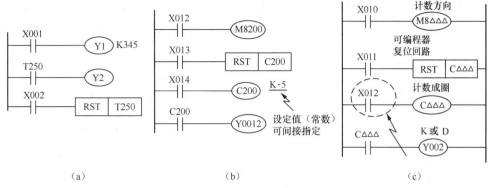

图 9-16　SET 和 RST 指令应用方法二

对于图 9-16（a）积算定时器 T250，当 X002 接通时，T250 复位，T250 的当前值清零，其触点 T250 复位，Y001 输出为零。当 X002 断开时，若 X001 接通，则 T250 对内部 1ms 时钟脉冲进行计数，当计数到 345 个时（即 0.345s），达到设定的值，即定时时间到，T250 触点动作，Y001 有输出。

图 9-16（b）中，X013 为 C200 的复位信号，X014 为 C200 的计数信号。当 X013 输出为 0 时，C200 接收到 X014 共 5 个计数信号，C200 触点接通，Y001 输出 1；而当 X013 为 1 时，C200 当前值及触点复位，输出 Y001 为 0。

图 9-16（c）中，X010 控制计数方向，由特殊辅助继电器 M8235~M8245 决定计数方向。X010 为 0 时加计数，X010 为 1 时则减计数。C235~C245 为单相单输入计数器。X011 为计数器复位信号，当 X011 接通时，计数器清零复位，当 X011 断开时，计数器可以工作。

9.9　脉冲微分输出指令（PLS、PLF）

9.9.1　PLS、PLF 指令介绍

在 PLC 程序编制过程中，有时候会用到脉冲执行信号，这时原来的指令无法处理，需要用到脉冲微分输出指令 PLS 和 PLF，其功能如表 9-10 所示。

表 9-10　PLS 和 PLF 指令助记符及功能

助记符	名称	功能	可用软元件	程序步长
PLS	上升沿微分输出	上升沿微分输出	通用 M	2 步
PLF	下降沿微分输出	下降沿微分输出	通用 M	2 步

说明如下。

（1）PLS：上升沿微分输出指令，在输入信号上升沿产生脉冲信号。

（2）PLF：下降沿微分输出指令，在输入信号下降沿产生脉冲信号。

9.9.2　使用举例

【例 9-13】PLS 和 PLF 指令应用示例。

图 9-17 所示是使用 PLS 和 PLF 指令编程的范例。从图中可以看到，X0 置为 1 后，M0 只在 X0

的上升沿导通一个扫描周期，形成脉冲。同样，M1 在 X1 的下降沿导通一个扫描周期，形成脉冲。从图 9-17 所示的波形图中可以看出，使用 PLS、PLF 指令的作用是将输入开关信号进行脉冲处理，以适应不同的控制要求。脉冲输出宽度为一个扫描周期。

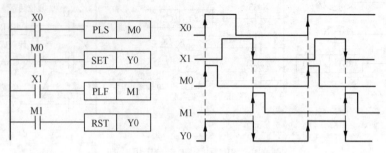

图 9-17　PLS 和 PLF 指令应用示例

9.10 取反指令（INV）

9.10.1 INV 指令介绍

在 PLC 程序编制过程中，有时需要得到输出状态相反的两个信号，此时可以采用 INV 指令，其功能如表 9-11 所示。

表 9-11　INV 指令助记符及功能

助记符	名称	功能	可用软元件	程序步长
INV	取反指令	运算结果取反	无	1 步

说明如下。

INV：将执行该指令之前的运算结果取反，无可操作软元件。

9.10.2 使用举例

【例 9-14】INV 指令应用示例。

图 9-18 所示，当 X000 为 1 时，Y000 为 0；当 X000 为 0 时，Y000 为 1。

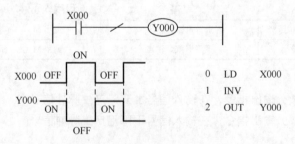

图 9-18　INV 取反指令应用示例

需要注意一点，编写 INV 取反指令，需前面有输入量，INV 取反指令不能直接与母线相连，也不能像 OR、ORI、ORP、ORF 等指令单独并联使用。在对较复杂电路进行编程时，例如有块"与"

（ANB）、块"或"（ORB）的电路中，INV 取反指令功能仅对以 LD、LDI、LDP、LDF 开始到其本身（INV）之前的运算结果取"反"。

9.11 空操作指令（NOP）

9.11.1 NOP 指令介绍

空操作指令（NOP），程序中仅用于空操作。PLC 中若执行程序全部清零后，所有指令均变成 NOP。此外，编写程序时，若程序中加入适当的空操作指令，在变更程序或修改程序时，可以减少步序号的变化。

9.11.2 功能

空操作指令（NOP）的功能如表 9-12 所示。

表 9-12 NOP 指令助记符及功能

助记符	名称	功能	可用软元件	程序步长
NOP	空操作指令	无动作	无	1 步

9.12 程序结束指令（END）

9.12.1 END 指令介绍

结束指令（END），表示程序结束。FX 系列 PLC 程序输入完毕，必须写入 END 指令，否则程序不运行。

9.12.2 功能

结束指令（END）的功能如表 9-13 所示。

表 9-13 END 指令助记符及功能

助记符	名称	功能	可用软元件	程序步长
END	结束指令	输入/输出处理、返回到 0 步	无	1 步

9.13 LDP、LDF、ANDP、ANDF、ORP、ORF 指令

9.13.1 指令介绍

PLC 编程过程中，有时需要触点在脉冲的上升沿或下降沿动作，这时必须采用脉冲指令。脉冲

指令的功能如表 9-14 所示。

表 9-14　脉冲指令助记符及功能

助记符	名称	功能	可用软元件	程序步长
LDP	取脉冲上升沿指令	上升沿检测运算开始	X、Y、M、S、T、C	2步
LDF	取脉冲下降沿指令	下降沿检测运算开始	X、Y、M、S、T、C	2步
ANDP	与脉冲上升沿指令	上升沿检测串联连接	X、Y、M、S、T、C	2步
ANDF	与脉冲下降沿指令	下降沿检测串联连接	X、Y、M、S、T、C	2步
ORP	或脉冲上升沿指令	上升沿检测并联连接	X、Y、M、S、T、C	2步
ORF	或脉冲下降沿指令	下降沿检测并联连接	X、Y、M、S、T、C	2步

说明：

（1）LDP、ANDP、ORP：进行上升沿检测，仅在指定位软元件的上升沿时（由 OFF 变化为 ON 时）接通一个扫描周期，又称上升沿微分指令。

（2）LDF、ANDF、ORF：进行下降沿检测，仅在指定位软元件的下降沿时（由 ON 变化为 OFF 时）接通一个扫描周期，又称下降沿微分指令。

9.13.2　使用举例

【例 9-15】PLS 和 PLF 指令应用示例。

上述指令的操作数全为位元件，即 X、Y、M、S、T、C。如图 9-19 所示，在 X000 的上升沿，M0 有输出，且接通一个扫描周期；对于 M1，仅当 M8000 接通且 X002 的上升沿接通时，M1 输出一个扫描周期。

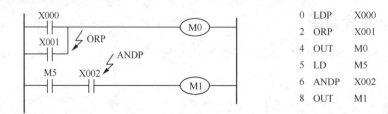

```
0  LDP   X000
2  ORP   X001
4  OUT   M0
5  LD    M5
6  ANDP  X002
8  OUT   M1
```

图 9-19　边沿检测指令应用示例

9.14　基本逻辑指令的编程及应用

9.14.1　PLC 编程特点

1. 编程方法简单易学

梯形图是使用得最多的 PLC 的编程语言，其电路符号和表达方式与继电器电路原理图相似，梯形图语言形象直观，易学易懂，熟悉继电器电路图的电气技术人员只需花几天时间就可以熟悉梯形图语言，并用来编制用户程序。

梯形图语言实际上是一种面向用户的高级语言，PLC 在执行梯形图程序时，将它"翻译"成汇编语言后再去执行。

2．功能强，性能价格比高

一台小型 PLC 内由成百上千个可供用户使用的编程元件，有很强的功能，可以实现非常复杂的控制功能。与相同功能的继电器系统相比，具有很高的性能价格比。PLC 可以通过通信联网，实现分散控制，集中管理。

3．硬件配套齐全，用户使用方便，适应性强

PLC 产品已经标准化、系列化、模块化，配备有品种齐全的各种硬件装置供用户选用，用户能灵活方便地进行系统配置，组成不同功能、不同规模的系统。PLC 的安装接线也很方便，一般用接线端子连接外部接线。PLC 带负载能力，可以直接驱动一般的电磁阀和中小型交流接触器。

硬件配置确定后，通过修改用户程序，就可以方便快速地适应工艺条件的变化。

4．可靠性高，抗干扰能力强

传统的继电器控制系统中使用了大量的中间继电器、时间继电器。由于触点接触不良，容易出现故障。PLC 用软件代替大量的中间继电器和时间继电器，仅剩下与输入和输出有关的少量硬件元件，接线可减少到继电器控制系统的十分之一到百分之一，因触点接触不良造成的故障大为减少。

PLC 使用了一系列硬件和软件抗干扰措施，具有很强的抗干扰能力，平均无故障时间达到数万小时以上，可以直接用于有强烈干扰的工业生产现场，PLC 被大用户公认为最可靠的工业控制设备之一。

5．系统的设计、安装、调试工作量少

PLC 用软件功能取代了继电器控制系统中大量的中间继电器、时间继电器、计数器等器件，使控制柜的设计、安装、接线工作量大大减少。

PLC 的梯形图程序可以用顺序控制设计法来设计。这种编程方法很有规律，很容易掌握。对于复杂的控制系统，如果掌握了正确的设计方法，设计梯形图的时间比设计继电器系统电路图的时间要少得多。

可以在实验室模拟调试 PLC 的用户程序，输入信号用小开关来模拟，可通过 PLC 发光二极管观察输出信号的状态。完成了系统的安装和接线后，在现场的统调过程中发现的问题一般通过修改程序就可以解决，系统的调试时间比继电器系统少得多。

6．维修工作量小，维修方便

PLC 的故障率很低，并且有完善的自诊断和显示功能。PLC 或外部的输入装置和执行机构发生故障时，可以根据 PLC 上的发光二极管或编程器提供的信息方便地查明故障的原因，用更换模块的方法可以迅速地排除故障。

7．体积小，能耗低

对于复杂的控制系统，使用 PLC 后，可以减少大量的中间继电器和时间继电器，小型 PLC 的体积仅相当于几个继电器的大小，因此可将开关柜的体积缩小到原来的 1/10~ l/2。

PLC 控制系统的配线比继电器控制系统的少得多，故可以省下大量的配线和附件，减少很多安装接线工时，加上开关柜体积的缩小，可以节省大量的费用。

9.14.2 一些典型的控制程序

基本指令编程是学习 PLC 的基础，熟练掌握基本指令的应用才能更好地进行复杂程序的设计，读者可以结合以下一些典型的控制程序实例进行学习。

【实例 9-1】电动机直接启动。

（1）控制要求

① 电动机的额定电流较大，PLC 不能直接控制主电路，需要通过接触器来控制。

② 找出所有输入量和输出量，画出 I/O 接线图。

③ 为了扩大输出电流，采用接触器输出方式。

④ 热继电器的常闭触点可以作为输入信号进行过载保护，也可以用于输出保护。

⑤ 做出梯形图和指令表。

（2）设计过程

根据题目要求，设计的主电路如图 9-20 所示。由于电动机电流较大，因此采用了接触器控制启动的方式，并且加上了相应的保护。

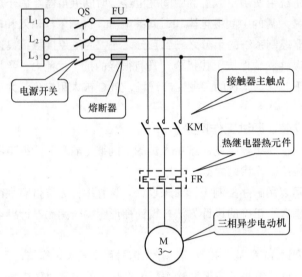

图 9-20 主电路

由题目要求可知，需要用到启动按钮和停止按钮，因此输入量要包括启动按钮、停止按钮，考虑到安全问题，在此基础上又加上了热继电器 FR，所以共计 3 个输入量。由于只控制一台电动机，所以输出量只有一个，同样从安全考虑，在输出的接触器上串联了热继电器 FR 作保护。得到的 I/O 接线图如图 9-21 所示。

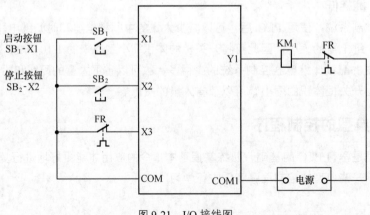

图 9-21 I/O 接线图

最后根据控制要求，设计的电动机连续运转程序如图 9-22 所示。从图 9-21 中可以看到，按下按钮 X1，Y1 接通，KM₁ 得电动作，电动机开始运行，同时 Y1 自锁触点闭合，实现连续运转控制。按下按钮 X2 之后，Y1 断电，KM₁ 也会停止动作，电动机断电停止运行。

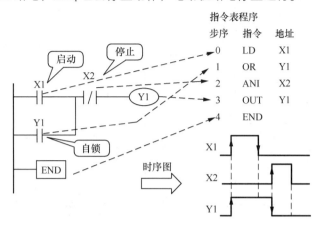

图 9-22　电动机连续运转程序

【实例 9-2】电动机正、反转控制。

（1）控制要求

① 电动机的额定电流较大，PLC 不能直接控制主电路，需要通过接触器来控制。

② 找出所有输入量和输出量，画出 I/O 接线图。

③ 为了扩大输出电流，采用接触器输出方式。

④ 热继电器的常闭触点可以作为输入信号进行过载保护，也可以用于输出保护。

⑤ 设计出梯形图和指令表。

⑥ 注意电动机正、反转控制线路需要换相控制，采用 KM₁、KM₂ 分别作为正、反转控制接触器。

（2）设计过程

电动机正、反转控制主电路如图 9-23 所示。

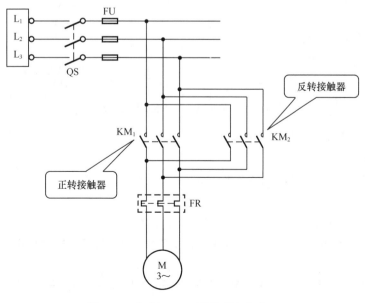

图 9-23　电动机正、反转控制主电路图

根据题目要求，设计的电动机正、反转控制 I/O 接线图如图 9-24 所示。3 个输入量分别为正转控制按钮 SB₂ 接 X0，反转控制按钮 SB₃ 接 X1，停止按钮 SB₁ 接 X2。由于是正、反转控制，因此输出量为 2 个，分别是 Y1 接正转控制接触器 KM₁，Y2 接反转控制接触器 KM₂。出于安全考虑，采用了热继电器 FR 作过载保护。

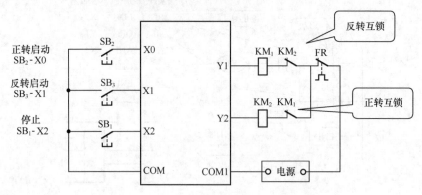

图 9-24 电动机正、反转控制 I/O 接线图

最后根据控制要求设计的电动机正、反转控制梯形图程序如图 9-25 所示，按下正转按钮 X0，Y1 得电并实现自锁，电动机开始正转；按下反转按钮 X1，Y1 制电，Y2 得电并且实现自锁，电动机开始反转；按下停止按钮 X2，Y1、Y2 均断电，电动机停止运行。需要注意的是，程序的软件互锁并不能代替接触器的硬件互锁，因此，在硬件接线时仍然要保留硬件互锁。

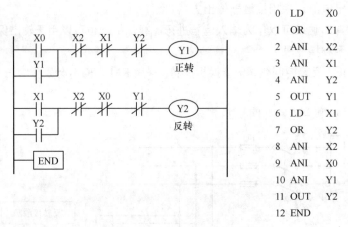

图 9-25 电动机正、反转控制梯形图程序

【实例 9-3】3 台电动机顺序启动控制。

（1）控制要求

① 电动机的额定电流较大，PLC 不能直接控制主电路，需要通过接触器来控制。

② 找出所有输入量和输出量，画出 I/O 接线图。

③ 为了扩大输出电流，采用接触器输出方式。

④ 热继电器的常闭触点可以作为输入信号进行过载保护，也可以用于输出保护。

⑤ 设计出梯形图和指令表。

⑥ 3 台电动机必须按照 M1、M2、M3 的固定顺序启动，对停止顺序未作要求。

（2）设计过程

依据题目要求，设计的 3 台接触器顺序控制主电路如图 9-26 所示。3 台电动机均采用并联方式，结构完全一样，分别用接触器 KM_1、KM_2、KM_3 控制。

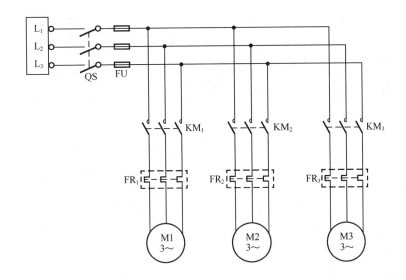

图 9-26　3 台接触器顺序控制主电路

根据题目要求，设计的 3 台接触器顺序控制 I/O 接线图如图 9-27 所示。3 台电动机每台都需要停止/启动按钮各一个，为 SB_1~SB_6，占用了 X0~X4 输入点。输出量用接触器 KM_1~KM_3 分别控制 3 台电动机的主电路。

3 台接触器顺序控制梯形图指令如图 9-28 所示。按下 X0 后，Y1 得电并且实现自锁，M1 开始运行。然后按下 X2，Y2 得电并且实现自锁，M2 开始运行。然后按下 X4，Y3 得电并且实现自锁，M3 开始运行。

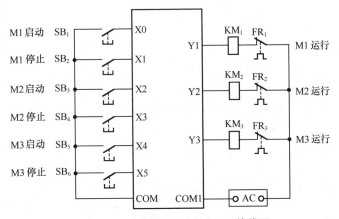

图 9-27　3 台接触器顺序控制 I/O 接线图

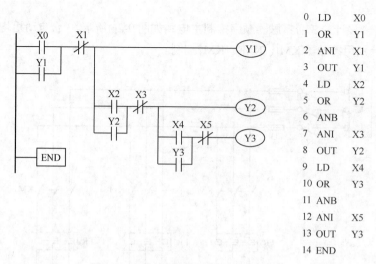

```
0   LD    X0
1   OR    Y1
2   ANI   X1
3   OUT   Y1
4   LD    X2
5   OR    Y2
6   ANB
7   ANI   X3
8   OUT   Y2
9   LD    X4
10  OR    Y3
11  ANB
12  ANI   X5
13  OUT   Y3
14  END
```

图 9-28 3 台接触器顺序控制梯形图指令

【实例 9-4】电动机 Y-△减压启动控制。

（1）控制要求

笼型异步电动机 Y-△减压启动继电接触器控制系统如图 9-29 所示，现拟用 PLC 进行改造，试设计相应的硬件接线原理图和控制程序。

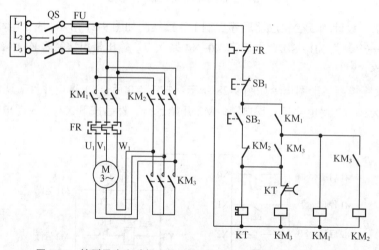

图 9-29 笼型异步电动机 Y-△减压启动继电器接触器控制系统图

（2）设计过程

根据控制要求编制 PLC 输入/输出地址，如表 9-15 所示。

表 9-15 电动机 Y-△启动控制系统 PLC 输入/输出地址

输入地址	功能说明	输出地址	功能说明
X0	停止信号按钮	Y0	走廊灯
X1	启动信号按钮	Y1	供电电源
X2	电动机过载保护信号	Y2	三角形运行
X3	备用	Y3	星形运行

设计的电动机 Y-△减压启动控制硬件接线图如图 9-30 所示。

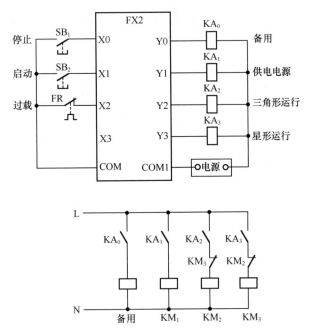

图 9-30 电动机 Y-△减压启动控制硬件接线图

电动机 Y-△减压启动控制梯形图如图 9-31 所示。

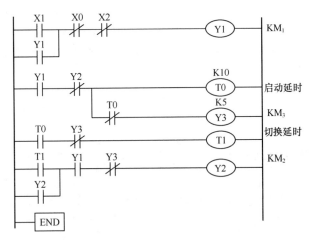

图 9-31 电动机 Y-△减压启动控制梯形图

（3）程序分析

在停止按钮 X0、过载继电器 X2 断开的情况下，按下启动按钮 X1，则 Y1 接通，Y1 的触点又使得 Y3 接通，启动定时器 T0 开始延时。此时接触器 KM_1 和 KM_3 接通，电动机以星形接法启动。

T0 延时到，其常闭触点断开，将 Y3 断开，并启动切换定时器 T1。T1 延时到，Y2 接通并自锁，此时 KM_1 和 KM_2 接通，电动机以三角形接法运行。

【实例 9-5】按钮计数控制。

（1）控制要求

当输入按钮 X0 被按下 3 次，信号灯 Y0 亮；输入按钮再按下 3 次，信号灯 Y0 熄灭。按钮计数波形图如图 9-32 所示。

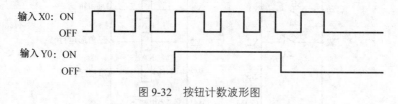

图 9-32　按钮计数波形图

（2）程序设计

参考的按钮计数控制梯形图如图 9-33 所示。

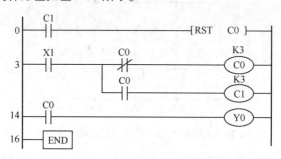

图 9-33　按钮计数控制梯形图

（3）程序分析

X1 每接通一次，C0 计数值增加 1；当 C0 计数值为 3 时，Y0 接通，并且此后 C1 开始对 X0 的上升沿进行计数；当 C1 计数值为 3 时，C0 被复位，C0 的常闭触点也将 C1 进行复位，开始下一次计数。

【实例 9-6】时钟电路。

（1）控制要求

利用 PLC 设计计数器，完成时钟电路。

（2）程序设计

时钟电路梯形图如图 9-34 所示。

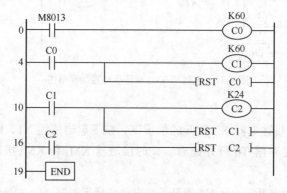

图 9-34　时钟电路梯形图

（3）程序分析

PLC 运行后，C0 计数器对 M8013（1s 脉冲）进行计数，计数满 60（1min）后 C0 动作，C0 常开触点闭合，作为 C1 的计数信号，同时复位 C0，为继续计数做好准备；同样，C1 计数满 60（1h），C1 常开触点闭合，作为 C2 的计数信号，同时复位 C1；C2 计数满 24（1day），C2 常开触点闭合。

【实例 9-7】大型电动机的启停控制。

（1）控制要求

应用 SET、RST 指令编程控制大型电动机的启动、停车。

电动机启动的条件是：允许自动、手动启停；无论自动、手动均需冷却水泵、润滑油泵启动，且水压、油压正常。

停车的条件是：手动停车；润滑油、冷却液压力不正常及电动机过载停车；事故停车。

（2）程序设计

程序设计根据控制要求编制输入/输出地址，如表 9-16 所示。

表 9-16　大型电动机启、停控制系统 PLC 输入/输出地址

输入地址	功能说明	输出地址	功能说明
X6	手动/自动转换（X0=ON 自动、X0=OFF 手动）	Y5	水泵电动机
X7	水泵启动（按钮）	Y6	油泵电动机
X10	油泵启动（按钮）	Y7	主电动机
X11	系统启动（按钮）	Y10	报警提示
X12	系统停车（按钮）		
X13	事故信号（事故时 ON）		
X14	润滑油压（正常时 ON）		
X15	冷却液压（正常时 ON）		
X16	主电动机过载（过载时 ON）		
X17	故障报警解除		

大型电动机启、停控制梯形图如图 9-35 所示。

（3）程序分析

当 X6 接通时，程序处于自动工作方式。此时按下启动按钮 X11，如果无报警信号则输出 Y10，水泵输出 Y5、油泵输出 Y6 接通并自锁。如果此时油压、液压均正常（即 X14、X15 接通），则 M0 接通，M1 产生宽度为一个扫描周期的脉冲，此脉冲将主电动机输出 Y7 置位，电动机启动运行。

当 X6 断开，程序处于手动工作方式，此时需要按下 X7 启动水泵，按下 X10 启动油泵，再按下 X11 启动主电动机。

假如油压或液压不正常，则 M3 产生一个"压力异常脉冲"；假如发生事故、电动机过载或有"压力异常脉冲"，则 M4 产生一个"故障脉冲"，此脉冲将主电动机输出 Y7 复位，同时接通报警指示灯 Y10 并自锁，Y10 必须在按下报警解除按钮 X17 后才能复位。

在运行状态下，按下停止按钮 X12，则水泵、油泵和主电动机均被断开。

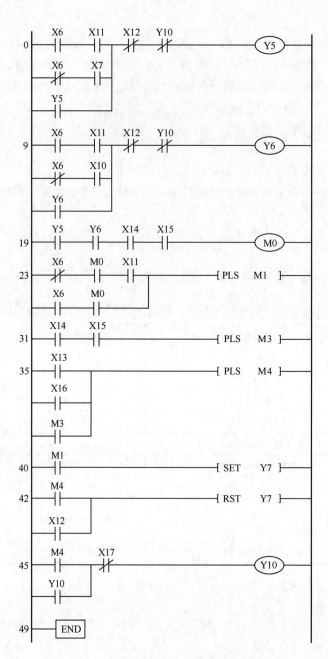

图 9-35 大型电动机启、停控制梯形图

第10章

步进顺控指令

机械设备的动作过程大多是按工艺要求预先设计的逻辑顺序或时间顺序的工作过程,即在现场开关信号的作用下,启动机械设备的某个机构工作后,该机构在执行任务中发出另一现场开关信号,继而启动另一机构动作,如此按步进行下去,直至全部工艺过程结束,这种由开关元件控制的按步控制方式,称为顺序控制。利用顺序控制设计方法,可以较容易地编写出复杂的顺序控制程序,大大提高了工作效率。本章首先用举例的方式介绍了状态转移图的编程方法,然后介绍了步进指令的单流程控制、步进指令的选择性分支结构流程控制和步进指令的并性分支结构流程控制。

10.1 状态转移图

10.1.1 3台电动机顺序启动控制线路

(1)控制要求

① 电动机的额定电流较大,PLC 不能直接控制主电路,需要通过接触器来控制。

② 找出所有输入量和输出量,画出 I/O 接线图。

③ 为了扩大输出电流,采用接触器输出方式。

④ 热继电器的常闭触点可以作为输入信号进行过载保护,也可以用于输出保护。

⑤ 设计出梯形图和指令表。

⑥ 3 台电动机必须按照 M1、M2、M3 的固定顺序启动,对停止顺序未作要求。

(2)设计过程

依据题目要求,设计出 3 台接触器顺序控制主电路,如图 10-1 所示。3 台电动机均采用并联方式,结构完全一样,分别用接触器 KM_1、KM_2、KM_3 控制。

根据题目要求,设计出 3 台接触器顺序控制 I/O 接线图,如图 10-2 所示。3 台电动机每台都需要停止/启动按钮各一个,为 $SB_1 \sim SB_6$,占用了 X0~X5 输入点。输出量用接触器 $KM_1 \sim KM_3$ 分别控制 3 台电动机的主电路。

3 台接触器顺序控制梯形图指令如图 10-3 所示,按下 X0 之后 Y1 得电并且实现自锁,M1 开始运行。然后按下 X2,Y2 得电并且实现自锁,M2 开始运行。然后按下 X4,Y3 得电并且实现自锁,M3 开始运行。

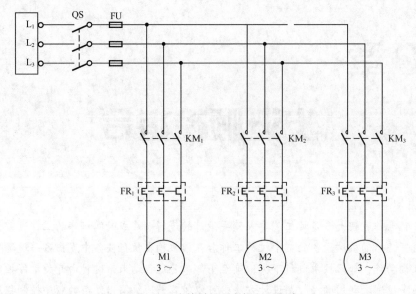

图 10-1   3 台接触器顺序控制主电路

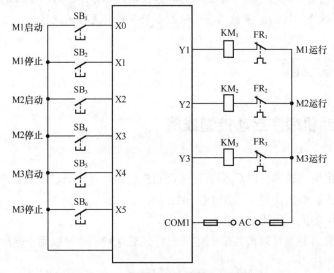

图 10-2   3 台接触器顺序控制 I/O 接线图

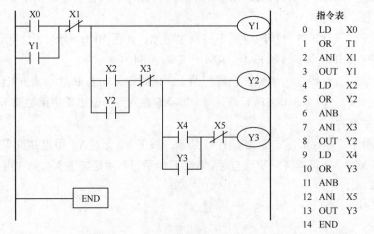

```
指令表
0    LD    X0
1    OR    T1
2    ANI   X1
3    OUT   Y1
4    LD    X2
5    OR    Y2
6    ANB
7    ANI   X3
8    OUT   Y2
9    LD    X4
10   OR    Y3
11   ANB
12   ANI   X5
13   OUT   Y3
14   END
```

图 10-3   3 台接触器顺序控制梯形图指令

10.1.2　状态继电器 S

在 PLC 状态转移图中，状态继电器 S 是状态转移图的重要元件。

基于状态继电器 S 的状态转移图主要用于顺序控制的 SFC 编程和步进指令梯形图编程；也可以使用其他继电器（如辅助继电器 M）作为状态流程图中的状态，采用类同状态转移图的描述方法来设计顺序控制梯形图程序。

（1）状态继电器 S

FX 系列 PLC 中，专门提供了编程软件状态继电器 1000 点，其分配及用途如下：

➤ S0~S9，状态转移图的初始状态。

➤ S10~S19，多运行模式控制中用作原点返回状态。

➤ S20~S499，状态转移图的中间状态。

➤ S500~S899，停电保持作用。

➤ S900~S999，报警元件作用。

（2）状态的三要素

状态转移图中，每个状态都具备下列三要素，如图 10-4 所示。

① 驱动负载，指该状态所要执行的任务。图 10-4 所示的 Y0 就是状态 S20 的驱动负载。驱动负载可以使用输出指令 OUT，也可用置位指令 SET。SET 指令驱动的输出只能用 RST 指令使其复位，而 OUT 指令驱动的输出在指令关闭后自动关闭。

② 转移条件，指在满足设置的条件下状态间实现转移。图 10-4 所示状态 S20 实现转移的条件是 X1 为 ON。

③ 转移目标，指转移到的状态。图 10-4 所示的 S21 状态是 S20 的转移目标。

需要指出的是，如果转移目标是顺序转移，转移指令用 SET 置位目标状态；如果转移目标为顺序非连接转移，转移指令必须使用 OUT 指令，如图 10-5 所示。

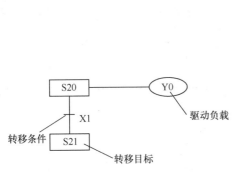

图 10-4　状态转移图的三要素示意图

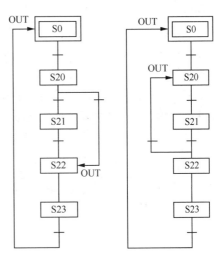

图 10-5　非连接状态转移图

（3）状态转移图

根据各状态的三要素，将其连接为状态转移图，如图 10-5 所示。

10.1.3　状态转移图的组成

状态转移图是用状态元件描述工步状态的工艺流程图，它主要由步、有向连线、转换、转换条件和动作（命令）组成，如图 10-6 所示。

1. 步与动作

（1）步

在功能表图中用矩形框表示步，如图 10-6（a）所示，方框内是该步的编号。如图 10-7 所示各步的编号为 n-1、n、n+1。编程时，一般用 PLC 内部编程元件来代表各步，因此经常直接用代表该步的编程元件的元件号作为步的编号，如 S20 等，这样在根据状态转移图设计梯形图时较为方便。

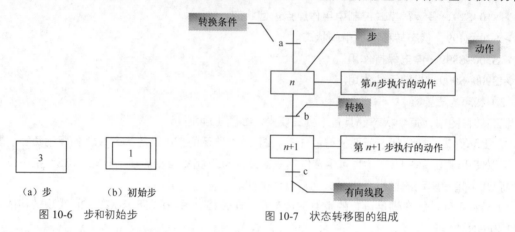

（a）步　　（b）初始步

图 10-6　步和初始步

图 10-7　状态转移图的组成

（2）初始步

与系统的初始状态相对应的步称为初始步。初始状态一般是系统等待启动命令的相对静止的状态。初始步用双线方框表示，如图 10-6（b）所示，每一个状态转移图至少应该有一个初始步。

（3）动作

一个控制系统可以划分为被控系统和施控系统，例如在数控车床系统中，数控装置是施控系统，而车床是被控系统。对于被控系统，在某一步中要完成某些"动作"，对于施控系统，在某一步中则要向被控系统发出某些"命令"，将动作或命令简称为动作，并用矩形框中的文字或符号表示，该矩形框应与相应的步的符号相连。如果某一步有几个动作，可以用如图 10-8 所示的两种画法来表示，但是图中并不隐含这些动作之间的任何顺序。

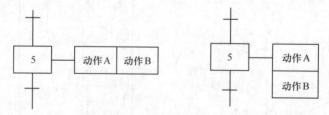

图 10-8　多个动作表示的两种画法

（4）活动步

当系统正处于某一步时，该步处于活动状态，称该步为"活动步"。步处于活动状态时，相应的动作被执行。若为保持型动作则该步不活动时继续执行该动作；若为非保持型动作则指该步不活动时，动作也停止执行。在功能表图中，一般保持型的动作应该用文字或助记符标注，而非保持型动作不要标注。

2. 有向连线、转换与转换条件

（1）有向连线

在功能表图中，随着时间的推移和转换条件的实现，将会发生步的活动状态的顺序进展，这种进展按有向连线规定的路线和方向进行。在画功能表图时，将代表各步的方框按它们成为活动步的先后次序顺序排列，并用有向连线将它们连接起来。活动状态的进展方向习惯上是从上到下或从左至右，在这两个方向有向连线上的箭头可以省略。如果不是上述的方向，应在有向连线上用箭头注明进展方向。

（2）转换

转换是用有向连线上与有向连线垂直的短画线来表示，转换将相邻两步分隔开。步的活动状态的进展是由转换的实现来完成的，并与控制过程的发展相对应。

（3）转换条件

转换条件是与转换相关的逻辑条件，转换条件可以用文字语言、布尔代数表达式或图形符号标注在表示转换的短线的旁边，使用最多的是逻辑代数表达式。转换条件可以是 PLC 外部的输入信号，或 PLC 内部定时器、计数器的触点提供的信号，也可以是若干个信号的与、或、非逻辑组合。

使用时要注意以下几方面：

① 步与步不能直接相连，必须用转移分开；

② 步与转移、转移与步之间的连线采用有向线段,画功能图的顺序一般是从上向下或从左到右，正常顺序时可以省略箭头，否则必须加箭头。

③ 一个功能图至少应有一个初始步。

④ 只有当某一步前级步都是活动步时，该步才有可能变成活动步。PLC 开始进入 RUN 方式时各步均处于"0"状态，因此必须要有初始化信号，将初始步预置为活动步，否则功能表图中不会出现活动步，系统将无法工作。

10.1.4 步进指令 STL、RET

1. 指令定义及应用对象

步进数控指令共有两条，如表 10-1 所示。

表 10-1 步进数控指令

指令符	名称	指令意义
STL	步进指令	在顺控程序中进行工序步进型控制的指令
RET	步进复位指令	表示状态流程的结束，返回主程序（母线）的指令

2. 指令功能及说明

步进顺控指令功能比较强大。每个状态器都有三个功能：驱动有关负载、指定转换目标元件和指定转移条件。如图 10-9 所示，状态维电器 S20 驱动输出 Y000 指令，转移条件为 X001，当 X001 闭合时，状态由 S20 转换到 S21。

（1）主控功能

➤ STL 指令仅对状态继电器 S 有效；

➤ STL 指令将状态继电器 S 的触点与主母线相连并提供主控功能；

➤ 使用 STL 指令后，触点的右侧起点处要使用 LD（LDI）指令，步进复位指令 RET 使 LD 点返回主母线。

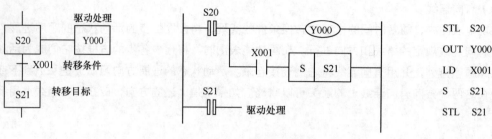

图 10-9　指令功能说明

（2）自动复位功能

➢ 使用 STL 指令时，新的状态器 S 被置位，前一个状态器 S 将自动复位；

➢ OUT 指令和 SET 指令都能使转移源自动复位，另外还具有停电自保持功能；

➢ OUT 指令在状态转移图中只用于向分离的状态转移，而不是向相邻的状态转移；

➢ 状态转移源自动复位须将状态转移电路设置在 STL 回路中，否则原状态不会自动复位。

（3）驱动功能

可以驱动 Y、M、T 等继电器。

10.1.5　步进梯形图和指令表程序

某自动往返的小车的状态转移图与梯形图及指令表如图 10-10 所示。

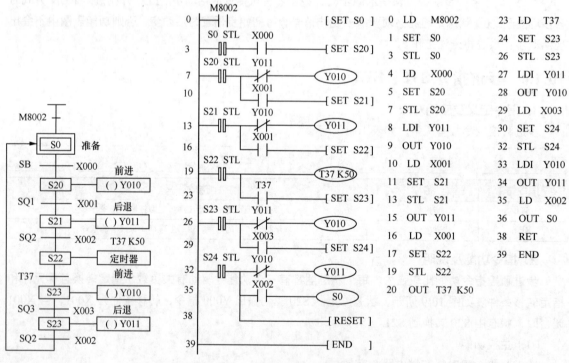

图 10-10　某自动小车的状态转移图与梯形图及指令表

10.2 步进指令的单流程控制

1. 设计步骤

单流程是指状态转移只有一种顺序，每一个状态只有一个转移条件和一个转移目标。

单流程编程要紧紧围绕状态的三要素，按"先驱动、后转移"进行编程，初始状态可由其他状态驱动或初始条件驱动，也可用 M8002 触点驱动，其设计步骤如下。

（1）根据控制要求，列出 PLC 的 I/O 分配表，画出 I/O 分配图。

（2）将整个工作过程按工作步序进行分解，每个工作步对应一个状态，将其分为若干个状态。

（3）理解每个状态的功能和作用，设计驱动程序。

（4）找出每个状态的转移条件和转移方向。

（5）根据上述分析，画出控制系统的状态转移图。

（6）根据状态转移图写出指令表。

2. 步进指令的单流程程序设计实例

用步进顺控指令设计一个三相异步电动机正、反转循环的控制系统。其控制要求如下：按下启动按钮，电动机正转 3s，暂停 2s，反转 3s，暂停 2s，如此循环 5 个周期，然后自动停止。运行中，可按停止按钮停止，热继电器动作也可以使电动机停止运行。

（1）I/O 分配

根据控制要求，其 I/O 分配为 X0：SB 动合触点（停止按钮）；X1：SB$_1$ 动合触点（启动按钮）；X2：FR 动合触点（热继电器）；Y0：KM$_1$（电动机正转接触器）；Y1：KM$_2$（电动机反转接触器）。根据以上分析绘制 PLC 的 I/O 接线图，如图 10-11 所示。

（2）顺序功能图程序设计。

通过分析控制要求可知，这是一个单流程控制程序，其工作流程图如图 10-12 所示。根据工作流程图画出其顺序功能图，如图 10-13 所示，其梯形图如图 10-14 所示，指令表见表 10-2。

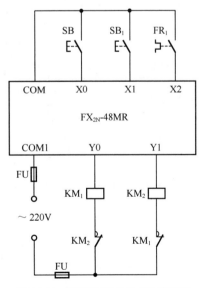

图 10-11　绘制的 PLC 的 I/O 接线图

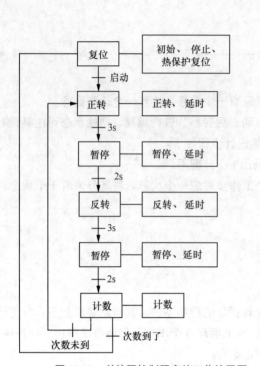

图 10-12　单流程控制程序的工作流程图

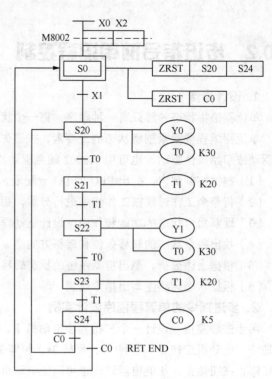

图 10-13　单流程控制程序的顺序功能图

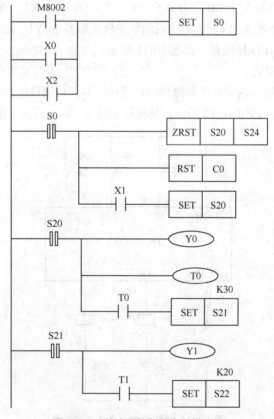

图 10-14　单流程控制程序的梯形图

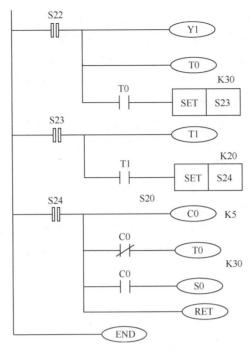

図 10-14 単流程控制程序的梯形図（続）

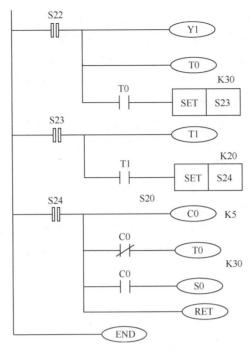

图 10-14　单流程控制程序的梯形图（续）

表 10-2　单流程控制程序的指令表

指令	说明	指令	说明
LD　M8002	驱动处理	SET　S22	第二分支驱动处理
OR　X0		OUT　Y1	
OR　X2		OUT　T0 K30	
SET　S0		LD　T0	各分支转换到汇合点
STL　S0		SET　S23	
ZRST S20 S24		STL　S23	
RST　C0		OUT　T1 K20	
LD　X1	转换到第一分支	LD　T1	
SET　S20		SET　S24	
STL　S20	第一分支驱动处理	STL　S24	合并处理
OUT　Y0		OUT　C0 K5	
OUT　T0 K30		LDI　C0	
LD　T0		OUT　S20	
SET　S21	驱动处理第一分支	LD　C0	
STL　S21	第二分支驱动处理	OUT　S0	
OUT　T1 K20		RET	
LD　T1		END	
SET　S22			

<h2>10.3　步进指令的选择性分支结构流程控制</h2>

<h3>1. 选择性分支结构状态转移图特征</h3>

选择性分支需要进行分支处理和汇合处理，其状态转移图的特征如下。

221

① 从多个分支流程顺序中根据条件选择执行其中一个分支执行,而其余分支的转移条件不能满足,即每次只满足一个分支转移条件的分支方式称为选择性分支。

② 分支程序编程时,先进行分支状态的驱动处理,再依顺序进行转移处理。

③ 汇合状态编程时,先进行汇合前状态的驱动处理,再依顺序向汇合状态进行转移处理。

2. 选择性分支结构流程的结构形式

由两个或两个以上的分支流程组成,根据控制要求只能从中选择 1 个分支流程执行的程序称为选择性分支结构流程程序。图 10-15 所示为两个支路的选择性分支结构流程程序。

3. 选择性分支结构流程的编程

选择性分支结构流程的编程与一般状态的编程一样,先进行驱动处理,然后进行转换处理,所有的转换处理按顺序执行,简称为 "先驱动后转换"。

选择性分支结构流程合并的编程是先进行汇合前状态的驱动处理,然后按顺序向汇合状态进行转换处理。图 10-15 所示的选择流程可以转换成步进梯形图,如图 10-16 所示,其指令表见表 10-3。

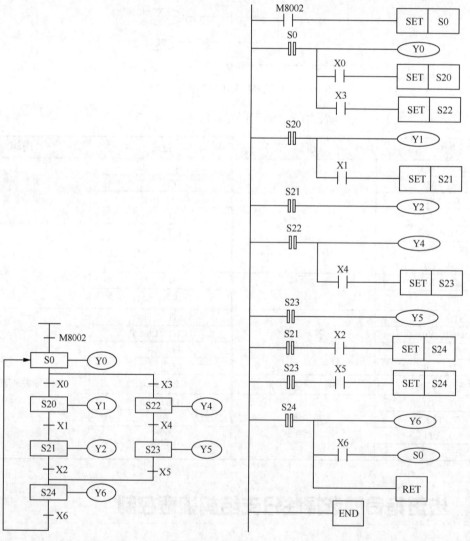

图 10-15　两个支路的选择性分支结构流程程序　图 10-16　两个支路的选择性分支结构的步进梯形图

222

表 10-3　两个支路的选择性分支结构的指令表

指令	说明	指令	说明
LD　M8002	驱动处理	LD　　X4	第二分支 驱动处理
SET　S0		SET　S23	
STL　S0		STL　S23	
OUT　Y0		OUT　Y5	
LD　　X0	转换到 第一分支	STL　S21	第一分支转换 到汇合点
SET　S20		LD　　X2	
LD　　X3	转换到 第二分支	SET　S24	
SET　S22		STL　S23	第二分支转换 到汇合点
STL　S20	第一分支 驱动处理	LD　　X5	
OUT　Y1		SET　S24	
LD　　X1		STL　S24	合并处理
SET　S21		OUT　Y6	
STL　S21		LD　　X6	
OUT　Y2		OUT　S0	
STL　S22	第二分支 驱动处理	RET　END	
OUT　Y4			

4. 步进指令的选择性分支结构流程控制的编程实例

图 10-17 所示为步进指令的选择性分支结构流程控制状态转移图和梯形图编程示例。

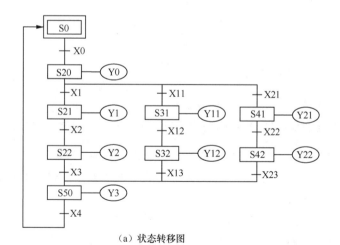

（a）状态转移图

图 10-17　步进指令的选择性分支结构流程控制状态转移图和梯形图编程示例

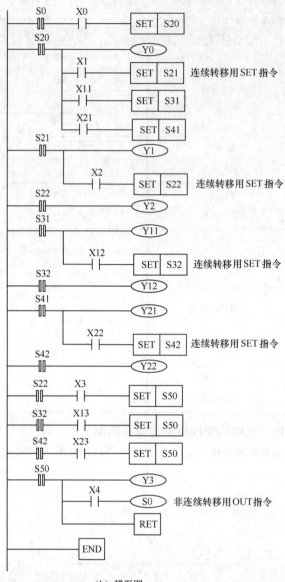

（b）梯形图

图 10-17　步进指令的选择性分支结构流程控制状态转移图和梯形图编程示例（续）

在图 10-17 中，具有三个分支流程，选择性分支状态转移图（SFC）的结构和功能如下。

（1）在 S20 状态下驱动 Y0 后选择分支状态。根据不同的条件（X1、X11、X21），选择执行其中一个条件满足的分支流程。

（2）同一时刻最多只能有一个接通状态。例如，当 X11 为 ON 时，S20 向 S31 转移，S20 变为 OFF，并扫描执行这一分支程序，此后即使 X1 或 X21 为 ON，S21 或 S41 也不会被激活。

（3）S50 为汇合状态，在 S22、S32、S42 任一状态下执行相关驱动后，在满足转移条件时进行状态转移。例如，在 S32 状态下驱动 Y12 后，在转移条件 X13 为 ON 时，S32 向 S50 转移。

需要说明的是，对于非标准选择分支状态转移图是不能编程的，如图 10-18（a）所示。在这种情况下可以增加一个状态位 S111，将其转换为标准转移图，如图 10-18（b）所示。

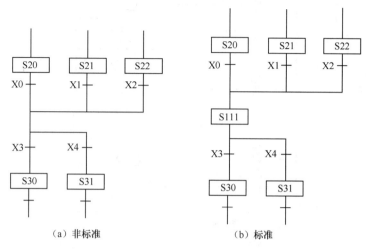

（a）非标准　　　　　　　　　　（b）标准

图 10-18　选择性分支状态转移图

10.4　步进指令的并行分支结构流程控制

1. 步进指令的并行分支结构流程控制的编程

由两个或两个以上的分支流程组成的，必须同时执行各分支的程序，称为步进指令的并行分支结构流程控制。图 10-19 所示为两个并行分支的步进指令的并行分支结构流程程序。步进指令的并行分支结构流程的编程与选择性分支结构流程的编程一样，也是先进行驱动处理，然后进行转换处理，所有的转换处理按顺序执行。步进指令的并行分支结构流程合并的编程也是先进行汇合状态的驱动处理，然后按顺序向汇合状态进行转换处理。图 10-19 所示的并行流程转换的步进梯形图如图 10-20 所示，指令表见表 10-4。

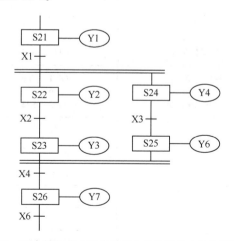

图 10-19　两个并行分支的步进指令的并行分支结构流程程序

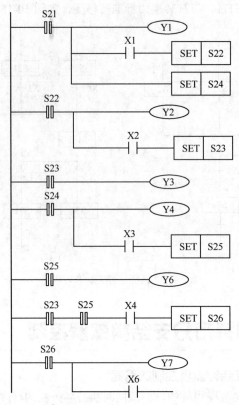

图 10-20　两个并行分支的步进指令的并行分支结构流程步进梯形图

表 10-4　两个并行分支的步进指令的并行分支结构流程指令表

指令	说明	指令	说明
STL　S21	驱动处理	LD　　X3	第二分支 驱动处理
OUT　Y1		SET　　S25	
LD　　X1	转换条件	STL　　S25	
SET　S22	转换到第一分支	OUT　　Y6	
SET　S24	转换到第二分支	STL　　S23	各分支转换 到汇合点
STL　S22	第一分支 驱动处理	STL　　S25	
OUT　Y2		LD　　X4	
LD　　X2		SET　　S26	
SET　S23		STL　　S26	合并处理
STL　S23		OUT　　Y7	
OUT　Y3		LD　　X6	
STL　S24	第二分支 驱动处理	……	
OUT　Y4			

2. 步进指令的并行分支结构流程控制的编程实例

图 10-21（a）所示为步进指令的并行分支结构流程控制状态转移图编程示例。图 10-21（b）所示为步进指令的并行分支结构流程控制状态梯形图编程示例。

图 10-21 中的步进指令的并行分支结构流程的程序结构和功能如下。

（1）根据并行分支的转移条件，同时进行并行各分支状态的转移处理。

以分支状态 S20 为例，S20 的驱动负载为 Y0，转移条件是 X0 为 ON，转移方向为状态 S21、S31、S41。

（2）同时进行各并行分支各状态的驱动处理，按分支顺序对 S21、S22、S31、S32、S41、S42 状态进行输出处理。

（3）并行分支汇合状态的编程。

汇合前各分支的最后一个状态（S22、S32、S42）完成驱动处理后，同时满足转移条件 X2 为 ON 时，完成 S22、S32、S42 汇合到 S50 状态的转移。

并行分支及汇合编程应注意以下方面：

（1）进行并行性各分支的转移编程，如图 10-22 所示。

（2）按状态顺序处理各分支的驱动。

（3）完成各分支汇合。在进行汇合前状态的驱动处理后，按顺序进行汇合状态的转移处理。

（4）并行分支汇合的分支数不能超过 8 个。

（5）在进入并行分支后，如果各分支的开始出现转移条件是不能编程的，如图 10-23（a）所示，可以对此进行修改，转换为可以编程的状态转移图，如图 10-23（b）所示。

（6）在汇合前，如果各分支的结束设有转移条件时是不能编程的，如图 10-23（a）所示，可以对此进行修改，转换为可以编程的状态转移图，如图 10-23（b）所示。

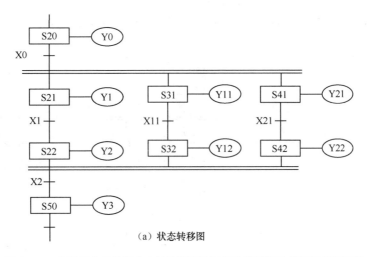

（a）状态转移图

图 10-21　步进指令的并行分支结构流程控制状态转移图和梯形图编程示例

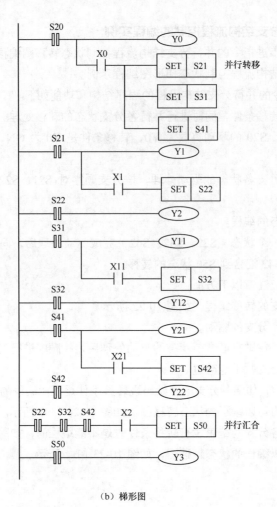

（b）梯形图

图 10-21　步进指令的并行分支结构流程控制状态转移图和梯形图编程示例（续）

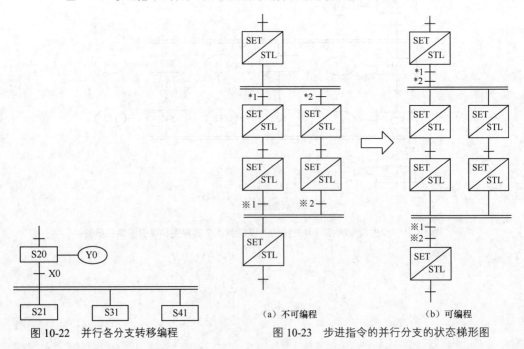

图 10-22　并行各分支转移编程

（a）不可编程　　　（b）可编程

图 10-23　步进指令的并行分支的状态梯形图

（7）在非标准状态转移图中插入中间状态

图 10-24（a）所示的非标准并行分支状态转移图是不能编程的，可以插入一个中间状态（也称虚拟状态）完成向标准状态转移图的转换，如图 10-24（b）所示。

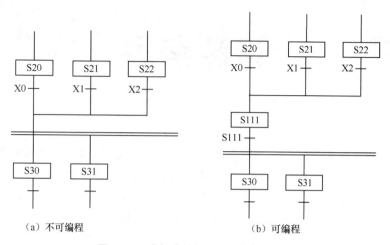

（a）不可编程 　　　　　　　　　　　（b）可编程

图 10-24　非标准并行分支的状态转移图

第11章

功能指令

FX 系列 PLC 除了基本逻辑指令、步进指令外，还有 200 多条功能指令（也称应用指令）。功能指令实际上是许多功能不同的子程序。与基本逻辑指令只能完成一个特定动作不同，功能指令能完成实际控制中的许多不同类型的操作。本章讲述 FX 系列 PLC 功能指令的类别、功能定义和编写方法，读者可掌握功能指令的使用条件、表示的方法与编程的规则，能针对一般的工程控制要求编写控制程序。

11.1 功能指令的一些概念

FX 系列 PLC 的 200 多条功能指令按功能可分为程序流向控制指令、数据传递与比较指令、算术与逻辑运算指令、数据移位与循环指令、数据处理指令、高速处理指令等十几大类。对实际控制中的具体控制对象，选择合适的功能指令可以使编程较之基本逻辑指令更快捷方便。

功能指令与基本指令不同。功能指令类似于一个子程序，直接由助记符（功能代号）表达本指令要做什么。FX 系列 PLC 在梯形图中使用功能框表示功能指令。功能指令按功能号（FUC00~FUC99）编排，每条功能指令都有一个助记符。

11.1.1 功能指令的表示方法

功能指令的表示方法如图 11-1 所示。

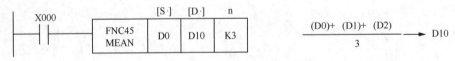

图 11-1　功能指令的梯形图表达式

图 11-1 是求平均值的功能指令。图中标注[S·]指取值首元件，n 指定取值个数，[D·]指计算结果存放地址。

1. 指令

功能框的第一部分是指令，指令表明了功能。

2. 操作数

功能框的第一段之后为操作数部分，操作数部分依次由“源操作数”（源）、“目标操作数”（目）和“数据个数”3 部分组成。有些功能指令只需指定功能号即可，但更多功能指令在指定功能号的同时还必须指定操作数或操作地址，而有些功能指令还需要多个操作数或地址。操作元件包括 K、

H、KnX、KnY、KnM、KnS、T、C、D、V、Z，其中 K 表示十进制常数；H 表示十六进制常数。下面分别讲述功能指令各部分的作用。

➢ [S·]：源操作数，指令执行后其内容不改变。源的数量多时，以[S1]、[S2]等表示。加上"·"符号表示使用变址方式，默认为无"·"，表示不能使用变址方式。

➢ [D·]：目标操作数，指令执行后将改变其内容。在目标数较多时，以[D1]、[D2]等表示。默认为无"·"，表示不能使用变址方式。

➢ 其他操作数：常用来表示数的进制（十进制、十六进制等）或者作为源操作数（或操作地址）和目标操作数（或操作地址）的补充注释。需要注释的项目多时也可以采用 m1、m2 等方式。

➢ 表示常数时，K 后的数为十进制数，H 后的数为十六进制数。

➢ 程序步：指令执行所需的步数。功能指令段的程序步数通常为 1 步，但是根据各操作数是 16 位指令还是 32 位指令，程序步会变为 2 步或 4 步。当功能指令处理 32 位操作数时，用在指令助记符号前加[D]表示；指令前无此符号时，表示处理的是 16 位数据。

需要注意的是，有些功能指令在整个程序中只能出现一次，即使使用跳转指令使其在两段不可能同时执行的程序中也不能使用。但可利用变址寄存器多次改变其操作数，多次执行这样的功能指令。

11.1.2 位元件与字元件

1. 位元件

只处理 ON/OFF 信息的软元件称为位元件，如 X、Y、M、S 等均为位元件，而处理数值的软元件称为字元件，如 T、C、D 等。

位元件经常用的是"位组合元件"。"位组合元件"组合方法的助记符是：Kn+最低位的位元件号。如 KnX、KnY、KnM 即是位组合元件，其中"K"表示后面跟的是十进制数；"n"表示 4 位一组的组数，16 位数据用 K1~K4，32 位数据用 K1~K8。

【例 11-1】说明 K2M0 表示的位组合元件含义。

K2M0 中的"2"表示 2 组 4 位的位元件组成元件，最低位的位元件号分别是 M0 和 M4。所以 K2M0 表示由 M0~M3 和 M4~M7 两组位元件组成的一个 8 位数据，其中 M7 是最高位，M0 是最低位。

使用位组合元件时应注意以下问题。

（1）若向 K1M0~K3M0 传递 16 位数据，则数据长度不足的高位部分不被传递，32 位数据也同样如此。

（2）在 16 位（或 32 位）运算中，对应元件的位指定为 K1~K3（或 K1~K7），长度不足的高位通常被视为 0，因此，通常将其作为正数处理。

（3）对被指定的位元件的编号没有特别的限制，一般可自由指定，但是建议在 X、Y 的场合最低位的编号尽可能设定为 0（X000，X010，X020，……，Y000，Y010，Y020，……）。在 M、S 场合的理想设定数为 8 的倍数，为了避免混乱，建议设定为 M0，M10，M20……

2. 字元件

功能指令可处理 16 位（bit）的字元件（数据）和 32（bit）位的双字元件（数据）。

（1）一个字元件

一个字元件是由 16 位的存储单元构成，其最高位（第 15 位）为符号位，第 0~14 位为数值位，如图 11-2 所示。

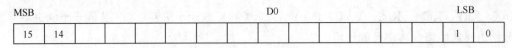

图 11-2　16 位字元件存储单元的构成

（2）双字元件

双字元件的低位 D10 存储 32 位数据的低 16 位，高位元件 D11 存储 32 位数据的高 16 位，如图 11-3 所示。

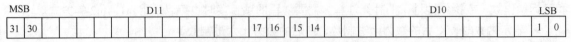

图 11-3　双字元件存储单元的构成

11.2　程序流控制指令（FNC00 ~ FNC09）

11.2.1　条件跳转指令

（1）指令格式

条件跳转指令：FNC00CJ 或 CJ（P）。

条件跳转（CJ）指令的目标元件是指针标号，其范围是 P0~P63（允许变址修改）。该指令程序步为 3 步，标号步为 1 步。作为执行序列的一部分指令，有 CJ、CJ（P）指令，可以缩短运算周期及使用双线圈。

（2）指令用法

条件跳转指令用于当跳转条件成立时跳过 CJ 或 CJ（P）指令和指针标号之间的程序，从指针标号处连续执行，若条件不成立则继续顺序执行，以减少程序执行扫描的时间。

【例 11-2】CJ 指令的用法。

说明图 11-4 中条件跳转指令 CJ 的用法。

X000=ON 时，从 1 步跳转到 36 步（标号 P8 的后一步）。当 X000=OFF 时，不进行跳转，从 1 步向 4 步移动，不执行跳转指令。

程序定时器 T192~T199 及高速计数器 C235~C255 如果在驱动后跳转则继续工作，输出接点也动作。

Y001 为输出线圈，X000=OFF 时，不跳转，采样 X001。

X000=ON 时跳转至 P8，P8 处不跳转，采样 X012。

（3）跳转程序中软元件的状态

在发生跳转时，被跳过的程序中的驱动条件已经没有意义了，所以该程序段中的各种继电器、状态器和定时器等将保持跳转发生前的状态不变。

（4）跳转程序中标号的多次引用

标号是跳转程序的入口标记地址，在程序中只能出现一次。同一标号不能重复使用，但是可以被多次引用，如图 11-5 所示。

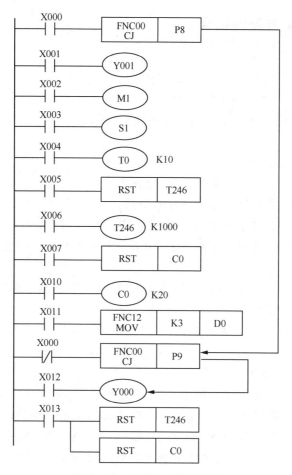

图 11-4 CJ 跳转指令修改示例

（5）无条件跳转指令的构造

PLC 只有条件跳转指令，没有无条件跳转指令。遇到需要无条件跳转的情况，可以用条件跳转指令来构造无条件跳转指令，通常是使用 M8000（只要 PLC 处于 RUN 状态，则 M8000 总是接通的）。无条件跳转指令的构造如图 11-6 所示，PLC 一旦运行，M8000 触点接通，即执行跳转指令，而不需要别的条件。

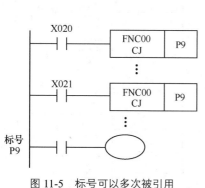

图 11-5 标号可以多次被引用

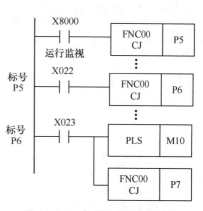

图 11-6 无条件跳转指令的构造

11.2.2 子程序调用与返回指令

（1）指令格式

➤ 子程序调用指令：FNC01 CAL，CALL（P）。

➤ 子程序返回指令：FNC02 SRET。

指令的目标操作元件是指针标号 P0~ P62（允许变址修改）。

（2）指令用法

子程序与标号的位置说明如下。

➤ CALL 指令必须和 FEND、SRET 指令一起使用。

➤ 子程序标号要写在主程序结束指令 FEND 之后。

➤ 标号 P0 和子程序返回指令 SRET 间的程序构成了 P0 子程序的内容。

➤ 当主程序带有多个子程序时，子程序要依次放在主程序结束指令 FEND 之后，并用不同的标号来区别。

➤ 子程序标号范围为 P0~P62，这些标号与条件转移中所用的标号相同，且在条件转移中已经使用的标号，子程序不能再用。

➤ 同一标号只能使用一次，不同的 CALL 指令可以多次调用同一标号的子程序。

【例 11-3】CALL 指令应用示例。

图 11-7 所示为 CALL 指令的应用示例。

触点 X001 闭合之后，执行 CALL 指令，程序转到标号 P10 所指向的指令处，执行子程序。子程序执行结束之后，通过 SRET 指令返回主程序，继续从 X002 处开始执行。

子程序的嵌套如图 11-8 所示。X001 触点闭合后，执行 CALL P11 指令，转移到子程序（1）执行，然后 X003 触点闭合，执行 CALL P12 指令，程序转移到子程序（2）执行，执行完毕后，依次返回子程序（1）、主程序。

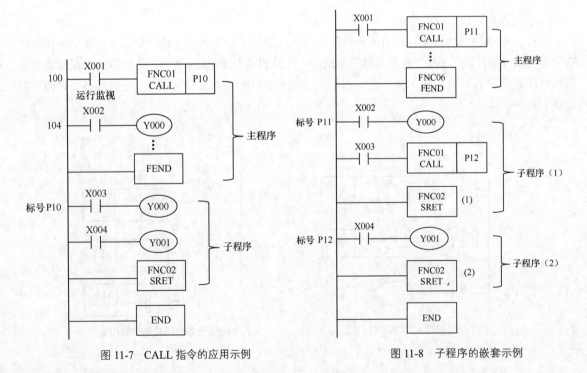

图 11-7　CALL 指令的应用示例　　　　图 11-8　子程序的嵌套示例

11.2.3　中断指令

（1）指令格式

➢ 中断返回指令：FNC03：IRET；

➢ 中断允许指令：FNC04：EI；

➢ 中断禁止指令：FNC05：DI。

（2）指令用法

FX$_{2N}$ 系列 PLC 有两类中断，即外部中断和内部定时器中断。外部中断信号从输入端子送入，可用于外部突发随机事件引起的中断；内部定时器中断是内部中断（内中断），是达到定时器定时时间后引起的中断。

FX$_{2N}$ 系列 PLC 设置有 9 个中断源，它们可以同时向 CPU 发出中断请求信号。多个中断依次发生时，以先发生为优先；同时发生时，中断指针号较低的优先。另外，外中断的优先级整体上高于内中断的优先级。

FX$_{2N}$ 系列 PLC 有以下三条中断指令。

➢ EI（中断允许指令）：对可以响应中断的程序段用中断允许指令（EI）来开始中断。

➢ DI（中断禁止指令）：对不允许中断的程序段用中断指令（DI）来禁止中断。

➢ IRET（中断返回指令）：从中断服务子程序中返回时，必须用专门的中断返回指令（IRET），而不能用子程序返回指令（SRET）。

在主程序的执行过程中，可根据不同中断服务子程序中 PLC 要完成工作的优先级高低决定能否响应中断。程序中允许中断响应的区间应该由 EI 指令开始，以 DI 指令结束。在中断子程序执行区间之外时，即使有中断请求，CPU 也不会立即响应。通常情况下，在执行某个中断服务程序时，应禁止其他中断。

【例 11-4】中断指令应用示例。

图 11-9 为中断示例，EI~DI 之间为允许中断区间，1001、1000、1101 分别为断子程序的指针标号。

（3）中断指针

外中断用 I 指针的格式如图 11-10（a）所示，有 I0~I5 共 6 点。

外中断是外部信号引起的中断，对应的外部信号的输入口为 X000~X005。

内中断用 I 指针的格式如图 11-10（b）所示，有 I6~I8 共 3 点。

内中断是指机内定时时间到，中断主程序去执行中断子程序。定时时间由指定号为 6~8 的专用定时器控制。设定时间值为 10~99ms，每当到达设定的时间就会中断一次。

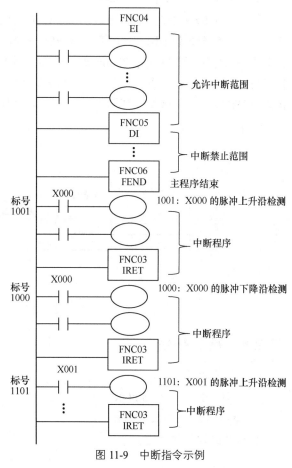

图 11-9　中断指令示例

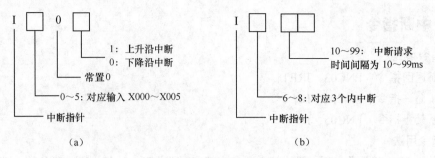

（a）   （b）

图 11-10　中断指针的格式

11.2.4　看门狗定时器指令

（1）指令格式

看门狗定时器指令：FNC07 WDT。

（2）指令用法

WDT 指令用来在程序中刷新看门狗定时器（D8000）。通过改写存储在特殊数据寄存器 D8000 中的内容，可改变监视定时器的监视时间，应用示例程序如图 11-11 所示。

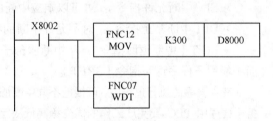

看门狗定时器的时间为 300ms，如果不写 WDT 指令，则当 END 处理时，D8000 才有效。WDT 指令还可以用于分割长扫描时间的程序。当 PLC 的运行扫描周期指令执行时间超过 200ms 时，CPU 的出错指示灯亮，同时停止工作。因此，在合适的程序步中

图 11-11　WDT 指令的应用示例

插入 WDT 指令来刷新看门狗定时器，可使顺序程序得以继续执行到 END 指令，如图 11-12 所示。

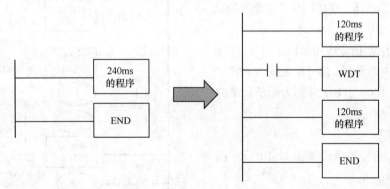

图 11-12　使用 WDT 指令分隔程序

11.2.5　循环指令

（1）指令格式

➢ 循环开始：FNC08 FOR；

➢ 循环结束：FNC09 NEXT。

操作数的软元件：无。

（2）指令用法

循环指令可以反复执行某一段程序，只要将这一段程序放在 FOR...NEXT 指令之间即可。这时只有执行完指定的循环次数后，才执行 NEXT 指令的下一条指令。循环程序可以使程序变得简练。FOR 和 NEXT 指令必须成对使用，FOR-NEXT 指令之间的程序执行次数由源数据指定。

循环次数写在 FOR 指令后。循环次数范围为 1~32767。如循环次数<1 时，被当作 1 处理，FOR...NEXT 循环一次。若不想执行 FOR...NEXT 间的程序，可使用 CJ 指令使之跳转。循环次数多时扫描周期会延长，可能出现监视定时器错误。NEXT 指令出现在 FOR 指令之前，或者无 NEXT 指令，或者在 FEND、END 指令之后有 NEXT 指令，或者 FOR 与 NEXT 的个数不一致时，都会出现错误。

【例 11-5】分析程序的循环工作过程和次数。

已知 K1X000 的内容为 7，数据寄存器 D0Z 的内容为 6，循环程序的示例如图 11-13 所示。

图 11-13 所示程序是三重循环的嵌套，按照循环程序的执行次序由内向外计算各循环次数。

① 单独一个循环[A]执行的次数。

当 X010 为 OFF 时，已知 K1X000 的内容为 7，所以[A]循环执行了 7 次。

② 循环[B]执行次数（不考虑 C 循环）。

[B]循环次数由 D0Z 指定，已知 D0Z 为 6 次，[B]循环包含了整个[A]循环，所以整个[A]循环都要被启动 6 次。

③ [C]的程序循环次数由 K4 指定为 4 次。

[C]程序执行一次的过程中，[B]的程序执行 6 次，所以 A 循环总计被执行了 4×6×7=168 次。全部执行后向 NEXT 指令（3）以后的程序转移。

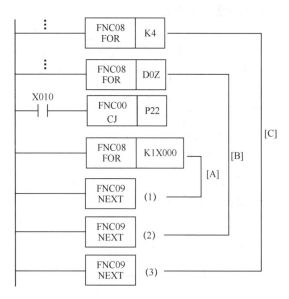

图 11-13　FOR...NEXT 指令示例

11.3　传送和比较指令（FNC10 ~ FNC19）

11.3.1　比较指令

1. 比较指令

（1）指令格式

比较指令：FNC10CMP[S1·][S2·][D·]。

其中，[S1·]、[S2·]为两个要比较的源操作数；[D·]为比较结果的标志元件。指令中给出的是标志软元件的首地址（标号最小的那个）。

标志位的软元件有 Y、M 和 S。

源操作数的软元件有 T、C、V、Z、D、K、H、KnX、KnY、KnM 和 KnS。

（2）指令用法

比较指令 CMP 是将源操作数[S1·]和源操作数[S2·]进行比较，其结果送到目标操作数[D·]中。比较结果有三种情况：大于、等于和小于。

CMP 指令可以比较两个 16 位二进制数，也可以比较两个 32 位二进制数，在进行 32 位操作时，使用前缀（D），如（D）CMP[S1·] [S2·] [D·]。

CMP 指令也可以有脉冲操作方式，使用后缀（P），如（D）CMP（P）[S1·][S2·][D·]。只有在驱动条件由 OFF→ON 时进行一次比较。

CMP 指令的应用示例如图 11-14 所示。

➤ 若 K100>（C20），则 M0 被置为 1。

➤ 若 K100=（C20），则 M1 被置为 1。

➤ 若 K100<（C20），则 M2 被置为 1。

2. 区间比较指令

（1）指令格式

区间比较指令：FNC11ZCP[S1·][S2·][S3·][D·]。

其中，[S1·]和[S2·]分别为区间起点和终点；[S3·]为另一比较软元件；[D·]为标志软元件，指令中给出的是标志软元件的首地址。

标志位的软元件有 Y、M 和 S。

源操作数的软元件有 T、C、V、Z、D、K、H、KnX、KnY、KnM 和 KnS。

（2）指令用法

ZCP 指令是将源操作数[S3·]与[S1·]和[S2·]的内容进行比较，并将比较结果送到目标操作数[D·]中，如图 11-15 所示。

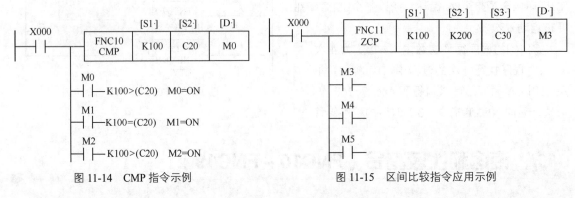

图 11-14　CMP 指令示例　　　　图 11-15　区间比较指令应用示例

图 11-15 中，[S1·]>[S3·]，即 K100>C30 的当前值时，M3 接通；[S1·]≤[S3·]≤[S2·]，即 K100≤C30 的当前值≤K200 时，M4 接通；[S3·]>[S2·]，即 C30 当前值>K200 时，M5 接通；当 X000 为 OFF 时，不执行 ZCP 指令，M3~M5 仍保持 X000=OFF 之前的状态。

使用 ZCP 指令时，[S2·]的数值不能小于[S1·]；所有的源数据都被看成二进制值处理。

11.3.2　数据传送指令

（1）指令格式

传送指令：FNC12 MOV[S·][D·]

其中，[S·]为源数据；[D·]为目标软元件。

源操作数的软元件有 T、C、V、Z、D、K、H、KnX、KnY、KnM 和 KnS。

目标操作数为 T、C、V、Z、D、KnY、KnM 和 KnS。

（2）指令用法

传送指令是将源操作数传送到指定的目标操作数，即[S·]→[D·]。

【例 11-6】传送指令的应用示例。

传送指令的应用示例如图 11-16 所示。

当常开触点 X000 闭合为 ON 时，每扫描到 MOV 指令时，就把存入[S·]源数据中的操作数 100（K100）转换成二进制数，再传送到目标操作数 D10 中去。

当 X0000 为 OFF 时，则指令不执行，数据保持不变。

图 11-16　传送指令的应用示例

11.3.3　移位传送指令

（1）指令格式

移位传送指令：FNC13 SMOV[S·]m1 m2[D·]n。

其中，[S·]为源数据；m1 为被传送的起始位；m2 为传送位数；[D·]为目标软元件；n 为传送的目标起始位。

源操作数的软元件有 T、C、V、Z、D、K、H、KnX、KnY、KnM 和 KnS。

目标操作数可为 T、C、V、Z、D、KnY、KnM 和 KnS。

n、m1、m2 的软元件有 K 和 H。

（2）指令用法

移位传送指令的功能是将[S·]第 m1 位开始的 m2 个数移位到[D·]的第 n 位开始的 m2 个位置去，m1、m2 和 n 的取值均为 1~4。分开的 BCD 码重新分配组合，一般用于多位 BCD 拨盘开关的数据输入。

【例 11-7】移位传送指令的应用示例。

移位传送指令的应用示例如图 11-17 所示。

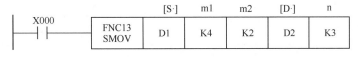

图 11-17　移位传送指令的应用示例

X000 满足条件，执行 SMOV 指令。

源操作数[S·]内的 16 位二进制数自动转换成 4 位 BCD 码，然后将源操作数（4 位 BCD 码）由右起第 m1 位开始，向右数共 m2 位的数，传送到目标操作数（4 位 BCD 码）的右起第 n 位开始，向右数共 m2 位上去，最后自动将目的操作数[D·]中的 4 位 BCD 码转换成 16 位二进制数。

图 11-17 中，m1 为 4，m2 为 2，n 为 3。当 X000 闭合时，每扫描一次该梯形图，就执行 SMOV 指令的移位传送操作，先将 D1 中的 16 位二进制数自动转换成 4 位 BCD 码，并从 4 位 BCD 码右起第 4 位开始（m1 为 4），向右数共 2 位（m2 为 2）（即 103，102）上的数传送到 D2 内 4 位 BCD 码的右起第 3 位（n=3）开始，向右数共 2 位（即 102，101）的位置上去，最后自动将 D2 中的 BCD 码转换成二进制数。

上述传送过程中，D2 中的另两位（103，100）保持不变。

11.3.4 反相传送指令

（1）指令格式

反相传送指令：FNC14 CML[S·][D·]。

其中，[S·]为源数据；[D·]为目标软元件。

源操作数的软元件有 T、C、V、Z、D、K、H、KnX、KnY、KnM 和 KnS。

目标操作数的软元件为 T、C、V、Z、D、KnY、KnM 和 KnS。

（2）指令用法

CML 指令的功能是将[S·]源操作数按进制的位逐位取反并传递到指定目标软元件中。取反传送指令的应用示例如图 11-18 所示。

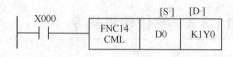

图 11-18　取反传送指令的应用示例

11.3.5 块传送指令

（1）指令格式

块传送指令：FNC15 BMOV[S·][D·]n。

其中，[S·]为源软元件；[D·]为目标软元件；n 为数据块个数。

源操作数可取 KnX、KnY、KnM、KnS、T、C、D、K 和 H。

目标操作数可取 KnY、KnM、KnS、T、C 和 D。

数据块个数为常数 K、H。

（2）指令用法

块传送指令的功能是将源操作数元件中 n 个数据组成的数据块传送到指定的目标软元件中。如果元件号超出允许元件号的范围，则数据仅传送到允许范围内。

【例 11-8】块传送指令的应用示例。

块传送指令的应用示例如图 11-19 所示。

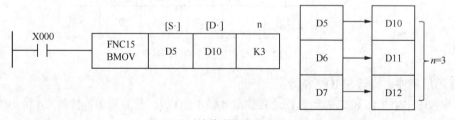

图 11-19　块传送指令的应用示例

从图 11-19 可以看出：如果 X000 断开，则不执行块传送指令，源、目标数据均不变。如果 X000 接通，则将执行块传送指令。根据 K3 指定数据块个数为 3，则将 D5~D7 中的内容传送到 D10~D12 中去。传送后 D5~D7 中的内容不变，而 D10~D12 中的内容相应被 D5~D7 中的内容取代。

当源、目标软元件的类型相同时，传送顺序自动决定；如果源、目标软元件的类型不同，只要位数相同就可以正确传送；如果源、目标软元件号超出允许范围，则只对符合规定的数据进行传送。

11.3.6 多点传送指令

（1）指令格式

多点传送指令 FNC16 FMOV[S·][D·]n。

其中，[S·]为源软元件；[D·]为目标软元件；n 为目标软元件个数。

指令中给出的是目标软元件的首地址，常用于对某段数据寄存器清零或置为相同的初始值。

源操作数可取除 V、Z 以外的所有的数据类型。

目标操作数可取 KnY、KnM、KnS、T、C 和 D，$n \leqslant 512$。

（2）指令用法

FMOV 指令用于将源操作数中的数据传送到指定目标开始的 n 个元件中去，这 n 个元件中的数据完全相同。FMOV 指令的应用示例如图 11-20 所示。触点 X000 闭合时，数据 0 被传递到 D0~D9 中。

图 11-20　多点传送指令的应用示例

11.3.7　数据交换指令

（1）指令格式

数据交换指令：FNC17 XCH[D1·][D2·]。

其中，[D1·][D2·]为两个目标软元件。

目标软元件操作数可取 KnY、KnM、KnS、T、C、D、V 和 Z。

（2）指令用法

数据交换指令 XCH 是将数据在两个指定的目标软元件之间进行交换。XCH 指令的应用示例如图 11-21 所示，当 X000 为 ON 时，将 D1 和 D17 中的数据相互交换。

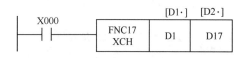

图 11-21　数据交换指令的应用示例

11.3.8　BCD 交换指令

数据交换指令包括二进制数转换成 BCD 码并传送的 BCD 交换指令，BCD 码转换为二进制数并传送的 BIN 交换指令。

（1）指令格式

BCD 交换指令：FNC18 BCD[S·][D·]。

其中，[S·]为被转换的软元件；[D·]为目标软元件。

源操作数可取 KnX、KnY、KnM、KnS、T、C、D、V 和 Z。

目标操作数可取 KnY、KnM、KnS、T、C、D、V 和 Z。

（2）指令用法

BCD 交换指令是将源操作数中的二进制数转换成 BCD 码并传送到目标操作数中去。BCD 交换指令的应用示例如图 11-22 所示。当 X000 为 ON 时，将 D12 内的二进制数据转换成 BCD 码送到 Y0~Y7（K2Y000）。BCD 交换指令将 PLC 内的二进制数变换成 BCD 码后，再译成 7 段码，就能输出以驱动 LED 显示器。

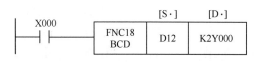

图 11-22　BCD 交换指令的应用示例

11.3.9　BIN 交换指令

（1）指令格式

BIN 交换指令：FNC19 BIN[S·][D·]。

其中，[S·]为被转换的软元件；[D·]为目标软元件。

源操作数可取 KnX、KnY、KnM、KnS、T、C、D、V 和 Z。

目标操作数可取 KnY、KnM、KnS、T、C、D、V 和 Z。

（2）指令用法

BIN 交换指令将源元件中的 BCD 码转换成二进制数
并送到指定的目标元件中去。BIN 交换指令的应用示例如
图 11-23 所示。当 X000 为 ON 时，将 D12 内的 BCD 码
转换成二进制数据并送到 Y0~Y7（K2Y0）。此指令的作
用正好与 BCD 交换指令相反，用于将软元件中的 BCD
码转换成二进制数。

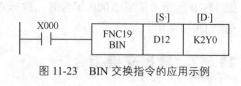

图 11-23　BIN 交换指令的应用示例

11.4　四则运算及逻辑运算指令（FNC20 ~ FNC29）

11.4.1　加法（ADD）指令

（1）指令格式

加法指令：FNC20 ADD[S1·][S2·][D·]。

其中，[S1·]、[S2·]为两个作为加数的源操作数；[D·]为存放相加结果的目标元件。源操作数可
取所有数据类型。

目标操作数可取 KnY、KnM、KnS、T、C、D、V 和 Z。

（2）指令用法

ADD 指令用于将两个源操作数[S1]、[S2]相加，结果放到目标元件[D]中。

【例 11-9】加法指令的应用示例。

ADD 指令的应用示例如图 11-24 所示。

两个源数据进行二进制加法后传递到目标
处，各数据的最高位是正（0）、负（1）的符号
位，这些数据以代数形式进行加法运算，如 5+
（−8）=3。

图 11-24　ADD 指令的应用示例 1

ADD 指令有 4 个标志位，M8020 为 0 标志；
M8021 为借位标志位；M8022 为进位标志位；M8023 为浮点标志位。

如果运算结果为 0，则零标志位 M8020 置为 1；运算结果超过 32767（16 位运算）或 2147483647
（32 位运算），则进位标志位 M8022 置为 1。

如果运算结果小于−32767（16 位运算）或 2147483467（32 位运算），则借位标志位 M8021
置为 1。

在 32 位运算中，用到字元件时，被指定的字元件是低 16 位元件，而下一个字元件中即为高

16 位元件，源和目标可以用相同的元件，若源和目标元件相同，而且采用连续执行的 ADD、(D) ADD 指令时，加法的结果在每个扫描周期都会改变。图 11-25 所示梯形图的操作结果是 D0 内的数据加 1。

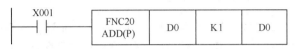

图 11-25　ADD 指令的应用示例 2

11.4.2　减法（SUB）指令

（1）指令格式

减法指令：FNC21 SUB[S1·][S2·][D·]。

其中，[S1·][S2·]分别为作为被减数和减数的源元件，[D·]为存放差的目标元件。

源操作数可取所有数据类型。

目标操作数可取 KnY、KnM、KnS、T、C、D、V 和 Z。

（2）指令用法

SUB 指令的功能是将指定的两个源元件中的有符号数进行二进制代数减法运算，然后将相减的结果送入指定的目标软元件中。SUB 指令的应用示例如图 11-26 所示。触点 X000 闭合之后，执行 D10-D12=D14 操作。

图 11-26　SUB 指令的应用示例

减法指令标志区功能及 32 位运算元件中指定方法与加法指令相同，不再赘述。

11.4.3　乘法（MUL）指令

（1）指令格式

乘法指令：FNC22 MUL[S1·][S2·][D·]。

其中，[S1·][S2·]分别为作为被乘数和乘数的源软件元件；[D·]为存放乘积的目标元件的首地址。

源操作数可取所有数据类型。

目标操作数可取 KnY、KnM、KnS、T、C、D、V 和 Z。

（2）指令用法

MUL 指令的功能是将指定的[S1·]、[S2·]两个源软元件中的数进行二进制代数乘法运算，然后将相乘结果送入指定的目标软元件中。

【例 11-10】乘法指令（MUL）的应用示例。

MUL 指令在 16 位运算中的应用如图 11-27 所示，在 32 位运算中的应用如图 11-28 所示。

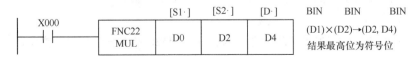

图 11-27　MUL 指令在 16 位运算中的应用示例

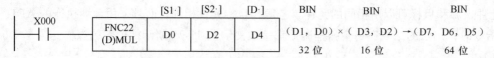

图 11-28 MUL 指令在 32 位运算中的应用示例

在 32 位运算中，若目标元件使用位软元件，则只能得到低 32 位的结果，不能得到高 32 位的结果，这时应先向字元件传送一次后再进行计算，利用字元件作目标时，不可同时监视 64 位数据内容，只能通过监控运算结果的高 32 位和低 32 位，并利用下式来计算 4 位数据内容。这种情况下，建议最好采用浮点运算。

64 位结果=（高 32 位数据）×232+低 32 位数据

11.4.4 除法（DIV）指令

（1）指令格式

除法指令：FNC23 DIV[S1·][S2·][D·]。

其中，[S1·][S2·]分别为作为被除数和除数的源软元件；[D·]为商和余数的目标元件的首地址。

源操作数可取所有数据类型。

目标操作数可取 KnY、KnM、KnS、T、C、D、V 和 Z。

（2）指令用法

DIV 指令的功能是将指定的两个源软元件中的数进行二进制有符号除法运算，然后将相除的商和余数送入指定的目标软元件中，除法指令（DIV）在 16 位运算中的应用示例如图 11-29 所示，在 32 位运算中的应用示例如图 11-30 所示。

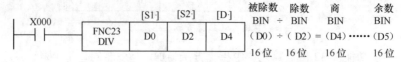

图 11-29 DIV 指令在 16 位运算中的应用示例

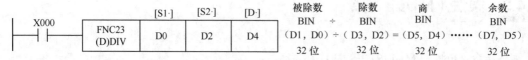

图 11-30 DIV 指令在 32 位运算中的应用示例

11.4.5 加 1（INC）指令

（1）指令格式

指令编号及助记符：

➢ 加 1 指令：FNC24 INC[D·]；

➢ 减 1 指令：FNC25 DEC[D·]。

其中，[D·]是要加 1（或要减 1）的目标软元件。

目标操作数的软元件为 KnY、KnM、KnS、T、C、D、V 和 Z。

（2）指令用法

INC 指令的功能是将指定的目标软元件的内容加 1；DEC 指令的功能是将指定的目标软元件的内容减 1。

【例 11-11】加 1 指令、减 1 指令应用示例。

INC 和 DEC 指令的应用示例如图 11-31 所示。

进行 16 位运算时，如果+32767 加 1 则变成 −32768，标志位不置位；进行 32 位运算时，如果 +2147483647 加 1 则变成−2147483648，标志位不置位。

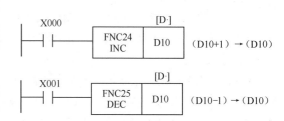

图 11-31　INC 和 DEC 指令的应用示例

在连续执行指令中，每个扫描周期都将执行运算，必须加以注意。所以一般采用输入信号的上升沿触发运算一次。

进行 16 位运算时，如果 32768 再减 1，则值变为+32767，标志位不置位；进行 32 位运算时，如果 2147483648 再减 1，则值变为+2147483647，标志位不置位。

11.4.6　逻辑字"与"（WAND）指令

（1）指令格式

逻辑字"与"指令：FNC26 WAND[S1·][S2·][D·]。

其中，[S1·][S2·]为两个操作数的源软元件；[D·]为存放运算结果的目标元件。

（2）指令用法

WAND 指令的功能是将指定的两个源软元件[S1·]和[S2·]中的数进行二进制按位"与"，然后将相"与"的结果送入指定的目标软元件中。

WAND 指令的应用示例如图 11-32 所示，存放在源元件即 D10 和 D12 中的两个二进制数据，以位为单位进行逻辑"与"运算，结果将存放到目标元件[D·]，即 D14 中。

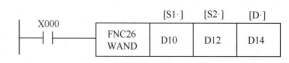

图 11-32　WAND 指令的应用示例

11.4.7　逻辑字"或"（WOR）指令

（1）指令格式

逻辑字"或"指令：FNC27 WOR[S1·][S2·][D·]。

其中，[S1·][S2·]为两个操作数的源软元件；[D·]为存放运算结果的目标元件。

（2）指令用法

WOR 指令的功能是将指定的两个源软元件[S1·]和[S2·]中的数进行二进制按位"或"，然后将相"或"结果送入指定的目标软元件中。

WOR 指令的应用示例如图 11-33 所示。存放在源元件即 D10 和 D12 中的两个二进制数据，以位为单位进行逻辑"或"运算，结果将存放到目标元件[D·]，即 D14 中。

图 11-33　WOR 指令的应用示例

11.4.8 逻辑字"异或"（WXOR）指令

（1）指令格式

逻辑字"异或"指令：FNC28 WXOR[S1·][S2·][D·]。

其中，[S1·][S2·]为两个操作数的源软元件；[D·]为存放运算结果的目标元件。

（2）指令用法

WXOR 指令的功能是将指定的两个源软元件[S1·]和[S2·]中的数进行二进制按位"异或"，然后将相"异或"结果送入指定的目标软元件中。WXOR 指令的应用示例如图 11-34 所示，存放在源元件即 D10 和 D12 中的两个二进制数据，以位为单位进行逻辑"异或"运算，结果将存放到目标元件[D·]，即 D14 中。

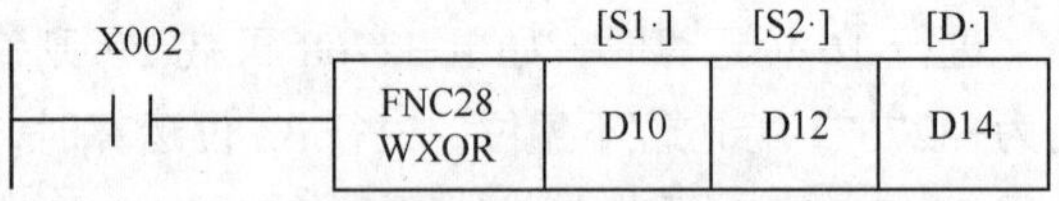

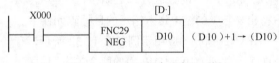

图 11-34 WXOR 指令的应用示例

11.4.9 求补（NEG）指令

（1）指令格式

求补指令：FNC29 NEG[D·]。

其中，[D·]为存放求补结果的目标元件。

目标操作数可取 KnY、KnM、KnS、T、C、D、V 和 Z。

（2）指令用法

NEG 指令的功能是将指定的目标软元件[D·]内容中的各位先取反（0→1,1→0），然后再加 1，将其结果送入原来的目标软元件中。

【例 11-12】求补指令的应用示例。

NEG 指令的应用示例如图 11-35 所示。

图 11-35 中，如果 X000 断开，则不执行这条 NEG 指令，源、目标中的数据均保持不变。如果 X000 接通，则执行求补运算，即将 D10 中的二进制数进行"连同符号位求反加 1"操作，再将求补的结果送入 D10 中。

图 11-35 NEG 指令的应用示例

求补指令的操作过程示意图如图 11-36 所示。假设 D10 中的数为十六进制的 H000C，执行这条求补指令时，就要对它进行"连同符号位求反加 1"，求补结果为 HFFF4，再将其存入 D10 中。

图 11-36 求补指令的操作过程示意图

求补指令可以有 32 位操作方式，以前缀（D）来表示。

求补指令也可以有脉冲操作方式，以后缀（P）来表示。只有在驱动条件由 OFF 变为 ON 时才会进行一次求补运算。

求补指令的 32 位脉冲操作格式为（D）OR（P）[D·]。同样，[D·]为目标软元件的首地址。

求补指令一般使用其脉冲执行方式，否则每个扫描周期都将执行一次求补操作。

需要注意的是，求补与求补码是不同的。求补码的规则是"符号位不变，数值位求反加 1"，对

H000 求补码的结果是 H7FF4,两者的结果不一样。

求补指令是绝对值不变的变号运算,求补前的 H000C 的真值是十进制+12,而求补后 HFFF4 的真值是十进制的–12。

11.5 循环移位指令

11.5.1 循环右移(ROR)指令

(1)指令格式

循环右移指令:FNC30 ROR[D·]n。

其中,[D·]为要移位目标软元件;n 为每次移动的位数。

目标操作数可取 KnY、KnM、KnS、T、C、D、V 和 Z。

移动位数 n 为 K 和 H 指定的常数。

(2)指令用法

循环右移指令的功能是将指定的目标软元件中的二进制数按照指令中 n 规定的移动位数由高位向低位移动,最后移出的那一位将进入进位标志位 M8022。ROR 指令的应用示例如图 11-37 所示。

执行一次 ROR 指令,"n"位的状态向量向右移一次,最右端的"n"位状态循环移位到最左端"n"处。特殊辅助继电器 M8022 表示最右端的"n"位中向右移出的最后一位的状态。

假设 D10 中的数据为 HFF00,执行这条循环右移指令的操作过程示意图如图 11-38 所示。由于指令中 K4 指示每次循环右移 4 位,所以最低 4 位被移出,并循环回补进入高 4 位中,循环右移 4 位 D10 中的内容将变为 H0FF0。最后移出的是第 3 位的"0",它除了回补进入最高位外,同时进入进位标志位 M8022 中。

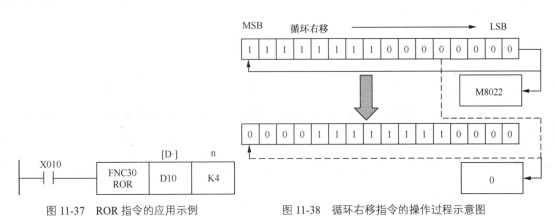

图 11-37 ROR 指令的应用示例　　图 11-38 循环右移指令的操作过程示意图

11.5.2 循环左移(ROL)指令

(1)指令格式

循环左移指令:FNC31 ROL[D·]n。

其中,[D·]为要移位目标软元件;n 为每次移动的位数。

目标操作数可取 KnY、KnM、KnS、T、C、D、V 和 Z。

移动位数 n 为 K 和 H 指定的常数。

（2）指令用法

ROL 指令的功能是将指定的目标软元件中的二进制数按照指令规定的每次移动的位数由低位向高位移动，最后移出的那位将进入进位标志位 M8022 中。ROL 指令的应用示例如图 11-39 所示。ROL 指令的执行类似于 ROR，只是移位方向相反。

图 11-39　ROL 指令的应用示例

11.5.3　带进位循环右移（RCR）指令

（1）指令格式

带进位循环右移指令：FNC32 RCR[D·]n。

其中，[D·]为要移位目标软元件；n 为每次移动的位数。

目标操作数可取 KnY、KnM、KnS、T、C、D、V 和 Z。

移动位数 n 为 K 和 H 指定的常数。

（2）指令用法

RCR 指令的功能是将指定的目标软元件中的二进制数按照指令规定的每次移动的位数由高位向低位移动，最低位移动到进位标志位 M8022 中。M8022 中的内容则移动到最高位。

11.5.4　带进位循环左移（RCL）指令

（1）指令格式

带进位循环左移指令：FNC33 RCL[D·]n。

其中，[D·]为要移位目标软元件；n 为每次移动的位数。

目标操作数可取 KnY、KnM、KnS、T、C、D、V 和 Z。

移动位数 n 为 K 和 H 指定的常数。

（2）指令用法

RCL 指令的功能是将指定的目标软元件中的二进制数按照指令规定的每次移动的位数由低位向高位移动，最高位移动到进位标志位 M8022 中。M8022 中的内容则移动到最低位。

这两条指令的执行基本上与 ROL 和 ROR 相同，只是在执行 RCL 和 RCR 指令时，标志位 M8022 不再表示向左或向右移出的最后一位的状态，而作为循环移位单元中的一位处理。

11.5.5　位右移（SFTR）指令

（1）指令格式

位右移指令：FNC34 SFTR[S·][D·]n1 n2。

其中，[S·]为移位的源位元件首地址；[D·]为移位的目位元件首地址；n1 为目位元件个数；n2 为源位元件移位个数。

源操作数是 Y、X、M 和 S。

目操作数是 Y、M 和 S。

n1 和 n2 为常数 K 和 H。

（2）指令用法

位右移是指源位元件的低位将从目的高位移入，目位元件向右移 n2 位，源位元件中的数据保持

不变。位右移指令执行后，n2 个源位元件中的数据被传送到了目的高 n2 位中，目位元件中的低 n2
位数从其低端溢出。SFTR 指令的示意图和操作过程如图 11-40 所示。

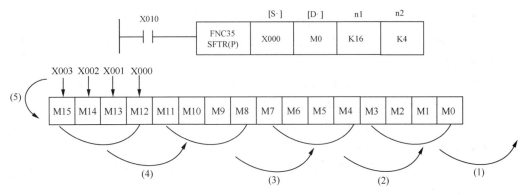

图 11-40　SFTR 指令的示意图操作过程

在图 11-40 中，如果 X010 断开，则不执行这条 SFTR 指令，源、目位元件中的数据均保持不变。
如果 X010 接通，则执行位元件的右移操作，即源位元件中的 4 位数据 X003~X000 将被传送到目位
元件中的 M15~M12；目位元件中的 16 位数据 M15~M0 将右移 4 位，M3~M0 等 4 位数据从目的低
位端移出，所以 M3~M0 中原来的数据将丢失。但源位元件中 X003~X000 的数据保持不变。

11.5.6　位左移（SFTL）指令

（1）指令格式

位左移指令：FNC35 SFTL[S·][D·]n1 n2。

其中，[S·]为移位的源位元件首地址；[D·]为移位的目位元件首地址；n1 为目位元件个数；n2
为源位元件移位个数。

源操作数是 Y、X、M 和 S。

目操作数是 Y、M 和 S。

nl 和 n2 为常数 K 和 H。

（2）指令用法

位左移是指源位元件的高位将从目的低位移入，目位元件向左移 n2 位，源位元件中的数据保持
不变。位左移指令执行后，n2 个源位元件中的数据传送到了目的低 n2 位中，目位元件中的高 n2 位
数从其高端溢出。SFTL 指令的示意图和操作过程如图 11-41 所示。

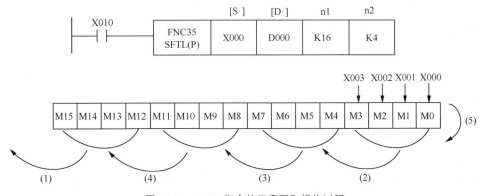

图 11-41　SFTL 指令的示意图和操作过程

11.5.7　字右移（WSFR）指令

（1）指令格式

字右移指令：FNC36 WSFR（P）[S·][D·]n1 n2。

其中，[S·]为移位的源字元件首地址；[D·]为移位的目标字元件首地址；n1 为目标字元件个数；n2 为源字元件移位个数。

源操作数可取 KnX、KnY、KnM、KnS、T、C 和 D。

目标操作数可取 KnY、KnM、KnS、T、C 和 D。

n1、n2 可取十进制和十六进制。

（2）指令用法

字右移指令以字为单位，其工作过程与位右移位相似，是将 n1 个字右移 n2 个字。字右移指令的操作过程示意图如图 11-42 所示。

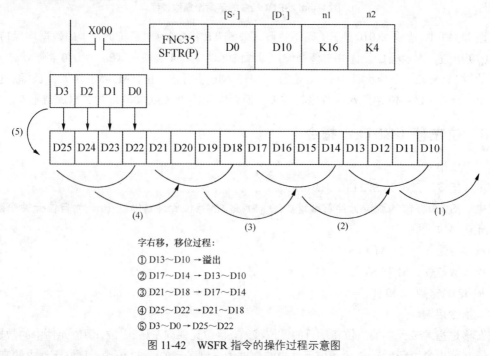

字右移，移位过程：

① D13～D10 →溢出

② D17～D14 → D13～D10

③ D21～D18 → D17～D14

④ D25～D22 →D21～D18

⑤ D3～D0 → D25～D22

图 11-42　WSFR 指令的操作过程示意图

11.5.8　字左移（WSFL）指令

（1）指令格式

字左移指令：FNC37 WSFL（P）[S·][D·]n1 n2。

其中，[S·]为移位的源字元件首地址；[D·]为移位的目标字元件首地址；n1 为目标字元件个数；n2 为源字元件移位个数。

源操作数可取 KnX、KnY、KnM、KnS、T、C 和 D。

目标操作数可取 KnY、KnM、KnS、T、C 和 D。

n1、n2 可取十进制和十六进制。

（2）指令用法

字左移指令以字为单位，其工作过程与位左移位相似，是将 n1 个字左移 n2 个字。字左移指令的操作过程示意图如图 11-43 所示。

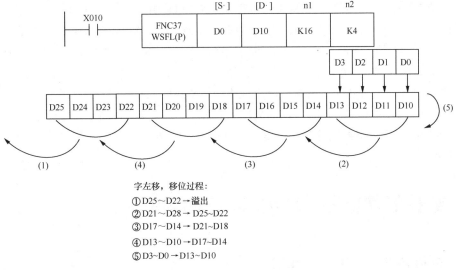

字左移，移位过程：
①D25～D22→溢出
②D21~D28 → D25~D22
③D17～D14 → D21~D18
④D13～D10 → D17~D14
⑤D3~D0 → D13~D10

图 11-43　WSFL 指令的操作过程示意图

11.5.9　移位写入与读出（FIFO）指令

（1）指令格式

移位寄存器写入指令（Shift Register Write，SFWR）和移位寄存器读出指令（Shift Register Read，SFRD）用于 RFO 堆栈的读写，先写入的数据先读出。具体使用要素如表 11-1 所示。

表 11-1　FIFO 指令使用要素

指令名称	指令编号	助记符	操作数				指令步数
			S（可变址）	D（可变址）	n1	n2	
FIFO 写入	FNC38（16）	SFWR（P）	K、H、KnX、KnY、KnM、KnS、T、C、D、V、Z	KnY、KnM、KnS、T、C、D	K、H n2≤n1 ≤512		SFWR、SFWRP：7 步
FIFO 读出	FNC39（16）	SFRID（P）	KnX、KnY、KnM、KnS、T、C、D	KnY、KnM、KnS、T、C、D			SFRD、SFRDP：7 步

（2）指令用法

【例 11-13】移位寄存器写入与读出指令的应用示例。

移位寄存器的写入与读出指令的应用示例如图 11-44 所示。

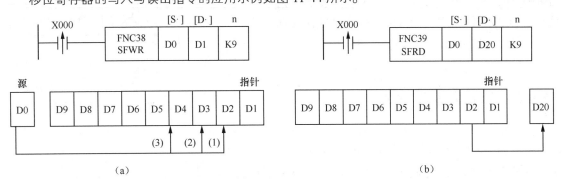

图 11-44　移位寄存器的写入与读出指令的应用示例

在图 11-44（a）中，FIFO 写入指令使用说明中，目标元件 D1 是 FIFO 堆栈的首地址，也是堆栈的指针，移位寄存器未装入数据时应将 D1 清零。在 X000 由 OFF 变为 ON 时，指针的值加 1 后写入数据。第一次写入时，源操作数 D0 中的数据写入 D2。如果 X000 再次由 OFF 变为 ON，则 D1 中的数变为 2，D0 中的数据写入 D3。依此进行，将源操作数 D0 中的数据写入堆栈。当 D1 中的数据等于 n-1（n 为堆栈的长度）时，不再执行上述处理，进位标志 M8022 置为 1。

在图 11-44（b）中，FIFO 读出指令使用说明中，X000 由 OFF 变为 ON 时，D2 中的数据传送到 D20，同时指针 D1 的值减 1，D3~D9 的数据向右移一个字。数据总是从 D2 读出，指针 D1 为 0 时，FIFO 堆栈被读空，不再执行上述处理，进位标志 M8020 为 ON。执行本指令的过程中，D9 的数据保持不变。

11.6 数据处理指令（FNC40 ~ FNC49）

11.6.1 区间复位（ZRST）指令

区间复位指令用于将 D1~D2 指定的元件号范围内的同类元件成批复位。

（1）指令格式

➤ 如果 D1 的元件号大于 D2 的元件号，则只有 D1 指定的元件被复位。

➤ 单个位元件和字元件可以用 RST 指令复位。

具体使用要素如表 11-2 所示。

表 11-2 区间复位指令使用要素

指令名称	指令编号	助记符	操作数		指令步数
			D1（可变址）	D2（可变址）	
区间复位	FNC40（16）	ZRST（P）	Y、M、S、T、C、D D1 元件号≤D2 元件号		ZRST、ZRSTP：5 步

（2）指令用法

【例 11-14】ZRST 指令的应用示例。

ZRST 指令的应用示例如图 11-45 所示。

在图 11-45 中，当 M8002 由 OFF 变为 ON 时，执行区间复位指令；位元件 M500~M599 成批复位，字元件 C235~C255 成批复位，状态元件 S0~S127 成批复位。

虽然 ZRST 指令是 16 位指令，D1 和 D2 也可以指定 32 位的计数器。

图 11-45 ZRST 指令的应用示例

11.6.2 译码和编码指令

（1）指令格式

译码指令 DECO：FNC41 DECO[S·][D·]n；

编码指令 ENCO（Encode）：FNC42 ENCO[S·][D·]n。

其中，译码指令的位源操作可以取 X、Y、M 和 S，位目的操作数可以取 Y、M 和 S。

字源操作数可以取 K、H、T、C、D、V 和 Z。

字目的操作数可以取 T、C 和 D，*n*=1~8，只有 16 位运算。

编码指令只有 16 位运算。

（2）指令用法

【例 11-15】编码与译码指令的应用示例。

编码与译码指令的应用示例如用 11-46 所示。

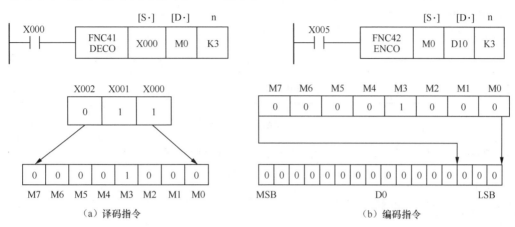

（a）译码指令　　　　　　　　　　　（b）编码指令

图 11-46　译码与编码指令的应用示例

图 11-46（a）所示为编码指令的使用中，X002~X000 组成的 3 位（0-3）二进制数为 011，相当于十进制数 3，由目标操作数 M7~M0 组成的 8 位二进制数的第 3 位（M0 为第 0 位）M3 被置为 1，其余各位为 0。如源数据全为 0，则 M0 置为 1。

图 11-46（b）所示译码指令使用中，*n*=3，编码指令将源元件 M7~M0 中为"1"的 M3 的位数 3 编码为二进制数 011，并传送到目标元件 D10 的低 3 位。

11.6.3　置 1 位数总和和置 1 位判别指令

（1）指令格式

➤ 置 1 位数总和指令 SUM：FNC43 SUM[S·][D·];

➤ 置 1 位判别指令 BON（Encode）：FNC44 BON[S·][D·] n1。

（2）指令方法

【例 11-16】置 1 位数总和与置 1 位判别指令的应用示例。

置 1 位数总和置 1 位判别指令的应用示例如图 11-47 所示。

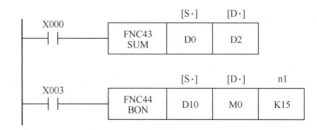

图 11-47　置 1 位数总和与置 1 位判别指令的应用示例

在图 11-47 中，当 X000 为 ON 时，将 D0 中置 1 的总和存入目标元件 D2 中，若 D0 为 0 时，判别 D10 中第 15 位；若为 1，则 M0 为 ON，反之为 OFF；X000 变为 OFF 时，M0 状态不变化。

11.6.4 平均值（MEAN）指令

平均值指令是将 S 中指定的 n 个源操作数据的平均值存入目标操作数 D 中，舍去余数。

（1）指令格式

平均值指令 MEAN：FNC45 MEAN[S·][D·]n。

（2）指令用法

MEAN 指令的应用示例如图 11-48 所示。

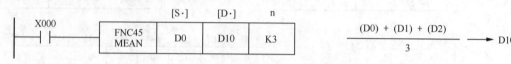

图 11-48   MEAN 指令的应用示例

当 X000 闭合时，进行平均值计算。如 n 超出元件规定的地址号范围时，n 值自动减小。n 在 1~64 以外时，执行程序会发生错误。

11.6.5 报警置位指令

（1）指令格式

报警置位指令 ANS：FNC46 ANS[S·][D·]n。

（2）指令用法

ANS 指令的应用示例如图 11-49 所示。

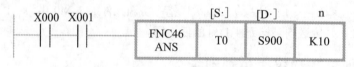

图 11-49   ANS 指令的应用示例

当常开触点 X000 和 X001 同时闭合时，定时器 T0 开始 1s 计时（$m=10$），若两触点同时闭合时间超过 1s，ANS 指令会将报警状态继电器 S900 置位，若两触点同时闭合时间不到 1s，定时器 T0 未计完 1s 即复位，ANS 指令不会对 S900 置位。

11.6.6 报警复位指令

（1）指令格式

报警复位指令 ANR：FNC47 ANR。

（2）指令用法

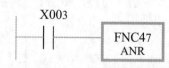

图 11-50   ANR 指令的应用示例

ANR 指令的应用示例如图 11-50 所示。

当常开触点 X003 闭合时，ANR 指令执行，将信号报警继电器 S900~S999 中正在动作（即处于置位状态）的报警继电器复位，若这些报警器有多个处于置位状态，在 X003 闭合时小编号的报警器复位，当 X003 再一次闭合时，则对下一个编号的报警器复位。

如果采用连续执行型 ANR 指令，在 X003 闭合期间，每经过一个扫描周期，ANR 指令就会依次对编号由小到大的报警器进行复位。

11.6.7　平方根（SQR）指令

（1）指令格式

平方根指令 SQR：FNC48 SQR[S·][D·]。

（2）指令用法

SQR 指令的应用示例如图 11-51 所示。

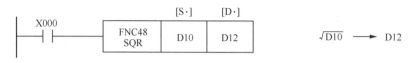

图 11-51　SQR 指令的应用示例

当常开触点 X000 闭合时，SQR 指令执行，对源操作元件 D10 中的数进行求平方根运算，运算结果的整数部分存入目标操作元件 D12 中，若存在小数部分，小数部分舍去，同时进位标志继电器 M8021 置位，若运算结果为 0，零标志继电器 M8020 置位。

11.6.8　二进制整数转换为浮点数指令

（1）指令格式

二进制整数转换为浮点数指令 FLT：FNC49 FLT[S·][D·]。

（2）指令用法

FLT 指令的应用示例如图 11-52 所示。

图 11-52　FLT 指令的应用示例

当常开触点 X000 闭合时，FLT 指令执行，将源操作元件 D10 中的二进制整数转换成浮点数，再将浮点数存入目标操作元件 D13、D12 中。

11.7　高速处理指令（FNC50 ~ FNC59）

11.7.1　输入/输出刷新（REF）指令

（1）指令格式

输入/输出刷新指令 REF：FNC50 REF[D·]n。

（2）指令用法

在 PLC 运行程序时，若通过输入端子输入信号，PLC 通常不会马上处理输入信号，要等到下一个扫描周期才处理输入信号，这样从输入到处理有一段时间差，另外，PLC 在运行程序产生输出信号时，也不是马上从输出端子输出，而是等程序运行到 END 时，才将输出信号从输出端子输出，这样从产生输出信号到信号从输出端子输出也有一段时间差。如果希望 PLC 在运行时能即刻接收输入信号，或者能即刻输出信号，可采用输入/输出刷新指令。

输入/输出刷新指令的应用示例如图 11-53 所示。

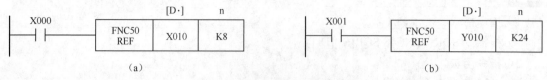

图 11-53 输入/输出刷新指令的应用示例

图 11-53（a）为输入刷新，当常开触点 X000 闭合时，REF 指令执行，将以 X010 为起始元件的 8 个（n=8）输入继电器 X010 ~ X017 刷新，即让 X010 ~ X017 端子输入的信号能马上被这些端子对应的输入继电器接收。

图 11-53（b）为输出刷新，当常开触点 X001 闭合时，REF 指令执行，将以 Y010 为起始元件的 24 个（n=24）输出继电器 Y000 ~ Y007、Y010 ~ Y017、Y020 ~ Y027 刷新，让这些输出继电器能即刻往相应的输出端子输出信号。REF 指令指定的首元件编号应为 X000、X010、X020……，Y000、Y010、Y020……，刷新的点数 n 就应是 8 的整数倍，如 8、16、24 等。

11.7.2 输入滤波常数调整（REFF）指令

（1）指令格式

输入滤波常数调整指令 REFF：FNC51 REFF n。

（2）指令用法

为了提高 PLC 输入端子的抗干扰性，在输入端子内部都设有滤波器，滤波时间常数在 10ms 左右，可以有效地吸收短暂的输入干扰信号，但对于正常的高速短暂输入信号也有抑制作用，为此 PLC 将一些输入端子的电子滤波器时间常数设为可调。三菱 FX$_{2N}$ 系列 PLC 将 X000 ~ X017 端子内的电子滤波器时间常数设为可调，调节采用 REFF 指令，时间常数调节范围为 0 ~ 60ms。

输入滤波常数调整指令的应用示例如图 11-54 所示。

当常开触点 X010 闭合时，REFF 指令执行，将 X000 ~ X017 端子的滤波常数设为 1ms（n=1），该指令执行前这些端子的滤波常数为 10ms，该指令执行后这些端子时间常数为 1ms；当常开触点 X020 闭合时，REFF 指令执行，将 X000 ~ X017 端子的滤波常数设为 20ms（n=20），此后至 END 或 FEND 处，这些端子的滤波常数为 20ms。当 X000 ~ X007 端子用作高速计数输入、速度检测或中断输入时，它们的输入滤波常数自动设为 50μs。

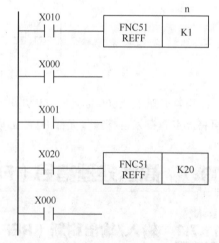

图 11-54 输入滤波常数调整指令的应用示例

11.7.3 矩阵输入（MTR）指令

（1）指令格式

矩阵输入指令 MTR：FNC52 MTR[S·][D1·][D2·]n。

（2）矩阵输入电路

PLC 通过输入端子来接收外界输入信号，由于输入端子数量有限，若采用一个端子接收一路信号的普通输入方式，很难实现大量多路信号输入，给 PLC 加设矩阵输入电路可以有效解决这个问题。

图 11-55（a）是一种 PLC 矩阵输入电路，它采用 X020～X027 端子接收外界输入信号，这些端子外接 3 组由二极管和按键组成的矩阵输入电路，这三组矩阵电路一端都接到 X020～X027 端子，另一端则分别接 PLC 的 Y020、Y021、Y022 端子。在工作时，Y020、Y021、Y022 端子内硬触点轮流接通，如图 11-55（b）所示，当 Y020 接通（ON）时，Y021、Y022 断开；当 Y021 接通时，Y020、Y022 断开；当 Y022 接通时，Y020、Y021 断开，然后重复这个过程，一个周期内每个端子接通时间为 20ms。

在 Y020 端子接通期间，若第一组输入电路中的某个按键按下，如 M37 按键按下，X027 端子输出的电流经二极管、按键流入 Y020 端子，并经 Y020 端子内部闭合的硬触点流到 COM 端，X027 端子有电流输出，相当于该端子有输入信号，该输入信号在 PLC 内部被转存到辅助继电器 M37 中。若按第二组或第三组中某个按键，由于此时 Y021、Y022 端子均断开，故操作这两组按键均无效。

在 Y021 端子接通期间，X020～X027 端子接收第二组按键输入；在 Y022 端子接通期间，X020～X027 端子接收第三组按键输入。

在采用图 11-55（a）形式的矩阵输入电路时，如果将输出端子 Y020～Y027 和输入端子 X020～X027 全部利用起来，则可以实现 8×8＝64 个开关信号输入，由于 Y020～Y027 每个端子接通时间为 20ms，故矩阵电路的扫描周期为 8×20ms=160ms。对于扫描周期长的矩阵输入电路，若输入信号时间小于扫描周期，可能会出现输入无效的情况，例如在图 11-55（a）中，若在 Y020 端子刚开始接通时按下按键 M52，按下时间为 30ms 再松开，此时由于 Y022 端子还未开始导通（从 Y020 到 Y022 导通时间间隔为 40ms），故操作按键 M52 无效，因此矩阵输入电路不适用于要求快速输入的场合。

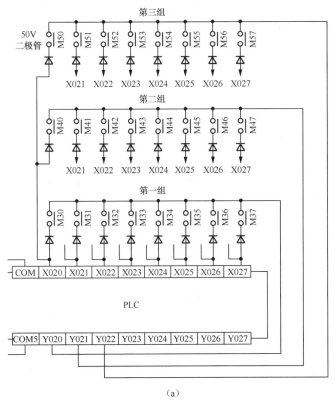

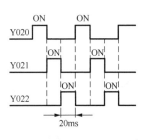

（a）　　　　　　　　　　　　　　　　　　（b）

图 11-55　一种 PLC 矩阵输入电路

（3）指令用法

矩阵输入指令的应用示例如图 11-56 所示。

若 PLC 采用矩阵输入方式，除了要加设矩阵输入电路外，还须用 MTR 指令进行矩阵输入设置。在图 11-56 中，当触点 M0 闭合时，MTR 指令执行，将[S]X020 为起始编号的 8 个连号元件作为矩阵输入，将[D1]Y020 为起始编号的 3 个（n=3）连号元件作为矩阵输出，将矩阵输入信号保存在以 M30 为起始编号的三组 8 个连号元件（M30～M37、M40～M47、M50～M57）中。

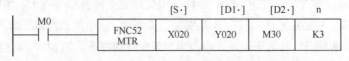

图 11-56　矩阵输入指令的应用示例

11.7.4　比较置位（HSCS）指令

（1）指令格式

比较置位指令 HSCS：FNC53 HSCS[S1·][S2·][D·]。

（2）指令用法

比较置位指令的应用示例如图 11-57 所示。

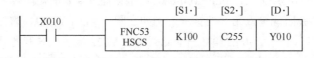

图 11-57　比较置位指令的应用示例

当常开触点 X010 闭合时，若高速计数器 C255 的当前值变为 100（99→100 或 101→100），HSCS 指令执行，将 Y010 置位。

11.7.5　比较复位（HSCR）指令

（1）指令格式

比较复位指令 HSCR：FNC54 HSCR[S1·][S2·][D·]。

（2）指令用法

比较复位指令的应用示例如图 11-58 所示。

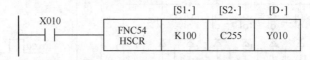

图 11-58　比较复位指令的应用示例

当常开触点 X010 闭合时，若高速计数器 C255 的当前值变为 100（99→100 或 101→100），HSCR 指令执行，将 Y010 复位。

11.7.6　区间比较（HSZ）指令

（1）指令格式

区间比较指令 HSZ：FNC55 HSZ[S1·][S2·][D·]。

（2）指令用法

区间比较指令的应用示例如图 11-59 所示。

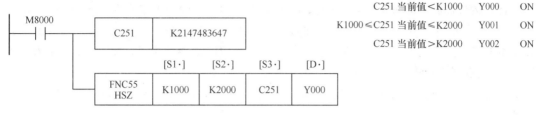

图 11-59　区间比较指令的应用示例

在 PLC 运行期间，M8000 触点始终闭合，高速计数器 C251 开始计数，同时 HSZ 指令执行，当 C251 当前值＜1000 时，让输出继电器 Y000 为 ON；当 1000≤C251 当前值≤2000 时，让输出继电器 Y001 为 ON；当 C251 当前值＞2000 时，让输出继电器 Y002 为 ON。

11.7.7　脉冲密度速度检测（SPD）指令

（1）指令格式

脉冲密度速度检测指令 SPD：FNC56 SPD[S1·][S2·][D·]。

（2）指令用法

脉冲密度速度检测指令的应用示例如图 11-60 所示。

图 11-60　脉冲密度速度检测指令的应用示例

当常开触点 X012 闭合时，SPD 指令执行，计算 X000 输入端子在 100ms 输入脉冲个数，并将个数值存入 D0 中，指令还使用 D1、D2，其中，D1 用来存放当前时刻的脉冲数值（会随时变化），到 100ms 时复位，D2 用来存放计数的剩余时间。转速 n 计算公式为：

$$n = \frac{60 \times (D0)}{n_0 t} \times 10^3$$

式中，n 为转速，（D0）为 D0 中的数；t 为 S2 指定的计数时间（ms）；n_0 为每转的脉冲数。

11.7.8　脉冲输出（PLSY）指令

（1）指令格式

脉冲输出指令 PLSY：FNC57 PLSY[S1·][S2·][D·]。

（2）指令用法

脉冲输出指令的应用示例如图 11-61 所示。

图 11-61　脉冲输出指令的应用示例

当常开触点 X010 闭合时，PLSY 指令执行，让 Y000 端子输出占空比为 50% 的 1000Hz 脉冲信号，产生脉冲个数由 D0 指定。

脉冲输出指令使用要点如下。

① [S1·]为输出脉冲的频率，对于 FX$_{2N}$ 系列 PLC，频率范围为 10～20kHz。[S2·]为要求输出脉冲的个数，对于 16 位操作元件，可指定的个数为 1～32767；对于 32 位操作元件，可指定的个数为 1～2147483647，如指定个数为 0，则持续输出脉冲；[D·]为脉冲输出端子，要求输出端子为晶体管输出型，只能选择 Y000 或 Y001。

② 脉冲输出结束后，完成标记继电器 M8029 置 1，输出脉冲总数保存在 D8037（高位）和 D8036（低位）。

③ 若选择产生连续脉冲，在 X010 断开后 Y000 停止脉冲输出，X010 再闭合时重新开始。

④ [S1·]中的内容在该指令执行过程中可以改变，[S2·]在指令执行时不能改变。

11.7.9　脉宽调制（PWM）指令

（1）指令格式

脉宽调制指令 PWM：FNC58 PWM[S1·][S2·][D·]。

（2）指令用法

脉宽调制指令的应用示例如图 11-62 所示。

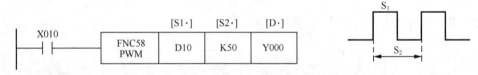

图 11-62　脉宽调制指令的应用示例

脉冲调制指令使用要点如下。

① [S1·]为输出脉冲的宽度 t，t=0～32767ms；[S2·]为输出脉冲的周期 T，T=1～32767ms，要求[S2·]>[S1·]，否则会出错；[D·]为脉冲输出端子，只能选择 Y000 或 Y001。

② 当 X010 断开后，Y000 端子停止脉冲输出。

11.7.10　带加减速脉冲输出（PLSR）指令

（1）指令格式

带加减速脉冲输出指令 PLSR：FNC59 PLSR[S1·][S2·][S3·][D·]。

（2）指令方法

带加减速脉冲输出指令的应用示例如图 11-63 所示。

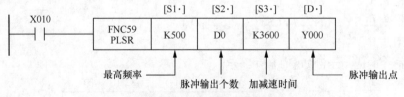

图 11-63　带加减速脉冲输出指令的应用示例

当常开触点 X010 闭合时，PLSR 指令执行，让 Y000 端子输出脉冲信号，要求输出脉冲频率由 0 开始，在 3600ms 内升到高频率 500Hz，在高频率时产生 D0 个脉冲，再在 3600ms 内从高频率降到 0。

可调速脉冲输出指令使用要点如下。

① [S1·]为输出脉冲的高频率，高频率要设成 10 的倍数，设置范围为 10 ~ 20kHz。

② [S2·]为高频率时输出脉冲数，该数值不能小于 110，否则不能正常输出，[S2·]的范围是 110 ~ 32767（16 位操作数）或 110 ~ 2147483647（32 位操作数）。

③ [S3·]为加减速时间，它是指脉冲由 0 升到高频率（或高频率降到 0）所需的时间。输出脉冲的一次变化为高频率的 1/10。加减速时间设置有一定的范围，具体可采用以下公式计算：

$$\frac{90000}{[S1\cdot]} \times 5 \leqslant [S3] \leqslant \frac{[S2\cdot]}{[S1\cdot]} \times 818$$

④ [D·]为脉冲输出点，只能为 Y000 或 Y001，且要求是晶体管输出型。

⑤ 若 X010 由 ON 变为 OFF 时，停止输出脉冲；X010 再变为 ON 时，从初始重新动作。

⑥ PLSR 和 PLSY 两条指令在程序中只能使用一条，并且只能使用一次。这两条指令中的某一条与 PWM 指令同时使用时，脉冲输出点不能重复。

11.8 外部 I/O 设备指令

11.8.1 十字键输入（TKY）指令

（1）指令格式

十字键输入指令 TKY：FNC70 TKY[S·][D1·][D2·]。

（2）指令用法

十字键输入指令的应用示例如图 11-64 所示。

（a）梯形图

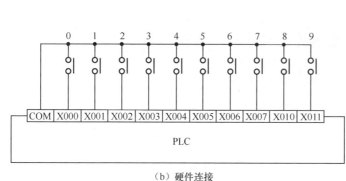

（b）硬件连接

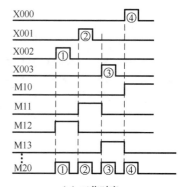

（c）工作时序

图 11-64 十字键输入指令的应用示例

在图 11-64（a）中，十字键输入指令的功能是将[S·]为首编号的 X000 ~ X011 十个端子输入的数据送入[D1·]D0 中，同时将[D2·]为首地址的 M10 ~ M19 中相应的位元件置位。

使用十字键输入指令时，可在 PLC 的 X000 ~ X011 十个端子外接代表 0 ~ 9 的十个按键，如图 11-64（b）所示，当常开触点 X030 闭合时，如果依次操作 X002、X001、X003、X000，就向 D0 中输入数据 2130，同时与按键对应的位元件 M12、M11、M13、M10 也依次被置为 ON，如图 11-64（c）所示，当某一按键松开后，相应的位元件还会维持 ON，直到下一个按键被按下才变为 OFF。该指令还会自动用到 M20，当依次操作按键时，M20 会依次被置为 ON，ON 的保持时间与按键的按下时间相同。

十字键输入指令的使用要点如下。

① 若多个按键都按下，先按下的键有效。

② 当常开触点 X030 断开时，M10～M20 都变为 OFF，但 D0 中的数据不变。

③ 在做 16 位操作时，输入数据范围是 0～9999，当输入数据超过 4 位，高位数（千位数）会溢出，低位补入；在做 32 位操作时，输入数据范围是 0～99999999。

11.8.2　十六键输入（HKY）指令

（1）指令格式

十六键输入指令 HKY：FNC71 HKY[S·][D1·][D2·][D3·]。

（2）指令用法

十六键输入指令的应用示例如图 11-65 所示。

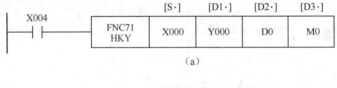

（a）

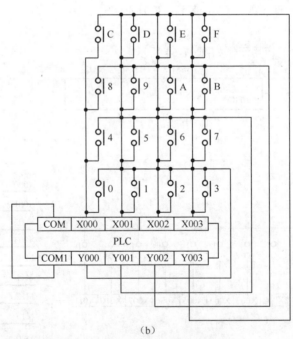

（b）

图 11-65　十六键输入指令的应用示例

在使用十六键输入指令时，一般要给 PLC 外围增加键盘输入电路，如图 11-65（b）所示。十六键输入指令的功能是将[S·]为首编号的 X000～X003 四个端子作为键盘输入端，将[D1·]为首编号的 Y000～Y003 四个端子作为 PLC 扫描键盘输出端,[D2·]指定的元件 D0 用来存储键盘输入信号,[D3·]指定的以 M0 为首编号的 8 个元件 M0～M7 用来响应功能键 A～F 输入信号。

十六键输入指令的使用要点如下。

① 利用 0~9 数字键可以输入 0~9999 数据，输入的数据以 BIN 码（二进制数）形式保存在 [D2·]D0 中，若输入数据大于 9999，则数据的高位溢出；若使用 32 位操作 DHKY 指令时，可输入 0~99999999，数据保存在 D1、D0 中。按下多个按键时，先按下的键有效。

② Y000~Y003 完成一次扫描工作后，完成标记继电器 M8029 会置位。

③ 当操作功能键 A~F 时，M0~M7 会有相应的动作，A~F 与 M0~M5 的对应关系如图 11-66 所示。如按下 A 键时，M0 置 ON 并保持；当按下另一键时，如按下 D 键，M0 变为 OFF，同时 D 键对应的元件（M3）置 ON 并保持。

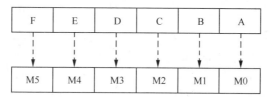

图 11-66 A~F 与 M0~M5 的对应关系

④ 在按下 A~F 某键时，M6 置 ON（不保持），松开按键 M6 由 ON 转为 OFF；在按下 0~9 某键时，M7 置 ON（不保持）。当常开触点 X004 断开时，[D2·]D0 中的数据仍保存，但 M0~M7 全变为 OFF。

⑤ 如果将 M8167 置 ON，那么可以通过键盘输入十六进制数并保存在[D2·]D0 中。如操作键盘输入 123BF，那么该数据会以二进制形式保持在[D2·]中。

⑥ 键盘一个完整扫描过程需要 8 个 PLC 扫描周期，为防止输入滤波延时造成存储错误，要求使用恒定扫描模式或定时中断处理。

11.8.3 数字开关（DSW）指令

（1）指令格式

数字开关指令 DSW：FNC72 DSW[S·][D1·][D2·]n。

（2）指令用法

数字开关指令的应用示例如图 11-67 所示。

数字开关指令的功能是读入一组或两组 4 位数字开关的输入值。[S·]指定键盘输入端的首编号，将首编号为起点的四个连号端子 X010~X013 作为键盘输入端；[D1·]指定 PLC 扫描键盘输出端的首编号，将首编号为起点的四个连号端子 Y010~Y013 作为扫描输出端；[D2·]指定数据存储元件；n 指定数字开关的组数，n=1 表示一组，n=2 表示两组。

在使用数字开关指令时，须给 PLC 外接相应的数字开关输入电路。PLC 与一组数字开关连接电路如图 11-64（b）所示。在常开触点 X000 闭合时，DSW 指令执行，PLC 从 Y010~Y013 端子依次输出扫描脉冲，如果数字开关设置的输入值为 1101 0110 1011 1001（数字开关某位闭合时，表示该位输入 1），当 Y010 端子为 ON 时，数字开关的低 4 位向 X013~X010 输入 1001，1001 被存入 D0 低 4 位；当 Y011 端子为 ON 时，数字开关的次低 4 位向 X013~X010 输入 1011，该数被存入 D0 的次低 4 位，一个扫描周期完成后，1101 0110 1011 1001 全被存入 D0 中，同时完成标记继电器 M8029 置 ON。如果需要使用两组数字开关，可将第二组数字开关一端与 X014~X017 连接，另一端则和第一组一样与 Y010~Y013 连接，当将 n 设为 2 时，第二组数字开关输入值通过 X014~X017 存入 D1 中。

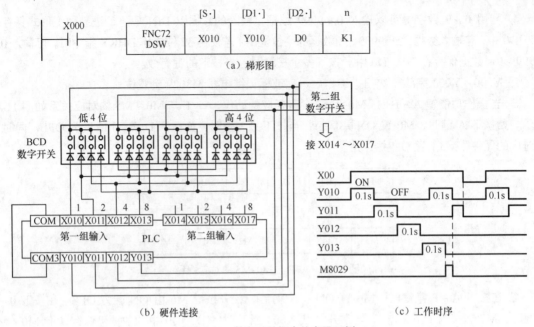

（a）梯形图

（b）硬件连接　　　　　　　　　　　　　　（c）工作时序

图 11-67　数字开关指令的应用示例

11.8.4　七段码译码（SEGD）指令

（1）指令格式

七段码译码指令 SEGD：FNC73 SEGD[S·][D·]。

（2）指令用法

七段码译码指令的应用示例如图 11-68 所示。七段译码指令的功能是将源操作数[S·]D0 中的低 4 位二进制数（代表十六进制数 0～F）转换成七段显示格式的数据，再保存在目标操作数[D·]Y000～Y007 中，源操作数中的高位数不变。

图 11-68　七段码译码指令的应用示例

11.8.5　带锁存七段码显示（SEGL）指令

（1）指令格式

带锁存七段码显示指令 SEGL：FNC74 SEGL[S·][D·]n。

（2）指令用法

带锁存七段码显示指令的应用示例如图 11-69 所示。

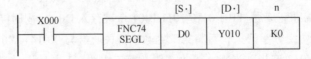

图 11-69　带锁存七段码显示指令的应用示例

当 X000 闭合时，SEGL 指令执行，将源操作数[S·]D0 中数据（0～9999）转换成 BCD 码并形成选通信号，再从目标操作数[D·]Y010～Y017 端子输出，去驱动带锁存功能的七段码显示器，使之以十进制形式直观显示 D0 中的数据。

11.8.6　方向开关（ARWS）指令

（1）指令格式

方向开关指令 ARWS：FNC75 ARWS[S·][D1·][D2·]n。

（2）指令用法

方向开关指令的应用示例如图 11-70 所示。

图 11-70　反向开关指令的应用示例

方向开关指令不但可以像带锁存的七段码显示指令一样，能将[D1·]D0 中的数据通过[D2·]Y000～Y007 端子驱动带锁存的七段码显示器显示出来，还可以利用[S·]指定的 X010～X013 端子输入来修改[D1·]D0 中的数据。

11.8.7　ASCII 码转换（ASC）指令

（1）指令格式

ASCII 码转换指令 ASC：FNC76 ASC[S·][D·]。

（2）指令用法

ASCII 码转换指令的应用示例如图 11-71 所示。

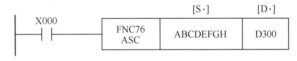

图 11-71　ASCII 码转换指令的应用示例

当常开触点 X000 闭合时，ASC 指令执行，将 ABCDEFGH 这 8 个字母转换成 ASCII 码并存入 D300～D303 中。

11.8.8　ASCII 码打印（PR）指令

（1）指令格式

ASCII 码打印指令 PR：FNC77 PR[S·][D·]。

（2）指令用法

ASCII 码打印指令的应用示例如图 11-72 所示。

当常开触点 X000 闭合时，PR 指令执行，将 D300 为首编号的几个连号元件中的 ASCII 码从 Y000 为首编号的几个端子输出。在输出 ASCII 码时，先从 Y000～Y007 端输出 A 的 ASCII 码（由 8 位二进制数组成），然后输出 B、C、……、H，在输出 ASCII 码的同时，Y010 端会输出选通脉冲，Y011 端输出正在执行标志，如图 11-72（b）所示，Y010、Y011 端输出信号去 ASCII 码接收电路，使之能正常接收 PLC 发出的 ASCII 码。

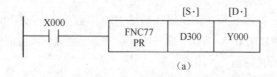

（a）

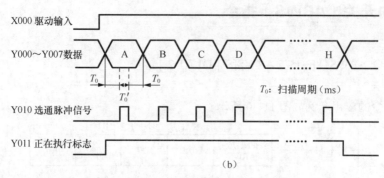

（b）

图 11-72 ASCII 码打印指令的应用示例

11.8.9 读特殊功能模块（FROM）指令

（1）指令格式

读特殊功能模块指令 FROM：FNC78 FROM [m1·][m2·][D·]n。

（2）指令用法

读特殊功能模块指令的应用示例如图 11-73 所示。

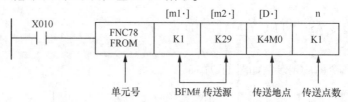

图 11-73 读特殊功能模块指令的应用示例

当常开触点 X010 闭合时，FROM 指令执行，将[m1·]单元号为 1 的特殊功能模块的[m2·]29 号缓冲存储器（BFM）中的 16 位数据读入 K4M0（M0～M16）。在 X000 = ON 时执行 FROM 指令，X000 = OFF 时不传送数据，传送地点的数据不变。脉冲指令执行也一样。

11.8.10 写特殊功能模块（TO）指令

（1）指令格式

写特殊功能模块指令 TO：FNC79 TO [m1·][m2·][S·]n。

（2）指令方法

写特殊功能模块指令的应用示例如图 11-74 所示。

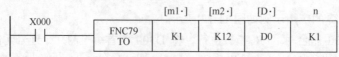

图 11-74 写特殊功能模块指令的应用示例

当常开触点 X000 闭合时，TO 指令执行，将[D·]D0 中的 16 位数据写入[m1·]单元号为 1 的特殊功能模块的[m2·]12 号缓冲存储器（BFM）中。

第12章

可编程逻辑控制器用于模拟量控制

在 PLC 控制系统中,控制对象既有数字量,又有模拟量。PLC 的基本单元只能对数字量进行处理,而不能直接处理模拟量。如果要处理模拟量,就必须通过特殊功能模块(模拟量输入模块)将模拟量转换成数字量,再传递给 PLC 的基本单元进行处理。同样,PLC 的基本单元只能输出数字量,而控制对象有可能只接收模拟量,所以需要特殊功能模块(模拟量输出模块)将数字量转换成模拟量。本章介绍了这两个部分如何针对模拟量进行控制,并通过实例进行了讲解。

12.1 模拟量输入/输出单元

12.1.1 模拟量输入/输出模块的特性

电压输入时(如 0~10V DC,0~5V DC),模拟量输入电路的输入电阻为 20kΩ;电流输入时(如 4~20mA),模拟量输入电路的输入电阻为 250Ω。

模拟量输出模块在电压输出时的外部负载电阻为 2kΩ~1MΩ,电流输出时小于 500Ω。

12 位模拟量输入在满量程时(如 10V)的数字量转换值为 4000。未专门说明时,满量程总体精度为±1%。

功能扩展板的体积小巧、价格低廉,PLC 内可安装一块功能扩展板,后者还可以和价格也很便宜的显示模块安装在一起。

12.1.2 模块编号

为便于可编程逻辑控制器基本单元识别特殊单元和特殊模块(输入/输出模块),对连接在基本单元右侧的特殊单元和特殊模块(输入/输出模块)进行编号,编号不包括输入/输出扩展单元。最靠近基本单元的编号为 0 号,然后依次为 1~7 号,以供可编程逻辑控制器进行识别。

一个基本单元最多可以连接 8 个特殊单元和特殊模块(输入/输出模块)。

12.1.3 缓冲寄存器分配

缓冲寄存器(BFM)用来与 PLC 基本单元进行数据交换,每个缓冲寄存器的位数为 16 位。

1. FX_{2N}-2AD 模拟量输入模块缓冲寄存器(BFM)

FX_{2N}-2AD 模拟量输入模块占用 FX 扩展总线的 8 个点,这 8 个点可以是输入或输出点,其分配关系如表 12-1 所示。

表 12-1　FX$_{2N}$-2AD 缓冲寄存器（BFM）分配

BFM 编号	b$_{15}$~b$_8$	b$_7$~b$_4$	b$_3$	b$_2$	b$_1$	b$_0$
#0	未使用	当前输入值的低 8 位				
#1	未使用		当前输入值的高 4 位			
#2~#16	未使用					
#17	未使用				模数转换开始标注位	模数转换通道：指定标注位
#18 或其他	未使用					

BFM#0：保存由 BFM#17 通道指定标注位指定的通道输入的低 8 位当前数据值。数据值按二进制形式保存。

BFM#1：保存输入的高 4 位当前数据值。数据值按二进制形式保存。

BFM#17：b$_0$——模数转换通道（CH1，CH2）标注位。b$_0$=0 时，模数转换通道为 CH1；b$_0$=1 时，模数转换通道为 CH2。b$_1$ 由 0 变为 1 时，模数转换开始。

2. FX$_{2N}$-4AD 模拟量输入模块缓冲寄存器（BFM）

FX$_{2N}$-4AD 模拟量输入模块内部共有 32 个缓冲寄存器（BFM），用来与 PLC 基本单元进行数据交换，每个缓冲寄存器的位数为 16 位。可编程逻辑控制器基本单元与 FX$_{2N}$-4AD 模拟量输入模块之间的数据通信是由 FROM/TO 指令来执行的。FROM 是基本单元从 FX$_{2N}$-4AD 模拟量输入模块读数据的指令，TO 是基本单元将数据写到 FX$_{2N}$-4AD 模拟量输入模块的指令。实际上，读/写操作都是针对 FX$_{2N}$-4AD 模拟量输入模块的缓冲寄存器进行的操作。缓冲寄存器编号为 BFM#0~#31，FX$_{2N}$-4AD 模拟量输入模块的缓冲寄存器分配表如表 12-2 所示，错误状态信息 BFM#29 如表 12-3 所示。

表 12-2　FX$_{2N}$-4AD 缓冲寄存器（BFM）分配

BFM 编号	内容	
#0	初始化通道，默认值为 H0000。设定值如用 H□□□□表示，则 □=0 时，设定值输入范围为 –10~10V； □=1 时，设定值输入范围为 4~20mA； □=2 时，设定值输入范围为 0~20mA； □=3 时，关闭该通道。 H□□□□的最低位□控制通道 1，然后是通道 2、通道 3，最高位□控制通道 4	
#1	通道 1	各通道平均值的采样次数，范围为 1~4096，若超过该值范围，按默认采样次数为 8，若采样次数超过范围时，按默认值 8 次进行处理
#2	通道 2	
#3	通道 3	
#4	通道 4	
#5	通道 1	输入采样的平均值，这些采样值分别存放在通道 1~通道 4
#6	通道 2	
#7	通道 3	
#8	通道 4	
#9	通道 1	输入当前值，这些当前值分别存放在通道 1~通道 4
#10	通道 2	
#11	通道 3	
#12	通道 4	

续表

BFM 编号	内容
#13~#14	未使用
#15	转换速度的选择，置 1 时为 15ms/通道，置 0 时为 6ms/通道
#16~#19	未使用
#20	置 1 时设定值均恢复到默认值，置 0 时设定值不变
#21	增益和零值调整，b_1、b_0=10 时，禁止调整；b_1、b_0=01 时，允许调整

#22	增益 G 和零点 O 值调整	b_7	b_6	b_5	b_4	b_3	b_2	b_1	b_0
		G_4	O_4	G_3	O_3	G_2	O_2	G_1	O_1

#23	零点值	调整的输入通道由 BFM#22 的 G-O 位的状态指定，如 BFM#22 的 G_1、O_1 位置 1，
#24	增益值	则#23 和#24 的设定值即可送入通道 1 的零点和增益寄存器，各通道的零点和增益可以统一调整，也可单独调整

#25~#28	未使用
#29	错误状态信息（见表 12-3）
#30	特殊功能模块识别码，用 FROM 指令读入，FX2N-4AD 的识别码为 K2010
#31	未使用

表 12-3 BFM#29 错误状态信息

BFM#29 的位	=1（ON）	=0（OFF）
b_0：错误	b_1~b_3 中任意一个为 1，b_2~b_4 中任意一个为 1 时，所有通道禁止	无错误
b_1：偏移/增益错误	在 EEPROM 中的偏移/增益数据不正常或调整错误	偏移/增益数据正常
b_2：电源故障	24V DC 电源故障	电源正常
b_3：硬件故障	AD 转换器或其他硬件故障	硬件正常
b_{10}：数字范围错误	数字范围超出 –2048~2047	数字范围正常
b_{11}：平均采用错误	平均采用超出 1~4097	平均采样正常
b_{12}：偏移/增益禁止调整	禁止 BFM#21 的（b_0b_1 设为 10）	允许 BFM#21 的（b_0b_1 设为 10）

3. FX2N-2DA 模拟量输出模块缓冲寄存器（BFM）

缓冲寄存器（BFM）用来与 PLC 基本单元进行数据交换，每个缓冲寄存器（BFM）的位数为 16 位。FX2N-2DA 模拟量输出模块占用 8 个输入或输出点，其分配关系如表 12-4 所示。

表 12-4 FX2N-2DA 缓冲寄存器（BFM）分配

BFM 编号	b_{15}~b_8	b_7~b_3	b_2	b_1	b_0
#0~#15	未使用				
#16	未使用	输出的数字当前值（8 位）			
#17	未使用		D/A 低 8 位数据保持	CH1 模/数转换开始标注位	CH2 模/数转换开始标注位
#18 或其他	未使用				

BFM#16：写入由 BFM#17 通道指定标注位指定的通道输出的 D/A 转换数据值。数据值按二进制形式保存，这样有利于低 8 位和高 4 位数据分两部分保存。

BFM# 17：b_0 由 1→0 时，通道 CH2 D/A 转换开始。

b_1 由 1→0 时，通道 CH1 D/A 转换开始。

b_2 由 1→0 时，D/A 转换的低 8 位数据保持。

4. FX₂ₙ-4DA 模拟量输出模块缓冲寄存器（BFM）

FX₂ₙ-4DA 模拟量输出模块内部共有 32 个 BFM 缓冲寄存器，用来与 PLC 基本单元进行数据交换，每个缓冲寄存器的位数为 16 位，其分配如表 12-5 所示。

表 12-5　FX₂ₙ-4DA 缓冲寄存器（BFM）分配

BFM 编号		内容
W	#0	输出模式选择，出厂设定为 H0000
	#1	CH1~CH4 转换输出数据
	#2	
	#3	
	#4	
	#5（E）	输出数据保持格式，出厂设定为 H0000
#6、#7		不能使用
W	#8（E）	CH1、CH2 的偏移/增益设定命令，初始值为 H0000
	#9（E）	CH3、CH4 的偏移/增益设定命令，初始值为 H0000
W	#10	偏移数据 CH1	单位：mV（或者 μA） 初始偏移值：0 初始增益值：+5000
	#11	增益数据 CH1	
	#12	偏移数据 CH2	
	#13	增益数据 CH2	
	#14	偏移数据 CH3	
	#15	增益数据 CH3	
	#16	偏移数据 CH4	
	#17	增益数据 CH4	
#18、#19		不能使用
W	#20（E）	初始化，初始值为 0
	#21（E）	禁止调整 I/O 特性（初始值：1）
#22~#28		不能使用
#29		错误状态（见表 12-6）
#30		K3020 识别码
#31		不能使用

表中有"W"的缓冲寄存器中的数据可由 PLC 通过 TO 指令写入，标有"E"的缓冲寄存器中的数据可以写入 EEPROM，当电源关闭时可以保持缓冲寄存器的数据。

若 BFM#0 的设定值用 H□□□□表示，则 BFM#0 的最低位□控制 CH1，然后依次为 CH2、CH3 和 CH4。"□"中对应设定如下：

□=0 时，通道模拟量输出为-10~10V 直流电压。

□=1 时，通道模拟量输出为 4~20mA 直流电流。

□=2 时，通道模拟量输出为 0~20mA 直流电流。

BFM#5：数据保持模式。当 PLC 处于停止（STOP）模式，RUN 模式下的最后输出值将被保持。若 BFM#5 的设定值用 H□□□□表示，则 BFM#5 的最低位□为 CH1，然后依次为 CH2、CH3 和 CH4。"□"中对应设定如下：

□=0 时，相应通道的转换数据在 PLC 停止运行时，仍保持不变；

□=1 时，相应通道的转换数据复位，成为偏移设置值。

BFM#29 错误状态信息如表 12-6 所示。

表 12-6　FX_{2N}-4DA BFM#29 错误状态信息

BFM#29 的位	=1（ON）	=0（OFF）
b₀: 错误	b₁~b₄ 中任意一个为 1 时，则 b₀=1	无错误
b₁: 偏移/增益错误	EEPROM 中的偏移/增益不正常或设置错误	偏移/增益数据正常
b₂: 电源故障	24V DC 电源故障	电源正常
b₃: 硬件故障	A/D 转换器或其他硬件故障	硬件正常
b₁₀: 范围错误	数字输入或模拟输出值超出指定范围	输入或输出值在规定范围内
b₁₂: 偏移/增益禁止状态	BFM#21 没有设为 "1"	可调整状态

12.1.4　编程举例

1. FX_{2N}-2AD 模拟量输入模块应用实例

FX_{2N}-2AD 模拟量输入模块安装在 0 号模块位置，如图 12-1 所示，当输入 X0=1 时，模数转换通道 1 启动，先将通道 1 的数据暂存在 M100~M115 中，再将数据存放到数据寄存器 D100 中。

图 12-1　模拟量输入梯形图

当输入 X1=1 时，模数转换通道 2 启动，先将通道 1 的数据暂存在 M100~M115 中，再将数据存放到数据寄存器 D101 中。

处理时间为 2.5ms/通道（X0=1 和 X1=1 时，将 A/D 转换值存到主单元寄存器中所用的时间）。

2. FX_{2N}-4AD 模拟量输入模块应用程序

将 FX_{2N}-4AD 模拟量输入模块安装在基本单元右边第一个位置，即 0 号模块。设置 CH1 和 CH2 为电压输入，平均采样次数为 4 次，CH1 中的平均值存放到 D0 中，CH2 的平均值存放到 D1 中，用 M10~M25 存放错误状态信息，根据以上情况编制的梯形图如图 12-2 所示。

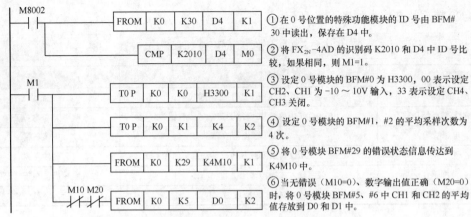

① 在 0 号位置的特殊功能模块的 ID 号由 BFM# 30 中读出，保存在 D4 中。

② 将 FX_{2N}-4AD 的识别码 K2010 和 D4 中 ID 号比较，如果相同，则 M1=1。

③ 设定 0 号模块的 BFM#0 为 H3300，00 表示设定 CH2、CH1 为 -10 ～ 10V 输入，33 表示设定 CH4、CH3 关闭。

④ 设定 0 号模块的 BFM#1、#2 的平均采样次数为 4 次。

⑤ 将 0 号模块 BFM#29 的错误状态信息传达到 K4M10 中。

⑥ 当无错误（M10=0）、数字输出值正确（M20=0）时，将 0 号模块 BFM#5、#6 中 CH1 和 CH2 的平均值存放到 D0 和 D1 中。

图 12-2　编制的 FX_{2N}-4AD 梯形图

3. FX_{2N}-2DA 模拟量输出模块应用实例

FX_{2N}-2DA 模拟量输出模块安装在基本单元右边第二个位置，即 1 号模块，FX_{2N}-2DA 和 FX 型 PLC 的连接如图 12-3 所示。

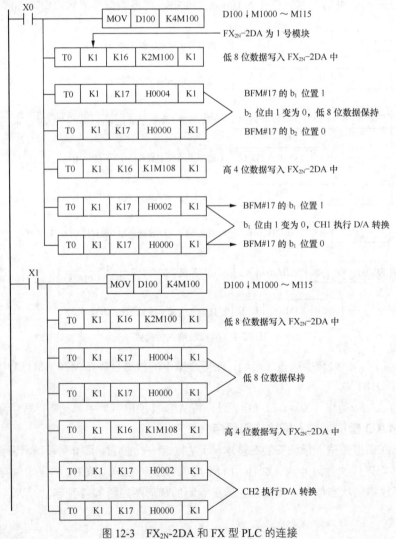

D100 ↓ M1000 ～ M115

FX_{2N}-2DA 为 1 号模块

低 8 位数据写入 FX_{2N}-2DA 中

BFM#17 的 b_1 位置 1

b_2 位由 1 变为 0，低 8 位数据保持

BFM#17 的 b_2 位置 0

高 4 位数据写入 FX_{2N}-2DA 中

BFM#17 的 b_1 位置 1

b_1 位由 1 变为 0，CH1 执行 D/A 转换

BFM#17 的 b_1 位置 0

D100 ↓ M1000 ～ M115

低 8 位数据写入 FX_{2N}-2DA 中

低 8 位数据保持

高 4 位数据写入 FX_{2N}-2DA 中

CH2 执行 D/A 转换

图 12-3　FX_{2N}-2DA 和 FX 型 PLC 的连接

272

当输入 X0=1 时，数/模转换通道 CH1 启动。

当输入 X1=1 时，数/模转换通道 CH2 启动。

D/A 输出数据通道 CH1：D100〔用辅助继电器 M100~M131 进行替换，仅分配这些编号一次〕。

D/A 输出数据通道 CH2：D101〔用辅助继电器 M100~M131 进行替换，仅分配这些编号一次〕。

12.2 大型 PLC 模拟量输入/输出模块简介

12.2.1 其他模拟量输入/输出模块的功能和特点

1. FX_{0N}-3A 模拟量输入和输出模块

FX$_{0N}$-3A 模拟量输入和输出模块特点如下。

（1）提供 8 位分辨率精度。

（2）配备 2 路模拟量输入（0~10V 直流电压或 4~20mA 交流电流）通道和 1 路模拟量输出通道。

2. FX_{2N}-8AD 模拟量输入和温度传感器输入模块

FX$_{2N}$-8AD 模拟量输入和温度传感器输入模块特点如下。

（1）提供 16 位分辨率精度（包括符号位）。

（2）配备 8 通道电压输入（-10~10V 直流电压）、电流输入（4~20mA 交流电流，-20~20mA 电流）或热电偶（K、J 和 T 型）温度传感器输入。

（3）对每一个通道可以单独规定电压输入、电流输入或热电偶输入。

3. 与 PT100 型温度传感器匹配的 FX_{2N}-4AD-PT 模拟量输入模块

与 PT100 型温度传感器匹配的 FX$_{2N}$-4AD-PT 模拟量输入模块特点如下。

（1）它与白金测温电阻（PT100-3 线型）温度传感器匹配。

（2）4 路模拟量输入通道。

（3）测量单位为摄氏度（℃）或华氏度（℉），为 0.2~0.3℃或 0.36~0.54℉。

（4）分辨率很高。

4. 与热电偶型温度传感器匹配的 FX_{2N}-4AD-TC 模拟量输入模块

与热电偶型温度传感器匹配的 FX$_{2N}$-4AD-TC 模拟量输入模块特点如下。

（1）它与热电偶型（K 或 J 型）温度传感器匹配。

（2）4 路模拟量输入通道。

（3）测量单位为摄氏度（℃）或华氏度（℉），K 型为 0.4℃或 0.72℉，J 型 0.3℃或 0.54℉。

（4）分辨率很高。

5. FX_{2N}-2LC 温度调节模块

FX$_{2N}$-2LC 温度调节模块特点如下。

（1）配备 2 路温度模拟量输入通道和 1 路晶体管输出通道。1 个模块能使 2 个系统的温度调节起作用。

（2）1 个模块提供具有自调节的 PID 控制、2 位控制和 PI 控制。

（3）电流探测器（CT）能探测到断线故障。

6. FX_{3U}-4AD 模拟量输入模块

FX$_{3U}$-4AD 模拟量输入模块有 4 个通道，输入特性分为电压（-10~+10V）、交流电流（4~20mA）

和直流电流（–20~+20mA），各种输入范围有 3 种输入模式，共有 9 种输入模式。

7. FX₃ᵤ-4DA 模拟量输出模块

FX₃ᵤ-4DA 模拟量输出模块有 4 个通道，输出特性分为电压（–10~+10V）、交流电流（4~20mA）和直流电流（–20~+20mA），共有 5 种输出模式。可以对各通道指定电压输出、电流输出。可以用数据表格的方式，预先对决定好的输出形式做设定，然后根据该数据表格进行模拟量输出。

12.2.2 大型 PLC 模拟量输入/输出模块简介

Q 系列 PLC 是三菱公司从原 A 系列 PLC 基础上发展过来的中、大型 PLC 系列产品，Q 系列 PLC 采用了模块化的结构形式，系列产品的组成与规模灵活可变，最大输入/输出点数达到 4096 点；最大程序存储器容量可达 252KB 步，采用扩展存储器后容量可以达到 32MB；基本指令的处理速度可以达到 34ns；其性能水平居世界领先地位，可以适合各种中等复杂机械、自动生产线的控制场合。现对其模拟量输入/输出模块进行简单的介绍。

1. Q 系列模拟量输入模块

Q 系列模拟量输入模块的型号有 Q64AD、Q68ADI、Q68ADV，其中 Q64AD 有 4 个通道，每个通道都可以选择电压或电流输入；Q68ADI 有 8 个通道，通道全部为电流输入；Q68ADV 有 8 个通道，通道全部为电压输入。其性能指标如表 12-7 所示。

表 12-7　Q 系列模拟量输入模块的性能指标

项目		Q64AD	Q68ADV	Q68ADI
模拟输入	点数	4 点（CH1~CH4）	8 点（CH1~CH8）	8 点（CH1~CH8）
	电压	DC –10~10V		
	电流	DC 0~20mA		DC 0~20mA
数字输出		16 位（正常分辨率模式：–4096~4095；高分辨率模式：–12288~12887、–16384~16383）		

I/O 特点及分辨率		模块输入范围	正常分辨率模式		高分辨率模式	
			数字输出值	最大分辨率	数字输出值	最大分辨率
	电压	0~10V	0~4000	2.5mV	0~16000	0.625mV
		0~5V		1.25mV	0~12000	0.416mV
		1~5V		1.0mV		0.333mV
		–10~10V	–4000~4000	2.5mV	–16000~16000	0.625mV
		用户设置		0.375mV	–12000~12000	0.333mV
	电流	0~20mA	0~4000	5μA	0~12000	1.66μA
		4~20mA		4μA		1.33μA
		用户设置	–4000~4000	1.37μA	–12000~12000	1.33μA
转换精度		正常分辨率模式下，环境温度 0~55℃带温度补偿的精度为±0.3%（±12 位数）；环境温度 0~55℃不带温度补偿的精度为±0.4%（±16 位数）；环境温度（25±5）℃的精度为±0.1%（±48 位数） 输入模拟电压 0~10V 或–10~10V 时，高分辨率模式下，环境温度 0~55℃带温度补偿的精度为±0.3%（±48 位数）；环境温度 0~55℃不带温度补偿的精度为±0.4%（±64 位数）；环境温度（25±5）℃的精度为±0.1%（±16 位数） 其余输入模拟电压及输入模拟电流时，高分辨率模式下，环境温度 0~55℃带温度补偿的精度为±0.3%（±36 位数）；环境温度 0~55℃不带温度补偿的精度为±0.4%（±48 位数）；环境温度（25±5）℃的精度为±0.1%（±12 位数）				
转换速度		80μs/通道（若有温度漂移时，不管使用通道数目是多少，都将使用加 160μs 所得的时间）				
隔离方法		I/O 端子和 PLC 电源间为光耦合隔离；通道之间不采用隔离				
占用点数		16 点				

2. Q 系列模拟量输出模块

Q 系列模拟量输出模块的型号有 Q62DA、Q64DA、Q68DAI、Q68DAV，其中 Q62DA 有 2 个通道，每个通道都可以选择电压或电流输入；Q64DA 有 4 个通道，每个通道都可以选择电压或电流输入；Q68DAI 有 8 个通道，通道全部为电流输入；Q68DAV 有 8 个通道，通道全部为电压输入。其性能指标如表 12-8 所示。

表 12-8　Q 系列模拟量输出模块的性能指标

项目		Q62DA	Q64DA	Q68DAV	Q68DAI
模拟输出	点数	2 点（CH1~CH2）	4 点（CH1~CH4）	8 点（CH1~CH8）	8 点（CH1~CH8）
	电压	DC −10~10V			
	电流	21mA		-	DC 0~20mA
绝对最大值	电压	±12V			-
	电流	21mA			21mA
数字输入		16 位（正常分辨率模式：−4096~4095；高分辨率模式：−12288~12887、−16384~16383）			

I/O 特点及分辨率	模块输入范围		正常分辨率模式		高分辨率模式	
			数字输出值	最大分辨率	数字输出值	最大分辨率
	电压	0~10V	0~4000	2.5mV	0~16000	0.625mV
		0~5V		1.25mV	0~12000	0.416mV
		1~5V		1.0mV		0.333mV
		−10~10V	−4000~4000	2.5mV	−16000~16000	0.625mV
		用户设置		0.375mV	−12000~12000	0.333mV
	电流	0~20mA	0~4000	5μA	0~12000	1.66μA
		4~20mA		4μA		1.33μA
		用户设置	−4000~4000	1.37μA	−12000~12000	1.33μA
转换精度	正常分辨率模式下，环境温度 0~55℃带温度补偿的精度为±0.3%（±12 位数）；环境温度 0~55℃不带温度补偿的精度为±0.4%（±16 位数）；环境温度（25±5）℃的精度为±0.1%（±48 位数）输入模拟电压 0~10V 或−10~10V 时，高分辨率模式下，环境温度 0~55℃带温度补偿的精度为±0.3%（±48 位数）；环境温度 0~55℃不带温度补偿的精度为±0.4%（±64 位数）；环境温度（25±5）℃的精度为±0.1%（±16 位数）其余输入模拟电压及输入模拟电流时，高分辨率模式下，环境温度 0~55℃带温度补偿的精度为±0.3%（±36 位数）；环境温度 0~55℃不带温度补偿的精度为±0.4%（±48 位数）；环境温度（25±5）℃的精度为±0.1%（±12 位数）					
转换速度	80μs/通道					
隔离方法	I/O 端子和 PLC 电源间为光耦合隔离；通道之间不采用隔离					
占用点数	16 点					

第13章

编程规则和实例

梯形图是 PLC 使用得最多的图形编程语言，被称为 PLC 的第一编程语言。梯形图语言沿袭了继电器控制电路的形式，是在常用的继电器与接触器逻辑控制基础上简化了符号演变而来的，具有形象、直观、实用等特点。电气技术人员容易接受梯形图语言。梯形图的左、右母线类似于继电器与接触器控制电源线，输出线圈类似于负载，输入触点类似于按钮。尽管梯形图与继电器电路图在结构形式、元件符号及逻辑控制功能等方面相类似，但它们又有许多不同之处，梯形图具有自己的编程规则。

13.1 可编程逻辑控制器梯形图编程规则

梯形图编程是最常用的编程方式，它使用方便、结构清晰，与接触器控制原理相似，比较容易掌握。梯形图有自己的特点，因此编程必须遵循 IEC61131—3 的标准。

（1）避免出现多线圈输出。

在一个程序中，如果一个软元件线圈被多次使用，在扫描结束时只有最后一次送给线圈的状态有效。为防止系统出现异常情况，程序中应避免出现双线圈及多个线圈输出现象。

（2）按"从上到下、从左到右"的顺序处理。

与每个继电器线圈相连的全部支路形成一个逻辑行，每个逻辑行始于左母线，终于右母线（可省略），继电器线圈与右母线直接相连，在继电器线圈右边不能插入其他元素，其应用示例 1 如图 13-1 所示（图的左边不符合编程规则，下同）。

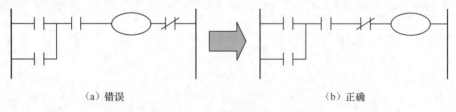

(a) 错误　　　　　　　　　　　　　　　(b) 正确

图 13-1　应用示例 1

（3）在设计串联电路时，串联触点较多的回路放在上部，将单个触点放在右边，以减少编程指令，其应用示例 2 如图 13-2 所示。

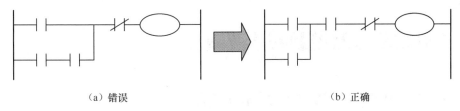

（a）错误　　　　　　　　　　　　　（b）正确

图 13-2　应用示例 2

（4）在设计并联电路时，并联触点多靠近左母线，将单个触点放在下面，以减少编程指令，其应用示例 3 如图 13-3 所示。

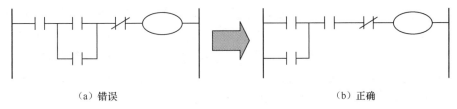

（a）错误　　　　　　　　　　　　　（b）正确

图 13-3　应用示例 3

（5）梯形图中垂直方向支路上不能有触点，否则会产生逻辑错误。其应用示例 4 如图 13-4 所示。

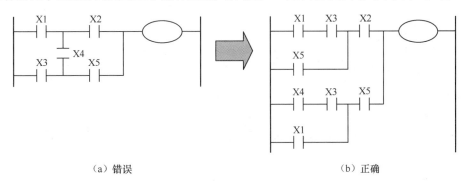

（a）错误　　　　　　　　　　　　　（b）正确

图 13-4　应用示例 4

（6）输出类指令，如 OUT、MC、SET、RST、PIS 及大部分应用指令放在梯形图最右边，可以避免使用 MPS 和 MPP 指令。

（7）逻辑行之间的关系清晰，互有牵连且逻辑关系不清晰的应进行改进，以方便阅读和编程。其应用示例 5 如图 13-5 所示。

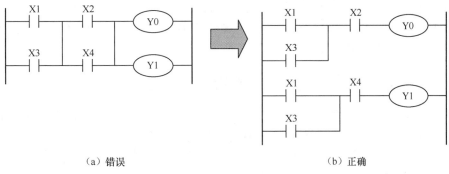

（a）错误　　　　　　　　　　　　　（b）正确

图 13-5　应用示例 5

13.2 CA60 车床的控制系统改造

13.2.1 用 PLC 改造 CA60 型卧式车床方案

1. PLC 替代继电器控制设计

（1）程序设计

首先分析原继电器控制系统的工作原理和各元件的作用，确定被控制系统必须完成的动作及完成这些动作的顺序，确定各个控制装置之间的相互关系，分离出输入信号元件和输出控制对象。

（2）I/O 分配

将所有的输入信号（按钮，行程开关，压力、速度等传感器）及输出控制对象（接触器、电磁阀、信号灯等）分别列表，并按 PLC 内部继电器的编号范围，给每个输入/输出点分配一个确定编码，即编制出现场信号与 PLC 内部继电器编号对照表。

（3）画梯形图

按正确顺序所要求的功能及关系，将继电器控制系统电路转换成梯形图，并按画梯形图的规定进行整理。

（4）编写程序清单

梯形图的每个逻辑元件均可相应地写出一条命令语句，编写的顺序按梯形图的逻辑行和逻辑元件的编排顺序由上到下，自左到右。

2. 总装调试

（1）程序编程

将已设计好的程序用计算机或编程器输入到 PLC 用户存储器中，并对程序进行编辑。

（2）模拟板调试

按实际控制要求，用开关和灯泡模拟控制对象，进行程序功能调试。

（3）实物模拟实验

采用现场实际使用的监测元件和执行机构组成模拟控制系统，监测控制器的实际负载能力。

（4）现场调试

安装完毕进行现场调试。对某些参数（如定时器预置数值、传感器的位置与信号大小）进行现场整定和调整。

（5）安全检查

对系统的所有安全措施，如接地、保护、互锁等环节进行彻底检查，上述工作完成后可进行试运行。一切正常，再把程序写入到 EPROM 中，使其固化。

13.2.2 CA60 型卧式车床简介及电气控制原理分析

CA60 型卧式车床是一种新型高速精密车床，该机床加工性能广泛，适用于工具、机修及批量生产的车间，主要用于各种轴类、套类和盘类零件以及带有米制、英制、模数、径节等螺纹零件的精密加工。

1. 车床电气控制的要求

根据切削加工工艺的要求，对车床的电气控制提出以下要求。

① 轴电机采用三相笼型电动机，在车削螺纹时要求主轴能正、反转，且主轴的正、反转控制通过主轴电动机的正、反转来实现。

② 调速采用机械齿轮变速有级调速的方式，变速时不可在主传动电动机转动中进行。

③ 容量较大，采用 Y-△减压启动，转换时间的设定应保证升至最高速的加速要平稳。

④ 车削加工时，由于刀具与工件的温度过高，需配有冷却泵提供冷却液，要求冷却泵电动机在主轴启动后方可启动，停止时冷却泵电动机应先停止。冷却泵不能在没有冷却液时运行，空转运行会损坏主轴箱的密封，缩短冷却泵的寿命。

⑤ 绘制电路应具有必要的保护环节和照明装置。

2. 主电路分析

图 13-6 是 CA60 型卧式车床的电气控制原理图，共有 2 台电动机，M1 为主轴电动机，拖动主轴旋转；M2 为冷却泵电动机，提供冷却液。

接触器 KM_1、KM_2 控制电动机 M1 的正、反转。接触器 KM_3 控制 M1 的 Y 连接启动，KM_4 控制 M1 的△连接运行，热继电器 FR_1 为 M1 提供过载保护。中间继电器 KA_3 控制冷却泵电动机 M2，FR_2 为 M2 连接提供过载保护。

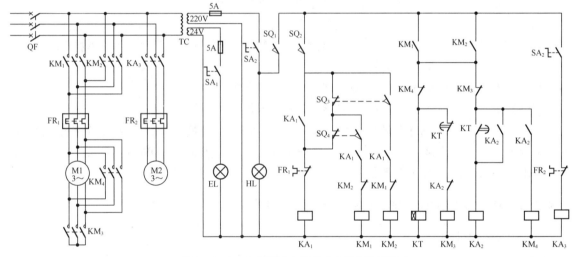

图 13-6　CA60 型卧式车床的电气控制原理图

3. 控制电路分析

启动前先检查侧门是否关好，脚踏开关是否松开，为机床启动前做好准备。

（1）轴电动机 M1 控制

① M1 正转启动。

合上总开关 QF，接通电源开关 SA_2→中间继电器 KA_1 得电自锁压下开关杆，行程开关 SQ_4 常开触头闭合→接触器 KM_1 线圈得电→时间继电器 KT、接触器 KM_3 通电→电动机 Y 联结启动。

当时间继电器定时时间到→接触器 KM_3 失电（同时接触器 KA_2 得电→接触器 KM_4 得电）→电动机△联结运行

② M1 反转启动。

上提开关杆，行程开关 SQ_3 常开触头闭合，使接触器 KM_2 得电，则电动机 M1 反转，其 Y 联结启动→△联结运行与正转过程一致。

③ M1 停止。

M1 正转停止：当开关杆回到中间位置，行程开关 SQ$_4$ 复位，接触器 KM$_1$、KM$_4$ 失电，电动机 M1 停转。

M1 的反转启动、停止和正转类似。

（2）电动机 M2 的控制

接通控制冷却泵开关 SA$_2$→中间继电器 KA$_3$ 通电→电动机 M2 转动，提供冷却液。断开控制冷却泵开关 SA$_2$→KA$_3$ 断电→M2 停止转动。

13.2.3　PLC 代替继电器的依据

PLC 代替继电器的依据如下。

（1）PLC 可以很容易地实现比较复杂的控制逻辑，传统的继电器系统实现同样的功能则需要大量的控制继电器。

（2）PLC 以弱电控制强电，省去大量控制继电器，节省电能，运行成本低。

（3）对于复杂工艺的控制系统，采用 PLC 可以简化控制设备（箱柜），节省设备投资。

（4）PLC 改变工艺控制简便易行，传统继电器系统难以改变工艺。

（5）PLC 检修维护比较方便，需要配备的元器件少，维护成本低，节约大量有色金属。

（6）PLC 控制设备占地面积小、运行噪声小、发热少、损坏元件垃圾少，利于保持环境卫生。

（7）PLC 运行维护需要比较高的专业技术。

（8）PLC 是采用集成逻辑电路，易于实现复杂的控制逻辑。

（9）PLC 的设备内部经常做成单元插接的形式，检修更换方便，检修时间也迅速。

（10）PLC 减少了中间继电器的使用，线路简单了，减少了故障率；比继电器优越性高的就是自动化，比如需要 N 个人操作的电镀生产线，现在只需按一下启动按钮就 OK 了。

（11）PLC 是包括传统的继电器，它能减少安装空间，并且更容易实现自动化操作。

13.2.4　PLC 改造中对若干技术问题的处理

1. 输入电路处理

（1）为了与实际控制电路保持一致，停车按钮用常闭输入。由于 PLC 在运行程序判别触点通断状态时，只取决于其内存中输入继电器线圈的状态，并不直接识别外部设备，为了保证 PLC 在刚上电时所有输出为开点，所以 PLC 内部用常开触点，以保证运行安全和缩短响应时间。

（2）将热继电器的触点与相应的停车按钮串联后一同作为停车信号，以减少输入点。系统中的电动机负载较多时，输入点节约潜力很大。

2. 输出电路处理

① 负载容量不能超过允许承受能力，否则不仅会损坏输出器件，而且会降低负载的使用寿命。

② 输出电路加装熔断器。

③ 输出电路中重要的互锁关系的处理，软件互锁除外，硬件必须同时互锁。

④ 根据系统需要，充分发挥 PLC 的软件优势赋予设备的新功能。

⑤ 延时断开时间继电器的处理。实际控制中，延时有通电延时，也有断电延时。但 PLC 的定时器为通电延时，要实现断电延时，还必须对定时器进行必要的处理。

⑥ 现场调试前模拟调试运行。用 PLC 改造继电器控制，并非两种控制装置的简单代换。由于

在原理结构上存在差异，仅仅根据对逻辑关系的理解而编制出的程序并不一定正确，更谈不上是完善的。能否完全取代原系统的功能，必须由实验加以验证。因此，现场调试前的模拟调试运行是不可缺少的环节。

⑦ 改造后试运转期间的跟踪监测、程序的优化和资料调整。仅仅通过调试试车还不足以暴露所有的问题，因此，设备投入运行后，负责改造的技术人员应跟班作业，对设备运行跟踪监测，一方面可及时处理突发事件，另一方面可发现程序设计的不足，对程序进行修改、完善和优化，提高系统的可靠性。

13.2.5 使用 PLC 进行电器系统改造

1. 对 CA60 型车床进行电器控制系统分析

CA60 型车床的电气线路中，中间继电器 KA_1 起零电压保护作用，主轴启动前，KA_1 即已得电，当开关杠下压（SQ_4 动作）或上提（SQ_3 动作）时，KM_1 或 KM_2 才能动作。同时 KT、KM_3 得电，实现主轴电动机的 Y 联结启动，待到定时时间到（约 5s）；KM_3 失电，KM_3 失电后 KM_2 得电，KM_2 控制 KM_4 得电，完成主轴电动机的△联结运行。其中，中间继电器 KM_2 的作用主要是保证不会出现接触器 KM_3、KM_4 因为物理动作的延迟而存在同时闭合的可能性，否则会引起电源短路。冷却泵的动作关系比较简单，可以独立设计。根据以上的分析的动作关系可以确定本系统需要 5 个输入，5 个输出。

2. 根据电器控制线路设计梯形图

CA60 型车床控制的梯形图和指令如图 13-7 所示。

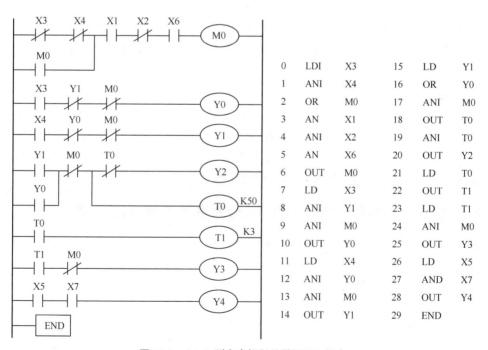

图 13-7　CA60 型车床控制的梯形图和指令

3. 输入程序与调试步骤

PLC 调试步骤如下。

（1）程序检查

运用编程器的 OTHER 菜单的 PROGRSM CHECK 功能检查程序与其组态是否匹配，是否有重复输出，各种参数值是否超出范围及有无基本语法错误。若发现错误，编程器会自动显示错误代码，改正错误后存入 PLC 的存储器中。

（2）模拟运行

模拟系统实际输入信号，并在程序运行中的适当时刻通过扳动开关、接通或断开输入信号，来模拟各种机械动作使检测元件状态发生变化，同时通过 PLC 输出端状态指示灯的变化观察程序执行的情况，并与执行元件应完成的动作相对照，判断程序的正确性。

（3）实物调试

采用现场的主令元件、检测元件及执行元件组成模拟控制系统，检验检测元件的可靠性及 PLC 的实际负载能力。

（4）现场调试

PLC 控制装置在现场安装后，对一些参数（检测元件的位置、定时器的设定值等）进行现场整定和调试。

（5）投入运行

最后对系统的所有安全措施（接地、保护和互锁等）进行检查后，即可投入系统的试运行。试运行一切正常后，再把程序固化到 EPROM 中去。

13.3 T68 卧式镗床的控制系统改造

镗床是一种精密加工机床，主要用于加工精确的孔和孔间距离要求较为精确的零件。按照用途的不同，镗床分为卧式镗床、立式镗床、坐标镗床、金刚镗床和专用镗床，其中卧式镗床在生产中应用最多。卧式镗床不但能完成孔加工，而且还能完成车削端面及内外圆、铣削平面等。

T68 卧式镗床主要由床身、前立柱、镗头架、后立柱、尾座、下溜板、上溜板、工作台等部分组成。镗床主要是用镗刀在工件上镗孔的机床，它主要包括主运动、进给运动和辅助运动。通常，镗刀旋转为主运动，它是指镗轴或平旋盘的旋转运动。镗刀或工件的移动为进给运动，它主要是主轴和平旋盘的轴向进给，镜头架的垂直进给以及工作台的横向和纵向进给。辅助运动包括工作台的回转、后立柱的轴向移动、尾座的垂直移动以及各部分的快速移动等。

13.3.1 T68 卧式镗床传统继电器–接触器电气控制线路分析

T68 卧式镗床传统继电器-接触器的电气控制线路如图 13-8 所示，该线路由主电路、控制电路和照明电路 3 部分组成。

1. T68 卧式镗床主电路分析

T68 卧式镗床有 M1 和 M2 两台电动机，其中 M1 为主轴电动机，M2 为快速移动电动机。M1 由接触器 KM₁ 和 KM₂ 控制其正、反转，KM₆ 控制其低速运转，KM₇、KM₈ 控制 M1 高速运转，KM₃ 控制 M1 反接制动，FR 作为 M1 过载保护。M2 由 KM₄、KM₅ 控制其正、反转，因 M2 是短时间运行，所以不需要过载保护。

2. T68 卧式镗床控制电路分析

T68 卧式镗床的控制电路由变压器 TC 输出 110V 电压来提供电源。

（1）主轴电动机 M1 的控制

主轴电动机 M1 控制主要包括点动控制、正反转控制、高低速转换控制、停车控制和主轴及进给变速控制。

合上电源开关 QS，按下 SB₃，KM₁ 线圈得电，主触头接通三相正相序电源，KM₁ 常开触头闭合，使 KM₆ 线圈得电，主轴电动机 M1 绕组接成三角形，串入电阻 R，M1 低速启动。由于 KM₁、KM₆ 此时都不能自锁，当松开 SB₃ 时，KM₁、KM₆ 相继断电，M1 断电停车，这样实现了 M1 的正向点动控制。当按下 SB₄ 时，可控制 M1 进行反向点动控制。SB₁、SB₂ 可控制 M1 进行正反转控制。M1 启动前，主轴变速与进给变速手柄置于推合位置，此时行程开关 SQ₁、SQ₃ 被压下，它们的常开触头闭合。若选择 M1 为低速运行，将主轴速度选择手柄置于"低速"挡位，此时经速度手柄联动机构使高低速行程开关 SQ 处于释放状态，其常闭触头断开。按下 SB₁，中间继电器 KA₁ 线圈得电并自锁，另一个常开触头 KA₁ 闭合，使 KM₃ 线圈得电。KM₃ 线圈得电，常开辅助触头闭合，使 KM₁ 线圈得电吸合。KM₁ 线圈闭合，其常开辅助触头闭合，从而使 KM₆ 线圈得电，于是 M1 定子绕组接成三角形，接入正序三相交流电源全电压低速正向运行。如果按下 SB₂，KA₂、KM₃、KM₂ 和 KM₆ 相继动作，从而使 M1 进行反向运行。

主轴电动机 M1 的高低速转换可通过行程开关 SQ 来进行控制。其控制过程如下：将主轴速度选择手柄置于"高速"挡时，SQ 被压下，其常开触头闭合。按下 SB₁ 按钮，KA₁ 线圈通电并自锁，KA₁、KM₃、KM₆ 相继得电工作，M1 低速正向启动运行。在 KM₃ 线圈通电的同时，由于 SQ 常开触头被压下闭合了，KT 线圈也通电吸合。当 KT 延时片刻后，KT 延时打开触头断开切断 KM₆ 线圈的电源，KT 延时闭合触头闭合，使 KM₇、KM₈ 线圈得电吸合，这样使 M1 的定子绕组由三角形接法自动切换成双星形接法，使电动机自动由低速转变到高速运行。同时，若将主轴速度选择手柄置于"高速"挡时，按下 SB₂ 后，M1 也会自动由低速运行转到高速运行。

主轴电动机 M1 正向低速运行，由 KA₁、KM₃、KM₁ 和 KM₆ 进行控制。若使 M1 停车，按下停止按钮 SB6 时，KA₁、KM₃、KM₁ 和 KM₆ 相继断电释放。由于 M1 正转时，速度继电器 KS-1 常开触头闭合，因此按下 SB₆ 后，KM₂ 线圈通电并自锁，并使 KM₆ 线圈仍保持得电状态，但此时 M1 定子绕组串入限流电阻 R 进行反接制动，当电动机速度降至 KS 复位转速时，KS-1 的常开触头打开，使 KM₂ 和 KM₆ 断电释放，反接制动结束。

同样主轴电动机 M1 在正向高速运行中，按下停车按钮 SB₆ 时，使 KA₁、KM₃、KM₁、KT、KM₇ 和 KM₈ 相继断电释放，从而使 KM₂ 和 KM₆ 线圈通电吸合，电动机进行反接制动。

T68 卧式镗床的主轴变速与进给变速可在停车时或运行时进行控制。变速时将变速手柄拉出，转动变速盘，选好速度后，再将变速手柄推回。拉出变速手柄时，相应的变速行程开关不受压；推回变速手柄时，相应的变速行程开关压下，其中 SQ₁ 和 SQ₂ 为主轴变速行程开关，SQ₃ 和 SQ₄ 为进给变速行程开关。

（2）快速移动电动机 M2 的控制

主轴箱、工作台或主轴的快速移动由快速移动电动机 M2 来实现。M2 的转动方向由快速手柄进行控制。快速手柄有三个位置，当变速手柄置于中间位置时，行程开关 SQ₇、SQ₈ 将被压下，M2 停转。若将变速手柄置于正向位置，SQ₇ 被压下，其常开触头闭合，KM₄ 线圈得电，使 M2 正向转动，从而控制相应部件正向快速移动。如果将快速手柄置于反向位置时，SQ₈ 被压下，KM₅ 线圈得电，使 M2 反向转动，从而控制相应部件反向快速移动。

3. T68 卧式镗床照明电路分析

T68 卧式镗床的照明和指示电路由变压器 TC 提供 24V 和 6V 的安全电压，合上电源开关 QS 时，电源指示灯亮，而转换开关 SA 控制照明灯是否点亮。

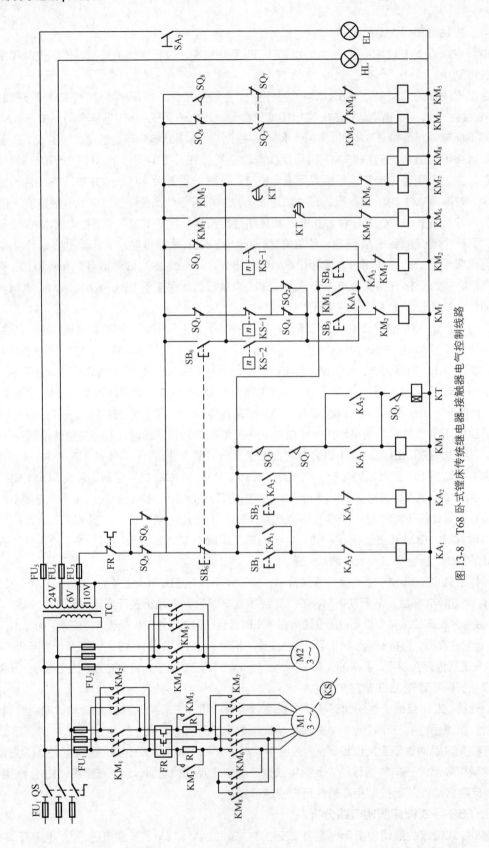

图 13-8 T68 卧式镗床传统继电器-接触器电气控制线路

13.3.2　PLC 改造 T68 卧式镗床控制线路的设计

1. PLC 改造 T68 卧式镗床控制线路的输入/输出分配

使用 PLC 改造 T68 卧式镗床时，其 I/O 地址分配如表 13-1 所示。

表 13-1　PLC 改造 T68 卧式镗床的 I/O 分配

输入			输出		
功能	元件	PLC 地址	功能	元件	PLC 地址
主轴停止控制按钮	SB₆	X000	M1 的正转控制	KM₁	Y000
主轴正转控制按钮	SB₁	X001	M1 的反转控制	KM₂	Y001
主轴反转点动按钮	SB₂	X002	限流电阻控制	KM₃	Y002
M1 的正转点动按钮	SB₃	X003	M2 正转控制	KM₄	Y003
M1 的反转点动按钮	SB₄	X004	M2 反转控制	KM₅	Y004
高低速转换行程开关	SQ	X005	M1 低速（三角形）控制	KM₆	Y005
主轴变速行程开关	SQ₁	X006	M1 高速（双星形）控制	KM₇	Y006
主轴变速行程开关	SQ₂	X007	M1 高速（双星形）控制	KM₈	Y007
进给变速行程开关	SQ₃	X010	照明灯	EL	Y010
进给变速行程开关	SQ₄	X011			
工作台或主轴箱进给限位	SQ₅	X012			
主轴或花盘刀架进给限位	SQ₆	X013			
快速 M2 电动机正转限位	SQ₇	X014			
快速 M2 电动机反转限位	SQ₈	X015			
速度继电器正转触头	KS₁	X016			
速度继电器反转触头	KS₂	X017			
照明开关	SA	X020			

2. PLC 改造 T68 卧式镗床的接线图

在改造传统 T68 卧式镗床时，需要 17 个输入点和 9 个输出点。PLC 改造 T68 卧式镗床控制线路的 I/O 接线如图 13-9 所示，在图中对输入的常闭触点进行了处理，即常闭按钮改用常开按钮。

3. PLC 改造 T68 卧式镗床控制线路的程序设计

（1）根据 T68 卧式镗床的机械运行情况和电气原理图来设计 PLC 的梯形图，编写的 PLC 梯形图如图 13-10 所示。

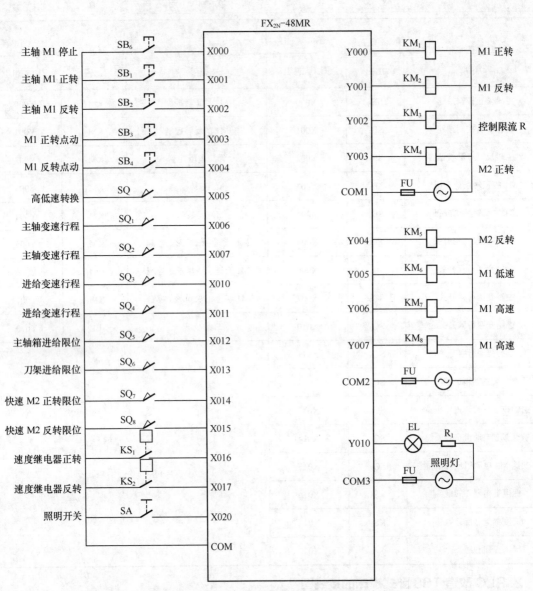

图 13-9 PLC 改造 T68 卧式镗床控制线路的 I/O 接线图

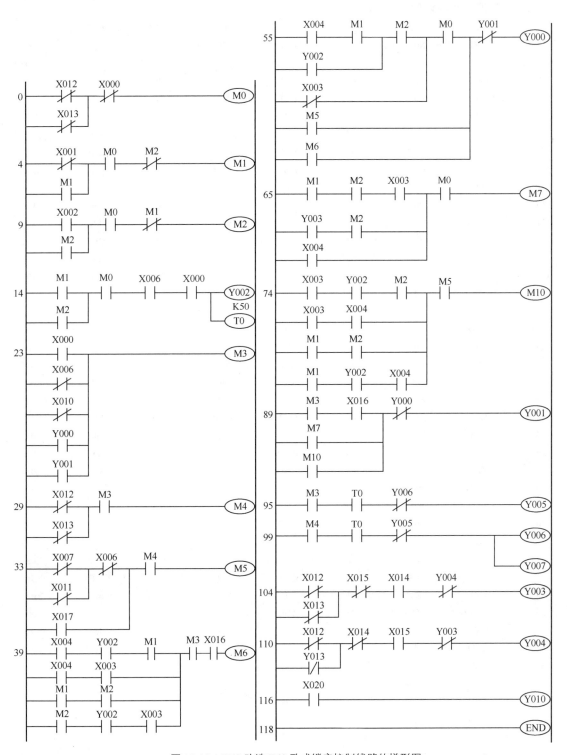

图 13-10　PLC 改造 T68 卧式镗床控制线路的梯形图

（2）PLC 的指令表设计

0	LDI	X012	42	LD	X004	82	ORB	
1	ORI	X013	43	AND	X003	83	LD	M1
2	ANI	X000	44	ORB		84	AND	Y002
3	OUT	M0	45	LD	M1	85	AND	X004
4	LD	X001	46	AND	M2	86	ORB	
5	OR	M1	47	ORB		87	AND	M5
6	AND	M0	48	LD	M2	88	OUT	M10
7	ANI	M2	49	AND	Y002	89	LD	M3
8	OUT	M1	50	AND	X003	90	AND	X016
9	LD	X002	51	ORB		91	OR	M7
10	OR	M2	52		M3	92	OR	M10
11	AND	M0	53	AND	X016	93	ANI	Y000
12	ANI	M1	54	OUT	M6	94	OUT	Y001
13	OUT	M2	55	LD	X004	95	LD	M3
14	LD	M1	56	AND	M1	96	ANI	T0
15	OR	M2	57	OR	Y002	97	ANI	Y006
16	AND	M0	58	AND	M2	98	OUT	Y005
17	AND	X006	59	OR	X003	99	LD	M4
18	AND	X000	60	AND	M0	100	AND	T0
19	OUT	Y002	61	OR	M5	101	ANI	Y005
20	OUT	T0 K50	62	OR	M6	102	OUT	Y006
23	LD	X000	63	ANI	Y001	103	OUT	Y007
24	ORI	X006	64	OUT	Y000	104	LDI	X012
25	ORI	X010	65	LD	M1	105	ORI	X013
26	OR	Y000	66	AND	M2	106	ANI	X015
27	OR	Y001	67	AND	X003	107	AND	X014
28	OUT	M3	68	LD	Y003	108	ANI	Y004
29	LDI	X012	69	AND	M2	109	OUT	Y003
30	ORI	X013	70	ORB		110	LDI	X012
31	AND	M3	71	OR	X004	111	ORI	Y013
32	OUT	M4	72	AND	M0	112	ANI	X014
33	LDI	X007	73	OUT	M7	113	AND	X015
34	ORI	X011	74	LD	X003	114	ANI	Y003
35	ANI	X006	75	AND	Y002	115	OUT	Y004
36	OR	X017	76	AND	M2	116	LD	X020
37	AND	M4	77	LD	X003	117	OUT	Y010
38	OUT	M5	78	AND	X004	118	END	
39	LD	X004	79	ORB				
40	AND	Y002	80	LD	M1			
41	AND	M1	81	AND	M2			

4. PLC 改造 T68 卧式镗床控制线路的 PLC 程序说明

步 0~步 20 为 KM3 线圈控制；步 23~步 64 为 M1 正转控制；步 65~步 94 为 M1 反转控制；步 95~步 98 为 M1 低速运行控制；步 99~步 103 为 M1 高速控制；步 104~步 109 为 M2 正转控制；步 110~步 115 为 M2 反转控制；步 116~步 117 为照明灯控制。

13.4　液压组合机床的控制系统控制

组合机床（transfer and unit machine）以系列化和标准化的通用部件为基础，配以少量专用部件对一种或多种工件按预先确定的工序进行切削加工的机床。它具有万能机床和专用机床的优点。通用零部件通常占整个机床零部件的 70%~90%，只需要根据被加工零件的形状及工艺改变极少量的专用部件就可以部分或全部进行改装，从而组成适应新的加工要求的设备。

因为在组合机床上我们可以同时从多个方向采用多把刀具对一个或几个工件予以加工，所以可以通过减少物体的挪运与占地面积，来实现工序的集中，从而改良劳动条件，最终提高效率、降低成本。把数台组合机床组合在一起，就变成自动的生产线。组合机床被广泛运用在需要大量生产加工的零部件上，就像汽车及其行业的箱体等。其次在中小型批量生产加工中也可以运用成组的技术把结构与工艺类似的零部件合并到一起，从而使在组合机床加工时更加方便。

13.4.1　液压组合机床的工艺要求及动作流程

图 13-11 为液压组合机床的加工工位布置示意图，则六工位组合机床可完成工件装卸、打中心孔、钻孔、倒角、扩孔以及铰孔加工。具体加工过程为：回转工作台上升→在工位 I 拆卸和装夹零件→回转工作台回转到工位 II 下降→工位 II 对零件进行打中心孔→回转工作台上升回转到工位 III 下降→工位 III 钻孔加工→回转工作台上升回转到工位 IV 下降→工位 IV 倒角加工→回转工作台上升回转到工位 V 下降→工位 V 扩孔加工→回转工作台上升回转到工位 VI 下降→工位 VI 铰孔加工，如此循环实现对不同零件、不同工位的同步加工。

控制系统有连续全自动工作循环、单机半自动循环和手动循环三种工作方式。手动控制方式主要用于检查和维修。半自动方式也可以用于维修和单个零件的修复加工。每按一次启动按钮，回转工作台回转一个工位。控制对象为：油泵电动机、冷却泵电动机和五个刀具电动机。五个工作滑台采用带终点停留一次工位加工方式。因为各控制对象所处位置比较集中，各个工位之间相隔 60°，且相互之间的动作存在一定的顺序关系，所以采用集中式控制系统，用一台 PLC 控制多台设备。

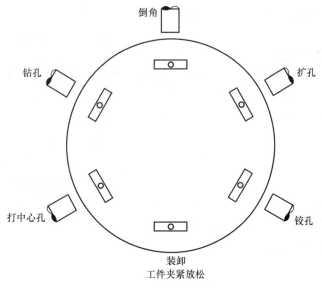

图 13-11　加工工位布置示意图

13.4.2 液压系统说明

下面介绍液压回路的工作情况，包括回转工作台及 5 个液压滑台的液压回路。

1. 回转工作台的液压回路

回转工作台的液压回路主要为四个液压缸的运动提供动力，分别为回转工作台夹紧 1G、定位销伸缩缸 2G、回转缸 3G、离合器分离用液压缸 4G 四个液压回路。

（1）1G 液压回路。1G 的作用是实现工作台的夹紧和松开，在每次转位之前必须松开工作台，然后才能回转；在转位之后，工件加工过程中，又必须夹紧，以防工作台发生位移运动，影响加工质量。

其松开油路是：液压泵，电磁阀 YV1 左位，1G 下腔，抬起工作台。

其油路是：液压泵，电磁阀 YV1 右路，1G 上腔，向下夹紧工作台。

（2）2G 液压回路。2G 的作用是实现定位销的伸缩运动，在每次转位之前，需要将定位销向下缩回，不要挡住定位块，以便定位块和工作台一起转动。当转位到一定距离后，定位销在 2G 的带动下向上伸出，挡住下一工位上的定位块，实现定位。

其向下缩回右路是：液压泵，电磁阀 YV1 左路，2G 上腔，活塞杆克服弹簧下移。伸出时是靠弹簧作用，将伸缩销弹回复位。

（3）3G 液压回路。3G 的作用是通过 3G 活塞杆上的齿条带动齿轮转动，经过离合器和工作台下面的齿轮带动工作台转动，当活塞杆向右移动时，工作台顺时针转动；当活塞杆左移时，工作台逆时针转动，实现反靠。

其右移液压油路是：液压泵，减压阀 JF，电磁阀 YV3 左位，3G 左腔，活塞杆右移。3G 右腔的油经过节流阀 L 流回油箱，则活塞杆右移速度慢；经过电磁阀 YV2 流回油箱，则速度较快。

其左移液压油路是：液压泵，减压阀 JF，电磁阀 YV3 右位，节流阀 L，3G 右腔，活塞杆左移，主要是实现反靠。

（4）4G 液压回路：4G 的主要作用是把离合器分开或者结合。在正常回转时，离合器应该结合，4G 在弹簧作用下处于复位状态。当回转结束后，为了让液压缸 3G 的活塞杆回到左端，又不至于带动工作台转动，此时，需要将离合器分开。

分开时油路：液压泵，减压阀 JF，电磁阀 YV4 左位，4G 下腔，活塞杆上移，克服弹簧作用带动离合器上把部分结构移动，脱离啮合。待 3G 复位之后，YV_4 处于右位，4G 在弹簧作用下下移，离合器又结合。

2. 液压滑台的液压回路

三个液压滑台的液压回路是带动对应的滑台做快进、工进和快退，分别用各自液压缸完成。以打中心孔液压缸为例简单介绍其液压油路。

（1）快进时：液压泵，电磁阀 YV5 左位，打中心孔缸左腔，活塞杆右移。进给液压缸右腔的油经过 YV5 左位，再经过 YV6 左位流回进给液压缸左腔，形成差动油路，速度较快。

（2）工进时：流入进给液压缸的油路和快进时一样，不同之处是，从进给液压缸流出的油不经过 YV6，而是经过节流阀 L1 流回油箱。由于经过节流阀的节流作用，所以液流速度慢，活塞杆移动速度慢。

（3）快退时：液压泵，电磁阀 YV5 右位，液压缸右腔，活塞杆左移。进给液压缸左腔的油直接经过 YV5 流回油箱，流速较快，滑台快速退回。

其他滑台的液压油路类似。

13.4.3 控制系统主电路设计

图 13-12 所示为液压组合机床的主电路图，主要有五个驱动电动机以及 PLC 模块接口和照明系统等，其中包括油泵电动机 M6，用来为五个动力滑台和回转工作台提供液压力；M1~M5 分别为五个加工工位动力头的驱动电动机；M7 为冷却泵电动机，控制加工冷却液的启闭。每个电动机支路上安装有热继电器，对电动机起到过载保护作用；在主电路中设有熔断器起短路保护作用；接触器线圈需要交流 110V，电磁铁为直流 24V，PLC 由外部提供交流 220V 电压进行工作。

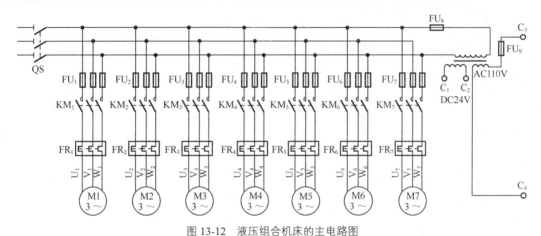

图 13-12 液压组合机床的主电路图

13.4.4 I/O 端口分配

PLC 主要完成回转工作台的抬起、回转、落下和复位，五个工作滑台的快进、工进和快退以及冷却泵电动机的控制。运动部件到达一定位置时，触发相应的行程开关 SQ，系统捕捉到相应的信息反馈给 PLC 控制系统，PLC 内部的中央处理单元运行事先输入的程序，得出一定的结果，从输出端口发出相应的控制命令，控制电动机做出相应的动作，从而实现自动和半自动控制。当回转工作台触发 SQ_5 时，系统发出抬起命令，回转工作台抬起；触发 SQ_6 时，回转工作台回转；触发 SQ_7 时，回转工作台下落；触发 SQ_9 时，引起各加工工位的快进、工进和快退反应。加工动力头电动机的控制同样是通过触发相应的行程开关，提供反馈信息给 PLC，再由 PLC 处理后发出相应的控制命令来实现的。液压组合机床 PLC 的 I/O 地址表详见表 13-2，液压组合机床控制系统 I/O 接线图如图 13-13 所示。

表 13-2 液压组合机床 PLC 的 I/O 地址

电气元件	逻辑元件	作用	电气元件	逻辑元件	作用
SB_1	X0	启动按钮	KM_1	Y0	打中心孔动力头控制
SB_2	X1	复位按钮	KM_2	Y1	钻孔动力头控制
SB_3	X2	液压泵启动按钮	KM_3	Y2	倒角动力头控制
SB_4	X3	液压泵、冷却泵停止按钮	KM_4	Y3	扩孔动力头控制
SB_5	X4	动力头电机停止按钮	KM_5	Y4	铰孔动力头控制
SB_6	X5	动力头电机启动按钮	KM_6	Y5	液压泵控制接触器

电气元件	逻辑元件	作用	电气元件	逻辑元件	作用
SB$_7$	X6	回转工作台转动控制按钮	KM$_7$	Y6	冷却泵控制接触器
SB$_8$	X7	冷却泵启动按钮	YA$_1$	Y7	打中心孔前进电磁铁
SA$_3$	X44	全自动工作循环、单机半自动循环模式切换开关	YA$_2$	Y10	打中心孔工进电磁铁
SB$_9$	X45	液压滑台手动控制	YA$_3$	Y11	打中心孔后退电磁铁
SA$_1$	X10	液压滑台自动手动转换开关	YA$_4$	Y12	
SA$_2$	X11	液压滑台总控开关	YA$_5$	Y13	回转台微抬
SA$_4$	X12	打中心孔单循环开关	YA$_6$	Y14	回转台加紧
SQ$_1$	X13	打中心孔滑台原位	YA$_7$	Y15	回转台回转
SQ$_2$	X14	打中心孔滑台快进到位	YA$_8$	Y16	回转台返回
SQ$_3$	X15	打中心孔滑台工进到位	YA$_9$	Y17	低速回转
SQ$_5$	X16	微抬到位	YA$_{10}$	Y20	离合器脱开
SQ$_6$	X17	回转到位	YA$_{11}$	Y21	钻孔前进电磁铁
SQ$_7$	X20	回转台反靠到位	YA$_{12}$	Y22	钻孔工进电磁铁
SQ$_8$	X21	离合器脱开	YA$_{13}$	Y23	钻孔后退电磁铁
SQ$_9$	X22	回转缸原位行程开关	YA$_{14}$	Y24	倒角前进电磁铁
SA$_5$	X23	钻孔单循环开关	YA$_{15}$	Y25	倒角工进电磁铁
SQ$_{10}$	X24	钻孔滑台原位	YA$_{16}$	Y26	倒角后退电磁铁
SQ$_{11}$	X25	钻孔滑台快进到位	YA$_{17}$	Y27	扩孔前进电磁铁
SQ$_{12}$	X26	钻孔打中心孔滑台工进到位	YA$_{18}$	Y30	扩孔工进电磁铁
SA$_6$	X27	倒角单循环开关	YA$_{19}$	Y31	扩孔后退电磁铁
SQ$_{13}$	X30	倒角滑台原位	YA$_{20}$	Y32	铰孔前进电磁铁
SQ$_{14}$	X31	倒角滑台快进到位	YA$_{21}$	Y33	铰孔工进电磁铁
SQ$_{15}$	X32	倒角打中心孔滑台工进到位	YA$_{22}$	Y34	铰孔后退电磁铁
SA$_7$	X33	扩孔单循环开关			
SQ$_{16}$	X34	扩孔滑台原位			
SQ$_{17}$	X35	扩孔滑台快进到位			
SQ$_{18}$	X36	扩孔打中心孔滑台工进到位			
SA$_8$	X37	铰孔单循环开关			
SQ$_{19}$	X40	铰孔滑台原位			
SQ$_{20}$	X41	铰孔滑台快进到位			
SQ$_{21}$	X42	铰孔打中心孔滑台工进到位			
KP	X43	回转台压力继电器			

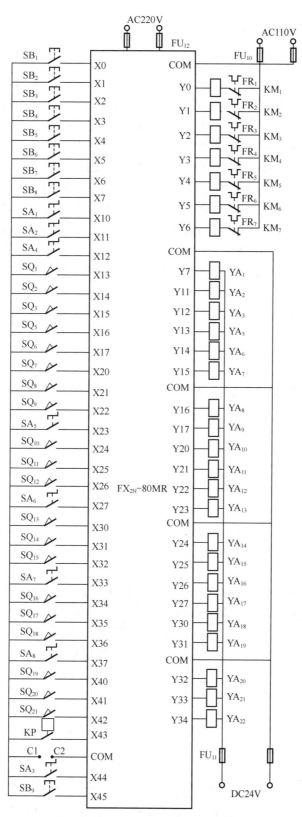

图 13-13　液压组合机床控制系统 I/O 接线图

13.4.5 电气元件选型

1. 电动机

在车床控制系统运行中，电动机类型选择的原则是，在满足工作机械对于拖动系统要求的前提下，所选电动机应尽可能结构简单、运行可靠、维护方便、价格低廉。因此，在选用电动机种类时，若机械工作对拖动系统无过高要求，应优先选用三相交流异步电动机。

还需依据电动机容量选择的原则。在控制系统运行中，电动机的选择主要是容量的选择，如果电动机的容量选择小了，一方面不能充分发挥机械设备的能力，使生产效率降低；另一方面电动机经常在过载下运行，会使它过早损坏，同时还出现启动困难、经受不起冲击负载等故障。如果电动机的容量选择大了，则不仅使设备投资费用增加，而且由于电动机经常在轻载下运行，运行效率和功率因数都会下降。

除正确选择电动机的容量外，还应根据生产机械的要求，技术经济指标和工作环境等条件，来正确选择电动机的种类、电压和转速。

查液压组合机床的性能参数：液压站压力 P_{Bt} 为 3 ~ 7MPa（可调），液压站流量 q_{Bt} 为 50L/min，即 $8.3 \times 10^{-4} (\mathrm{m^3 / s})$。

则液压泵要求的额定工作压力为：

$$P_n = k_a \times P_{Bt} = 1.3 \times 7 = 9.1 (\mathrm{MPa})$$

式中，k_a 为压力修正系数

系统压力为 P_B 时要求的流量为：

$$q \geqslant q_{Bt} = 8.3 \times 10^{-4} (\mathrm{m^3 / s})$$

驱动电动机的功率

$$P_{av} = \frac{k_N P_{Bt} q_{Bt} \times 10^3}{\eta_B} = \frac{1.1 \times 7 \times 8.3 \times 10^{-1}}{0.7} = 9.13 (\mathrm{kW})$$

式中，K_N 为功率修正系数。根据机械传动要求，油泵电动机功率为 9.13kW。考虑设备的使用环境，油泵电动机选用 Y160M-4，额定功率为 11kW，同步转速为 1500r/min。

2. 熔断器

由单台电动机溶体额定电流计算公式 $I = (1.5{\sim}2.5) I_N$，系数取值视负载轻重而定。

油泵电动机溶体额定电流：

$$I_{FUN} = 2.5 \times \frac{11 \times 1000}{\sqrt{3} \times 380} = 41.8 (\mathrm{A})$$

实际选用 RT14-63/50A 型溶体。

3. 接触器

接触器线圈选取交流 110V，接触器主触头通断负载额定电压 380V，主触头通断电流的经验公式如下：

$$I_N = \frac{10^3 P_N}{K U_N} (K = 1.0 \sim 1.4)$$

但是考虑同一控制系统中，元器件规格尽可能一致，因此选择时 P_N 按最大的油泵电动机 11kW 计算：

$$I_{\mathrm{N}} = \frac{11 \times 10^3}{(1 \sim 1.4) \times 380} = 20.7 \sim 29.0(\mathrm{A})$$

选用 B37 型交流接触器，主触头额定电压为 380V，主触头额定电流为 37A。

4. 行程开关

考虑到该机床要求较为精密，行程开关选用 LXW5-11Z。该行程开关重复误差较小。

13.4.6 软件程序设计

（1）液压泵控制梯形图如图 13-14 所示。

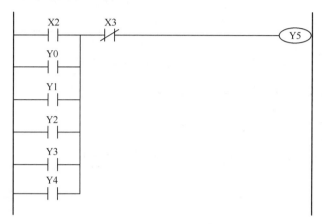

图 13-14 液压泵控制梯形图

（2）冷却泵控制梯形图如图 13-15 所示。

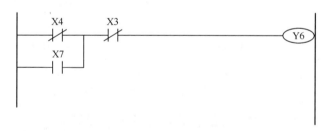

图 13-15 冷却泵控制梯形图

（3）动力头控制-全自动循环梯形图如图 13-16 所示。

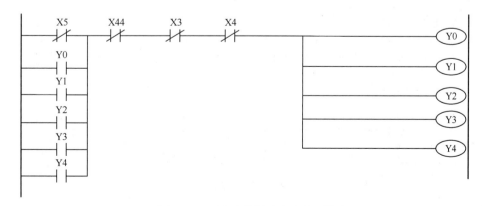

图 13-16 动力头控制-全自动循环梯形图

（4）动力头控制-单机半自动循环梯形图如图 13-17 所示。

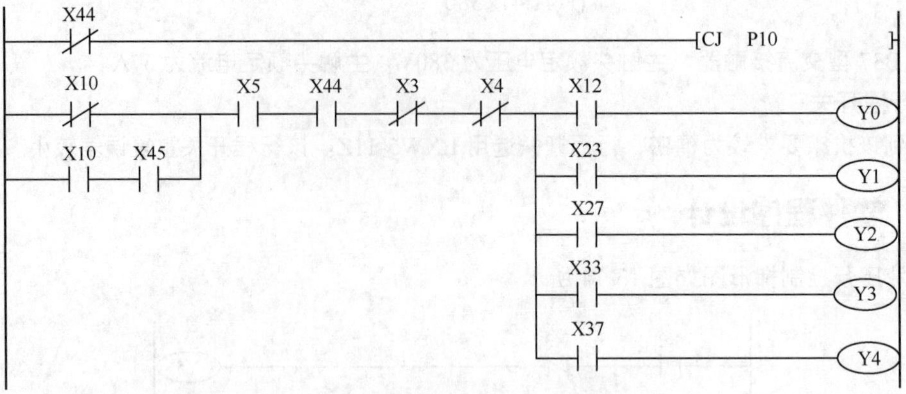

图 13-17　动力头控制-单机半自动循环梯形图

（5）液压滑台前进控制-全自动循环梯形图如图 13-18 所示。

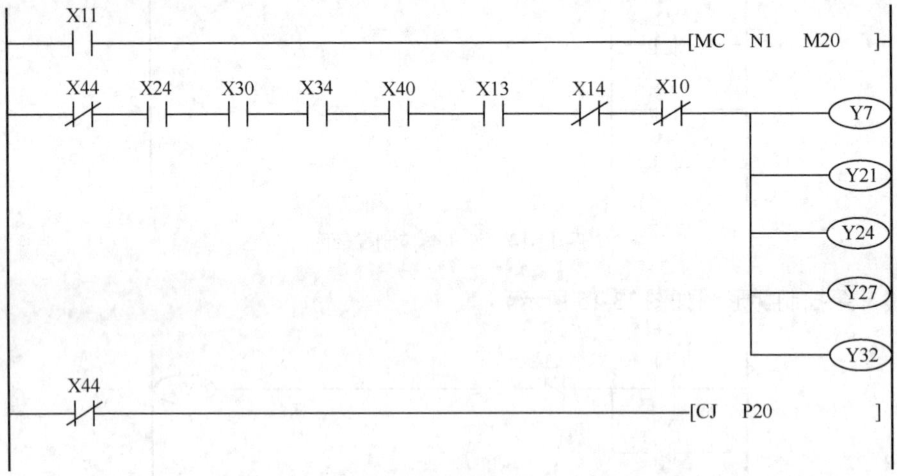

图 13-18　液压滑台前进控制-全自动循环梯形图

（6）液压滑台前进控制-单机半自动循环梯形图如图 13-19 所示。

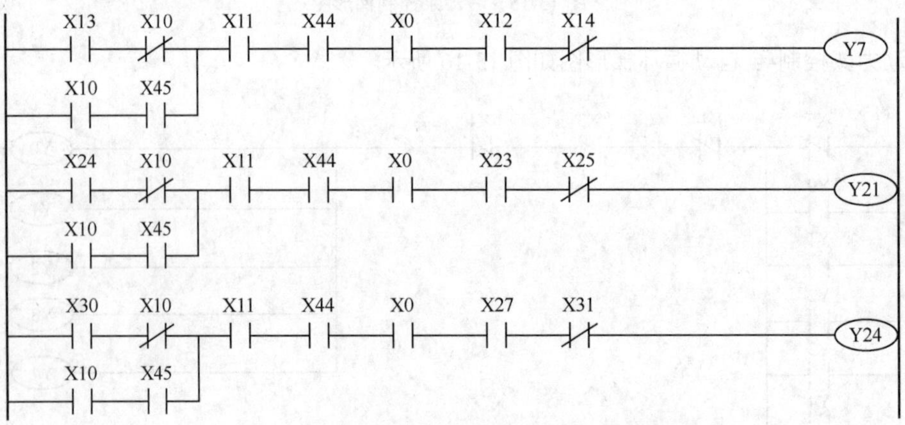

图 13-19　液压滑台前进控制-单机半自动循环梯形图

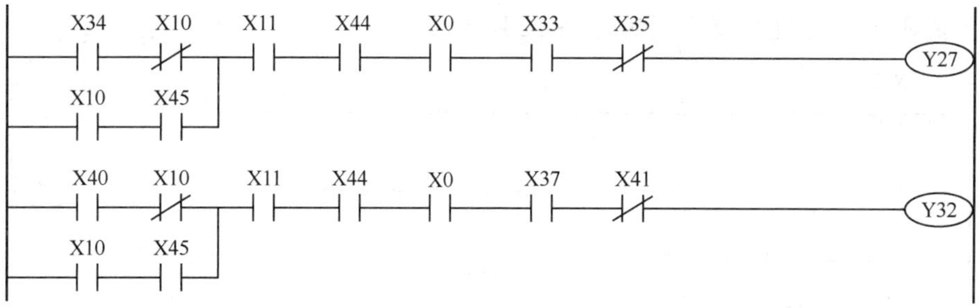

图 13-19　液压滑台前进控制-单机半自动循环梯形图（续）

（7）液压滑台工进控制梯形图如图 13-20 所示。

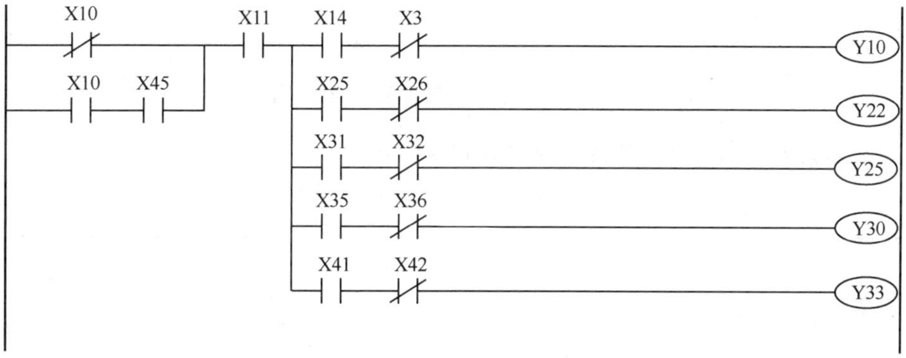

图 13-20　液压滑台工进控制梯形图

（8）液压滑台后退控制梯形图如图 13-21 所示。

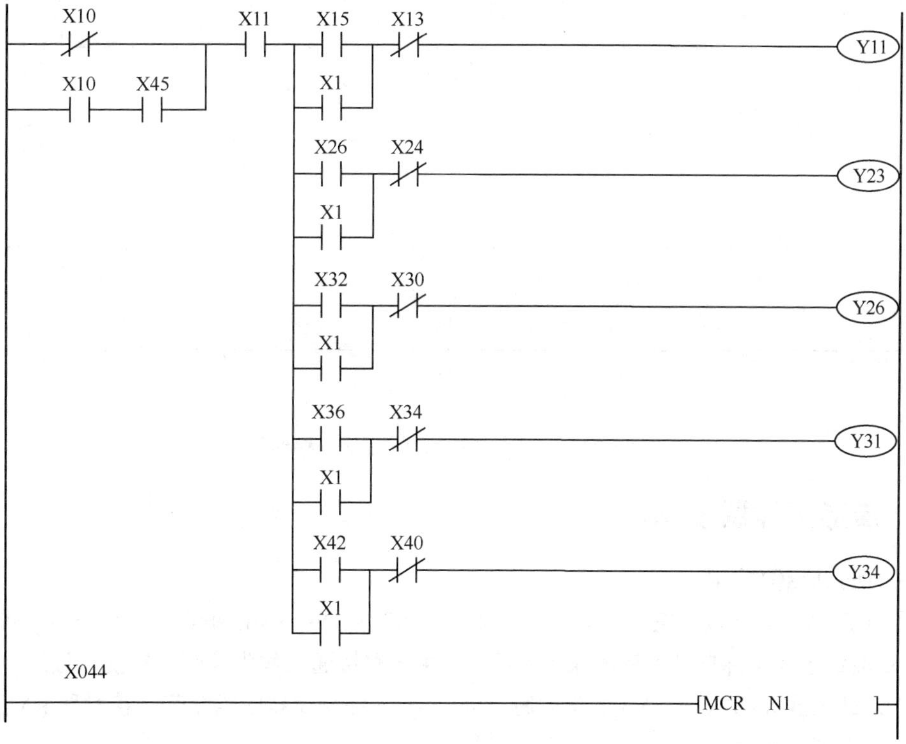

图 13-21　液压滑台后退控制梯形图

（9）低速回转和活塞返回梯形图如图 13-22 所示。

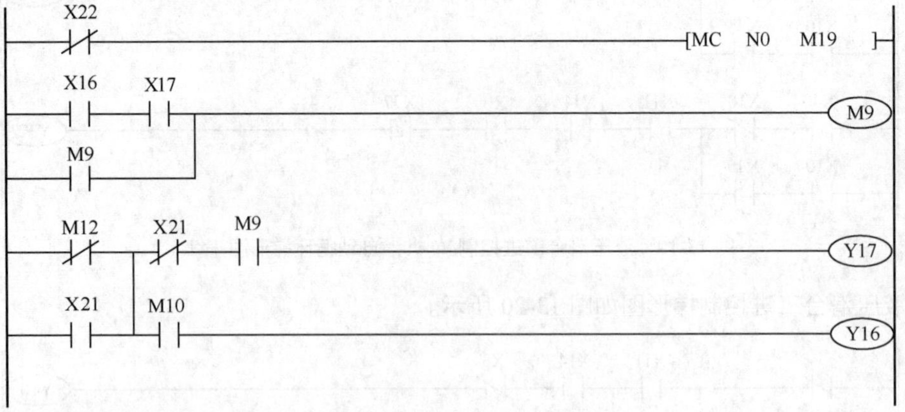

图 13-22　低速回转和活塞返回梯形图

（10）回转台加紧和离合器脱开梯形图如图 13-23 所示。

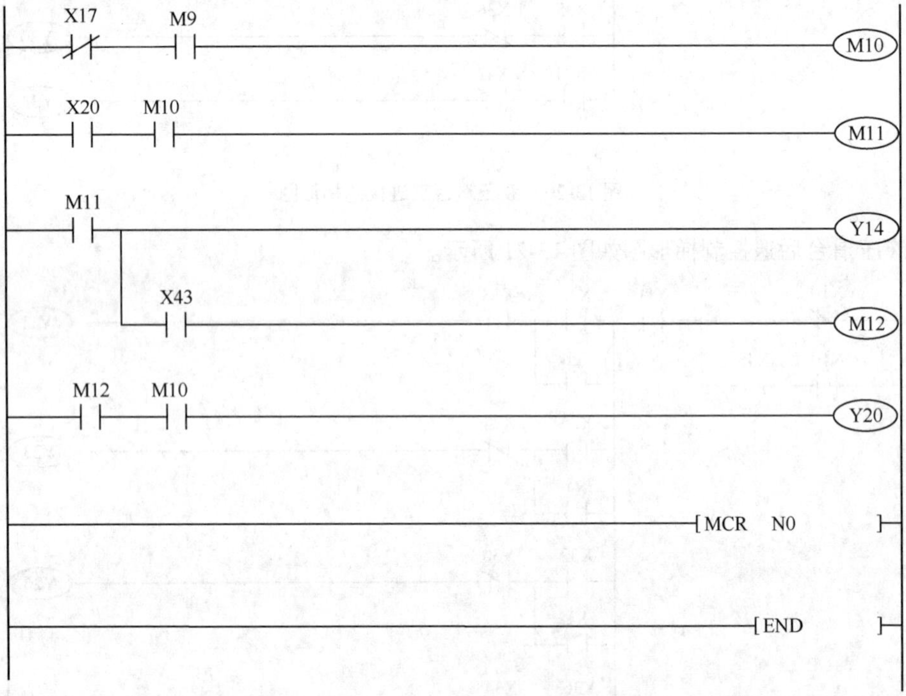

图 13-23　回转台加紧和离合器脱开梯形图

13.4.7　梯形图控制说明

1. 主电动机启停控制

液压泵的启停控制：按下按钮 SB₃→输入继电器 X2 为 ON→输出继电器 Y5 线圈逻辑回路接通→接触器 KM₆ 线圈得电并自锁→液压泵电动机 M6 主电路接通工作为液压系统提供液压油→按下按钮 SB₄→输入继电器 X3 为 ON→X3 的常闭触点断开→Y5 线圈逻辑回路断开→接触器 KM₆ 线圈断电→液压泵电动机停止转动。

动力头电动机的启停控制：按钮 SA₃ 未按下→输入继电器 X44 为 OFF→动力头为全自动循环控制模式→按下按钮 SB₆→输入继电器 X5 为 ON→输出继电器 Y0、Y1、Y2、Y3、Y4 线圈逻辑回路接通→接触器 KM₁、KM、KM₃、KM₄、KM₅ 线圈得电并自锁→5 个动力头电动机 M1、M2、M3、M4、M5 转动。

按下按钮 SA₃→输入继电器 X44 为 ON→动力头为单机半自动循环控制模式→按下按钮 SB₆→输入继电器 X5 为 ON→分别按下按钮 SA₄、SA₅、SA₆、SA₇、SA₈→输入继电器 X12、X23、X27、X33、X37 分别为 ON→输出继电器 Y0、Y1、Y2、Y3、Y4 线圈逻辑回路分别接通→接触器 KM₁、KM₂、KM₃、KM₄、KM₅ 线圈分别得电并自锁→动力头电动机 M1、M2、M3、M4、M5 转动。

按下按钮 SB₄ 或 SB₅→输入继电器 X3、X4 为 ON→X3、X4 的常闭触点断开→输出继电器 Y0、Y1、Y2、Y3、Y4 线圈断开→接触器 KM₁、KM₂、KM₃、KM₄、KM₅ 线圈断电→动力头停止转动。

冷却泵电动机的控制：系统启动冷却泵电动机就启动。

2. 液压滑台的控制

为了能够实现回转工作台和液压滑台的分开调整和循环过程的自动衔接控制，设置一个主控元件 M20，当转换开关 SA₂ 断开，输入继电器 X11 为 ON，接通主控元件 M20，液压滑台才能工作。当转换开关 SA₂ 断开，输入继电器 X11 为 OFF，则液压滑台相关的电磁换向阀的电磁铁所对应的输出继电器线圈逻辑回路无法导通，滑台不能工作。这时，可以单独控制回转工作台的转动。

按钮 SA₃ 未按下，输入继电器 X44 为 OFF，按下按钮 SA₁→输入继电器 X10 为 ON→液压滑台为全自动循环工作模式→按下 SA₂→输入继电器 X11 为 ON→由于各个滑台均位于循环的起点→输入继电器 X13、X24、X30、X34、X40 为 ON→输出继电器 Y7、Y21、Y24、Y27、Y32 的逻辑回路导通→驱动电磁铁 YA₁、YA₁₁、YA₁₄、YA₁₇、YA₂₀ 负载回路接通→五个液压滑台的液压缸做快进运动。当液压滑台运动到触动滑台快进到位的行程开关，输入继电器 X14、X25、X31、X35、X41 接通，则滑台转换到工进阶段。若按下 SA₁，则手动控制液压滑台前进。不考虑液压滑台的初始位置。

按钮 SA3 被按下，输入继电器 X44 为 ON，按下按钮 SA₁→输入继电器 X10 为 ON→液压滑台为单机半自动循环工作模式→按下 SA₂→输入继电器 X11 为 ON→滑台位于循环的起点→输入继电器 X13、X24、X30、X34、X40 其中某个或若干个为 ON→分别按下按钮 SA₄、SA₅、SA₆、SA₇、SA₈→输入继电器 X12、X23、X27、X33、X37 分别为 ON→输出继电器 Y7、Y21、Y24、Y27、Y32 的逻辑回路导通→驱动电磁铁 YA₁、YA₁₁、YA₁₄、YA₁₇、YA₂₀ 负载回路接通→对应液压滑台的液压缸做快进运动。当液压滑台运动到触动滑台快进到位的行程开关，输入继电器 X14、X25、X31、X35、X41 接通，则对应滑台转换到工进阶段。若按下 SA₁，则手动控制液压滑台前进。不考虑液压滑台的初始位置。

液压滑台快进到位触动对应行程开关 SQ₂、SQ₁₁、SQ₁₄、SQ₁₇、SQ₂₀→输入继电器 X14、X25、X31、X35、X41 为 ON→电磁铁 Y10、Y22、Y25、Y30、Y33 接通→液压滑台做工进运动。

当液压滑台工进到达终点，分别压下行程开关 SQ₃、SQ₁₂、SQ₁₅、SQ₁₈、SQ₂₁→输入继电器 X14、X25、X31、X35、X41 分别为 ON→输出继电器 Y11、Y23、Y26、Y31、Y34 得电→接通快退液压回路→滑台后退→当液压滑台退回起点位置，行程开关 SQ₁、SQ₁₀、SQ₁₃、SQ₁₆、SQ₁₉ 被压下→输入继电器 X13、X24、X30、X34、X40 为 ON→其常闭触点为 OFF→输出继电器 Y11、Y23、Y26、Y31、Y34 断电→快退结束。

当 X44 为 ON，且 X10 为 ON，可以通过 X045 手动控制液压滑台的动作。

3. 回转工作台的回转控制

当动力头循环结束都停留在起点位置，行程开关 SQ_1、SQ_{10}、SQ_{13}、SQ_{16}、SQ_{19} 都被压下，输入继电器 X14、X25、X31、X35、X41 为 ON，为回转工作台回转做好了准备。按下按钮 SB7→输入继电器 X6 为 ON→输出继电器 Y13 线圈逻辑回路得电（若按钮 SA_3 未按下，输入继电器 X44 为 ON，则不需要按下 SB_7，输入继电器 Y13 线圈逻辑回路得电）→电磁铁 YA_5 线圈电路接通→液压系统驱动回转工作台抬起→压下行程开关 SQ_5→输入继电器 X16 为 ON→输出继电器 Y15 线圈得电→电磁铁 YA_7 得电→液压系统驱动液压缸 3G 移动→工作台回转→回转以后的控制受到主控元件 X22 的常闭触点控制，如果 SQ_9 断开，则 X22 的常闭触动为 ON，后面的程序可以执行，反之，则不能执行。其作用是当行程开关 SQ_9 被压下，表示回转结束。

在正常回转后，SQ_9 还没有被压下，回转到下一个分度位置前后，压下行程开关 SQ_6→输入继电器 X17 为 ON→辅助继电器 M9 得电并自锁→输出继电器 Y17 线圈得电→电磁铁 YA_9 得电→液压系统驱动 3G 减速移动→回转工作台低速转动→继续回转→行程开关 SQ_6 松开→输入继电器 X17 断电为 OFF→X17 触点取反后为 ON，驱动辅助继电器 M10 回路导通→输出继电器 Y16 回路导通→电磁铁 YA_8 得电→液压缸 3G 左移返回→带动回转工作台反靠→反靠到位，压下行程开关 SQ_7→输入继电器 X20 得电为 ON→辅助继电器 M11 线圈得电→M11 的常开触点使输出继电器 Y14 线圈电路导通得电→负载电磁铁 YA_6 得电→液压缸 1G 动作，锁紧工作台→锁紧压力逐步增加，超过一定值→压力继电器 KP 常开触点闭合→输入继电器 X37 为 ON→辅助继电器 M12 线圈得电→M12 的常开触点驱动输出继电器 Y20 线圈回路闭合→电磁铁 YA_{10} 得电→液压系统使液压缸 4G 动作→带动离合器脱离。

为了下一次能够继续自动回转，液压缸 3G 必须回到左端，所以离合器脱开以后，压下行程开关 SQ_8→输出继电器 X21 为 ON→X21 的常闭触点使得 Y17 断开，电磁铁 YA_9 断电→X21 的常开触点使 Y16 逻辑回路接通→液压系统驱动液压缸 3G 左移→当压下行程开关 SQ_9 后→输入继电器 X22 得电→X22 的常闭触动为 OFF，主控条件不再满足，所以逻辑元件已经电磁铁 YA_6、YA_8、YA_9、YA_{10} 都断电。一次自动转位控制结束。

13.5 某工业电镀流水线控制系统

13.5.1 整体控制要求

1. 控制要求

由于每个槽位之间的跨度较小，行车在前、后运行停车时要有能耗制动，以保证准确停位。电镀行车采用两台三相异步电动机分别控制行车的升降和进退，采用机械减速装置。电动机数据：J02-12-4，$P=0.81kW$，$I=2A$，$n=1410r/min$，$U=380V$。

其控制要求如下。

➤ 电镀工艺应能实现 4 种操作方式：自动循环、单周期、步进操作和手动操作。

➤ 前、后运行和升降运行应能准确停位，前、后升降运行之间有互锁作用。

➤ 该装置采用远距离操作台控制行车运行，要求有暂停控制功能。

➤ 行车运行采用行程开关控制，并要求有过限位保护。

➤ 行车升降、进退都采用能耗制动，升降电动机和进退运动电动机的制动时间都为 2s，1~5 号槽位的停留时间依次为 2.5s、2.6s、2.7s、2.8s 和 3s。

➤ 在原位的装料由机械手来完成，机械手的操作方式和电镀自动生产线相同。

➤ 利用现有的 PLC 及电气控制实验台进行接线调试，以满足设计要求。

2. 控制方案

在电镀生产线一侧（原位），将待加工零件装入吊篮，并发出信号，专用行车便提升前进，到规定槽位自动下降，并停留一段时间（各槽停留时间预先按工艺设定）后自动提升，行至下一个电镀槽，完成电镀工艺规定的每道工序后，自动返回原位，卸下电镀好的工件重新用机械手自动装料，进入下一个电镀循环。

13.5.2 PLC 相关元件选型

1. 机械结构

电镀专用行车采用远距离控制，起吊质量在 500kg 以下，起重物品是有待进行电镀或表面处理的各种产品零件。根据电镀加工工艺的要求，电镀专用行车的动作流程图如图 13-24 所示，图中 1~11 分别为去油槽、清洗槽、酸洗槽、清洗槽、预镀铜槽、清洗槽、镀铜槽、清洗槽、镀镍（铬）槽、清洗槽、原位槽。实际生产中，电镀槽的数量由电镀工艺要求决定，电镀的种类越多，槽的数量越多。图 13-24 所示的具体槽位如下。

➤ 去油工位：具有电热升温的碱性洗涤液，用于去除工件表面的油污，大约需要浸泡 5min。此工位安装有可控温度的加热器。

➤ 清洗工位：是清水洗涤，清洗工件表面从上一个工位带来的残留液体。不需要浸泡，在此工位清洗一下即可。

➤ 酸洗工位：液体用稀硫酸调制而成，用来去除工件表面的锈迹，大约需要浸泡 5min。

➤ 清洗工位：是清水洗涤，清洗工件表面从上一个工位带来的残留液体。不需要浸泡，在此工位清洗一下即可。

➤ 预镀铜工位：盛有硫酸铜液体的工位镀槽，在该工位要对工件进行预镀铜处理，大约需要浸泡 5min。

➤ 清洗工位：是清水洗涤，清洗工件表面从上一个工位带来的残留液体。不需要浸泡，在此工位清洗一下即可。

➤ 镀铜（亮镀铜）工位：盛有硫酸铜液体的工位镀槽，具有铜极板，由电镀电源供电，电压、电流连续可调，在该工位要对工件进行亮镀铜处理，大约需要浸泡 15min。具有可调温度的加热器。由于该工位时间较长（是其他工位的 3 倍），因此该工位平均分为 3 个相同的部分 7-1、7-2、7-3。

➤ 清洗工位：是清水洗涤，清洗工件表面从上一个工位带来的残留液体。不需要浸泡，在此工位清洗一下即可。

➤ 镀镍（铬）工位：液体用稀硫酸调制而成，具有镍（铬）极板，由电镀电源供电，电压、电流连续可调。具有可调温度的加热器。

➤ 清洗工位：是清水洗涤，清洗工件表面从上一个工位带来的残留液体。不需要浸泡，在此工位清洗一下即可。

原位：用于装卸挂件。

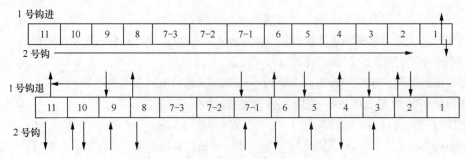

图 13-24　电镀专用行车的动作流程图

电镀专用行车的结构图如图 13-25 所示。电镀专用行车的电动机与吊钩电动机装在一个密封的有机玻璃盒子内，在盒子下方，有 4 个小轮来支撑行车的水平运动。图 13-25 中只画了 1 号钩的运动结构图，1 号钩在滑轮机构下方，通过一系列传动来拉动钢丝绳从而实现升降控制。2 号钩的运动结构图与 1 号钩的对称，其运动原理也是一样的，因此略过。在行车箱一旁，安有两个铁片，用于在工位处接触行程开关，使行车停止来完成此工位的工艺。

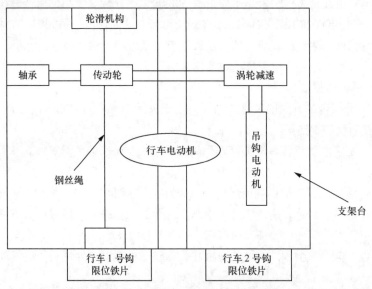

图 13-25　电镀专用行车的结构图

2. 工作过程

整个设备工作过程如下。

① 整个过程要用变频调速器来实现启动时的平稳加速。一台行车沿导轨行走，带动 1 号、2 号两个调钩来实现动作，即有 3 台电动机——行车电动机、1 号钩电动机和 2 号钩电动机。

② 行车归位。按下启动按钮，无论行车在任何位置都要进行空钩动作，将两钩放置最低位置，行车回到原位停止。

③ 行车送件。2 号钩挂上挂件后，系统启动，2 号钩上升到达上升限位时，行车快速向 1 工位前进，中途不停止；当 1 号钩到达 1 工位时，行车停止，1 号钩上升，将 1 工位的工件取出；当 1 号钩到达上升限位时，停止上升，行车继续前进。

④ 2 号钩放料。当 2 号钩到达 1 工位时，行车停止，2 号钩下降，将工件放入 1 工位；当 2 号钩到达下降限位时，行车反向行走——准备单循环。

⑤ 2 工位清洗。当 1 号钩再次到达 2 工位时，行车停止，1 号钩下降，将工件放入 2 工位；当 1 号钩到达下降限位时，行车继续后退。

⑥ 3 工位取件。当 2 号钩到达 3 工位时，行车停止，2 号钩上升，将工件取出；当 2 号钩到达上升限位时，行车继续后退。

⑦ 3 工位放件。当 1 号钩到达 3 工位时，行车停止，1 号钩下降，将工件放入 3 工位；当 1 号钩到达下降限位时，行车继续后退。

⑧ 4 工位清洗。当 2 号钩到达 4 工位时，行车停止，2 号钩下降，将工件放入 4 工位，当 2 号钩到达下降限位时，行车继续后退。

⑨ 4 工位取件。当 1 号钩到达 4 工位时，行车停止，1 号钩上升，将工件取出；当 1 号钩到达上升限位时，行车继续后退。

⑩ 5 工位取件。当 2 号钩到达 5 工位时，行车停止，2 号钩上升，将工件取出；当 2 号钩到达上升限位时，行车继续后退。

⑪ 5 工位放件。当 1 号钩到达 5 工位时，行车停止，1 号钩下降，将工件放入 5 工位；当 1 号钩到达下降限位时，行车继续后退。

⑫ 6 工位清洗。当 2 号钩到达 6 工位时，行车停止，2 号钩下降，将工件放入 6 工位；当 2 号钩到达下降限位时，行车继续后退。

⑬ 6 工位取件。当 1 号钩到达 6 工位时，行车停止，1 号钩上升，将工件取出；当 1 号钩到达上升限位时，行车继续后退。

⑭ 7 工位取件。当 2 号钩到达 7-1 工位时，行车停止，2 号钩上升，将工件取出；当 2 号钩到达上升限位时，行车继续后退。下一次循环要取出 7-2 工位中的工件，再下一次循环要取出 7-3 工位中的工件，再下一次循环要取出 7-1 工位中的工件。

⑮ 7 工位放件。当 1 号钩到达 7-1 工位时，行车停止，1 号钩下降，将工件放入 7-1 工位，当 1 号钩到达下降限位时，行车继续后退。下一次循环要放入 7-2 工位，再下一次循环要放入 7-3 工位，再下一次循环要放入 7-1 工位。

⑯ 8 工位清洗。当 2 号钩到达 8 工位时，行车停止，2 号钩下降，将工件放入 8 工位；当 2 号钩到达下降限位时，行车继续后退。

⑰ 8 工位取件。当 1 号钩到达 8 工位时，行车停止，1 号钩上升，将工件取出；当 1 号钩到达上升限位时，行车继续后退。

⑱ 9 工位取件。当 2 号钩到达 9 工位时，行车停止，2 号钩上升，将工件取出；当 2 号钩到达上升限位时，行车继续后退。

⑲ 9 工位放件。当 1 号钩到达 9 工位时，行车停止，1 号钩下降，将工件放入 9 工位；当 1 号钩到达下降限位时，行车继续后退。

⑳ 10 工位清洗。当 2 号钩到达 10 工位时，行车停止，2 号钩下降（到达下降限位）→上升（到达上升限位），行车继续后退。

㉑ 11 工位原位装卸挂件。当 2 号钩到达 11 工位时，行车停止，2 号钩下降（到达下降限位），卸下成品，装上被镀品。该动作时间由实际情况而定，一般为 20s，20s 后或重新启动后，系统执行第③步，进入循环。

㉒ 停止。按下停止按钮，系统完成一次小循环回到原位。等待下一次循环，系统具有记忆性，可以接上一步骤开始。

13.5.3 硬件设计

1. 电动机拖动设计

行车的前、后运动由三相交流异步电动机拖动，根据电镀专用行车的起吊质量，选用一台电动机进行拖动，用变频调速器来实现启动时的平稳加速。

主电路拖动控制系统如图 13-26 所示。其中，行车的前进和后退用与变频器连接的电动机 M1 来控制，两对吊钩的上升和下降控制分别通过两台电动机 M2、M3 的正转、反转来控制。

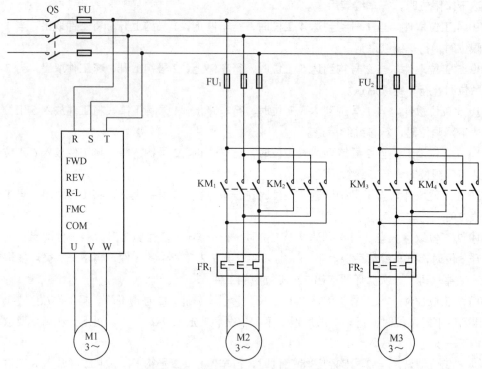

图 13-26　主电路拖动控制系统

用变频器直接控制电动机 M1 来实现行车的平稳前进和后退，以及平稳的启动和停止；接触器 KM_1、KM_2 控制 1 号钩电动机 M2 的正转、反转，实现吊钩的上升和下降；接触器 KM_3、KM_4 控制 2 号钩电动机 M3 的正转、反转，实现吊钩的上升和下降。

2. 恒温电路设计

在全自动电镀流水线中，电镀与去油工位都需要在特定的温度下来实现工位所要完成的工艺，这就需要一个恒温电路来控制这些工位达到特定工艺所需要的条件。需要加热的工位主要有 3 个：去油工位，需要加热到 60℃；镀铜工位，盛有硫酸铜液体的工位镀槽，具有铜极板，由电镀电源供电，电压、电流连续可调，在该工位要对工件进行亮镀铜处理；镀镍（铬）工位，即液体用稀硫酸调制而成的，具有镍（铬）极板，由电镀电源供电，电压、电流连续可调，在该工位对工件进行镀镍（铬）处理。在恒温电镀中，根据温度控制的要求，在实现恒温的要求上，用 3 个可调温度的加热器来实现加热温度的控制与调节。恒温电路图如图 13-27 所示。在图 13-27 中，RDO 为热电阻感温元件；JRC 为电加热槽，ZK 为转换开关，DJB 为温度调节器。感温元件（如温包、电接点玻璃水银温度计及铂电阻温度计等）在溶液温度达到或低于整定值时，仪表自动发出指令，经中间继电器控制主电路接触器，使之断开或闭合，从而使加热器切断或接通电源，达到自动控制溶液温度的目的。

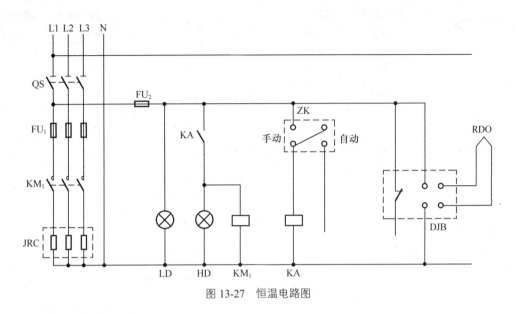

图 13-27　恒温电路图

3. 速度跟踪电路设计

在本节设计的全自动电镀流水线中，主要的运行设备就是行车，通过行车的进退来实现电镀工艺。所以，这里的速度跟踪主要是指对行车的速度跟踪。为了实现此功能，在行车电动机的输出轮端装有磁阻式转速传感器，经过测量转换电路将输出信号转化为电量信号，再通过反馈控制系统将此电量反馈到执行机构，从而完成对行车电动机的速度跟踪。速度跟踪电路原理图如图 13-28 所示。

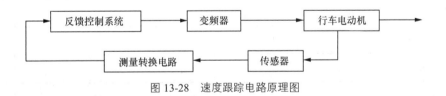

图 13-28　速度跟踪电路原理图

13.5.4　PLC 选择及 I/O 分配

在本设计中，要求 PLC 控制系统具有可靠性好、安全性高、可控性好、性价比高等特点，PLC 的选择主要考虑在功能上满足系统的要求。

根据该电镀专用行车的控制要求，其输入信号有 21 个，输出信号有 6 个。实际使用时，系统的输入都为开关控制量，加上 10%~15% 的余量就可以了，要求 I/O 点为 40~48 点。因为所要实现的功能多，程序的步骤也会有所增加，这就要求系统有较短的响应速度，并无其他特殊控制模块的需要，拟采用三菱公司的 FX$_{2N}$-40MR 型 PLC。

输入设备：2 个控制开关、19 个接近开关。

输出设备：4 个交流接触器、2 个变频器方向控制信号。

电镀流水线控制系统 PLC 的 I/O 地址见表 13-3 所示。

表 13-3　电镀流水线控制系统 PLC 的 I/O 地址

输入设备	输入设备代号	输入地址编号	输出设备	输出设备代号	输出地址编号
启动按钮	SB_1	X0	1 号钩电动机正转（工件上）	KM_1	Y0
停止/复位按钮	SB_2	X1	1 号钩电动机反转（工件下）	KM_2	Y1
1 工位接近开关	SJ_1	X3	2 号钩电动机正转（工件上）	KM_3	Y2
2 工位接近开关	SJ_2	X4	2 号钩电动机反转（工件下）	KM_4	Y3
3 工位接近开关	SJ_3	X5	接变频器行车电动机正转（行车前进）	UFWD	Y4
4 工位接近开关	SJ_4	X6	接变频器行车电动机反转（行车后退）	UFEV	Y5
5 工位接近开关	SJ_5	X7			
6 工位接近开关	SJ_6	X10			
7-1 工位接近开关	SJ_7	X11			
7-2 工位接近开关	SJ_8	X12			
7-3 工位接近开关	SJ_9	X13			
8 工位接近开关	SJ_{10}	X14			
9 工位接近开关	SJ_{11}	X15			
8 工位接近开关	SJ_{12}	X16			
11 接近开关	SJ_{13}	X17			
1 号钩上升限位接近开关	SJ_{14}	X20			
1 号钩下降限位接近开关	SJ_{15}	X21			
2 号钩上升限位接近开关	SJ_{16}	X22			
2 号钩下降限位接近开关	SJ_{17}	X23			
行车后退限位接近开关	SJ_{18}	X24			
行车前进限位接近开关	SJ_{19}	X25			

电镀流水线控制系统 I/O 接线图如图 13-29 所示。

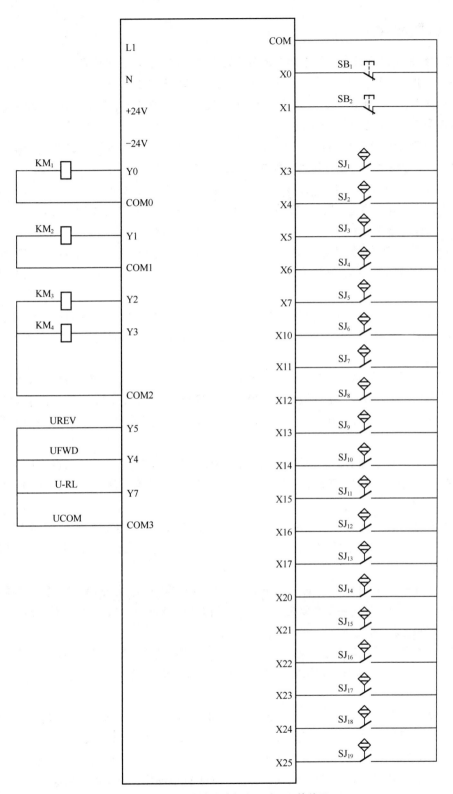

图 13-29　电镀流水线控制系统 I/O 接线图

13.5.5　软件设计

电镀流水线采用专用行车，行车架上装有可升降的吊钩，行车和吊钩各由一台电动机拖动，行车的进退和吊钩的升降均由相应的接近开关 SJ 定位，编制程序如下。

① 行车在停止状态下，将工件放在原位（11 工位）处；按下启动按钮 SB$_1$；X0 闭合，M6 得电动作，Y6 得电动作，从而行车前进。

② 当行车前进到 11 工位时，X17 的常闭触点断开，常开触点闭合，T2 清零，行车停止前进；Y2 得电动作，2 号钩上升，上升到上升限位，X22 动作，上升停止；C1 动作，行车继续前进。

③ 当行车前进到前进限位时，X25 动作，C1 清零，C0、C29、C30、C31 得电，行车停止前进；Y5 得电动作，行车开始后退，同时 C0 动作，M0 得电动作，其中 C29、C30、C31 分别控制吊钩在 7-1、7-2、7-3 时的升降动作。

④ 当行车 1 号钩后退到 1 工位时，X3 动作，M30 得电动作，行车停止后退，C0 清零，同时 Y0 得电动作，1 号钩上升；上升到上升限位，X20 动作，停止上升；M2 得电动作，Y5 得电动作，行车继续后退。

⑤ 当行车 2 号钩后退到 1 工位时，C2 动作，M4 得电动作，M31 得电动作，行车停止后退，同时 Y3 得电动作；2 号钩下降，将工件放到 1 工位槽中；下降到下降限位，X23 动作，M31 失电，行车继续后退。

⑥ 当行车 1 号钩后退到 2 工位时，X4 动作，M30 得电动作，行车停止后退，C2 清零，同时 Y1 得电动作，1 号钩下降，将工件放到清水槽中；下降到下降限位，X21 动作，T0 得电，1s 后 Y0 得电动作；1 号钩上升，将工件取出，上升到上升限位，X20 动作；M2 得电动作，M30 失电，行车继续后退。

⑦ 当行车 1 号钩后退到 3 工位时，X5 动作，M30 得电动作，行车停止后退，T0 清零，C3 清零，同时 Y1 得电动作，1 号钩下降，将工件放到酸洗槽中；下降到下降限位，X21 动作，停止下降，M3 得电动作，M30 失电，行车继续后退。

⑧ 当行车 2 号钩后退到 3 工位时，C4 动作，M31 得电动作，行车停止后退，同时 Y2 得电动作，2 号钩上升，将工件取出；上升到上升限位，X22 动作，停止上升，M5 得电动作，M31 失电，行车继续后退。

⑨ 当行车 1 号的后退到 4 工位时，X6 动作，M30 得电动作，行车停止后退，C4 清零，同时 Y0 得电动作，1 号钩上升，将工件取出；上升到上升限位，X20 动作，停止上升，M2 得电动作，M30 失电，行车继续后退。

⑩ 当行车 2 号钩后退到 4 工位时，C5 动作，M31 得电动作，行车停止后退，同时 Y3 得电动作，2 号钩下降，将工件放到清水槽中；下降到下降限位，X23 动作，停止下降，M4 得电动作，M31 失电，行车继续后退。

⑪ 当行车 1 号钩后退到 5 工位时，X7 动作，M30 得电动作，行车停止后退，C5 清零，同时 Y1 得电动作，1 号钩下降，将工件放到预镀铜槽中；下降到下降限位，X21 动作，停止下降，M3 得电动作，M30 失电，行车继续后退。

⑫ 当行车 2 号钩后退到 5 工位时，C6 动作，M31 得电动作，行车停止后退，同时 Y2 得电动作，2 号钩上升，将工件取出；上升到上升限位，X22 动作，停止上升，M5 得电动作，M31 失电，行车继续后退。

⑬ 当行车 1 号钩后退到 6 工位时，X10 动作，M30 得电动作，行车停止后退，C6 清零，同时 Y0 得电动作，1 号钩上升，将工件取出；上升到上升限位，X20 动作，停止上升，M2 得电动作，M30 失电，行车继续后退。

⑭ 当行车 2 号钩后退到 6 工位时，C7 动作，M31 得电动作，行车停止后退，同时 Y3 得电动作，2 号钩下降，将工件放到清水槽中；下降到下降限位，X23 动作，停止下降，M4 得电动作，M31 失电，行车继续后退。

⑮ 当 C29 得电动作，行车 1 号钩后退到 7-1 工位时，X11 动作，M30 得电动作，行车停止后退，C7 清零，同时 Y1 得电动作，1 号钩下降，将工件放到镀铜槽中；下降到下降限位，X21 动作，停止下降，M3 得电动作，M30 失电，行车继续后退。

⑯ 当行车 2 号钩后退到 7-1 工位时，C8 动作，M31 得电动作，行车停止后退，同时 Y2 得电动作，2 号钩上升，将工件取出；上升到上升限位，C22 动作，停止上升，M5 得电动作，M31 失电，行车继续后退。

⑰ 当行车 1 号钩后退到 8 工位时，X14 动作，M30 得电动作，行车停止后退，C8 清零，同时 Y0 得电动作，1 号钩上升，将工件取出；上升到上升限位，X20 动作，停止上升，M2 得电动作，M30 失电，行车继续后退。

⑱ 当行车 2 号钩后退到 8 工位时，C11 动作，M31 得电动作，行车停止后退，同时 Y3 得电动作，2 号钩下降，将工件放到清水槽中；下降到下降限位，X23 动作，停止下降，M4 得电动作，M31 失电，行车继续后退。

⑲ 当行车 1 号钩后退到 9 工位时，X15 动作，M30 得电动作，行车停止后退，C11 清零，同时 Y1 得电动作，1 号钩下降，将工件放到镍（铬）工位中；下降到下降限位，X21 动作，停止下降，M3 得电动作，M30 失电，行车继续后退。

⑳ 当行车 2 号钩后退到 9 工位时，C12 动作，M31 得电动作，行车停止后退，同时 Y2 得电动作，2 号钩上升，将工件取出；上升到上升限位，X22 动作，停止上升，M5 得电动作，M31 失电，行车继续后退。

㉑ 当行车 2 号钩后退到 10 工位时，X16 动作，直到 C13 动作，M31 得电动作，行车停止后退，同时 Y3 得电动作，2 号钩下降，将工件放到清水槽中；下降到下降限位，X23 动作，停止下降，T1 得电，1s 后，Y2 得电动作，2 号钩上升，将工件取出，上升到上升限位，X22 动作，停止上升；M5 得电动作，M33 得电动作，M31 失电，行车继续后退。

㉒ 当行车 2 号钩后退到 11 工位时，T1 清零，C13 清零，C14 动作，M31 得电动作，行车停止后退，同时 Y3 得电动作，2 号钩下降将工件放到清水槽中；下降到下降限位，X23 动作，停止下降，M4 得电动作，M31 失电，行车继续后退。

㉓ 当行车后退到后退限位处，M4 动作，Y5 失电，行车停止后退，C14 和 C1 清零，M0 失电，T2 得电开始计时，将已经加工好的工件拿出来，将需要加工的工件再次放到原位槽中；20s 后 T2 通电，Y6 得电动作，行车继续前进，开始循环。

㉔ 按下停止复位按键 SB₂，M1 得电动作。行车停止前进，当行车没有碰到任何接近开关时，行车继续后退，直到碰到任何一个接近开关时，1 号钩和 2 号钩都下降，然后行车后退到后退限位处，后退停止，一切都停止，直到按下启动按钮 X0，设备才能再次运行。电镀流水线控制系统梯形图如图 13-30 所示。

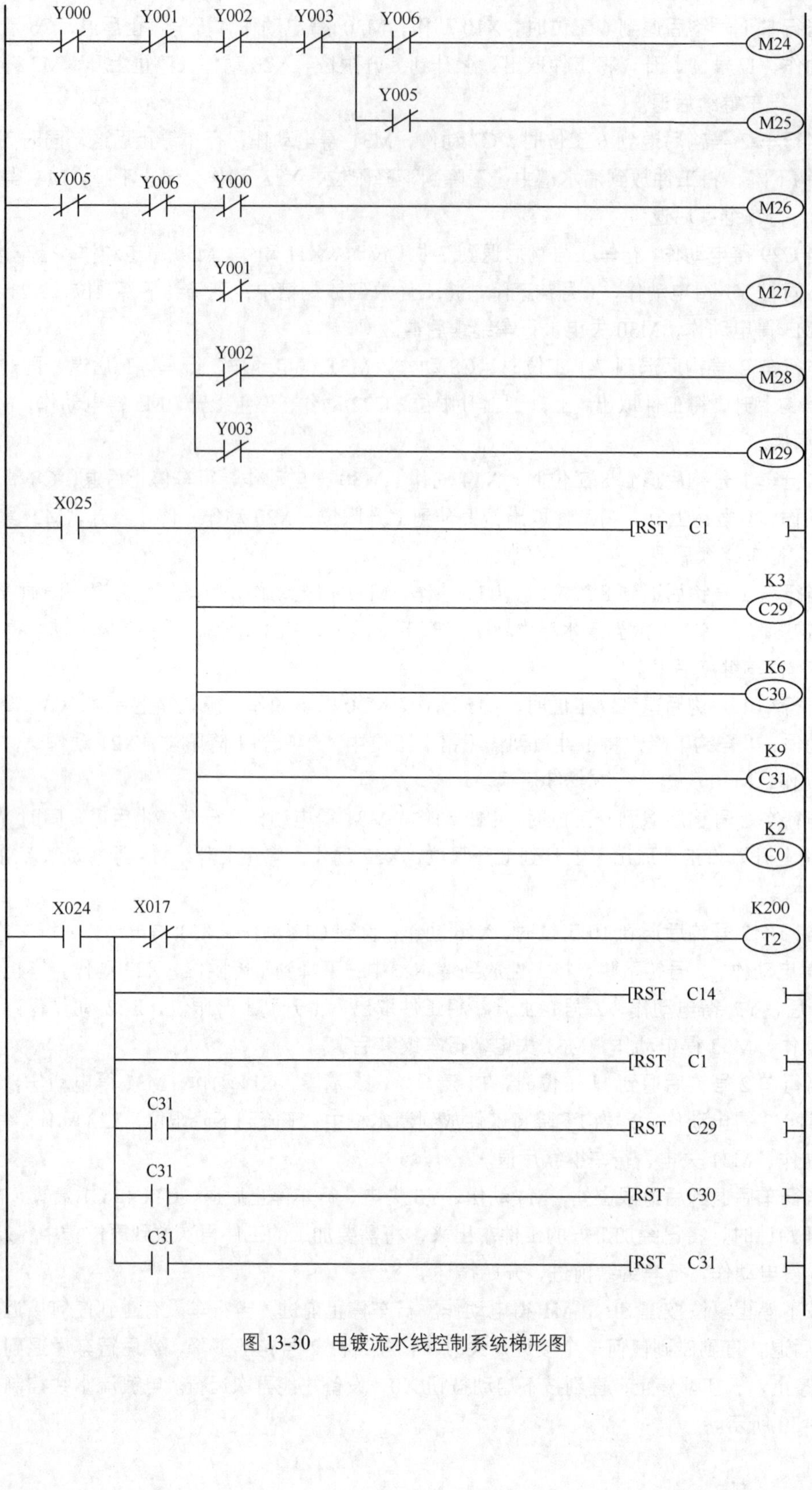

图 13-30   电镀流水线控制系统梯形图

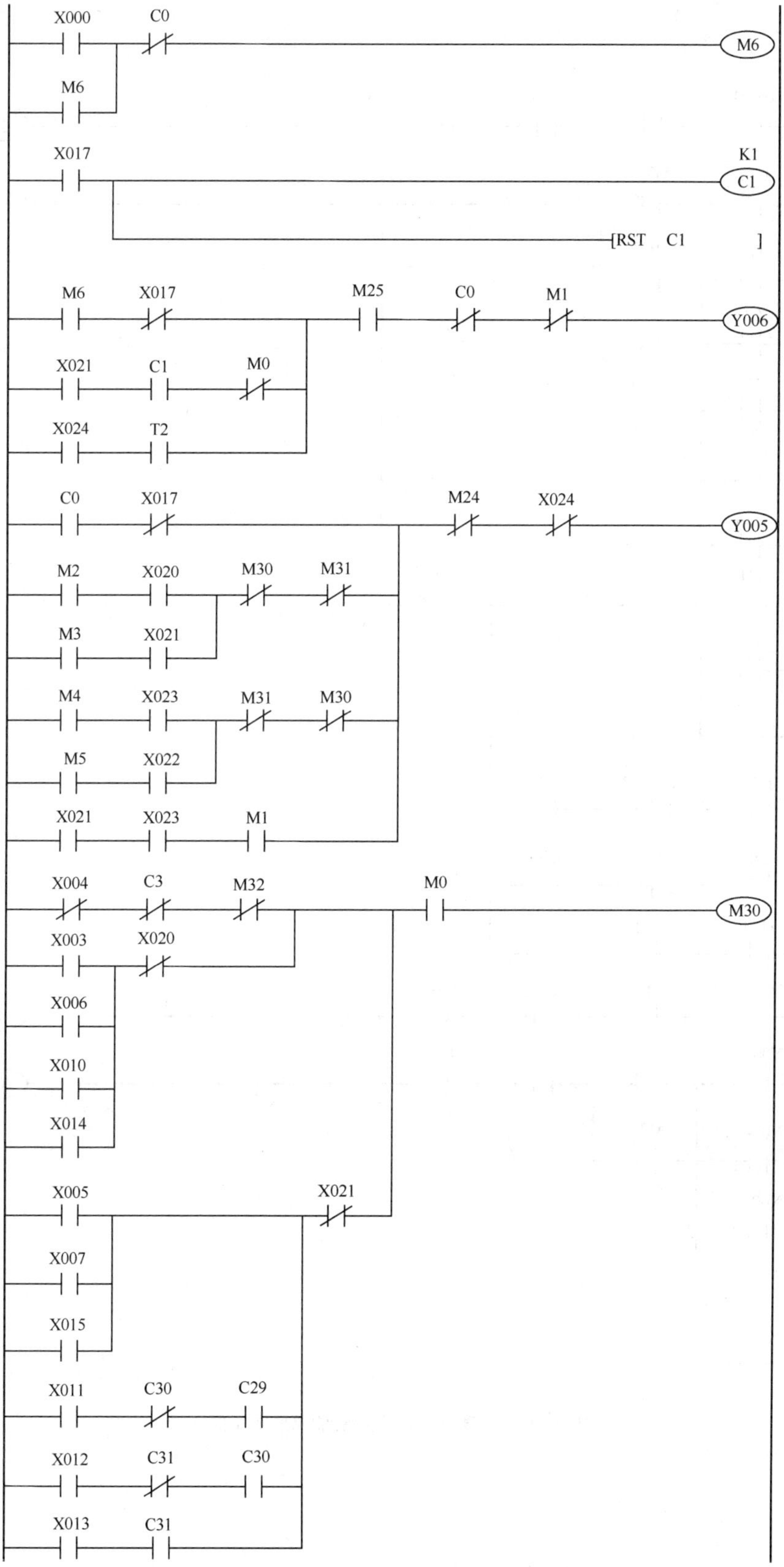

X000 C0 M6
M6

X017 K1
C1
[RST C1]

M6 X017 M25 C0 M1 Y006
X021 C1 M0
X024 T2

C0 X017 M24 X024 Y005
M2 X020 M30 M31
M3 X021
M4 X023 M31 M30
M5 X022
X021 X023 M1

X004 C3 M32 M0 M30
X003 X020
X006
X010
X014
X005 X021
X007
X015
X011 C30 C29
X012 C31 C30
X013 C31

图 13-30 电镀流水线控制系统梯形图（续）

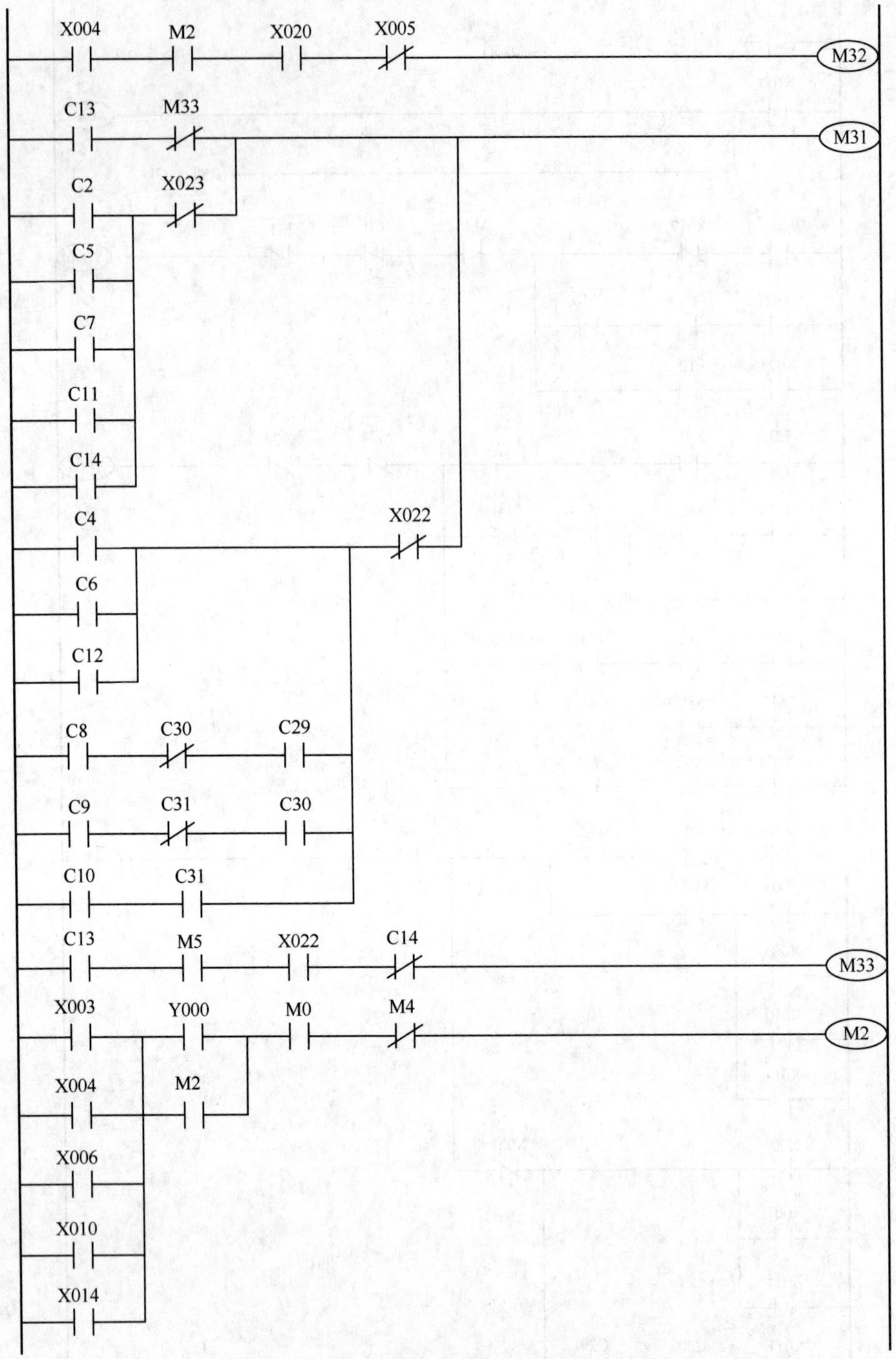

图 13-30 电镀流水线控制系统梯形图（续）

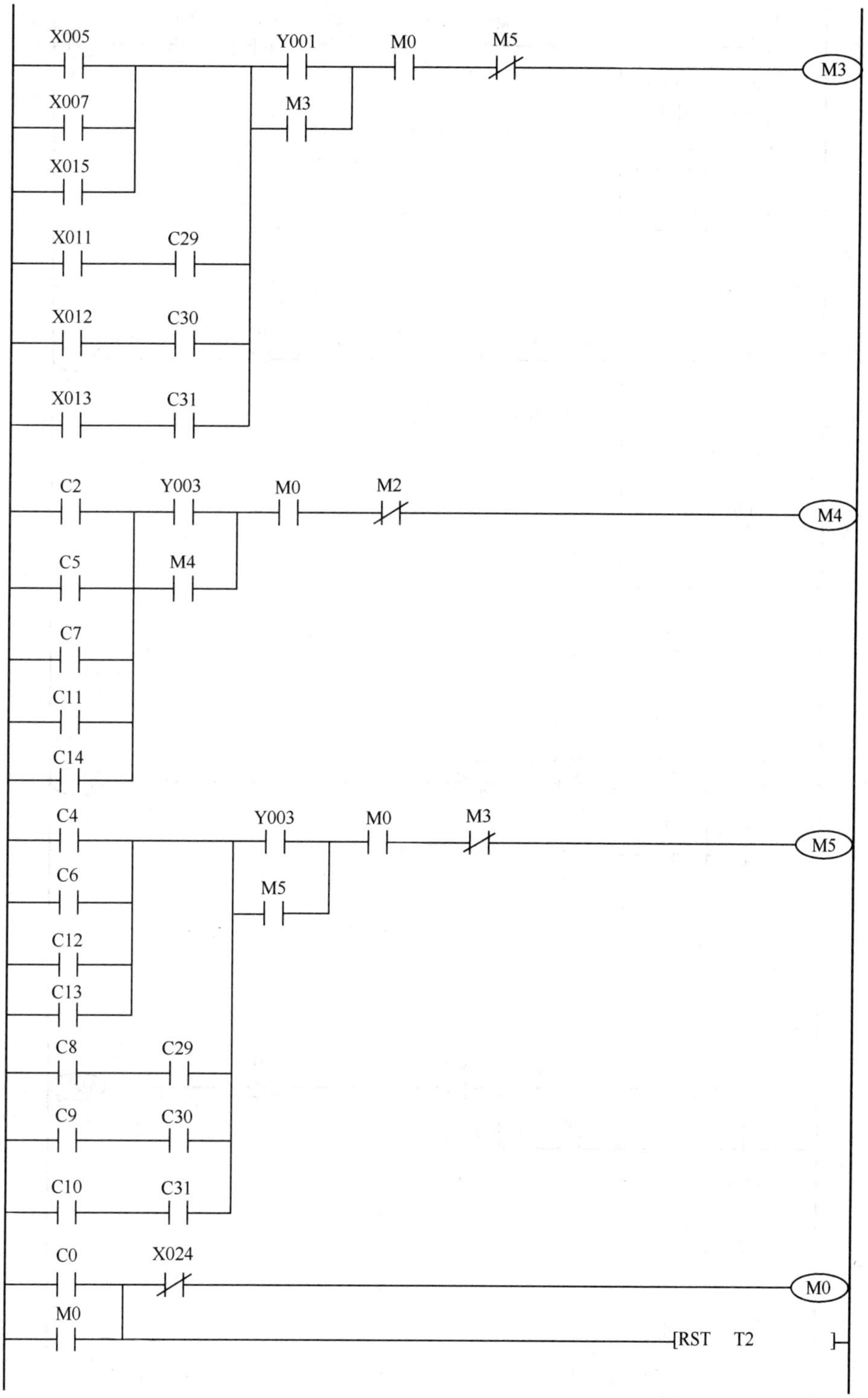

图 13-30 电镀流水线控制系统梯形图（续）

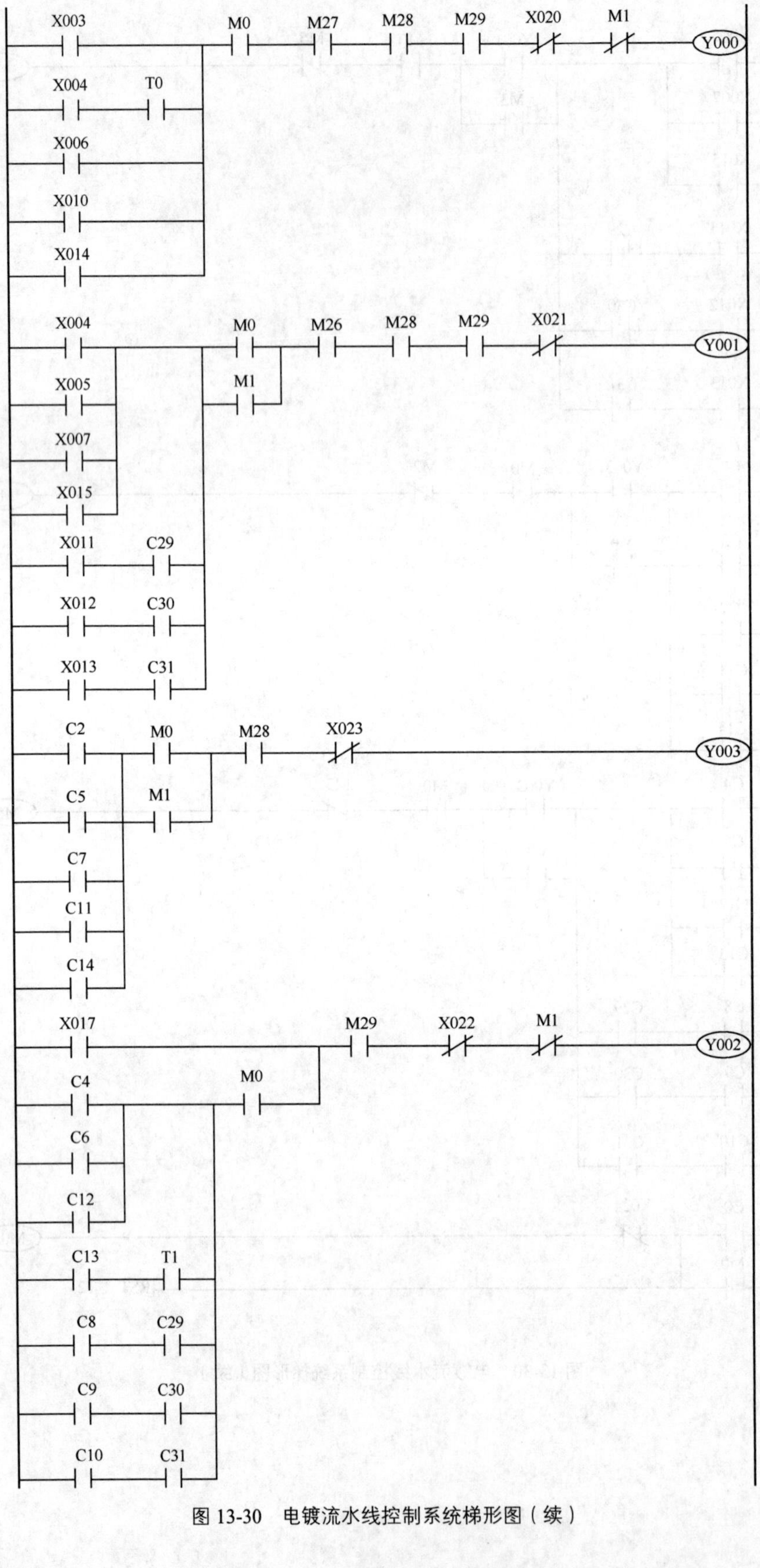

图 13-30　电镀流水线控制系统梯形图（续）

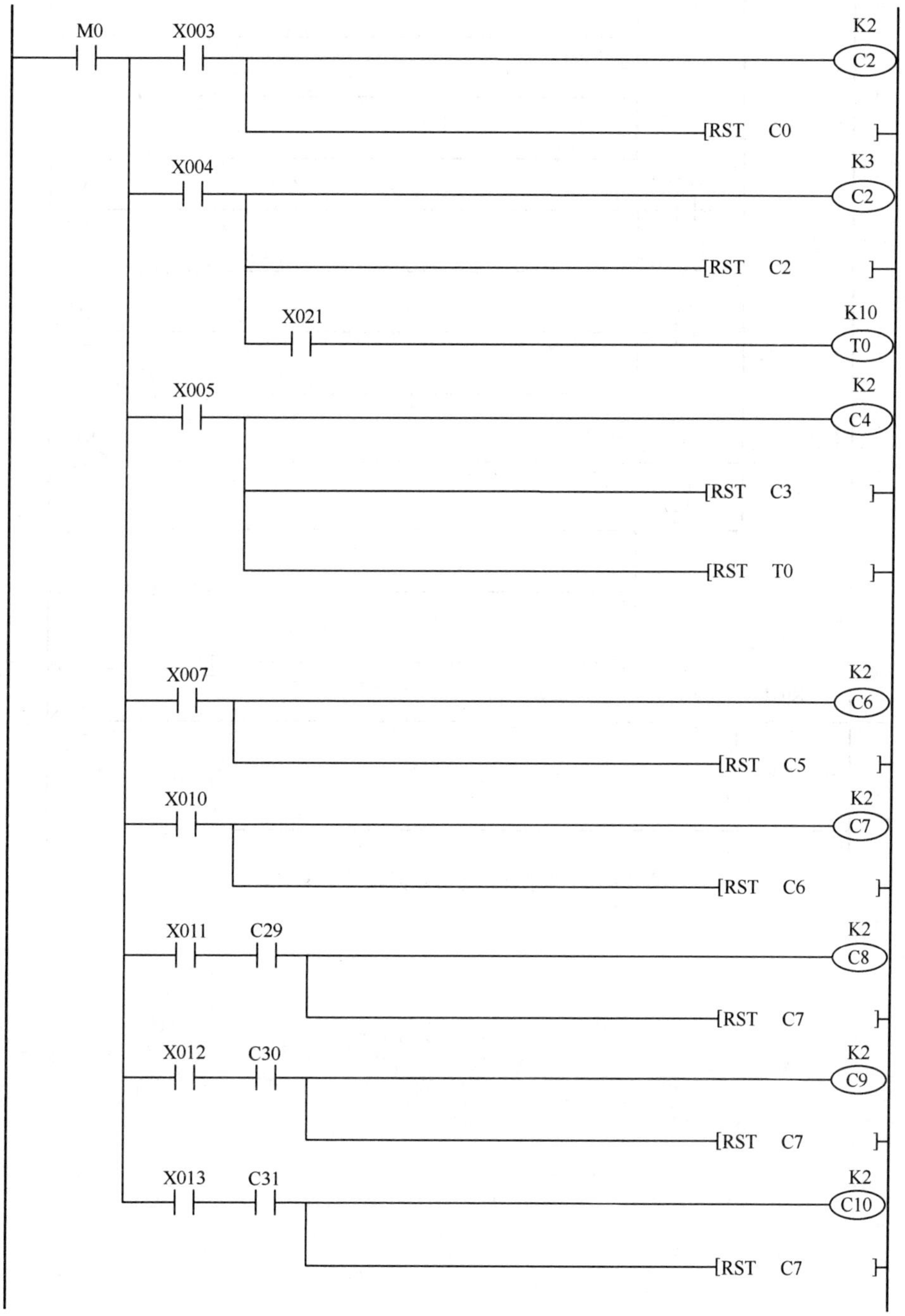

图 13-30　电镀流水线控制系统梯形图（续）

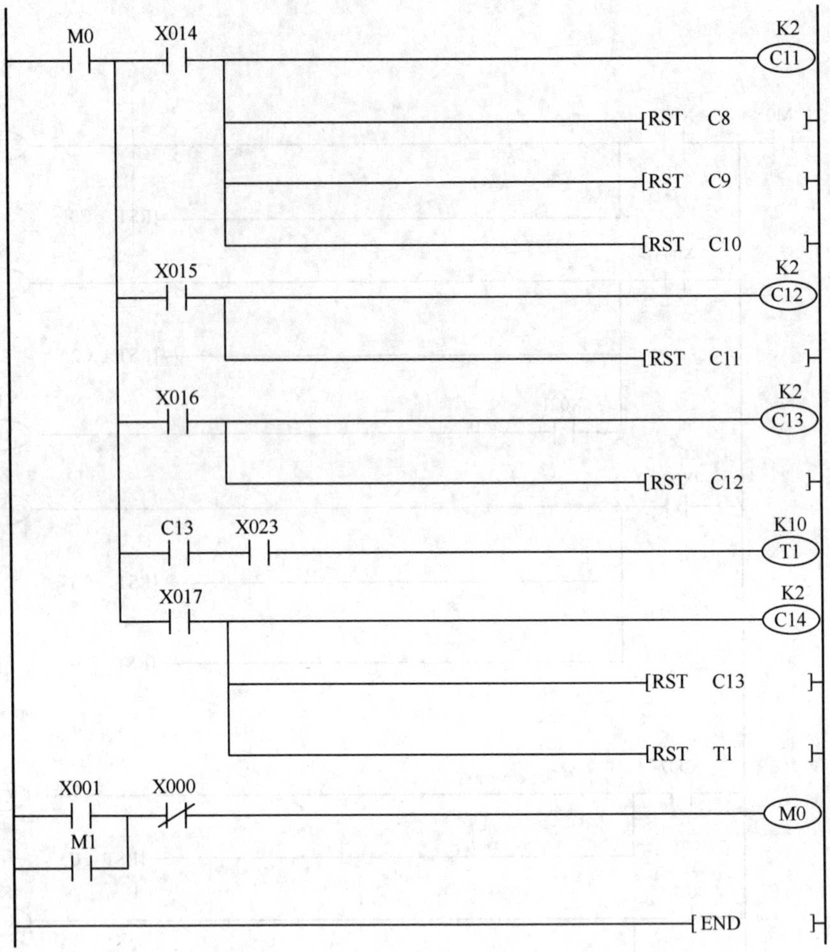

图 13-30 电镀流水线控制系统梯形图（续）